突发环境污染事件应急处置

冯 辉 主编

·北京·

本书主要包括突发环境事件概述，相关政策、管理办法、法律、法规的介绍，环境污染应急预案与事故初期处置，环境应急污染监测，应急污染处置工艺技术简介，环境应急处置配套设施土建工程技术，环境污染应急处置现场组织与管理，突发环境污染事件预防，环境污染突发事件应急工程实例几个方面的内容；书中对突发环境污染事件的应急处置做了全面介绍，系统性梳理了现行国内相关法律、法规，针对性地介绍了国内外先进的应急污染监测技术以及处理技术，本专著还收集编写了一段时期以来国内典型的应急处置案例，为今后的环境污染应急处理和处置提供了技术参考与经验总结。

本书可供环境应急管理、应急处置技术人员、应急处置专家及相关人员借鉴和参考。

图书在版编目（CIP）数据

突发环境污染事件应急处置/冯辉主编. —北京：化学工业出版社，2018.2（2024.2重印）

ISBN 978-7-122-30545-9

Ⅰ.①突… Ⅱ.①冯… Ⅲ.①环境污染事故-应急对策 Ⅳ.①X507

中国版本图书馆CIP数据核字（2017）第209411号

责任编辑：满悦芝　　文字编辑：向　东

责任校对：王素芹　　装帧设计：张　辉

出版发行：化学工业出版社（北京市东城区青年湖南街13号　邮政编码100011）

印　　装：北京七彩京通数码快印有限公司

787mm×1092mm　1/16　印张16¾　字数412千字　2024年2月北京第1版第3次印刷

购书咨询：010-64518888　　售后服务：010-64518899

网　　址：http://www.cip.com.cn

凡购买本书，如有缺损质量问题，本社销售中心负责调换。

定　　价：88.00元

编写人员名单

主　编：冯　辉

副主编：孙贻超　丁　晔　苏志龙　祖国峰

参　编：何　达　张军港　代小聪　王森玮　赵　莹　林小煦

王　洋　王宏斌　王志远　马　琳　赵凤桐　李　鹏

杨文珊　侯国凤　赵孟亭　提浩强　卢瑞杰　闫双春

李俊超　王　锐　党秋玲

前言

随着工业化进程的不断加快，我国突发环境污染事件已经进入高发期，并且数量呈现逐年增长的趋势。突发环境污染事件的发生具有不确定性，污染物在事件发生后会迅速传播，在对环境造成污染的同时，严重危及人及动物的生命、安全和财产。因此，对突发环境事件进行系统性研究，不断总结经验教训，提高事件防范技能十分重要。

天津市环境保护技术开发中心作为国内重要的突发环境事件应急处置力量，近年来参与了“天津滨海8·12爆炸事件”“天津武清三星视界火灾事件”“宁夏腾格里沙漠污染事件”等突发环境污染事件的应急处置工作，积累了一定的经验，并结合多年来在污水、废气、土壤修复领域的工程经验，特编写本书。

本书由浅入深，从突发环境事件概述、相关政策法律法规介绍、环境污染应急预案与事故初期处置、环境应急污染监测、应急污染处置工艺技术简介、环境应急处置配套设施建设工程技术、环境应急处置现场组织管理、环境安全事件的思考、环境污染突发事件应急工程实例几个方面，对突发环境事件的应急处置做了全面介绍，系统性梳理了现行国内相关法律法规，针对性地介绍了国内外先进的应急污染监测技术以及处理技术，并根据各技术工艺以及应用特性，提炼出在应急处置中的最佳应用方式。本书还收录编写了一段时期以来国内典型的应急处置案例，为今后的环境污染应急处理和处置提供了技术参照与经验总结。

在编写本书过程中，编者广泛收集应急处置领域相关资料，并整理归纳了以往应急处置经验，可供环境应急管理、应急处置技术人员、应急处置专家及相关人员借鉴和参考。由于编者水平有限，加之时间仓促，本书不足之处在所难免，敬请同行及各界读者批评指正。

编者

2018年1月

目 录

第1章 突发环境事件概述 …… 1

1.1 突发环境事件的定义、分类及分级 …… 1

1.1.1 突发环境事件的定义 …… 1

1.1.2 突发环境事件的分类 …… 1

1.1.3 突发环境事件的分级 …… 2

1.2 国内外典型突发环境事件介绍 …… 3

1.2.1 国内典型突发环境事件 …… 3

1.2.2 国外典型突发环境事件 …… 5

1.3 国内突发环境事件统计 …… 7

1.3.1 国内各级突发环境事件统计 …… 7

1.3.2 国内突发环境事件起因统计 …… 8

1.3.3 国内突发环境事件类型统计 …… 8

1.4 突发环境事件引发的环境影响 …… 9

1.4.1 对生物的影响 …… 9

1.4.2 对生态的影响 …… 10

1.5 突发环境事件引发的社会影响 …… 11

1.5.1 国家和政府 …… 11

1.5.2 企业 …… 11

1.5.3 公众 …… 12

第2章 相关政策、管理办法、法律、法规的介绍 …… 13

2.1 政策背景 …… 13

2.2 应急预案 …… 13

2.3 应急法制 …… 15

2.3.1 法律法规 …… 15

2.3.2 行政规章 …… 16

2.3.3 标准规范 …… 17
2.4 应急体制与机制 …… 18

第3章 环境污染应急预案与事故初期处置 …… 20

3.1 环境风险事故的危害 …… 20
3.2 环境应急预案 …… 21
3.2.1 环境应急预案编制的目的和意义 …… 21
3.2.2 政府层面的应急预案 …… 21
3.2.3 企业层面的应急预案编制 …… 26
3.3 应急处理程序与管理 …… 34
3.3.1 应急处置管理要点 …… 34
3.3.2 应急处置的响应流程 …… 35
3.4 环境污染事故的初期处置 …… 37
3.4.1 初期处置的原则 …… 37
3.4.2 初期处置控制泄漏源的主要方法 …… 37
3.4.3 初期处置控制传播源的主要方法 …… 38
3.4.4 常见的环境污染事故初期处置措施 …… 38

第4章 环境应急污染监测 …… 42

4.1 环境应急污染监测概述 …… 42
4.1.1 环境应急污染监测的定义 …… 42
4.1.2 应急污染监测的作用和目的 …… 42
4.2 应急监测准备 …… 43
4.2.1 环境应急监测预案制订 …… 43
4.2.2 应急监测组织指挥体系及工作程序 …… 44
4.2.3 应急装备和应急能力 …… 46
4.2.4 应急监测数据库 …… 46
4.2.5 环境应急监测技术准备 …… 47
4.2.6 环境应急监测演习 …… 50
4.3 环境应急监测方案 …… 50
4.3.1 应急监测布点原则 …… 50
4.3.2 应急监测频次要求 …… 51
4.3.3 监测项目的选择 …… 52
4.3.4 监测项目初步定性方法 …… 53
4.3.5 应急监测方法的选择 …… 54
4.3.6 应急监测数据记录及报告 …… 56
4.3.7 质量保证 …… 56
4.4 现场采样方案 …… 56
4.4.1 点位布设及样品采集 …… 57
4.4.2 样品管理 …… 58
4.5 应急监测的安全防护与保障实施 …… 59

4.5.1 应急监测的安全防护 …… 59
4.5.2 应急监测的保障实施 …… 61
4.6 应急监测的相关法律、法规 …… 62
第5章 应急污染处置工艺技术简介 …… 63
5.1 应急污染水处理技术 …… 63
5.1.1 应急污染水处理技术综述 …… 63
5.1.2 突发性水污染事故的分类及特点 …… 63
5.1.3 突发性水污染应急处理方法 …… 64
5.1.4 针对性的应急污染水处理技术 …… 80
5.2 应急污染场地土壤修复技术 …… 120
5.2.1 应急污染土壤修复技术综述 …… 120
5.2.2 突发性土壤污染事故的分类及特点 …… 120
5.2.3 突发性土壤污染的过程 …… 124
5.2.4 应急污染土壤修复技术 …… 125
第6章 环境应急处置配套设施土建工程技术 …… 138
6.1 概述 …… 138
6.1.1 环境应急处置配套设施土建工程的基本概念 …… 138
6.1.2 环境应急处置配套设施土建工程的特点 …… 138
6.1.3 环境应急处置配套设施的分类 …… 139
6.2 环境应急处置中的配套设施土建工程的设计与勘察 …… 139
6.2.1 配套工程设计勘察工作的主要思路 …… 139
6.2.2 配套工程设计勘察工作的特殊性 …… 139
6.2.3 配套工程设计勘察工作的主要特点及对策 …… 140
6.3 配套建筑物主要工程技术介绍 …… 140
6.3.1 轻型钢结构建筑体系简介 …… 141
6.3.2 轻钢结构基础的设计特点 …… 141
6.3.3 屋面板及檩条设计 …… 142
6.3.4 柱间支撑设计 …… 142
6.3.5 主钢构材质的选择 …… 142
6.4 挡土、挡水构造物主要工程技术介绍 …… 143
6.4.1 挡土墙 …… 143
6.4.2 挡水构造物（围堰） …… 150
6.4.3 结语 …… 160
6.5 地基处理主要工程技术介绍 …… 160
6.5.1 置换法 …… 161
6.5.2 排水固结法 …… 164
6.5.3 振密及挤密法 …… 165
6.5.4 固化（灌入）法 …… 165
6.5.5 加筋法 …… 172

6.6 水工构筑物主要工程技术介绍 …… 173
6.6.1 钢筋混凝土水池介绍 …… 173
6.6.2 水池的荷载 …… 175
6.6.3 水池设计的内力计算 …… 176
6.6.4 水池设计的构造要求 …… 176
第7章 环境污染应急处置现场组织与管理 …… 178
7.1 环境应急处置组织设置原则 …… 178
7.2 应急处置现场工作机制 …… 179
7.3 环境应急处置现场组织架构及职责 …… 179
7.4 应急事件处置过程中现场施工的管理 …… 180
7.4.1 应急事故处置现场的进度管理 …… 180
7.4.2 应急事故处置现场的质量管理 …… 181
7.4.3 应急事故处置现场的资源管理 …… 182
7.4.4 应急事故处理施工现场特殊作业的管理 …… 184
7.5 应急事故处理施工现场的安全管理 …… 185
7.5.1 人员安全 …… 185
7.5.2 设备安全 …… 186
7.5.3 药剂安全 …… 187
7.5.4 实验安全 …… 187
第8章 突发环境污染事件预防 …… 188
8.1 突发环境污染事件预防意义 …… 188
8.2 国外环境事件防范体系介绍 …… 188
8.2.1 欧洲国家环境污染事故防范体系 …… 188
8.2.2 美国环境污染事故防范体系 …… 189
8.2.3 国外事故防范体系的优势 …… 190
8.3 国内环境事件预防技术 …… 191
8.3.1 危险、危害因素辨识 …… 191
8.3.2 环境事件危险、危害因素分析 …… 192
8.3.3 重大事故环境影响后果分析 …… 195
8.4 重大危险源的控制责任 …… 197
8.4.1 主管当局的责任 …… 197
8.4.2 现场管理者的职责 …… 198
8.4.3 工人的职责与权利 …… 200
8.4.4 技术提供者的责任 …… 201
8.4.5 重大危险控制系统的必备条件 …… 201
8.5 突发环境污染事件预测与对策 …… 201
8.5.1 事件的危害性 …… 201
8.5.2 事件的性质及特点 …… 201
8.5.3 事件预测的作用及意义 …… 201

8.5.4 突发环境污染事件对策 …… 202
8.5.5 安全生产危害因素的控制方法和措施 …… 204
8.5.6 人为事故的预防 …… 204
8.5.7 设备因素导致事故的预防 …… 206
8.5.8 环境因素导致事故的预防 …… 207
第9章 环境污染突发事件应急工程实例 …… 208
9.1 案例1 “8·12”天津滨海新区爆炸事故 …… 208
9.1.1 事故经过 …… 208
9.1.2 事故原因 …… 209
9.1.3 应急处置 …… 210
9.2 案例2 松花江水污染事件中的城市供水 …… 212
9.2.1 前言 …… 212
9.2.2 事故详细分析 …… 212
9.2.3 污染因子分析 …… 213
9.2.4 应对技术处理方法的介绍 …… 213
9.2.5 应急处理方法的确定 …… 214
9.2.6 结论 …… 217
9.3 案例3 黄岛油库特大火灾事故 …… 218
9.3.1 基本情况 …… 219
9.3.2 事故经过 …… 219
9.3.3 抢险救灾 …… 219
9.3.4 事故原因及分析 …… 220
9.3.5 吸取事故教训，采取防范措施 …… 221
9.4 案例4 广西南宁H公司“9·14”甲醛贮罐泄漏污染事件 …… 222
9.4.1 案例背景 …… 222
9.4.2 应急处置 …… 222
9.4.3 经验启示 …… 224
9.4.4 事故经验总结 …… 225
9.5 案例5 甘肃兰州飞龙化工“9·7”总挥发性有机物泄漏事件 …… 226
9.5.1 事件背景 …… 226
9.5.2 应急处置 …… 226
9.5.3 经验总结 …… 227
9.6 案例6 Z矿业集团Z山金铜矿湿法厂“7·3”含铜酸性溶液泄漏污染事件 …… 228
9.6.1 事件经过 …… 228
9.6.2 应急处置 …… 228
9.6.3 事件核查与责任认定 …… 229
9.6.4 性质认定 …… 231
9.6.5 经验总结 …… 231
9.7 案例7 D河“6·12”煤焦油污染事件 …… 232
9.7.1 案例背景 …… 232

9.7.2 应急处置 …… 232
9.7.3 经验总结 …… 237
9.8 案例8 JH高速公路W段“3·29”氯气泄漏事件 …… 239
9.8.1 事故经过 …… 239
9.8.2 应急处置 …… 240
9.8.3 经验总结 …… 243
9.9 案例9 S冶炼厂“12·16”B江镉污染事件 …… 245
9.9.1 事件经过 …… 245
9.9.2 应急处置 …… 245
9.9.3 主要经验 …… 248
9.9.4 几点启示 …… 249
9.10 案例10 四川汶川“5·12”特大地震次生突发环境事件 …… 250
9.10.1 案例背景 …… 251
9.10.2 应急处置 …… 251
9.10.3 经验总结 …… 252
9.11 案例11 B区输油管道泄漏事故 …… 255
9.11.1 事故经过 …… 255
9.11.2 应急处置 …… 255
9.11.3 经验启示 …… 256
参考文献 …… 257

第1章 突发环境事件概述

1.1 突发环境事件的定义、分类及分级

1.1.1 突发环境事件的定义

自 20 世纪末至 21 世纪初的 30 多年来，中国经济始终保持高速增长，在根本性地改善人民群众生活水平的同时，城镇化、工业化的进程也在加速，由此使得各种自然灾害和人为活动引发的环境风险不断加剧。环境污染问题诱因多样复杂，直接或间接地影响和威胁着公众的安全与健康。而其中必须尤为引起重视的是环境污染突发事件，因其具有突发性、多样性、危害性、公共性和紧迫性等特点，已越来越受到政府和全社会的高度关注。

2014 年 12 月 29 日，国务院办公厅发布了《国家突发环境污染事件应急预案》，其中将突发环境事件定义为：由于污染物排放或自然灾害、生产安全事故等因素，导致污染物或放射性物质等有毒有害物质进入大气、水体、土壤等环境介质，突然造成或可能造成环境质量下降，危及公众身体健康和财产安全，或造成生态环境破坏，或造成重大社会影响，需要采取紧急措施予以应对的事件，主要包括大气污染、水体污染、土壤污染等突发性环境污染事件和辐射污染事件。

1.1.2 突发环境事件的分类

突发环境事件的类型尚无统一的分类方法，根据目前的法律法规，以及相关研究资料，本文中暂按事件起因、污染类型进行探讨分类，仅作为技术知识学习及研究使用，不作为实际突发环境事件的定性和分类依据。

按照事件起因分类，突发环境事件的形成有两种情况：一种是不可抗力造成的，通常为自然灾害；另一种为人为原因造成的，通常为事故灾害。目前，安全生产事故、交通事故、企业排污、自然灾害以及其他原因成为引发突发环境事件的主要起因。

按照污染类型分类，突发环境事件可分为：大气污染事件、水污染事件、海洋污染事件、土壤污染事件、辐射污染事件等。

(1) 大气污染事件 是指涉及空气环境污染的事件。如广东省某市师生吸入受污染空气致身体不适事件。

(2) 水污染事件 是指涉及地表水体（不含海洋）污染的事件。如2010年吉林化工原料桶流入松花江事件。

(3) 海洋污染事件 是指直接或间接地把能量或污染物质引入海洋，造成海洋污染的事件，如康菲渤海湾漏油事故。

(4) 土壤污染事件 是指因废水、固体废物等污染物处理处置不当而造成涉及土壤污染的事件，如H省大米重金属镉超标事件。

(5) 辐射污染事件 是指因辐射与放射源管理防护不当产生的环境污染事件，如日本福岛核泄漏事件。

1.1.3 突发环境事件的分级

根据国务院办公厅于2014年12月29日发布并实施的《国家突发环境污染事件应急预案》中的分级标准，按照事件严重程度，突发环境事件分为四级：特别重大突发环境事件、重大突发环境事件、较大突发环境事件、一般突发环境事件。

(1) 特别重大突发环境事件 凡符合下列情形之一的，为特别重大突发环境事件。

① 因环境污染直接导致30人以上死亡或100人以上中毒或重伤的。

② 因环境污染疏散、转移人员5万人以上的。

③ 因环境污染造成直接经济损失1亿元以上的。

④ 因环境污染造成区域生态功能丧失或该区域国家重点保护物种灭绝的。

⑤ 因环境污染造成设区的市级以上城市集中式饮用水水源地取水中断的。

⑥ Ⅰ类、Ⅱ类放射源丢失、被盗、失控并造成大范围严重辐射污染后果的；放射性同位素和射线装置失控导致3人以上急性死亡的；放射性物质泄漏，造成大范围辐射污染后果的。

⑦ 造成重大跨国境影响的境内突发环境事件。

(2) 重大突发环境事件 凡符合下列情形之一的，为重大突发环境事件。

① 因环境污染直接导致10人以上30人以下死亡或50人以上100人以下中毒或重伤的。

② 因环境污染疏散、转移人员1万人以上5万人以下的。

③ 因环境污染造成直接经济损失2000万元以上1亿元以下的。

④ 因环境污染造成区域生态功能部分丧失或该区域国家重点保护野生动植物种群大批死亡的。

⑤ 因环境污染造成县级城市集中式饮用水水源地取水中断的。

⑥ Ⅰ类、Ⅱ类放射源丢失、被盗的；放射性同位素和射线装置失控导致3人以下急性死亡或者10人以上急性重度放射病、局部器官残疾的；放射性物质泄漏，造成较大范围辐射污染后果的。

⑦ 造成跨省级行政区域影响的突发环境事件。

(3) 较大突发环境事件 凡符合下列情形之一的，为较大突发环境事件。

① 因环境污染直接导致3人以上10人以下死亡或10人以上50人以下中毒或重伤的。

② 因环境污染疏散、转移人员5000人以上1万人以下的。

③ 因环境污染造成直接经济损失500万元以上2000万元以下的。

④ 因环境污染造成国家重点保护的动植物物种受到破坏的。

⑤ 因环境污染造成乡镇集中式饮用水水源地取水中断的。

⑥ Ⅲ类放射源丢失、被盗的；放射性同位素和射线装置失控导致 10 人以下急性重度放射病、局部器官残疾的；放射性物质泄漏，造成小范围辐射污染后果的。

⑦ 造成跨设区的市级行政区域影响的突发环境事件。

(4) 一般突发环境事件 凡符合下列情形之一的，为一般突发环境事件。

① 因环境污染直接导致 3 人以下死亡或 10 人以下中毒或重伤的。

② 因环境污染疏散、转移人员 5000 人以下的。

③ 因环境污染造成直接经济损失 500 万元以下的。

④ 因环境污染造成跨县级行政区域纠纷，引起一般性群体影响的。

⑤ Ⅳ类、Ⅴ类放射源丢失、被盗的；放射性同位素和射线装置失控导致人员受到超过年剂量限值的照射的；放射性物质泄漏，造成厂区内或设施内局部辐射污染后果的；铀矿冶、伴生矿超标排放，造成环境辐射污染后果的。

⑥ 对环境造成一定影响，尚未达到较大突发环境事件级别的。

1.2 国内外典型突发环境事件介绍

1.2.1 国内典型突发环境事件

1.2.1.1 四川沱江特大水污染事件

2004 年 2 月底至 3 月初期间，沱江两岸的居民发现江水变黄变臭，许多地方泛着白色泡沫，江面上还漂浮着大量死鱼。紧接着，居民又发现自来水也变成了褐色并带有氨水的味道。3 月 2 日下午，简阳市政府紧急贴出"暂时停止饮用自来水"的通知，简阳市民饮用水开始告急。而后，沿沱江约 62km 的污染带上的两岸城市也停止从沱江取水。

某化肥厂是这起污染事故的责任者，他们在违法试生产中将大量高浓度氨氮废水排进沱江，导致沿江简阳、资中、内江三地百万群众饮水被迫中断 26 天，50 万千克网箱鱼死亡，直接经济损失达 2.19 亿元，被破坏的生态需要 5 年时间来恢复。沱江入江口断面 3 月 5～17 日氨氮含量变化趋势见图 1-1。

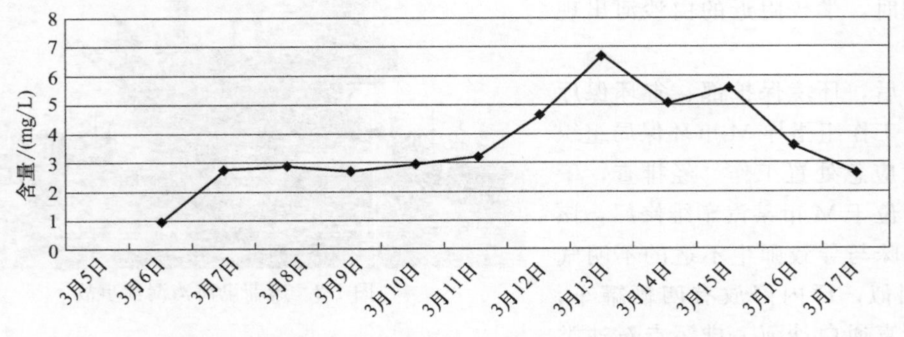

图 1-1 沱江入江口断面 3 月 5～17 日氨氮含量变化趋势

1.2.1.2 太湖蓝藻污染事件

2007 年入夏以来，无锡市区域内的太湖出现 50 年以来最低水位，加上天气连续高温少雨，太湖水富营养化较重，诸多因素导致蓝藻提前暴发，影响了自来水水源地水质。

由于水源地附近蓝藻大量堆积，厌氧分解过程中产生了大量的氨气、硫醇、硫醚以及硫化氢等异味物质，5 月 29 日开始，无锡市城区的大批市民家中自来水水质突然发生变化，并伴有难闻的气味，无法正常饮用。太湖蓝藻污染事件见图 1-2。

无锡市各大超市纯净水供不应求，无锡街头零售的桶装纯净水也出现较大价格波动，18 升桶装纯净水的价格从平日的每桶 8 元上涨到 50 元。

图 1-2　太湖蓝藻污染事件

1.2.1.3　康菲渤海湾漏油事故

2011 年 6 月 4 日，康菲石油中国有限公司向国家海洋局北海分局报告称蓬莱 19-3 油田 B 平台东北方向海面发现不明来源少量油膜。6 月 12 日，北海分局确认污染源来自蓬莱 19-3 油田 B 平台。康菲中国解释称在其进行注水作业时，对油藏层施压激活了天然断层，导致原油从断层裂缝中溢出来，并称漏油已经经过渗漏处理，得到控制。8 月初，北海分局要求康菲公司针对 B 平台减压和弃井计划，制定专门的溢油应急处置预案报分局备案；同时要求康菲公司制定减压和弃井措施不力情况下彻底封堵溢油源的应对方案。同日，国家海洋局北海分局要求康菲 8 月 31 日前完成所有的封堵工作，并提交第三方对封堵效果的评估鉴定报告。

截至 2011 年 9 月 6 日，溢油累计造成 5500 多平方千米海水污染，溢油隐患仍未彻底排除。2012 年 4 月下旬，康菲石油中国公司和中国海洋石油总公司总计支付 16.83 亿元，其中，康菲公司出资 10.9 亿元，赔偿本次溢油事故对海洋生态造成的损失；中国海油和康菲公司分别出资 4.8 亿元和 1.13 亿元，承担保护渤海环境的社会责任。康菲渤海湾漏油事故见图 1-3。

1.2.1.4　M 市部分师生吸入受污染空气致身体不适事件

2014 年 1 月 9 日 23 时，M 市某区一中及 M 市第五中学共 97 名师生因吸入不明气体，导致身体不适入院检查。同时，学校附近的白沙河出现大量油污。

图 1-3　康菲渤海湾漏油事故

事发后，环境保护部、省环保厅立即派出工作组指导 M 市环保局组织开展环境应急处置工作。经排查，肇事企业为位于 M 市某汽车维修厂，该厂散发气味与导致师生不适的不明气体气味相似，厂内停放有四辆罐车，设有暗管直通白沙河，排污点石油类浓度超标 3900 倍、挥发酚超标 15000 倍。

1.2.1.5　天津滨海新区爆炸事故

2015 年 8 月 12 日 23：30 左右，天津滨海新区第五大街与跃进路交叉口的瑞海公司危险品仓库内的易燃易爆物品发生爆炸。现场火光冲天，在强烈爆炸声后，高数十米的灰白色蘑菇云瞬间腾起。随后爆炸点上空被火光染红，现场附近火焰四溅，见图 1-4。

图 1-4　天津滨海新区爆炸事故

爆炸核心区留下的直径约为 60m 的深水坑内，氰化物平均超标 40 多倍，浓度最高处超标甚至达 800 多倍，预计需要三个月才能处理完毕。事故共造成 165 人遇难、8 人失踪，798 人受伤，304 幢建筑物、12428 辆商品汽车、7533 个集装箱受损。截至 2015 年 12 月 10 日，依据《企业职工伤亡事故经济损失统计标准》等标准和规定统计，已核定的直接经济损失 68.66 亿元。

1.2.2　国外典型突发环境事件

1.2.2.1　英国伦敦烟雾事件

1952 年 12 月 5 日开始，逆温层笼罩伦敦，城市处于高气压中心位置，垂直和水平的空气流动均停止，连续数日空气寂静无风。当时伦敦冬季多使用燃煤采暖，市区内还分布有许多以煤为主要能源的火力发电站。由于逆温层的作用，煤炭燃烧产生的二氧化碳、一氧化碳、二氧化硫、粉尘等气体与污染物在城市上空蓄积，引发了连续数日的大雾天气（图 1-5）。期间由于毒雾的影响，不仅大批航班取消，甚至白天汽车在公路上行驶都必须打开着大灯。直至 12 月 10 日，西风吹散了笼罩在伦敦上空的烟雾。

图 1-5　英国伦敦烟雾事件

当时，伦敦空气中的污染物浓度持续上升，许多人出现胸闷、窒息等不适感，发病率和死亡率急剧增加。在大雾持续的 5 天时间里，据英国官方的统计，丧生者达 5000 多人，在大雾过去之后的两个月内有 8000 多人相继死亡。

1.2.2.2　日本水俣病事件

从 1949 年起，位于日本熊本县水俣镇的日本氮肥公司开始制造氯乙烯和醋酸乙烯。由于制造过程要使用含汞（Hg）的催化剂，大量的汞便随着工厂未经处理的废水被排放到了水俣湾。1954 年，水俣湾开始出现一种病因不明的怪病，叫“水俣病”（图 1-6），患病的是猫和人，症状是步态不稳、抽搐、手足变形、精神失常、身体弯弓高叫，直至死亡。经过近十年的分析，科学家才确认：工厂排放的废水中的汞是“水俣病”的起因。汞被水生生物食用后在体内被转化成甲基汞，这种物质通过鱼虾进入人体和动物体内后，会侵害脑部和身体的其他部位，引起脑萎缩、小脑平衡系统被破坏等多种危害，毒性极大。在日本，食用了水俣湾中被甲基汞污染的鱼虾人数达数十万。

1972 年日本环境厅公布：水俣湾和新县阿贺野川下游有汞中毒者 283 人，其中 60 人死亡。

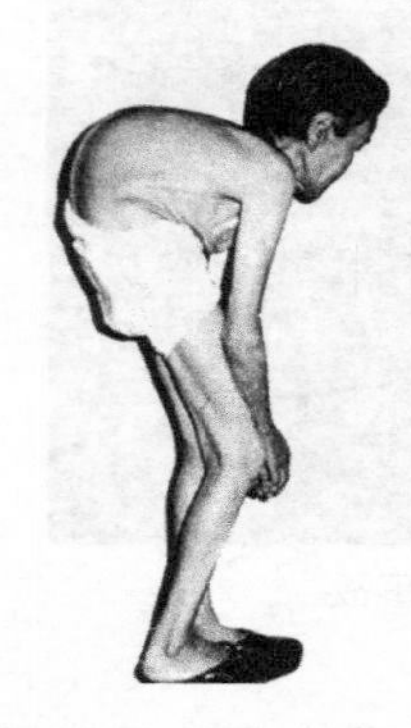

图 1-6 日本水俣病事件

1.2.2.3 印度博帕尔毒气泄漏事件

博帕尔是印度重要的小麦产区，印度政府为了解决 10 亿人口的口粮问题掀起了农业“绿色革命”，于是大量化工厂被兴建，博帕尔摇身一变为一个新兴的工业城市。1975 年，一座具备年产 5000t 高效杀虫剂能力的大型农药场由美国联合碳化物公司（Union Carbide）正式开始运营，它属于 UC 旗下的联合碳化物（印度）有限公司（UCIL），所用主要原料是一种被称为异氰酸甲酯（MIC）的剧毒液体。

MIC 的沸点只有 39.6℃，本身具有挥发性且易燃、易爆，燃烧时会产生氰化氢与氮氧化物等剧毒气体。只要有极少量短时间停留在空气中，就会使人感到眼睛疼痛，若浓度稍大，就会使人窒息。

在该公司例行的日常保养过程中，由于工人失误，导致有水流入到了装有 MIC 气体的储藏罐内，这是储藏罐不能承受储藏槽内骤升的压力而发生爆炸的直接原因。1984 年 12 月 3 日午夜 0 时 56 分，伴随着一声巨响，毒气直冲云霄，形成蘑菇状气团，并迅速扩散。

该事故造成了 2.5 万人直接致死，55 万人间接致死，另外有 20 多万人永久残废。

1.2.2.4 美国墨西哥湾原油泄漏事件

2010 年 4 月 20 日夜间，位于墨西哥湾的“深水地平线”钻井平台发生爆炸并引发大火，大约 36 小时后沉入墨西哥湾，9 名钻台员工和 2 名工程师死亡。钻井平台底部油井自 2010 年 4 月 24 日起漏油不止。事发半个月后，各种补救措施仍未有明显突破，沉没的钻井平台每天漏油达到 5000 桶，并且海上浮油面积在 2010 年 4 月 30 日统计的 9900km^2 基础上进一步扩张。该事故共造成约 440 万桶原油流入墨西哥湾，成为美国历史上最为严重的漏油事故，见图 1-7。

图 1-7 美国墨西哥湾原油泄漏事件

此次漏油事件造成了巨大的环境和经济损失，同时，也给美国及北极近海油田开发带来巨大变数。就海洋环境而言，墨西哥湾方圆上千平方千米的海域受到污染。路易斯安那州野生动物和渔业部称，浮油威胁到约 445 种鱼类、134 种鸟类和 45 种哺乳动物以及 32 种爬行和两栖动物。受漏油事件影响，美国路易斯安那州、亚拉巴马州、佛罗里达州的部分地区以及密西西比州先后宣布进入紧急状态。事故造成污染可能导致墨西哥湾沿岸 1000 英里（1609.344km）长的湿地和海滩被毁，渔业受损，脆弱的物种灭绝。英国石油公司表示，该公司为应对漏油事故已耗费了 9.3 亿美元。

1.2.2.5 日本福岛核泄漏事件

2011 年 3 月 11 日，日本福岛核电站（Fukushima Nuclear Power Plant）经历东部海域

9.0级大地震后停堆；12日下午，一号机组发生爆炸；3月14日，三号机组发生两次爆炸。日本原子能安全保安院将其核泄漏事故等级提高至最严重的7级，与切尔诺贝利核电站同级。日本福岛核泄漏事件见图1-8。

随着福岛核事故的扩大，日本政府已于12日下令疏散了当地居民。随着灾情日益严重，在以福岛核电站为中心的方圆30km以内的居民，都被下令强制撤离。这次疏散的人员达到了30万左右。

日本在处理核泄漏事故过程中隐瞒相关数据，向海水中排放放射性污水的行为受到国内外广泛的质疑。监测结果表明：日本以东及东南方向的西太平洋海域已收到福岛核泄漏事故的显著影响。

图1-8　日本福岛核泄漏事件

1.3　国内突发环境事件统计

1.3.1　国内各级突发环境事件统计

2006～2015年国内各级突发环境事件统计结果如表1-1所示。

表1-1　2006～2015年国内各级突发环境事件统计结果　　单位：起

年份	突发环境事件数量	特别重大事件	重大事件	较大事件	一般事件
2006	161	3	15	35	108
2007	110	1	8	35	66
2008	135	0	12	31	92
2009	171	2	2	41	126
2010①	156	0	5	41	109
2011	106	0	12	11	83
2012②	542	0	5	5	532
2013②	712	0	3	12	697
2014②	471	0	3	16	452
2015②	330	0	3	5	322

① 2010年有1起突发环境事件未定级。

② 2012年、2013年、2014年、2015年数据为全国突发环境事故总数，其余年份数据为环境保护部调度处置突发环境事件。

注：数据来源于《中国环境状况公报》。

1.3.2 国内突发环境事件起因统计

2006～2015 年国内突发环境事件起因统计结果如表 1-2 和图 1-9 所示。

表 1-2 2006～2015 年国内突发环境事件起因统计结果 单位：起

年份	突发环境事件数量	安全生产事故引发	交通事故引发	由企业排污引发	由自然灾害引发	其他
2006	161	78	36	22		25
2007	110	39	28	14		29
2008	135	57	25	23	17	13
2009	171	63	52	23		33
2010	156	69	28	17	42	
2011	106	51	15	20	6	14
2012	33	11	11	3	1	7
2013①	712	291	188	31	39	163
2014②	98	—	—	—	—	—
2015	82	48	12	4	9	9

① 2013 年数据为全国突发环境事故总数，其余年份数据为环境保护部调度处置突发环境事件。

② 2014 年突发环境事件起因数据未做统计。

注：数据来源于《中国环境状况公报》。

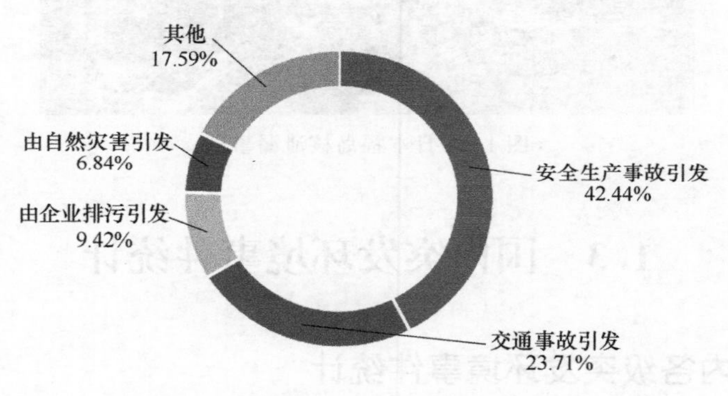

图 1-9 国内突发事件起因比例饼状图

1.3.3 国内突发环境事件类型统计

2006～2012 年国内突发环境事件类型统计结果如表 1-3 和图 1-10 所示。

表 1-3 2006～2012 年国内突发环境事件类型统计结果 单位：起

年份	突发环境事件数量	水污染	海洋污染	大气污染	固体废物污染	噪声污染	土壤污染	其他
2006	161	95		57			7	2
2007	110	34		61				15
2008	135	74		45	2		4	10
2009	171	80	2	61	3		16	9
2010	156	65	10	66		1	4	10
2011	106	39	4	52			2	9
2012	33	26	4	1				2

注：数据来源于《中国环境状况公报》。自 2012 年起，《中国环境状况公报》不再对突发环境事件按照污染类型分类。

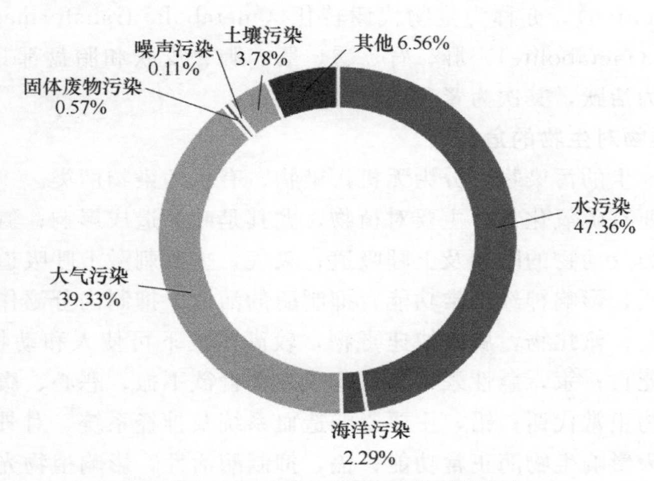

图 1-10　国内突发环境事件类型饼状图

1.4　突发环境事件引发的环境影响

突发环境事件往往会在瞬间排放大量的有毒有害物质或污染物并进入环境，造成局部环境（空气环境、水环境、海域环境、土壤环境）质量迅速恶化，还可能导致环境生态的严重破坏。

1.4.1　对生物的影响

1.4.1.1　污染物进入生物的途径及转化过程

突发环境事件物质在生物体内累积，当其数量超出了生物体内正常含量，就可能对生物产生影响和危害。其主要途径有三个方面：生物吸附、生物吸收和生物浓缩。

生物吸附主要指污染物质通过共价、静电或分子力的作用吸附在生物体表面的现象。

生物吸收指大气、水体、土壤等环境因素中的污染物可经过生物体各种器官的主动和被动吸收进入生物体。植物可通过叶面吸收某些污染物后再通过细胞间隙运转至其他部分，也可通过根系从土壤或水体中吸收有毒物质。动物则主要通过呼吸道、消化道和皮肤等途径使污染物进入动物机体。

生物浓缩指某些较稳定且不易分解的物质被生物吸收后在体内。通常情况下，越处于食物链上端的物种，生物浓缩现象越为明显。

环境污染物经各种途径被生物吸收后，随血液和体液循环分布到全身细胞。理论上污染物应均匀分布于全身各细胞组织，但是事实上并非如此。污染物在体内的分布并不均匀，各种化合物在体内的分布也不一样，有些化合物极易透过某种生物膜，即可分布全身；有些化合物不容易透过生物膜，因此分布受到限制。由于有机污染物是脂溶性且非电解质，故多在体内呈均匀分布。而无机污染物在体内则多呈不均匀分布，属电解质，根据它们的价态，在体内分布有一定规律：1 价阳离子，－1 价、－2 价、－3 价阴离子一般在体内分布较为均匀；2 价、4 价的阳离子，容易分布在骨骼中；镉、钌等由于与含硫基蛋白结合，多集中于肾脏。

进入生物体内的外来化合物，在体内酶的催化下会发生一系列代谢变化过程，称为生物转化（biotransformation），亦称为生物代谢转化（metabolic transformation）。其转化成的衍生物称为代谢物（metabolite）。肝、肾、胃、肠、肺、皮肤和胎盘都具有代谢转化功能，其中以肝脏代谢最为活跃，其次为肾和肺。

1.4.1.2 污染物对生物的危害

突发环境事件产生的污染物可分为无机污染物、有机污染物两类。

无机污染物主要有硫氧化物，主要对植物，尤其是叶片造成影响；氮氧化物，易形成光化学烟雾，刺激人类及动物的眼睛及上呼吸道；氯气，主要刺激上呼吸道支气管黏膜；氟化物，主要破坏原生质，影响神经正常功能，抑制酶的活性，抑制内分泌作用，破坏钙、磷作用以及可能导致突变；氰化物，属于快速毒物，较高浓度下可使人和动物发生瘫痪、痉挛、窒息、呼吸停止而死亡；汞，急性汞中毒可造成人类食欲不振、恶心、腹痛、腹泻、尿汞升高，汞还会影响植物正常代谢；铅，主要影响造血系统及神经系统，对骨骼及生殖器也有一定影响；砷，主要为影响生物酶正常功能；镉，抑制酶活性，影响植物光合作用，影响人类肝、肾功能。

有机污染物主要有多环芳烃，可致癌；酚类化合物，可使植物枯死，被人体吸收后可使中枢系统失去抑制，甚至导致呼吸中枢麻痹而死亡。

1.4.2 对生态的影响

当污染物入侵时，生态系统能够表现出一定的自净能力。生态系统的结构越复杂，能量流和物质循环的途径越多，其调节能力，或者抵抗干扰（disturbance）影响的能力就越强。这称为生态修复（ecological rehabilitation）。

当干扰的影响超出生态系统调节能力的限度时，生态系统就会遭到破坏：一些物种的数量可能剧烈发生变化，另一些物种可能消失，一些新的物种则会出现。这些变化的总结果往往是不利的，它削弱了生态系统的调节能力。

突发环境事件的发生往往会向某一生物圈超量输入废物，严重污染和毒害生物圈的物理化学环境和生物组分。这种超限度的影响对生态系统造成的破坏是长远性的，生态系统重新回到和原来相当的状态需要很长的时间，甚至造成不可逆转的改变。

生态系统受损表现出来的特征主要有以下几种。

(1) 物种多样性的变化 当一个稳定的生态系统受损后，系统中的关键种类首先消失，从而引起与之共生种类和从属性物种的相继消失，物种多样性明显减少。另外，系统中适应环境变化的某些种类迅速发展，种类增加。

(2) 系统结构简单化 系统受损后，反映在生物群落中的种群特征上，常表现为种类组成发生变化，优势种群结构异常；在群落层次上，受损后则是群落结构的矮化，整体景观的破碎。

(3) 食物网破裂 受损的生态系统，在食物网的表现上，主要是食物链的缩短或营养链的断裂，单链营养关系增多，种间共生、附生关系减弱。

(4) 能量流动效率降低 由于受损生态系统食物关系的破坏，能量的转化及传递效率会随之降低，主要表现为对光能固定作用的减弱，能量规模缩小或过程发生变化；系统中的捕食过程和腐化过程弱化，因而能流损失增多，能流效率降低。

(5) 物质循环不畅或受阻 由于生态系统结构受到损害，层次结构简单化以及食物网的破裂，营养物质和元素在生态系统中的周转时间变短，周转率降低，生物的生态学功能减弱。由于生物多样性及其组成结构的变化，使生态系统中物质循环的途径不畅或受阻，包括生态系统中的水循环、氮循环和磷循环均会发生改变。

(6) **生产力下降** 正常的生态系统具有较高的生产力，能利用光合作用生产很多的生物产品，但是，系统受损后，由于光能利用率减弱，净初级生产力下降，初级生产者结构和数量的改变导致次级生产力下降，所以生产力会大幅下降。

(7) **其他服务功能减弱** 生态系统出来而具有生物生产和维持生物多样性等功能外，还具有调节气候、减缓旱涝洪灾害、保持养分和改良土壤、传媒授粉等服务功能，当生态系统受损后，这些功能随之减弱，某些功能甚至全部丧失。

(8) **系统稳定性降低** 在外界干扰较小的情况下，正常生态系统总是在某一平衡点附近摆动，轻度干扰所引起的偏离被系统的负反馈作用所平衡，使系统很快回到原来的状态，系统仍维持稳定状态。而且对于某些生态系统而言，轻度的干扰甚至有利于稳定的发展。但在受损的生态系统中，由于结构的不正常，稳定性降低，系统在正反馈机制驱动下会使系统更远离平衡。

1.5 突发环境事件引发的社会影响

突发环境事件往往会危害到整个社会：肇事企业承受巨额损失，公众生命财产受到威胁，国家和政府为应急处置、事后补偿、重建兜底，突发环境事件的反复发生易造成公众对某些工业项目产生邻避效应（Not-In-My-Back-Yard），影响政府公信力。

1.5.1 国家和政府

在某些特大、重大突发环境事件发生后，环境遭到严重的破坏，公众生命财产安全受到严重损失，这时政府往往成为赔偿的兜底部门。2011 年 3 月日本福岛核电厂发生泄漏事故后，尽管日本政府还没有提供全面的事故成本估算，但即使不考虑对食品出口及观光旅游等间接影响，仅各种分类支出总和已达 1000 亿美元，其中约 60%用于赔偿。如此巨额支出东京电力公司无法独自承受，部分由政府负责。

水污染事件、土壤污染事件或者放射性污染事件使得国家原本稀缺的资源受到破坏。苏联切尔诺贝利核电厂发生爆炸之后，大约 3.7×10^{10} 亿贝克的辐射量释放，约为日本广岛原子弹爆炸能量的 200 多倍。这次事故造成的放射性污染遍及苏联 $15\times10^4\text{km}^2$ 的地区，核电站周围 30km^2 范围被划为隔离区，庄稼被全部掩埋，周围 7km^2 内的树木逐渐死亡。在日后长达半个世纪的时间里，10km^2 范围内不能耕作、放牧；10 年内 100km^2 范围内被禁止生产牛奶。

一切跨区域、跨国性的突发环境事件往往会吸引全世界目光，甚至会影响国与国之间关系。

1.5.2 企业

突发环境事件发生之后，企业需要承担巨额赔偿，事故责任人甚至将面临刑事处罚。在 2000 年 9 月陕西省丹凤县发生的氰化钠运输罐车泄漏事故中，经该地区中级人民法院判决：湖北枣阳市金牛公司赔偿丹凤县政府经济损失 692.5 万元，丹凤县四方金矿赔偿 12.84 万元，运输危险品的司机赔偿 43.28 万元。

天津滨海爆炸事故发生之后，公安机关依法对瑞海公司及相关人员以涉嫌重大责任事故罪、非法储存危险物质罪立案侦查。瑞海公司董事长于某，副董事长董某，副总经理曹某、刘某、田某，前法定代表人李某，安保部经理郭某，财务总监宋某，操作部副经理李某等犯罪嫌疑人被依法刑事拘留；对在事故中受伤的瑞海公司总经理只某、主管安全的副总经理尚某2名犯罪嫌疑人依法监视居住。

除滨海爆炸事故直接涉事企业外，天津港（集团）公司作为港区企业管理单位，对辖区内经营企业负有安全生产监管等职责，有关责任人员疏于管理，对瑞海公司存在的安全隐患和违法违规经营问题未有效督促纠正和处置。检察机关以涉嫌玩忽职守罪对天津港（集团）有限公司总裁郑某（正厅级）、天津港（集团）有限公司总裁助理李某（副厅级）、天津港（集团）有限公司安监部副部长郑某依法立案侦查并采取刑事强制措施。公安机关依法对提供安全评价报告的天津中滨海盛安全评价监测有限公司及相关人员以涉嫌提供虚假证明文件罪立案侦查，对天津中滨海盛安全评价监测有限公司评价师曾某依法刑事拘留。

1.5.3 公众

突发环境事件对公众的影响主要体现在对公众生命财产安全的影响以及心理健康的影响两个方面。

(1) 在生命财产安全层面 几乎每一种类型的突发环境事件都会直接或间接地对公众的生命财产安全造成损害：水污染事件通常影响公众饮水安全，如2005年11月中石油吉林石化分公司双苯厂爆炸事故造成吉林、黑龙江两省用水困难；土壤污染事件通常影响公众食品安全，如2011年云南曲靖某化工实业有限公司铬渣污染事件造成村民放养山羊中毒、死亡；大气污染事件更是直接影响到公众健康，如2004年重庆某化工总厂氯气泄漏事件造成9人死亡，3人轻伤，重庆市区15万人大转移。

(2) 在心理层面 当某些突发环境事件发生后，易引发公众对饮水安全和大气环境质量等状况的担心和疑惑，舆论会引起市民恐慌，影响群众环境权益。

第2章 相关政策、管理办法、法律、法规的介绍

2.1 政策背景

2006年10月11日，中国共产党第十六届中央委员会第六次全体会议通过了《关于构建社会主义和谐社会若干重大问题的决定》(以下简称《决定》)，正式提出了我国按照“一案三制”的总体要求建设应急管理体系。《决定》指出：“完善应急管理机制体制，有效应对各种风险。建立健全分类管理、分级负责、分块结合、属地为主的应急管理体制，形成统一指挥、反应灵敏、协调有序、运转高效的应急管理机制，有效应对自然灾害、事故灾难、公共卫生事件、社会安全事件，提高突发公共事件管理和抗风险能力。按照预防与应急并重、常态与非常态结合的原则，建立统一高效的应急信息平台，建设精干实用的专业应急救援队伍，健全应急预案体系，完善应急管理法律法规，加强应急管理宣传教育，提高公众参与和自救能力，实现社会预警、社会动员、快速反应、应急处置的整体联动。坚持安全第一、预防为主、综合管理，完善安全生产体制机制、法律法规和政策措施，加大投入，落实责任，严格管理，强化监督，坚决遏制重特大安全事故。”

由此可以看出，国家在应对突发事件和应急管理中将“一案三制”作为应急管理机制的核心。“一案”即应急预案，体现预防原则；“三制”即突发环境事件应急法制、体制与机制。

2.2 应急预案

针对我国境内突发环境事件的应对工作，2015年2月3日，国务院发布了《国家突发环境事件应急预案》。除此之外，核设施及有关核活动发生的核事故所造成的辐射污染事件按照2013年6月30日修订的《国家核应急预案》执行；海上溢油事件按照2015年4月3日印发的《国家海洋局海洋石油勘探开发溢油应急预案》执行；船舶污染事件按照2015年5月12日修订的《中华人民共和国船舶污染海洋环境应急防备和应急处置管理规定》执行；重污染天气应对工作按照国务院《大气污染防治行动计划》执行。

以《国家突发环境事件应急预案》为例，除上文所述适用范围之外，还包括突发环境事件组织指挥体系、监测预警和信息报告、应急响应、后期工作、应急保障几个方面。

突发环境事件组织指挥体系分为国家层面组织指挥机构、地方层面组织指挥机构和现场指挥机构三层。①国家层面组织指挥机构：环境保护部负责特大突发环境事件应对的指导协调和环境应急的日常监督管理工作，必要时还将成立国家环境应急指挥部，由国务院领导同志担任总指挥。②地方层面组织指挥机构：县级以上地方人民政府负责本区域内的突发环境事件应对工作，跨行政区域的突发环境事件由各有关区域人民政府共同负责，或由共同的上一级地方人民政府负责。③现场指挥机构：负责突发环境事件应急处置的人民政府需要成立现场指挥部。

监测预警和信息报告包括监测和风险分析、预警、信息报告与通报三个方面。①监测和风险分析：各级环保部门要加强环境监测，并对风险信息加强收集、分析和研判；企业事业单位和其他生产经营者应定期排查环境安全隐患，开展风险评估。②预警：预警分为四级，从低到高分别用蓝色、黄色、橙色、红色表示，预警信息发布后，当地政府应采取分析研判，防范处置，应急准备及舆论引导措施。③信息报告与通报：涉事企事业单位或其他生产经营者——当地环境保护主管部门（核实、认定）——上级环境保护主管部门及同级人民政府；地方各级人民政府及其环境保护主管部门应逐级上报，必要时可越级上报。

应急响应分为响应分级、响应措施、国家层面应对工作、响应终止四个方面。①响应分级：严重程度从高到低，分为Ⅰ级、Ⅱ级、Ⅲ级、Ⅳ级。②响应措施：现场污染处置、转移安置人员、医学救援、应急监测、市场监管和调控、信息发布和舆论引导、维护社会稳定、国际通报和救助。③国家层面应对工作：初判发生重大以上突发环境事件或情况特殊时，环境保护部立即派工作组赴现场指导；当需要国务院协调处置时，成立国务院工作组；根据工作需要和国务院部署，成立国家环境应急指挥部。④响应终止：当事件条件已经排除、污染物质已降至规定限值内、所造成危害基本消除时，由启动响应的人民政府终止应急响应。

后期工作包括损害评估、事件调查、善后处置三个方面。①损害评估：应急响应终止后，要及时组织开展污染损害评估，并将结果向社会公布。②事件调查：由环境保护主管部门牵头，会同监察机关及相关部门，组织开展调查。③善后处置：事发地人民政府要组织制定补助、补偿、抚慰、抚恤、安置和环境恢复等善后工作方案。

应急保障包括队伍保障，物资与资金保障，通信、交通与运输保障，技术保障四个方面。①队伍保障：国家环境应急监测队伍、公安消防部队、大型国有骨干企业应急救援队伍及其他相关方面应急救援队伍等力量，要积极参加应急监测、处置与救援、调查处理等工作。②物资与资金保障：突发环境事件应急处置所需经费首先由事件责任单位承担。③通信、交通与运输保障：地方各级人民政府及通信主管部门、交通运输部门、公安部门要参与保障。④技术保障：依托环境应急指挥技术平台，实现信息综合集成、分析处理、污染损害评估的智能化与数字化。

《国家突发环境事件应急预案》确立了中枢指挥系统、事件分级响应，确保了公众知情权，强调了提高公众的灾害自救能力。其对应对突发环境事件的组织体系、运行机制、应急保障、监督管理等方面进行了详细部署，为国家处理突发环境事件提供了系统的指导和依据。

2.3 应急法制

2.3.1 法律法规

针对突发环境事件，现有法律法规规定主要体现在《中华人民共和国宪法》《中华人民共和国突发事件应对法》《中华人民共和国环境保护法》等法条中。

《中华人民共和国宪法》第二十六条规定："国家保护和改善生活环境和生态环境，防治污染和其他公害。国家组织和鼓励植树造林，保护林木。"第六十七条第二十项规定全国人民代表大会常务委员会可决定全国或者个别省、自治区、直辖市进入紧急状态。第八十九条规定：国务院可依照法律规定，宣布个别省、自治区、直辖市的范围内部分地区进入紧急状态。宪法明确了国家作为突发环境事件管理的主体，为突发环境事件紧急状态的决定、宣布提供了法律依据。

《中华人民共和国突发事件应对法》在赋予政府多项应急权力、约束政府履行职责、最大限度保护公民权利、信息及时报送与公开、处罚虚假宣传等方面作出了规定，主要内容包括突发事件的管理体制、突发事件的预防和应急准备、关于突发事件的监测和预警、关于突发事件的应急处置与救援、关于事后恢复与重建等方面。作为一门专门为突发事件应对而设立的法律，具有较高的法律位阶，而突发环境事件作为突发事件的一种，适用该法。

在环境保护法律规范中，对突发环境事件的要求体现在《中华人民共和国环境保护法》《中华人民共和国水污染防治法》《中华人民共和国大气污染防治法》《中华人民共和国固体废物污染环境防治法》《中华人民共和国放射性污染防治法》等法律法规中。

《中华人民共和国环境保护法》是我国环境保护的基本法，在环境法律体系中占有核心地位，它对环境保护的重大问题作出了全面的原则性规定，是构成其他单项环境立法的依据。其第四十七条规定："各级人民政府及其有关部门和企业事业单位，应当依照《中华人民共和国突发事件应对法》的规定，做好突发环境事件的风险控制、应急准备、应急处置和事后恢复等工作。县级以上人民政府应当建立环境污染公共监测预警机制，组织制定预警方案；环境受到污染，可能影响公众健康和环境安全时，依法及时公布预警信息，启动应急措施。企业事业单位应当按照国家有关规定制定突发环境事件应急预案，报环境保护主管部门和有关部门备案。在发生或者可能发生突发环境事件时，企业事业单位应当立即采取措施处理，及时通报可能受到危害的单位和居民，并向环境保护主管部门和有关部门报告。突发环境事件应急处置工作结束后，有关人民政府应当立即组织评估事件造成的环境影响和损失，并及时将评估结果向社会公布。"

《中华人民共和国水污染防治法》第六章为水污染事故应急处理，第六十六条规定："各级人民政府及其有关部门，可能发生水污染事故的企业事业单位，应当依照《中华人民共和国突发事件应对法》的规定，做好突发水污染事故的应急准备、应急处置和事后恢复等工作。"第六十七条规定："可能发生水污染事故的企业事业单位，应当制定有关水污染事故的应急方案，做好应急准备，并定期进行演练。"第六十八条规定："企业事业单位发生事故或者其他突发性事件，造成或者可能造成水污染事故的，应当立即启动本单位的应急方案，采取应急措施，并向事故发生地的县级以上地方人民政府或者环境保护主管部门报告。环境保护主管部门接到报告后，应当及时向本级人民政府报告，并抄送有关部门。

造成渔业污染事故或者渔业船舶造成水污染事故的，应当向事故发生地的渔业主管部门报告，接受调查处理。其他船舶造成水污染事故的，应当向事故发生地的海事管理机构报告，接受调查处理；给渔业造成损害的，海事管理机构应当通知渔业主管部门参与调查处理。”

《中华人民共和国大气污染防治法》第九十四条规定：“县级以上地方人民政府应当将重污染天气应对纳入突发事件应急管理体系。省、自治区、直辖市、设区的市人民政府以及可能发生重污染天气的县级人民政府，应当制定重污染天气应急预案，向上一级人民政府环境保护主管部门备案，并向社会公布。”第九十七条规定：“发生造成大气污染的突发环境事件，人民政府及其有关部门和相关企业事业单位，应当依照《中华人民共和国突发事件应对法》、《中华人民共和国环境保护法》的规定，做好应急处置工作。环境保护主管部门应当及时对突发环境事件产生的大气污染物进行监测，并向社会公布监测信息。”

《中华人民共和国固体废物污染环境防治法》第六十三条规定：“因发生事故或者其他突发性事件，造成危险废物严重污染环境的单位，必须立即采取措施消除或者减轻对环境的污染危害，及时通报可能受到污染危害的单位和居民，并向所在地县级以上地方人民政府环境保护行政主管部门和有关部门报告，接受调查处理。”第六十四条规定：“在发生或者有证据证明可能发生危险废物严重污染环境、威胁居民生命财产安全时，县级以上地方人民政府环境保护行政主管部门或者其他固体废物污染环境防治工作的监督管理部门必须立即向本级人民政府和上一级人民政府有关行政主管部门报告，由人民政府采取防止或者减轻危害的有效措施。有关人民政府可以根据需要责令停止导致或者可能导致环境污染事故的作业。”

2.3.2 行政规章

政策相对于法律具有灵活性以及前瞻性等特点。适用范围广、内容科学、完整且经过反复适用和实践检验的政策往往通过法律规范为法律文件。

适用于突发环境事件的政策与行政规章主要有《“十三五”生态环境保护规划》《国家突发环境事件应急预案》《突发环境事件应急管理办法》《环境保护部关于加强环境应急管理工作的意见》等。

我国《“十三五”生态环境保护规划》第六章第一节提出：“强化突发环境事件应急处置管理。健全国家、省、市、县四级联动的突发环境事件应急管理体系，深入推进跨区域、跨部门的突发环境事件应急协调机制，健全综合应急救援体系，建立社会化应急救援机制。完善突发环境事件现场指挥与协调制度，以及信息报告和公开机制。加强突发环境事件调查、突发环境事件环境影响和损失评估制度建设。”《突发环境事件应急管理办法》从全过程角度系统规范突发环境事件应急管理工作，构建了突发环境事件应急管理基本制度，突出了企业事业单位的环境安全主体责任，明确了突发环境事件应急管理优先保障顺序，依据部门规章的权限新设了部分罚则。

一些行政主管部门为防止突发环境事件的发生，还根据需要，对某些特定行业制定规范，发送通知要求。如国家安全生产监督管理总局发布的《危险化学品安全使用许可证实施办法》《危险化学品经营许可证管理办法》《危险化学品建设项目安全监督管理办法》《危险化学品输送管道安全管理规定》《危险化学品重大危险源监督管理暂行规定》《危险化学品生产企业安全生产许可证实施办法》。环境保护部发布的《关于开展环境安全大检查的紧急通知》《关于进一步加强环境影响评价管理防范环境风险的通知》《关于检查化工石化等新建项目环境风险的通知》；环保部与安监总局共同发布的《关于督促化工企业切实做好几项安全环保重点工作的紧急通知》等。

2.3.3 标准规范

环境标准根据标准的性质、内容、适用范围和作用分为“三级五类”：“三级”即国家标准、地方标准和环境保护行业标准。“五类”即环境质量标准、污染物排放标准、环境监测方法标准、环境标准样品标准和环境基础标准。

国家标准和环境保护行业标准由环境保护部制定，在全国范围内执行。地方标准是对国家标准的补充与完善，由省、自治区、直辖市地方政府制定并在辖区实行，主要包含环境质量标准及污染物排放标准两类。

国家标准与环境保护行业标准还可分为强制性标准以及推荐性标准两类。环境质量标准、污染物排放标准和法律法规规定必须执行的其他环境标准为强制性标准，国家标准以“GB”开头，环境保护行业标准以“HJ”开头。除强制性标准外的其他标准为推荐性标准。国家鼓励采用推荐性标准，但是推荐性标准被强制性标准引用后变为强制性标准，必须强制执行。推荐性国家标准以“GB/T”开头，推荐性环境保护行业标准以“HJ/T”开头。

企业事业单位在进行设计、生产运行活动以及有关部门在进行监管、应急处置过程中，必须严格执行相关标准规范。如设计过程中需要遵守《石油化工企业设计防火规范》(GB 50160—2008)、《化工建设项目环境保护设计规范》(GB 50483—2009)、《工业企业设计卫生标准》(GB Z1—2010)，并根据相关行业污染物排放标准如《大气污染物综合排放标准》(GB 16297—1996)、《污水综合排放标准》(GB 8978—1996) 进行三废处理系统设计。

如表 2-1 为《污水综合排放标准》中对第一类污染物最高允许排放浓度的规定：

表 2-1 第一类污染物最高允许排放浓度 单位：mg/L

序号	污 染 物	最高允许排放浓度
1	总汞	0.05
2	烷基汞	不得检出
3	总镉	0.1
4	总铬	1.5
5	六价铬	0.5
6	总砷	0.5
7	总铅	1.0
8	总镍	1.0
9	苯并[a]芘	0.00003
10	总铍	0.005
11	总银	0.5
12	总 α 放射性	1Bq/L
13	总 β 放射性	10Bq/L

生产运营企业应按照相关标准如《常用化学危险品贮存通则》(GB 15603—1995) 做好管理工作，依据各类污染物排放标准做好污染物排放管理，并按照相关指南如《石油化工企业环境应急预案编制指南》《尾矿库环境应急管理工作指南（试行）》做好应急预案编制工作。

环境保护主管部门应根据环境监测标准如《固定污染源排气中颗粒物测定与气态污染物采样方法》(GB/T 16157—1996) 做好日常环境监测；根据《突发环境事件应急监测技术规范》(HJ 589—2010) 做好突发环境事件后环境监测工作；并依照《环境空气质量标准》

(GB 3095—2012)、《地表水环境质量标准》(GB 3838—2002) 等标准界定应急是否可以终止。

2.4 应急体制与机制

我国现阶段突发环境事件应急管理遵循了“一案三制”的总体要求和规划，通过实践中不断摸索和总结经验，按照预防与应急并重、常态与非常态结合的原则，逐步建立起了“分类管理、分级负责、条块结合、属地为主”的应急管理体制和“统一指挥、反应灵敏、协调有序、运转高效”的应急管理体制。

目前我国已初步形成了以中央政府领导、有关部门和地方各级政府各负其责、社会组织和人民群众广泛参与的应急管理体制。从机构设置看，既有中央级的非常设应急指挥机构和常设办事机构，又有地方政府对应的各级应急指挥机构，县级以上地方各级人民政府设立了由本级人民政府主要负责人、相关部门负责人组成的突发公共事件应急指挥机构；根据实际需要，设立了相关突发公共事件应急指挥机构，组织、协调、指挥突发公共事件应对工作。从职能配置看，应急管理机构在法律意义上明确了在常态下编制规划和预案、统筹推荐建设、配置各种资源、组织开展演练、排查风险源的职能。从人员配备上，既有负责日常管理的从中央到地方的各级行政人员和专司救援队伍，又配备了高校和科研单位的环境应急管理专家。

经过几年的努力，我国初步建立了应急监测预警机制、信息沟通机制、应急决策和协调机制、分级负责与响应机制、社会动员机制、应急资源配置与征用机制、奖惩机制、社会治安综合治理机制、城乡社区管理机制、政府与公众联动机制、国际协调机制等应急机制。另外，特别针对薄弱环节，有针对性地加强机制建设。如以往在信息披露和公众参与方面存在缺失，四川汶川地震发生后，党和政府注意发挥信息发布机制和志愿者机制的作用，主动向社会发布灾情报告，举行记者招待会或以其他形式与社会直接面对面沟通，大量媒体记者包括境外媒体记者被允许进入灾区进行采访和报道，增强了政府信息公开的时效性与权威性，避免了谣言的传播，有效引导了舆论导向，稳定了人心。又如，在突发公共事件中，关于怎样开展与国际社会合作的经验以前并不多，经过近几年实践摸索，建立了减灾国际协作机制，在特大灾害中邀请有丰富经验的外国和境外救援人员参与救灾。同时，我国在建立应急管理机制的过程中还与探索建立绩效评估、行政问责制度相结合，已形成了灾害评估、官员问责的一些成功实践范例。

我国在培育应急管理机制时，重视应急管理工作平台建设。国务院制定了“十一五”期间应急平台建设规划并启动了这一工程，公共安全监测监控、预测预警、指挥决策与处置等核心技术难关已经基本攻克。国家统一指挥、功能齐全、先进可靠、反应灵敏、实用高效的公共安全应急体系技术平台正在加快建设步伐，为构建一体化、准确、快速应急决策指挥和工作系统提供支撑和保障。

通过近年来应对突发环境事件的实践积累，我国突发环境事件应急体制机制不断健全，在重大的突发灾害或事故面前，处理机制的建立和运转成熟有效，将突发环境事故造成的损失和不利影响降至最低，有效地保障了广大人民的生命财产和生态环境的安全。以 2015 年天津滨海新区爆炸事故为例，2015 年 8 月 12 日 22 时 51 分 46 秒，瑞海公司危险品仓库最先起火；23 时 34 分 06 秒发生第一次爆炸；23 时 34 分 37 秒发生第二次更剧烈的爆炸。22 时

52分接警后，22时56分，天津港公安局消防四大队首先到场。8月13日凌晨1点左右，成立总指挥部，指挥部下设五个工作组，分别是事故现场处置组、伤员救治组、保障维稳群众工作组、信息发布组和事故原因调查组，全方位开展现场救援以及防化处理、房屋回购、人员赔偿等善后处理各项工作。8月13日凌晨至19日，国务委员率国务院工作组赶赴事故现场，协调指导应急处置工作。事故发生后，党中央、国务院高度重视，习近平总书记、李克强总理多次作出批示，要求全力组织搜救，注意做好科学施救，防止发生次生事故，同时查明事故原因，及时公开透明向社会发布信息。2015年8月18日，经国务院批准，成立由公安部、安全监管总局、监察部、交通运输部、环境保护部、全国总工会和天津市等有关方面组成的国务院天津港"8·12"瑞海公司危险品仓库特别重大火灾爆炸事故调查组，邀请最高人民检察院派员参加，并聘请爆炸、消防、刑侦、化工、环保等方面专家参与调查工作。

第3章　环境污染应急预案与事故初期处置

3.1　环境风险事故的危害

环境事故发生后通过迁移、转化、归趋将主要对人体健康、环境质量和生态系统产生危害。

(1) 健康危害分析　环境事故发生后，随着污染物的传播、扩散，会对污染事故发生区域造成影响。污染物通过迁移、转化、归趋等途径对受污染区域内的人员生活造成影响，这种影响可分为短期高浓度直接影响及长期低水平持续影响两个部分。污染物在人体中的累积作用主要通过大气、地表水和土壤三种途径实现。

大气：主要包括有害物质颗粒物或气态化合物造成的吸入暴露。

地表水：人体接触到的自然水体中有害化合物通过皮肤接触对人体造成的伤害，直接饮用受污染水体对人体造成的伤害，或是水体中挥发的有害物质被人体吸入呼吸系统从而造成危害。

土壤：人体直接接触或偶尔食入污染土壤，土壤中含有可挥发性有机化合物可通过释放到大气造成人体的吸入暴露。

(2) 生态危害分析　风险事故发生后，泄漏的化学物质残留于环境中，一方面通过直接接触危及生物；另一方面因燃烧、挥发、沉降、溶解等作用污染大气、水体和土壤，进而通过大气、水体和土壤危害生物。此外由于化学物质的蓄积性和生物富集作用，化学物质的毒性经生态系统中的食物链、食物网不断传递，并随生物营养等级的升高而不断递增。

(3) 环境质量危害分析　当环境风险事故发生后，在瞬时或短时间内大量排放污染物质，当大气中污染物质的浓度达到有害程度，对大气环境造成严重的污染和破坏，以至破坏园区周围生态系统和园区内正常生产生活；当大量污染物进入自然水体后，若其含量超过了水体的自然净化能力，使水体的水质和水体底质的物理、化学性质或生物群落组成发生变化，不仅破坏水生生态系统，而且危及人体健康；当污染物进入土壤，使受污染土壤本身的物理、化学性质发生改变，并可通过雨水淋溶从土壤进入地下水或地表水，造成水质的污染和恶化。同时，受污染土壤上生长的植物，在吸收、积累土壤污染物后，可通过食物链进入人体，造成对人体的危害。

3.2 环境应急预案

3.2.1 环境应急预案编制的目的和意义

编制应急预案的目的，是避免紧急情况发生时出现混乱，确保按照合理的响应流程采取适当的救援措施，预防和减少可能随之引发的环境影响。

环境应急预案编制的意义主要体现在以下3个方面。

(1) 提高风险方法意识，增强事故预防能力 编制应急预案过程中，需要事先进行详细的调查工作，对内需要明确企业事业单位自身的基本情况及主要环境风险源的分布情况，对外需要明确周边的环境保护目标及应急所需的基础设施条件。同时要对环境风险事故产生的影响进行预测分析。因此，预案的编制过程即是项目本身环境危险源的梳理过程。这个过程有助于相关单位对自身环境危险源进行梳理，同时提醒相关责任人加强管理，避免环境事故发生。此外还要提高事故预防能力建设，提高风险防范意识。应急预案的编制、评审、发布、宣传、演练、教育和培训，有利于各方了解面临的重大事故及其相应的应急措施，有利于促进各方提高风险防范意识和能力。

(2) 做出及时的应急响应，降低事故后果 应急预案有利于做出及时的应急响应，降低事故后果。应急行动对时间要求十分敏感，不允许有任何拖延。应急预案预先明确了应急各方职责和响应程序，在应急资源等方面进行先期准备，可以指导应急救援迅速、高效、有序地开展，将事故造成的人员伤亡、财产损失和环境破坏降到最低限度。

应急预案是各类突发事故的应急基础，通过编制应急预案，可以对那些事先无法预料到的突发事故起到基本的应急指导作用，成为开展应急救援的“底线”，在此基础上，可以针对特定事故类别编制专项应急预案，并有针对性的制定应急预案、进行专项应急预案准备和演习。

(3) 明确各方权责、提高协调联动水平 应急预案确定了应急救援的范围和体系，使应急管理不再无据可依、无章可循，尤其是通过培训和演练，可以使应急人员熟悉自己的任务，具备完成指定任务所需的相应能力，并检验预案和行动程序，评估应急人员的整体协调性。

应急预案建立了与上级单位和部门应急救援体系的衔接，通过编制应急预案可以确保当发生超过本级应急能力的重大事故时与有关应急机构进行联系和协调。

3.2.2 政府层面的应急预案

为适应新形势下突发环境事件应急工作需要，经国务院同意，国务院办公厅于2014年12月29日正式印发了修订后的《国家突发环境事件应急预案》。

《国家突发环境事件应急预案》(简称《预案》)依据2014年修订的《环境保护法》和《突发事件应对法》等法律法规，总结了近年来突发环境事件应对工作的实践经验，从我国国情和现实发展阶段出发，重点在突发环境事件的定义和预案适用范围、应急指挥体系、监测预警和信息报告机制、事件分级及其响应机制、应急响应措施等方面做了调整，较之2005年印发的原《预案》结构更加合理，内容更加精炼，定位更加准确，层级设计更加清晰，职责分工更加明确，“环境”特点更加突出，应急响应流程更加顺畅，指导性、针对性和可操作性也有了进一步增强。

新《预案》由7章和2个附件组成，分别为总则、组织指挥体系、监测预警和信息报告、应急响应、后期工作、应急保障、附则，将原《预案》中篇幅较大且相对独立的突发环境事件分级标准和国家环境应急指挥部组成及工作组职责调整为2个附件。

根据环境污染事故发生和处理处置的相关规律，结合新《预案》的要求，政府层面的应急预案的编制，相对于企业层面的应急预案更侧重于明确各方权责、提高协调联动水平；更合理地配置各方资源将环境污染事故的危害控制在最小的范围，同时针对污染事故进行评价与分析；总结相关经验教育，并对有关人员和单位进行奖惩。

政府层面的应急预案的编制应遵循以下特点开展工作。

(1) 政府层面的应急预案中应根据明确的事件分级标准制定相关处理方案 新《预案》从人员伤亡、经济损失、生态环境破坏、辐射污染和社会影响等方面对事件分级标准进行了比较系统地、完善地阐述：一是在较大级别中增加了“因环境污染造成乡镇集中式饮用水水源地取水中断”的规定；比照伤亡人数、疏散人数、经济损失、跨界影响等因素，增加了一般事件分级具体指标。二是强调了环境污染与后果之间的关系。强调了“因环境污染 ”直接导致的人员伤亡、疏散和转移，从而与因生产安全事故和交通事故等致人伤亡的情形区别开来。三是提高了经济损失标准。将特别重大级别中由于环境污染造成直接经济损失的额度由原来的1000万元调整至1亿元，其他级别中因环境污染造成直接经济损失的额度也做了相应调整。四是辐射方面的分级标准进一步调整和规范。五是在特别重大级别中增加了“造成重大跨国境影响的境内突发环境事件”。

环境污染事件的分级，有利于迅速判别环境污染事故的危害程度和采取相应的救援过程。环境污染事故分级标准和环境污染应急处理处置的分级响应制度相结合，可以有效地提高应急救援的处理时效，同时根据不同环境污染事件的危害程度，将响应级别控制在一定范围内，有利于污染事故救援的开展，避免在实际处置过程中出现走极端的现象——过度反应和反应不及时。这两者都会影响环境污染事故应急处置，从而产生不良后果。

(2) 政府层面的应急预案中应具有完善的应急组织体系 新《预案》强调“坚持统一领导、分级负责，属地为主、协调联动，快速反应、科学处置，资源共享、保障有力”的原则。明确突发环境事件应对工作的责任主体是县级以上地方人民政府。“突发环境事件发生后，地方人民政府和有关部门立即自动按照职责分工和相关预案开展应急处置工作。”国家层面主要是负责应对重特大突发环境事件，跨省级行政区域突发环境事件和省级人民政府提出请求的突发环境事件。国家层面应对工作分为环境保护部、国务院工作组和国家环境应急指挥部三个层次，这样的规定是近10年来重特大突发环境事件应对实践的总结和固化。如2005年发生的S江水污染特别重大突发环境事件，国务院成立了应急指挥部统一领导、组织和指挥应急处置工作。一些敏感的重大环境事件，如2009年年底C长管线柴油泄漏事件、2012年年初G河镉污染事件等，根据国务院领导同志指示，成立了由环境保护部等相关部门组成的国务院工作组，负责指导、协调、督促有关地区和部门开展突发环境事件应对工作。其他重特大突发环境事件国家层面的应对则多是由环境保护部负责的。与之相配套，环境保护部于2013年印发的《环境保护部突发环境事件应急响应工作办法》，对部门工作组的响应分级、响应方式、响应程序、工作内容进行了系统规定。

新《预案》还强调，应急指挥部的成立由负责处置的主体来决定，即“负责突发环境事件应急处置的人民政府根据需要成立现场指挥部，负责现场组织指挥工作。参与现场处置的有关单位和人员要服从现场指挥部的统一指挥。”这就使国家和地方的事权更加清晰，便于有效开展应对工作。

应急组织体系的建立，是环境应急工作的基础，只有明确的组织领导，才能执行强有力的分工合作与协调处置，因此在政府层面的应急预案编制过程中，一定要将组织机构的编制和领导人员的岗位职责的制定放在首位。

(3) 政府层面的应急预案中应将环境监测作为应急工作的基础 政府层面的应急预案中，应该结合各职能部门的分工，加强监测和风险分析。新《预案》中指出“各级环境保护主管部门及其他有关部门要加强日常环境监测，并对可能导致突发环境事件的风险信息加强收集、分析和研判。安全监管、交通运输、公安、住房城乡建设、水利、农业、卫生计生、气象等有关部门按照职责分工，应当及时将可能导致突发环境事件的信息通报同级环境保护主管部门。”

首先，环境监测和风险分析是环境污染事故应急的基础。只有结合日常监测数据并对污染事故发生时的应急数据进行研判和分析，才能得出污染事故发生的类型和强度，从而指导后续的救援和处理处置工作的开展。

其次，环境监测工作涉及的领域广，协同难度大，只有在城府层面的应急预案中对各个业务部门的工作进行细化，做到有据可依，有文可查，才能保证在应急污染事故发生时各个监测岗位能够协同合作，迅速处置。

最后，环境监测工作是环境应急工作的基础，只有得到最及时、准确的环境监测数据，才能对环境污染事故的发展趋势做出正确的研判。应急处置工作就是在与时间进行赛跑，多争取一秒钟就是为应急处置工作多提供一份保障。

环境污染事故发生过程中，应加强大气、水体、土壤等应急监测工作，根据突发环境事件的污染物种类、性质以及当地自然、社会环境状况等，明确相应的应急监测方案及监测方法，确定监测的布点和频次，调配应急监测设备、车辆，及时准确监测，为突发环境事件应急决策提供依据。

综上，在政府层面的应急预案编制过程中，应充分考虑环境监测工作的难度和广度。合理进行环境监测预案的设置，明确各职能部分的分工和职责，结合应急组织机构的职能，设置一套合理的环境监测预案。

(4) 政府层面的应急预案中应具有响应等级的预警措施和信息发布 新《预案》中将预警行动划分为分析研判、防范处置、应急准备和舆论引导等各个职能。同时，明确“预警级别的具体划分标准，由环境保护部制定。”“响应措施”分别为现场污染处置、转移安置人员、医学救援、应急监测、市场监管和调控、信息发布和舆论引导、维护社会稳定、国际通报和援助等，具有较强的指导性。

新《预案》规定“突发环境事件发生在易造成重大影响的地区或重要时段时，可适当提高响应级别。应急响应启动后，可视事件损失情况及其发展趋势调整响应级别，避免响应不足或响应过度。”这个应急响应级别灵活调整和响应适度的原则完全符合《突发事件应对法》的规定，即“有关人民政府及其部门采取的应对突发事件的措施，应当与突发事件可能造成的社会危害的性质、程度和范围相适应；有多种措施可供选择的，应当选择有利于最大程度地保护公民、法人和其他组织权益的措施。”

政府层面的应急预案中，应明确突发环境事件发生后，涉事企业事业单位或其他生产经营者必须采取应对措施，并制定报告和通报制度。将相关情况向当地环境保护主管部门和相关部门报告，同时通报可能受到污染危害的单位和居民。因生产安全事故导致突发环境事件的，安全监管等有关部门应当及时通报同级环境保护主管部门。环境保护主管部门通过互联网信息监测、环境污染举报热线等多种渠道，加强对突发环境事件的信息收集，及时掌握突发环境事件情况。《预案》明确了信息报告与通报的实施主体、职责分工和程序，强调了跨省级行政区域和向国务院报告的突发环境事件信息处理原则和主要情形。

地方各级人民政府及其环境保护主管部门应当按照有关规定逐级上报，必要时可越级上报。

(5) 政府层面的应急预案中应具有明确的应急响应措施 应急响应措施，是应急预案中的重中之重，是应急预案的核心，只有制定行之有效的应急处置措施并在实践过程中不断进行磨合和补充，才能在污染事故过程中发挥出最大效益，将污染事故的影响降至最低。应急响应措施应包括以下内容。

① 响应分级 应急预案中，根据环境污染事故的分级标准，针对不同等级的事故启动响应等级的处理措施，应急响应设定为Ⅰ级、Ⅱ级、Ⅲ级和Ⅳ级四个等级。初判发生特别重大、重大突发环境事件，分别启动Ⅰ级、Ⅱ级应急响应，由事发地省级人民政府负责应对工作；初判发生较大突发环境事件，启动Ⅲ级应急响应，由事发地设区的市级人民政府负责应对工作；初判发生一般突发环境事件，启动Ⅳ级应急响应，由事发地县级人民政府负责应对工作。

分级响应措施的建立，可以有效地增强应急事故的处理流程的合理性、适应性，更好地开展应急处置工作。

② 现场污染处置措施 现场污染处置措施的实施主体是涉事企业事业单位，相关单位应该在自己单位内部制定相关的环境污染事故应急预案，并开展污染处置工作。相对于企业层面的污染处置预案。政府层面的污染处置预案主要体现以下两个方面。

首先，政府层面的污染处置预案是对企业层面污染处置预案的完善和补充。

虽然相关涉事的企事业单位均建设有自己的应急处置预案，当环境污染事故发生时，可按照相关预案迅速开展处置工作，但企业层面的预案编制和执行过程中具有局限性。一方面，环境污染事故具有不可预见性，突发的环境污染事故超出涉事企业事业单位预案设定的范围，涉事单位无针对性的措施加以处置，这就需要政府层面迅速启动应急机制，调度有效资源，如聘请专家、调动应急储备物资等措施迅速开展行动，弥补涉事企业应急预案的不足。另一方面，环境污染事故发生时，涉事企业事业单位或其他生产经营者不明，同样需要政府相关部门启动应急处理机制，明确相关职能部门组织对污染来源开展调查，查明涉事单位，确定污染物种类和污染范围，切断污染源。

其次，政府层面的污染处置措施预案更着眼于宏观层面，是杜绝污染事故影响扩散的根本保证。

一旦发现环境污染事故有扩散趋势，已经超过单一涉事企业应急处理能力范围的情况下，就需要政府机构从宏观层面对整个环境污染事故进行统一考虑，立即采取关闭、停产、封堵、围挡、喷淋、转移等措施，切断和控制污染源，防止污染蔓延扩散。做好有毒有害物质和消防废水、废液等的收集、清理和安全处置工作。

政府层面的环境污染事故应急处理预案中，应该明确制订综合治污方案，采用监测和模拟等手段追踪污染气体扩散途径和范围；采取拦截、导流、疏浚等形式防止水体污染扩大；

采取隔离、吸附、打捞、氧化还原、中和、沉淀、消毒、去污洗消、临时收贮、微生物消解、调水稀释、转移异地处置、临时改造污染处置工艺或临时建设污染处置工程等方法处置污染物。必要时，要求其他排污单位停产、限产、限排，减轻环境污染负荷。

上述措施的实施是环境污染事故应急处理过程中的基本要求，也是防止污染事故扩散的根本保障。

③ 转移安置人员及医学救援　政府层面的应急预案制定过程中，应该将人民群众的生命安全放在首位，特别是在事故发生初期，应尽一切条件开展受污染区域的人员安置和医学救援工作。这就要求在应急预案的制定过程中，合理组织分配相关职能部门的职责与分工。

应急预案中应根据突发环境事件影响及事发当地的气象、地理环境、人员密集度等，建立现场警戒区、交通管制区域和重点防护区域，确定受威胁人员疏散的方式和途径，有组织、有秩序地及时疏散转移受威胁人员和可能受影响地区居民，确保生命安全。妥善做好转移人员安置工作，确保有饭吃、有水喝、有衣穿、有住处和必要医疗条件。

医学救援工作应迅速组织当地医疗资源和力量，对伤病员进行诊断治疗，根据需要及时、安全地将重症伤病员转运到有条件的医疗机构加强救治。指导和协助开展受污染人员的去污洗消工作，提出保护公众健康的措施建议。视情况增派医疗卫生专家和卫生应急队伍、调配急需医药物资，支持事发地医学救援工作。做好受影响人员的心理援助。

④ 社会影响监管措施市场的监管和调控　企业层面的应急措施预案中，应把政府维持社会稳定的职能纳入其中，应急预案中相关措施包括：密切关注受事件影响地区市场供应情况及公众反应，加强对重要生活必需品等商品的市场监管和调控。禁止或限制受污染食品和饮用水的生产、加工、流通和食用，防范因突发环境事件造成的集体中毒。

在采取上述措施的同时，还应该明确信息发布和舆论引导措施，通过政府授权发布、发新闻稿、接受记者采访、举行新闻发布会、组织专家解读等方式，借助电视、广播、报纸、互联网等多种途径，主动、及时、准确、客观向社会发布突发环境事件和应对工作信息，回应社会关切，澄清不实信息，正确引导社会舆论。信息发布内容包括事件原因、污染程度、影响范围、应对措施、需要公众配合采取的措施、公众防范常识和事件调查处理进展情况等。

应急预案中指出在采取相关措施的同时，应明确加强受影响地区社会治安管理，严厉打击借机传播谣言制造社会恐慌、哄抢救灾物资等违法犯罪行为；加强转移人员安置点、救灾物资存放点等重点地区治安管控；做好受影响人员与涉事单位、地方人民政府及有关部门矛盾纠纷化解和法律服务工作，防止出现群体性事件，维护社会稳定。

如需向国际社会通报或请求国际援助时，环境保护部向外交部、商务部提出需要通报或请求援助的国家（地区）和国际组织、事项内容、时机等，按照有关规定由指定机构向国际社会发出通报或呼吁信息。

⑤ 响应终止　应急预案中应明确处理事故的中止条件与程序。当事件条件已经排除、污染物质已降至规定限值以内、所造成的危害基本消除时，由启动响应的人民政府终止应急响应。

(6) 政府层面的应急预案中应明确后期工作的布置　环境污染事故中后期工作主要包括损害评估、事件调查与善后处置。政府层面在编制相关预案过程中对相关内容的程序加以明确。具体要求如下。

① 损害评估　突发环境事件应急响应终止后，要及时组织开展污染损害评估，并将评

估结果向社会公布。评估结论作为事件调查处理、损害赔偿、环境修复和生态恢复重建的依据。

② 事件调查　突发环境事件发生后，根据有关规定，由环境保护主管部门牵头，可会同监察机关及相关部门，组织开展事件调查，查明事件原因和性质，提出整改防范措施和处理建议。

③ 善后处置　事发地人民政府要及时组织制订补助、补偿、抚慰、抚恤、安置和环境恢复等善后工作方案并组织实施。保险机构要及时开展相关理赔工作。

④ 实践证明　损害评估是对人民群众负责的具体体现，事件调查是提高应急管理水平和能力的重要举措。把应对突发事件实践中的经验教训总结、凝练，通过制度和预案进一步确定下来，以应对那些不确定的突发事件，这是应急管理工作中非常重要的方法和宝贵经验。

(7) 政府层面的应急预案中应将应急保障能力的建设作为重中之重　应急救援工作的开展，是以应急处置物质供应为基础、以应急处置能力根本，以应急处置技术为保证的综合性工作。只有在上述条件均得到满足的条件下，环境污染应急处置工作才能得到顺利的开展。因此这就要求政府层面在制定相关应急预案时将应急保障能力的建设作为重中之重。主要包括以下几个方面。

① 人员保障　企业层面的应急预案编制过程中，应充分考虑本地区可调动的应急处理人员，包括环境应急监测队伍、公安消防人员、大型国有骨干企业应急救援队伍及其他相关方面应急救援队伍等力量。平时有针对性地开展应急演练，明确各方职责，积极参加突发环境事件应急监测、应急处置与救援、调查处理等工作任务。

应急预案中应明确设置环境应急专家组，发挥环境应急专家组作用，为环境事件应急处置方案制订、污染损害评估和调查处理工作提供决策建议，提高突发环境事件快速响应及应急处置能力。

② 物资与资金保障　应急预案中应明确各部门职责分工，落实环境应急救援物资紧急生产、储备调拨和紧急配送工作，保障支援突发环境事件应急处置和环境恢复治理工作的需要。同时要加强和落实应急物资储备，鼓励支持社会化应急物资储备，保障应急物资、生活必需品的生产和供给。对当地环境应急物资储备信息采取动态管理措施。

预案中应明确突发环境事件应急处置所需经费的来源和后续保障措施。

③ 通信、交通与运输保障　应急预案中应落实突发环境事件应急通信保障体系，确保应急期间通信联络和信息传递需要。交通运输部门要健全公路、铁路、航空、水运紧急运输保障体系，保障应急响应所需人员、物资、装备、器材等的运输。公安部门要加强应急交通管理，保障运送伤病员、应急救援人员、物资、装备、器材车辆的优先通行。

④ 技术保障　应急预案中应明确相关技术保障措施，包括支持突发环境事件应急处置和监测先进技术、装备的研发。依托环境应急指挥技术平台，实现信息综合集成、分析处理、污染损害评估的智能化和数字化。

3.2.3　企业层面的应急预案编制

企业层面的应急预案编制范围为本单位内部，明确单位内部各种污染源及外部环境，特别是各种风险事故发生的应急处置办法，并进行日常演练，提高应对污染事故的能力。企业应急预案应包括以下几个方面的内容。

3.2.3.1 成立应急预案编制小组

针对可能发生的环境事件类别，结合本单位部门职能分工，成立以单位主要负责人为领导的应急预案编制工作组，明确预案编制任务、职责分工和工作计划。预案编制人员应由具备应急指挥、环境评估、环境生态恢复、生产过程控制、安全、组织管理、医疗急救、监测、消防、工程抢险、防化、环境风险评估等各方面专业的人员及专家组成。

3.2.3.2 基本情况调查

对企业（或事业）单位基本情况、环境风险源、周边环境状况及环境保护目标等进行详细的调查和说明。

(1) 企业（或事业）单位的基本情况 主要包括企业（或事业）单位名称、法定代表人、法人代码、详细地址、邮政编码、经济性质隶属关系及事业单位隶属关系、从业人数、地理位置（经纬度）、地形地貌、厂址的特殊状况（如上坡地、凹地、河流的岸边等）、交通图、疏散路线图及其他情况说明。

(2) 风险源基本情况调查

① 企业（或事业）单位主、副产品及生产过程中产生的中间体名称及日产量，主要生产原辅材料、燃料名称及日消耗量、最大容量、储存量和加工量，以及危险物质的明细表等。

② 企业（或事业）单位生产工艺流程简介，主要生产装置说明，危险物质储存方式（槽、罐、池、坑、堆放等），生产装置及储存设备平面布置图，雨、清、污水收集以及排放管网图，应急设施（备）平面布置图等。

③ 企业（或事业）单位排放污染物的名称、日排放量，污染治理设施去除量及处理后废物产量，污染治理工艺流程说明及主要设备、构筑物说明，其他环境保护措施等。对污染物集中处理设施及堆放地，如城镇污水处理厂，垃圾处理设施，医疗垃圾焚烧装置及危险废物处理场所等，还须明确纳污或收集范围及污染物主要来源。

④ 企业（或事业）单位危险废物的产生量，储存、转移、处置情况，危险废物的委托处理手续情况（危险废物处置单位名称、地址、联系方式、资质、处理场所的位置、处理的设计规范和防范环境风险情况等）。

⑤ 企业（或事业）单位危险物质及危险废物的运输（输送）单位、运输方式、日运量、运地、运输路线，“跑、冒、滴、漏”的防护措施、处置方式。

⑥ 企业（或事业）单位尾矿库、贮灰库、渣场的储存量，服役期限，库坝的建筑结构，坝堤及防渗安全情况。

(3) 环境状况及环境保护目标情况

① 企业（或事业）单位周边5km范围内人口集中居住区（居民点、社区、自然村等）和社会关注区（学校、医院、机关等）的名称、联系方式、人数；周边企业、重要基础设施、道路等基本情况；给出上述环境敏感点与企业的距离和方位图。

② 企业（或事业）单位产生污水排放去向，接纳水体（包括支流和干流）情况及执行的环境标准，区域地下水（或海水）执行的环境标准。

③ 企业（或事业）单位下游水体河流、湖泊、水库、海洋名称、所属水系、功能区及饮用水源保护区情况，下风向空气质量功能区说明，区域空气执行的环境标准。

④ 企业（或事业）单位下游供水设施服务区设计规模及日供水量、联系方式，取水口名称、地点及距离、地理位置（经纬度）等；地下水取水情况、服务范围内灌溉面积、基本农田保护区情况。

⑤ 企业（或事业）单位周边区域道路情况及距离，交通干线流量等。

⑥ 企业（或事业）单位危险物质和危险废物运输（输送）路线中的环境保护目标说明。

⑦ 企业（或事业）单位周边其他环境敏感区情况及位置说明。

⑧ 如调查范围小于突发环境事件可能波及的范围，应扩大范围，重新调查。

3.2.3.3 环境风险源识别与环境风险评价

企业（或事业）单位根据风险源、周边环境状况及环境保护目标的状况，委托有资质的咨询机构，按照《建设项目环境风险评价技术导则》（HJ/T 169—2004）的要求进行环境风险评价，阐述企业（或事业）单位存在的环境风险源及环境风险评价结果，应明确以下内容。

① 环境风险源识别。对生产区域内所有已建、在建和拟建项目进行环境风险分析，并以附件形式给出环境风险源分析评价过程，列表明确给出企业生产、加工、运输（厂内）、使用、贮存、处置等涉及危险物质的生产过程，以及其他公辅和环保工程所存在的环境风险源。

② 最大可信事件预测结果。明确环境风险源发生事件的概率，并说明事件处理过程中可能产生的次生衍生污染。

③ 火灾、爆炸、泄漏等事件状态下可能产生的污染物种类、最大数量、浓度及环境影响类别（大气、水环境或其他）。

④ 自然条件可能造成的污染事件的说明（汛期、地震、台风等）。

⑤ 突发环境事件产生污染物造成跨界（省、市、县等）环境影响的说明。

⑥ 尾矿库、贮灰库、渣场等如发生垮坝、溢坝、坝体缺口、渗漏时，对主要河流、湖泊、水库、地下水或海洋及饮用水源取水口的环境安全分析。

⑦ 可能产生的各类污染对人、动植物等危害性说明。

⑧ 结合企业（或事业）单位环境风险源工艺控制、自动监测、报警、紧急切断、紧急停车等系统，以及防火、防爆、防中毒等处理系统水平，分析突发环境事件的持续时间、可能产生的污染物（含次生衍生）的排放速率和数量。

⑨ 根据污染物可能波及范围和环境保护目标的距离，预测不同环境保护目标可能出现污染物的浓度值，并确定保护目标级别。

⑩ 结合环境风险评估和敏感保护目标调查，通过模式计算，对突发环境事件产生的污染物可能影响周边环境（或健康）的危害性进行分析，并以附件形式给出本单位各环境事件的危害性说明。

3.2.3.4 环境应急能力评估

在总体调查、环境风险评价的基础上，对企业（或事业）单位现有的突发环境事件预防措施、应急装备、应急队伍、应急物资等应急能力进行评估，明确进一步需求。企业（或事业）单位委托有资质的环境影响评价机构评估其现有的应急能力。主要包括以下内容。

① 企业（或事业）单位依据自身条件和可能发生的突发环境事件的类型建立应急救援队伍，包括通讯联络队、抢险抢修队、侦检抢修队、医疗救护队、应急消防队、治安队、物资供应队和环境应急监测队等专业救援队伍。

② 应急救援设施（备）包括医疗救护仪器、药品、个人防护装备器材、消防设施、堵漏器材、储罐围堰、环境应急池、应急监测仪器设备和应急交通工具等，尤其应明确企业（或事业）单位主体装置区和危险物质或危险废物储存区（含罐区）围堰设置情况，明确初期雨水收集池、环境应急池、消防水收集系统、备用调节水池、排放口与外部水体间的紧急

切断设施及清水、污水、雨水管网的布设等配置情况。

③ 污染源自动监控系统和预警系统设置情况，应急通信系统、电源、照明等。

④ 用于应急救援的物资，特别是处理泄漏物、消解和吸收污染物的化学品物资，如活性炭、木屑和石灰等，有条件的企业应备足、备齐，定置明确，保证现场应急处置人员在第一时间内启用；物资储备能力不足的企业要明确调用单位的联系方式，且调用方便、迅速。

⑤ 各种保障制度（污染治理设施运行管理制度、日常环境监测制度、设备仪器检查与日常维护制度、培训制度、演练制度等）。

⑥ 企业（或事业）单位还应明确外部资源及能力，包括：地方政府预案对企业（或事业）单位环境应急预案的要求等；该地区环境应急指挥系统的状况；环境应急监测仪器及能力；专家咨询系统；周边企业（或事业）单位互助的方式；请求政府协调应急救援力量及设备（清单）；应急救援信息咨询等。

根据有关规定，地方人民政府及其部门为应对突发事件，可以调用相关企业（或事业）单位的应急救援人员或征用应急救援物资，并于事后给予相应补偿。各相关企业（或事业）单位应积极予以配合。

3.2.3.5 应急预案编制

在风险分析和应急能力评估的基础上，针对可能发生的环境事件的类型和影响范围，编制应急预案。对应急机构职责、人员、技术、装备、设施（备）、物资、救援行动及其指挥与协调方面预先做出具体安排。应急预案应充分利用社会应急资源，与地方政府预案、上级主管单位以及相关部门的预案相衔接。

3.2.3.6 应急预案的评审、发布与更新

应急预案编制完成后，应进行评审。评审由企业（或事业）单位主要负责人组织有关部门和人员进行。外部评审是由上级主管部门、相关企业（或事业）单位、环保部门、周边公众代表、专家等对预案进行评审。预案经评审完善后，由单位主要负责人签署发布，按规定报有关部门备案。同时，明确实施的时间、抄送的部门、园区、企业等。

企业（或事业）单位应根据自身内部因素（如企业改、扩建项目等情况）和外部环境的变化及时更新应急预案，进行评审发布并及时备案。

3.2.3.7 应急预案的实施

预案批准发布后，企业（或事业）单位组织落实预案中的各项工作，进一步明确各项职责和任务分工，加强应急知识的宣传、教育和培训，定期组织应急预案演练，实现应急预案持续改进。

3.2.3.8 应急预案主要内容

(1) 总则

① 编制目的　简述应急预案编制的目的。

② 编制依据　简述应急预案编制所依据的法律、法规和规章，以及有关行业管理规定、技术规范和标准等。

③ 适用范围　说明应急预案适用的范围，以及突发环境事件的类型、级别。

④ 应急预案体系　说明应急预案体系的构成情况。

⑤ 工作原则　说明本单位应急工作的原则，内容应简明扼要、明确具体。

(2) 基本情况　主要阐述企业（或事业）单位基本概况、环境风险源基本情况、周边环境状况及环境保护目标调查结果。

(3) 环境风险源与环境风险评价 主要阐述企业（或事业）单位的环境风险源识别及环境风险评价结果，以及可能发生事件的后果和波及范围。

(4) 组织机构及职责

① 组织体系 依据企业的规模大小和突发环境事件危害程度的级别，设置分级应急救援的组织机构。企业应成立应急救援指挥部，依据企业自身情况，车间可成立二级应急救援指挥机构，生产工段可成立三级应急救援指挥机构。尽可能以组织结构图的形式将构成单位或人员表示出来。

② 指挥机构组成及职责 明确由企业主要负责人担任指挥部总指挥和副总指挥，环保、安全、设备等部门组成指挥部成员单位；车间应急救援指挥机构由车间负责人、工艺技术人员和环境、安全与健康人员组成；生产工段应急救援指挥机构由工段负责人、工艺技术人员和环境、安全与健康人员组成。

应急救援指挥机构根据事件类型和应急工作需要，可以设置相应的应急救援工作小组，并明确各小组的工作职责。

指挥机构的主要职责如下。

a. 贯彻执行国家、当地政府、上级有关部门关于环境安全的方针、政策及规定；

b. 组织制定突发环境事件应急预案；

c. 组建突发环境事件应急救援队伍；

d. 负责应急防范设施（备）（如堵漏器材、环境应急池、应急监测仪器、防护器材、救援器材和应急交通工具等）的建设，以及应急救援物资，特别是处理泄漏物、消解和吸收污染物的化学品物资（如活性炭、木屑和石灰等）的储备；

e. 检查、督促做好突发环境事件的预防措施和应急救援的各项准备工作，督促、协助有关部门及时消除有毒有害物质的“跑、冒、滴、漏”；

f. 负责组织预案的审批与更新（企业应急指挥部负责审定企业内部各级应急预案）；

g. 负责组织外部评审；

h. 批准本预案的启动与终止；

i. 确定现场指挥人员；

j. 协调事件现场有关工作；

k. 负责应急队伍的调动和资源配置；

l. 突发环境事件信息的上报及可能受影响区域的通报工作；

m. 负责应急状态下请求外部救援力量的决策；

n. 接受上级应急救援指挥机构的指令和调动，协助事件的处理；配合有关部门对环境进行修复、事件调查、经验教训总结；

o. 负责保护事件现场及相关数据；

p. 有计划地组织实施突发环境事件应急救援的培训，根据应急预案进行演练，向周边企业、村落提供本单位有关危险物质特性、救援知识等宣传材料。

在明确企业应急救援指挥机构职责的基础上，应进一步明确总指挥、副总指挥及各成员单位的具体职责。

(5) 预防与预警 明确对环境风险源监测监控的方式、方法，以及采取的预防措施。说明生产工艺的自动监测、报警、紧急切断及紧急停车系统，可燃气体、有毒气体的监测报警系统，消防及火灾报警系统等。

明确事件预警的条件、方式、方法，报警、通信联络方式。

(6) 信息报告与通报 依据《国家突发环境事件应急预案》及有关规定，明确信息报告时限和发布的程序、内容和方式，应包括以下内容。

① 内部报告 明确企业内部报告程序，主要包括：24小时应急值守电话、事件信息接收、报告和通报程序。

② 信息上报 当事件已经或可能对外环境造成影响时，明确向上级主管部门和地方人民政府报告事件信息的流程、内容和时限。

③ 信息通报 明确向可能受影响的区域通报事件信息的方式、程序、内容。

④ 事件报告内容 事件信息报告至少应包括事件发生的时间、地点、类型和排放污染物的种类、数量、直接经济损失，已采取的应急措施，已污染的范围，潜在的危害程度，转化方式及趋向，可能受影响区域及采取的措施建议等。

⑤ 列出联系方式以表格形式列出上述被报告人及相关部门、单位的联系方式。

(7) 应急响应与措施

① 分级响应机制 针对突发环境事件严重性、紧急程度、危害程度、影响范围、企业（或事业）单位内部（生产工段、车间、企业）控制事态的能力以及需要调动的应急资源，将企业（或事业）单位突发环境事件分为不同的等级。根据事件等级分别制订不同级别的应急预案（如生产工段、车间、企业应急预案），上一级预案的编制应以下一级预案为基础，超出企业应急处置能力时，应及时请求上一级应急救援指挥机构启动上一级应急预案。并且按照分级响应的原则，明确应急响应级别，确定不同级别的现场负责人，指挥调度应急救援工作和开展事件应急响应。

② 应急措施 根据污染物的性质，事件类型、可控性、严重程度和影响范围，需确定以下内容。

a. 明确切断污染源的基本方案；

b. 明确防止污染物向外部扩散的设施、措施及启动程序，特别是为防止消防废水和事件废水进入外环境而设立的环境应急池的启用程序，包括污水排放口和雨（清）水排放口的应急阀门开合和事件应急排污泵启动的相应程序；

c. 明确减少与消除污染物的技术方案；

d. 明确事件处理过程中产生的次生衍生污染（如消防水、事故废水、固态液态废物等，尤其是危险废物）的消除措施；

e. 应急过程中使用的药剂及工具（可获得性说明）；

f. 应急过程中采用的工程技术说明；

g. 应急过程中，在生产环节所采用的应急方案及操作程序，工艺流程中可能出现问题的解决方案，事件发生时紧急停车停产的基本程序，控险、排险、堵漏、输转的基本方法；

h. 污染治理设施的应急措施；

i. 险区的隔离，危险区、安全区的设定，事件现场隔离区的划定方式，事件现场隔离方法；

j. 明确事件现场人员清点、撤离的方式及安置地点；

k. 明确应急人员进入、撤离事件现场的条件、方法；

l. 明确人员的救援方式及安全保护措施；

m. 明确应急救援队伍的调度及物资保障供应程序。

③ 大气污染事件保护目标的应急措施　根据污染物的性质，事件类型、可控性、严重程度和影响范围，风向和风速，需确定以下内容。

a. 结合自动控制、自动监测、检测报警、紧急切断及紧急停车等工艺技术水平，分析事件发生时危险物质的扩散速率，选用合适的预测模式，分析对可能受影响区域（敏感保护目标）的影响程度；

b. 可能受影响区域单位、社区人员基本保护措施和防护方法；

c. 可能受影响区域单位、社区人员疏散的方式、方法；

d. 紧急避难场所；

e. 周边道路隔离或交通疏导办法；

f. 周围紧急救援站和有毒气体防护站的情况。

④ 水污染事件保护目标的应急措施　根据污染物的性质，事件类型、可控性、严重程度和影响范围，河流的流速与流量（或水体的状况），需确定以下内容。

a. 可能受影响水体及饮用水源地说明；

b. 消除减少污染物技术方法的说明；

c. 其他措施的说明（如其他企业污染物限排、停排、调水、污染水体疏导、自来水厂的应急措施等）。

⑤ 受伤人员现场救护、救治与医院救治　企业应结合自身条件，依据事件类型、级别及附近疾病控制与医疗救治机构的设置和处理能力，制订具有可操作性的处置方案，应包括以下内容。

a. 可用的急救资源列表，如企业内部或附近急救中心、医院、疾控中心、救护车和急救人员；

b. 地区应急抢救中心、毒物控制中心的列表；

c. 根据化学品特性和污染方式，明确伤员的分类；

d. 针对污染物，确定伤员现场治疗方案；

e. 根据伤员的分类，明确不同类型伤员的医院救治机构；

f. 现场救护基本程序，如何建立现场急救站；

g. 伤员转运及转运中的救治方案。

⑥ 应急监测　发生突发环境事件时，环境应急监测小组或单位所依托的环境应急监测部门应迅速组织监测人员赶赴事件现场，根据实际情况，迅速确定监测方案（包括监测布点、频次、项目和方法等），及时开展应急监测工作，在尽可能短的时间内，用小型、便携仪器对污染物种类、浓度、污染范围及可能的危害做出判断，以便对事件及时、正确进行处理。

企业（或事业）单位应根据事件发生时可能产生的污染物种类和性质，配置（或依托其他单位配置）必要的监测设备、器材和环境监测人员。

a. 明确应急监测方案；

b. 明确主要污染物现场及实验室应急监测方法和标准；

c. 明确现场监测与实验室监测采用的仪器、药剂等；

d. 明确可能受影响区域的监测布点和频次；

e. 明确根据监测结果对污染物变化趋势进行分析和对污染扩散范围进行预测的方法，适时调整监测方案；

f. 明确监测人员的安全防护措施；

g. 明确内部、外部应急监测分工；

h. 明确应急监测仪器、防护器材、耗材、试剂等日常管理要求。

⑦ 应急终止后的行动

a. 明确应急终止的条件，事件现场得以控制，环境符合有关标准，导致次生衍生事件隐患消除后，经事件现场应急指挥机构批准后，现场应急结束；

b. 明确应急终止的程序；

c. 明确应急状态终止后，继续进行跟踪环境监测和评估工作的方案；

d. 受灾人员的安置及损失赔偿，组织专家对突发环境事件中长期环境影响进行评估，提出生态补偿和对遭受污染的生态环境进行恢复的建议；

e. 明确企业（或事业）单位办理的相关责任险或其他险种，对企业（或事业）单位环境应急人员办理意外伤害保险。

⑧ 应急培训和演练　依据对本企业（或事业）单位员工、周边工厂企业、社区和村落人员情况的分析结果，应明确如下应急培训内容。

a. 应急救援人员的专业培训内容和方法；

b. 应急指挥人员、监测人员、运输司机等特别培训的内容和方法；

c. 员工环境应急基本知识培训的内容和方法；

d. 外部公众（周边企业、社区、人口聚居区等）环境应急基本知识宣传的内容和方法；

e. 应急培训内容、方式、记录、考核表。

明确企业（或事业）单位根据突发环境事件应急预案进行演练的内容、范围和频次等内容。

a. 演练准备内容；

b. 演练方式、范围与频次；

c. 演练组织；

d. 应急演练的评价、总结与追踪；

e. 明确突发环境事件应急救援工作中奖励和处罚的条件和内容。

(8) 保障措施

① 明确应急专项经费（如培训、演练经费）来源、使用范围、数量和监督管理措施，保障应急状态时单位应急经费的及时到位。

② 明确应急救援需要使用的应急物资和装备的类型、数量、性能、存放位置、管理责任人及其联系方式等内容。

③ 明确各类应急队伍的组成，包括专业应急队伍、兼职应急队伍及志愿者等社会团体的组织与保障方案。

④ 明确与应急工作相关联的单位或人员通信联系方式，并提供备用方案。建立信息通信系统及维护方案，确保应急期间信息通畅。

⑤ 根据本单位应急工作需求而确定的其他相关保障措施（如：交通运输保障、治安保障、技术保障、医疗保障、后勤保障等）。

(9) 应急预案的其他措施

① 环境风险评价文件（包括环境风险源分析评价过程、突发环境事件的危害性定量分析）。

② 危险废物登记文件及委托处理合同（单位与危险废物处理中心签订）。

③ 区域位置及周围环境保护目标分布、位置关系图。

④ 重大环境风险源、应急设施（备）、应急物资储备分布、雨水、清净下水和污水收集管网、污水处理设施平面布置图。

⑤ 企业（或事业）单位周边区域道路交通图、疏散路线、交通管制示意图。

⑥ 内部应急人员的职责、姓名、电话清单。

⑦ 外部（政府有关部门、园区、救援单位、专家、环境保护目标等）联系单位、人员、电话。

⑧ 各种制度、程序、方案等。

⑨ 其他。

3.3 应急处理程序与管理

3.3.1 应急处置管理要点

(1) 风险控制 环境污染事故的发生及其应急处置均是被动的，如能加强管理，将相关事故扼杀在萌芽状态，这是我们最希望看到的。这就要求企业事业单位应当按照国务院环境保护主管部门的有关规定开展突发环境事件风险评估，确定环境风险防范和环境安全隐患排查治理措施。按照环境保护主管部门的有关要求和技术规范，完善突发环境事件风险防控措施。建立健全环境安全隐患排查治理制度，建立隐患排查治理档案，及时发现并消除环境安全隐患。

对于发现后能够立即治理的环境安全隐患，企业事业单位应当立即采取措施，消除环境安全隐患。对于情况复杂、短期内难以完成治理、可能产生较大环境危害的环境安全隐患，应当制定隐患治理方案，落实整改措施、责任、资金、时限和现场应急预案，及时消除隐患。

对于政府层面来讲，要求政府单位开展本行政区域突发环境事件风险评估工作，分析可能发生的突发环境事件，提高区域环境风险防范能力。对企业事业单位环境风险防范和环境安全隐患排查治理工作进行抽查或者突击检查，将存在重大环境安全隐患且整治不力的企业信息纳入社会诚信档案，并可以通报行业主管部门、投资主管部门、证券监督管理机构以及有关金融机构。

(2) 应急准备 只要做好充足的准备工作，才能在应急处置工作中做到有备无患。

企业事业单位应当储备必要的环境应急装备和物资，并建立完善相关管理制度。在开展突发环境事件风险评估和应急资源调查的基础上制订突发环境事件应急预案，同时定期开展演练工作。

政府层面相关职能部门应该制订本区域应急预案建立健全环境应急值守制度，预警与新闻发布等制度，同时建立环境应急物资储备信息库、环境应急物资储备库与环境应急专家库等措施，并定期开展演练，确保相关制度能够落实到实处。

(3) 应急处置 企业事业单位造成或者可能造成突发环境事件时，应当立即启动突发环境事件应急预案，采取切断或者控制污染源以及其他防止危害扩大的必要措施，应急处置期间，企业事业单位应当服从统一指挥，全面、准确地提供本单位与应急处置相关的技术资料，协助维护应急现场秩序，保护与突发环境事件相关的各项证据。

政府层面在应急处置过程中应根据相关规定和预案对事故进行逐级上报并启动相关预案，开展应急处置工作。组织排查污染源，初步查明事件发生的时间、地点、原因、污染物质及数量、周边环境敏感区等情况并落实组织救援和加强环境监测措施。

应急处置工作结束后，政府部门应当及时总结、评估应急处置工作情况，提出改进措施，并向相关部门报告，查清突发环境事件原因，确认事件性质，认定事件责任，提出整改措施和处理意见。制订环境恢复工作方案，推动环境恢复工作。

(4) 信息公开 企业事业单位应当按照有关规定，采取便于公众知晓和查询的方式公开本单位环境风险防范工作开展情况、突发环境事件应急预案及演练情况、突发环境事件发生及处置情况，以及落实整改要求情况等环境信息。

政府部门应当认真研判事件影响和等级，对突发环境事件进行汇总分析，定期向社会公开突发环境事件的数量、级别，以及事件发生的时间、地点、应急处置概况等信息。

3.3.2 应急处置的响应流程

环境污染事故应急处置程序与管理流程详见图 3-1。

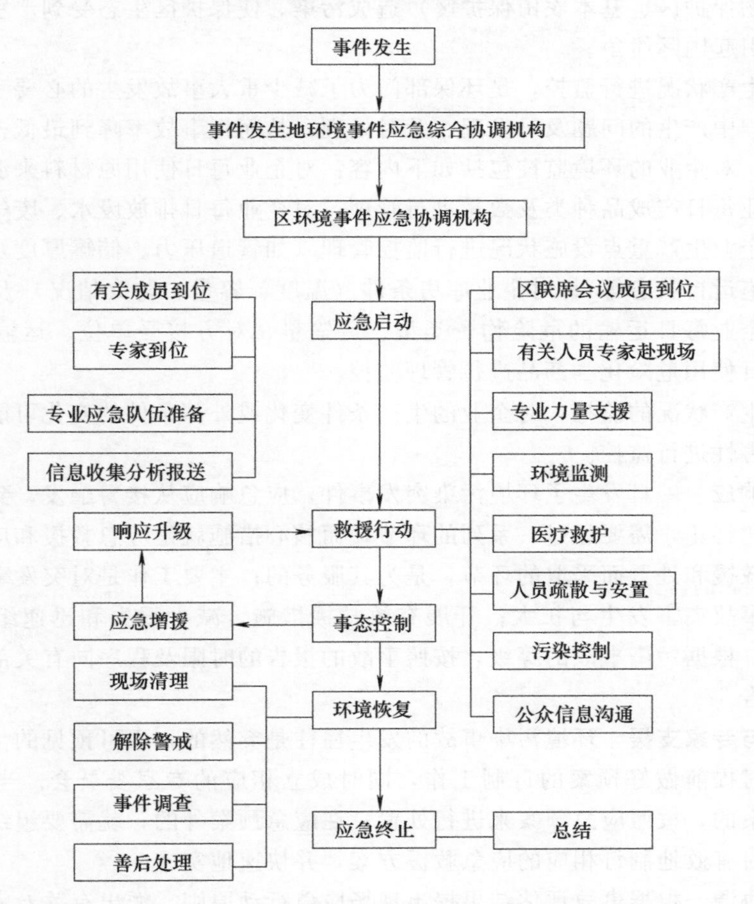

图 3-1 环境污染应急事故处置程序与管理流程

具体流程如下。

(1) 危险源识别与管理 找出导致事故发生的因素并制订相应的对策和措施。通过事故树可以找出系统全部可能的失效状态。

通过对大气环境危害半径、水环境危害范围（面积）、土壤污染半径的计算，确定环境影响范围内的环境敏感点。

影响范围的计算包括大气污染、水环境污染、土壤环境污染。

对各类污染包括气体环境污染、水环境污染、土壤环境污染对人的危害指数计算、对社会影响指数的、直接经济损失指数以及生态损失指数的计算，对照污染源分类分级标准、划分等级。

针对事故源、事故影响区域制订应急措施。

大气污染主要根据如下内容制定应急措施：是否会危及周边的人的生命安全，引起必要的群众疏散、转移；是否会给当地正常的经济、社会活动造成严重影响；是否会造成严重的区域生态环境破坏，濒危物种是否遭到破坏。

水污染主要按照如下内容制定应急措施：是否会对下游的取水口（自来水厂吸水口、地下水补给区、农业灌溉取水点、工业取水口）造成污染，影响生活、生产取水，造成社会影响；是否会给岸边及附近下游保护区（养殖区、洄游产卵区、特殊种群保护区、湿地保护区、陆地动植物保护区、基本农田保护区）造成污染，使保护区生态受到严重危害；是否会造成跨境污染引起国际纷争。

对企业的生产状况进行监控，是环保部门为了减少重大事故发生的必要手段。

对生产过程中产生的问题及时发现、及时处理，从而把事故率降到最低，同时加强企业生产过程管理。对企业的环境监控包括如下内容：对企业每日使用原材料来源及数量进行监控管理；对企业每日产成品种类及数量进行管理；对企业每日排放废水、废气或废渣等进行监控管理；对企业生产重点设施状况进行监控管理（如管道压力、储罐厚度及探伤、鼓风机状态、治理设施运行状态等）；对企业库房条件（温度、容量、防火情况）及库存量的变化进行管理；对企业每日运输的危险物资类型、运输量、对方接受单位、运输单位等进行监控；对企业每日使用危险化学药品进行管理监控。

通过企业生产状况的监控，对企业的生产条件变化或外部条件的变化可能造成环境事故的可能性及危害性进行监控。

(2) 应急响应 一旦发生了环境污染突发事件，应急响应从接警触发，到形成事故救援方案，最后应急终止，需要经过一系列的环节，而核心措施就是应急救援和应急处置，其他都是围绕应急救援和处置而采取的环节，是为其服务的；主要工作是对突发事故灾害做出预警；控制污染事故灾害发生与扩大；开展有效救援措施，减少损失和迅速组织恢复正常状态。事故报告：根据污染事故的等级，按照事故的报告的时限及程序向有关部分就事件本身的内容进行报告。

(3) 评估与专家支援 环境污染事故的发生往往是突然的，不可预见的。这就要求应对突发污染事件时提前做好预案的订制工作，同时成立相应的专家委员会。当污染事故发生时，有应急预案的，按照应急预案来进行处置；在应急预案外的，就需要组织相关专家，针对污染事故及时有效地制订相应的应急救援方案，并快速地实施。

(4) 指挥协调 根据事故评估结果提出现场应急行动原则、派出有关专家和人员参与现场应急指挥工作、调集现场需要使用的监测设备、通信设备、运输设备、防护设备等各类设备、调集应急现场所需要的应急物资、向上级政府部门提出需要参与应急的协同支援单位等。

(5) 应急救援 应急根据事故态势发出救援预警、根据污染扩散速度与范围提出治安与警戒、应急疏散范围、根据污染物特性提出人员救护方法和防护手段；同时根据不同污染物的不同表象，提出不同的处置方法，处置事故需要的人员（组织、机构）、地点、设备、物资等来源和使用量现场反馈；根据事故现场的发展，动态把现场进程发送到监控中心，包括现场监测数据、现场事故的处置方法、处置步骤、有无新的人员伤亡以及现场视频图像等。

(6) 应急监测 污染事故发生时，及时、有效、准确的监测结果是指导污染事故应急的重要保证手段，因此，污染应急事故发生时，应同步开展应急监测工作，保证应急救援工作的开展。

(7) 后果评估 后果评估主要开展两方面的工作，首先要针对污染事故的发生查明发生的原因，杜绝相应的隐患，防止类似事故再次发生。其次是对事故应急救援的过程进行总结，明确相应的经验和教训。不断完善类似事故的应急救援预案，提高应急救援的水平，以便更加有效地应对相应的污染事故。将人民群众的财产损失降至最低。

3.4 环境污染事故的初期处置

3.4.1 初期处置的原则

(1) 初期处置以救治人员财产安全为主 环境污染事故往往是伴随着安全生产事故发生的，很多情况下是安全生产施工的延续。因此环境污染事故应急处理中，特别是应急处理的初期阶段，要以救治人民群众的生命财产安全作为第一要义。整个污染处理过程中也是以此作为救援的基本原则。只有确保了人民群众财产安全，才能体现出救援的意义。相对于后期处理过程中减少受污染群众的数量和污染程度来说。初期处置过程中，在满足救援救治受事故影响伤病员的基础上，进行污染事故初期应对方案。

(2) 减少污染物的源强 初期处置过程中，在确保人民群众财产安全的基础上，应尽量采取一切有效措施，消减污染源的源强，减少污染物对外传播的可能性，防止污染事态扩大。同时为后期污染治理创造良好的基础条件。

(3) 阻断污染物的传播途径 阻断污染物的传播途径是防止污染物扩散的最主要途径。只有有效地阻断传播途径，才能防止污染物进一步扩散，减少受污染的区域。控制污染范围，减少污染损失。

3.4.2 初期处置控制泄漏源的主要方法

(1) 强行止漏法 当发生突发性污染物泄漏时，必须采取措施止住泄漏源的泄漏，对于具有阀门的泄漏源要立刻关闭阀门，没有阀门的泄漏源要及时将泄漏源控制住。

(2) 强行疏散法 可能导致燃烧或产生有毒有害气体的情况，要先考虑人员和物资的疏散工作，将不燃、不泄漏的物品和容器隔离污染区域，建立安全隔离带，控制泄漏情况，防止危害进一步扩大，然后再对泄漏的污染物进行处置。

(3) 强行窒息吸附法 当危险物质泄漏时很可能会伴随着燃烧和有毒物质的产生。在这种情况下要将燃烧的火焰立刻熄灭，或是对泄漏的物质吸附处理，等到污染情况得到控制后，再将没有受到破坏的物品疏散转移。

3.4.3 初期处置控制传播源的主要方法

(1) 封堵口门 对于液态的污染物，应及时将液体流域可能封堵的口门进行封堵处理，防止液态污染物进一步进行扩散。

(2) 覆盖 采用合适的材料对受污染区域进行覆盖，防止其进一步污染传播。特别适用于少量化学泄漏污染及有可能在空气中发生化学反应的污染防治。

(3) 化学药剂处理 对于气态污染物和某些容易分解的液态污染物来讲，采用化学药剂进行喷淋降解处理，可以有效地减少污染物对外传播的浓度，有效地减少污染物的传播面积。

3.4.4 常见的环境污染事故初期处置措施

3.4.4.1 常见突发环境污染事件现场处置程序

突发环境污染事件的发生具有突然性，污染物质通过水、大气和土壤等介质，迁移、转化和累积，进入环境，并在短时间内造成重大影响和损失。

根据污染对象，突发环境污染事件一般分为突发水污染事件、突发大气污染事件、突发土壤污染事件、噪声与振动污染等。针对不同的污染事故，需采取不同的现场处置方法，快速合理进行处置，可以最大限度地降低危害，减少损失。下面针对发生频率高、社会影响大的饮用水源突发环境污染事件、跨界流域突发水污染事件、毒气泄漏突发环境污染事件、交通事故导致危险化学品泄漏引发突发环境污染事件、环境群体性事件以及城市光化学烟雾突发环境污染事件，对现场处置方法进行介绍，供现场处置的人员参考。

现场处置基本程序：现场调查处置工作比较复杂，现场处置人员应根据事件的类别、性质作具体处理。总体步骤如下所述。

① 到达现场后首先组织人员救治病人。

② 进一步了解事件的情况，包括污染发生的时间、地点、经过和可能原因、污染来源及可能污染物、污染途径及波及范围、污染暴露人群数量及分布、当地饮用水源类型及人口分布、疾病的分布以及发生后当地处理情况。

③ 形成初步印象，根据以下几种污染特点，确定污染种类。

a. 化学性污染：工业为主的污染如造纸、电镀厂等集中排污，冶炼废渣浸泡后突发排放。农业污染为主的如突发农药、沉船造成的河水污染，农田施农药后暴雨入河污染。化学性污染健康危害多为急性化学性中毒。

b. 生物性污染：生活污染为主的污染和医院污水排污污染，其健康危害多为急性肠道传染病。

c. 化学性与生物性混合污染：健康危害，同时包括急性中毒和急性传染病等。

④ 开展现场调查工作。

a. 个案调查。全面掌握健康危害特点及相关因素，如有病例要进行详细调查，尤其对首发病例要进行横断面和回顾性流行病学调查，寻求因果关系。

b. 污染源调查。根据源水水系寻找、排查污染源；根据原料、生产工艺和排污成分寻找可疑污染物，并估算排污量；对事故发生地周围环境（居民住宅区、农田保护区、水流域、地形）做初步调查。

c. 环境监测。环境监测人员要测量水流速度，估算污染物转移、扩散速率。采集水

（包括污染水体和出厂水、末梢水和有关的分散式供水）、底质、土，必要时采集蔬菜样品等进行可疑污染物成分的检测，并根据毒物量、水流速度、江河湖库断面/水深（截面积）计算可能污染的范围，在污染源下游和饮用水水源地附近设点，同时在上游设对照点进行监测。

d. 生物材料检测。对病人和正常人的血、尿、发等进行有关可疑污染物监测；有关微生物和可疑致病菌的检测；必要的急性毒性试验。同时调查饮水、饮食情况，采集直接饮用的缸水、开水、食物等相关样品进行检测。

⑤ 提出调查分析结论和处置方案。根据现场调查和查阅有关资料并参考专家意见，提出调查分析结论，调查分析结论应包括，该事故的污染源、污染物、污染途径、波及范围、污染暴露人群、健康危害特点、发病人数、该事故的原因、经过、性质及教训等。向现场事故处理领导小组提出科学的污染处置方案，对事故影响范围内的污染物进行处理处置，以减少污染。

3.4.4.2 危险化学品泄漏事故的初期处置

在危险化学品泄漏事故中，必须及时做好周周人员及居民的紧急疏散工作。如何根据不同化学物质的理化特性和毒性，结合气象条件，迅速确定疏散距离是应急工作的一项重要内容。

(1) 基本处置原则 危险化学品泄漏事故中的基本处置原则为控制危险化学品的泄漏规模，减少污染物的扩散污染，同时确保泄漏区域的人民财产安全。

(2) 处置措施

① 危险化学品泄漏事故中的疏散距离要求　紧急隔离带是以紧急隔离距离为半径的圆，非事故处理人员不得入内。

下风向疏散距离是指必须采取保护措施的范围，即该范围内的居民处于有害接触的危险之中，根据泄漏危险化学品的毒性，可以采取撤离、密闭住所窗户等有效措施，并保持通信畅通以听从指挥。

由于夜间气象条件对毒气云的混合作用要比白天小，毒气云不易散开，因而下风向疏散距离相对比白天的远。夜间和白天的区分以太阳升起和降落为准。

白天气温逆转或在有雪覆盖的地区，或者在日落时发生泄漏，如伴有稳定的风，也需要增加疏散距离。因为在这类气象条件下污染物的大气混合与扩散比较缓慢（即毒气云不易被空气稀释），会顺风向下飘得较远。

对液态化学品泄漏，如果物料温度或室外气温超过 30℃，疏散距离也应增加。

② 人员疏散　当危险化学品发生泄漏后，现场应急救援指挥部应迅速判明污染物性状及危害，掌握气象条件、地形地貌和周边环境基本情况，根据现场情况认真做好群众疏散工作。

依据危险化学品特性及泄漏量，结合现场气象条件（风向、风速、气温等），借助污染扩散模型科学确定污染范围、明确疏散区域；

应急指挥部下达人员疏散命令，由相关部门组织实施；

封锁污染区域，将污染区域内人员撤离至安全区域；

在污染区域和可能污染区域立即进行布点监测，根据监测数据及时调整疏散范围；

在保障被转移群众的基本生活的同时及时向社会发布污染事故权威公告，做好社会稳定工作；

根据现场处置情况和应急监测数据，在确保群众安全的情况下，由应急救援指挥部发布公告，被疏散人员返回。

③ 现场急救

皮肤接触：立即脱去污染的衣着，用肥皂水及清水彻底冲洗。

眼睛接触：立即提起眼睑，用大量流动清水或生理盐水冲洗。

吸入：迅速脱离现场至空气新鲜处。注意保暖，呼吸困难时给输氧。呼吸及心跳停止者立即进行人工呼吸和心脏按压术，及时就医。

食入：给误服者漱口、饮水、催吐，立即送医院。

3.4.4.3 饮用水源突发环境污染事件应急处置措施

(1) 基本处置原则 确认污染物危害与毒性，通过初步判断与监测分析，确认污染物及其危害与毒性，按照污染源排查程序，确定与切断污染源并对同类污染源进行限排、禁排。

确定饮用水源取水口基本情况，确认下游供水设施服务区及服务人口、设计规模及日供水量、设施管理部门联系方式；取水口名称、地点及距离、地理位置（经纬度）等。

确定地下水取水情况，确认地下水服务范围内灌溉面积、基本农田保护区情况。

立即通知下游可能受到突发水污染事件影响的对象；特别是可能受到影响的取水口，以便及时采取防护措施。

监测与扩散规律分析。根据各断面污染物监测浓度值、水流速度、各水段水体库容量、流域河道地形，上游输入、支流汇入水量，污染物降解速率等，计算水体中污染的总量及各断面通量，建立水质动态预报模型，预测预报出污染带前峰到达时间、污染峰值及出现时间、可能超标天数等，污染态势，以便采取各种应急措施。

(2) 处置措施 污染物的分段阻隔、削减、逐渐稀释，同时，启动自来水厂应急工程或备用水源。

3.4.4.4 毒气泄漏突发环境污染事件应急处置措施

(1) 基本处置原则 相关部门接到毒气事故报警后，必须携带足够的氧气、空气呼吸器及其他特种防毒器具；并为人员、车辆、个人防护等各方面提供有力的保障，在救援的同时应该迅速查明毒源，划定警戒区域，遵循“救人第一”的原则，积极抢救已中毒人员，疏散受毒气威胁的群众。

(2) 处置措施 大多的毒气事故，都是因为毒气泄漏而造成的。消防人员可与事故单位的专业技术人员密切配合，采用关闭阀门、修补容器、管道等方法，阻止其毒气从管道、容器、设备的裂缝处继续外泄。同时对已泄漏出来的毒气必须及时进行洗消，常用的消除方法有以下几种。

① 控制污染源。抢修设备与消除污染相结合。抢修设备在控制污染源，抢修愈早受污染面积愈小。在抢修区域，直接对泄漏点或泄漏部位洗消，构成空间除污网，为抢修设备起到掩护作用。

② 确定污染范围。做好事故现场的应急监测，及时查明泄漏源的种类、数量和扩散区域。明确污染边界，确定洗消量。

③ 严防污染扩散。利用就便器材与消防专业各器材相结合。对毒气事故的污染清除，专业器材具有效率高、处理快的明显优势，但目前装备数量有限，难以满足实际应用，所以必须充分发挥企业救援体系，采取有效措施防止污染扩散。通常采用的方法有四种。

a. 堵。用针对性的材料封闭下水道，截断有毒物质外流造成污染。

b. 散。可用具有中和作用的酸性和碱性粉末抛撒在泄漏地点的周围，使之发生中和反应，降低危害程度。

c. 喷。用酸碱中和原理，将稀碱（酸）喷洒在泄漏部位，形成隔离区域。

d. 稀。利用大量的水对污染进行稀释，以降低污染浓度。

④ 污染洗消。利用喷洒洗消液、抛洒粉状消毒剂等方式消除毒气污染。一般在毒气事故救援现场可采用三种洗消方式。

a. 源头洗消：在事故发生初期，对事故发生点、设备或厂房洗消，将污染源严密控制在最小范围内。

b. 隔离洗消：当污染蔓延时，对下风向暴露的设备、厂房，特别是高大建筑物喷洒洗消液，抛撒粉状消毒剂，形成保护层，污染降落物流经时即可产生反应，降低甚至消除危害了。

c. 延伸洗消：在控制住污染源后从事故发生地开始向下风方向对污染区逐次推进，进行全面而彻底的洗消。

3.4.4.5 交通事故引发突发环境污染事件应急处置措施

据统计，近几年由交通事故引发的环境污染事故已约占危险化学品泄漏事故总次数的30%。由于危险化学品运输车辆的流动性，运输危险化学品的不确定性，给应急处置工作带来很大难度。

(1) 基本处置原则

① 划定紧急隔离带。一旦发生危险化学品运输车辆泄漏事故，首先应由交警部门对道路进行戒严，在未判明危险化学品种类、性状、危害程度时，严禁半幅通车。

② 判明危险化学品种类。立即进行现场勘察，通过向当事人询问、查看运载记录、利用应急监测设备等方法迅速判明危险化学品种类、危害程度、扩散方式。根据事故点地形地貌、气象条件，依据污染扩散模型，确定合理警戒区域。

③ 迅速查明敏感目标。在现场勘察的同时，迅速查明事故点周围敏感的目标，包括：1km范围内的居民区（村庄）、公共场所、河流、水库、水源、交通要道等。以防止污染物进入水体造成次生污染，并为群众转移做好前期准备工作。

④ 应急监测。根据现场情况，制订应急布点方案。通过应急监测数据，确定污染范围。

⑤ 群众转移。根据现场危险化学品泄漏量、扩散方式、危害程度，决定是否进行群众转移工作。

⑥ 生态修复。根据污染事故对周围生态环境的影响，确定生态修复方案。

(2) 处置措施

① 气态污染物。修筑围堰后，由消防部门在消防水中加入适当比例的洗消药剂，在下风向喷水雾洗消，消防水收集后进行无害化处理。

② 液态污染物。修筑围堰，防止进入水体和下水管道，利用消防泡沫覆盖或就近取用黄土覆盖，收集污染物进行无害化处理。在有条件的情况下，利用防爆泵进行倒罐处理。

③ 固态污染物。

易爆品：水浸湿后，用不产生火花的木质工具小心扫起，进行无害化处理。

剧毒品：穿着全密闭防化服并戴正压式空气呼吸器（氧气呼吸器），避免扬尘，小心扫起收集后做无害化处理。

第4章 环境应急污染监测

4.1 环境应急污染监测概述

4.1.1 环境应急污染监测的定义

环境应急污染监测是事故处理的重要组成部分，针对可能或已经发生的突发环境污染事故，由环境管理部门组织的为发现和查明环境污染情况（污染物种类、污染范围和污染程度）而进行的，由环境监测机构完成的环境监测。应急污染监测要求环境监测人员在事故现场，采用便携、快速的监测仪器和设备，在尽可能短的时间内对污染物的种类、来源、去向和潜在的次生危害做出正确的判断，为环境污染事故的处置和善后提供科学依据。

4.1.2 应急污染监测的作用和目的

(1) 对突发环境事件做出初步分析 通过采样、监测、监测分析，快速提供突发环境事件的初步分析结果，如污染物的类型、浓度和释放量，向环境扩散的速率，污染的区域、范围和发展趋势，污染特征（毒性、挥发性、残留性、降解的速率）。

(2) 为环境应急指挥和决策提供必要的信息 通过连续的跟踪监测和分析，不断给环保局和环境应急指挥部门提供污染数据和分析结果，为环境应急的指挥部门提供充分信息，确保决策部门能对突发环境事件做出有效的应急决策和反应，并根据事态的发展，不断修订应急对策。应急监测提供的监测数据的高度准确和可靠，对鉴定和判断污染事故的严重程度至关重要。

(3) 为实验室的监测分析提供第一手资料 由于现场的应急监测设备和手段有限，只能进行初步监测和分析，但根据现场的测试可以为实验室的进一步监测分析提供许多有用的信息，如最恰当的采样点、采样范围、采样方法、采样数量及分析方法。

(4) 通过现场监测为事故的处理提供必要的监测数据 由于应急监测是在现场，可以配合环境监察进行取证工作，提供现场的测试数据，在现场协助确定突发环境事件发生的原因、责任、危害等项工作的调查取证工作。

(5) 为事故的评估提供必要的资料 由于环境应急监测一直在突发事件的现场进行监测和分析，对现场情况比较了解，对各类数据之间的关联，对整个突发事件的评估，有较大的发言权，如事故发生的原因、发展态势、应急措施对突发事件的控制作用、有效性，突发事件对环境的影响及危害等。

快速、准确的环境应急监测工作可以为各级政府和环境行政主管部门提供快速、及时、准确的技术支持，确定污染程度、发展趋势，从而尽快确定控制和消除污染的有效措施和整体环境应急决策。

4.2 应急监测准备

4.2.1 环境应急监测预案制订

为了有效实施应急监测，各级环境监测部门应根据环保部门的整体突发环境事件应急预案编制相应的环境监测应急预案。对突发事件的应急监测工作做出统筹安排。应急监测预案的编制主要包括以下内容：总则、适用范围、组织机构与职责、应急监测仪器配置、应急监测工作程序、应急监测后勤保障、应急监测技术支持系统、专家资源库等。应急监测预案的各章节主要内容如下。

(1) 总则 包括编制目的、编制依据（法律法规、制度、环境应急预案）、指导思想、工作原则、事故分级等内容。

(2) 适用范围 说明应急监测预案适用于突发环境事件的类型和区域范围。

(3) 应急监测的组织机构与职责 应包括应急监测领导机构、应急监测技术机构（包括现场分析小组、实验室分析小组等）、应急监测专家咨询机构、应急监测联络机构及后勤保障机构。明确监测网络内各组织机构的岗位职责、应急响应程序、内容、信息互动和信息流向。

(4) 应急监测仪器配置 明确应急监测的仪器和相关物品的名称、型号、数量、适用范围、保管人等信息。

(5) 应急监测工作程序 应急监测工作程序主要包括网络运作程序、具体工作程序和质量保证工作程序三个方面的内容，可以用流程图的形式表示。

(6) 应急监测技术支持系统 为提高应急监测预案的科学性和可操作性，在编制应急监测预案时应建立技术支持系统，并不断完善。应急监测技术支持系统包括国家相应法律、法规、环境监测技术规范、当地危险源调查数据库、各类化学品基本特性数据库、常见突发事件处置技术、专家资源库等。

(7) 应急监测后勤保障系统 预案中应规定监测防护和通信装备的种类和数量，同意分类编目，并对存放的地点和保管人进行明确规定。明确后勤保障体系的构成及人员分工。

(8) 附则 包括名词术语解释、预案的管理和调整、奖励与责任追究、制定与解释部门、应急监测预案实施的实施时间等。

(9) 预案附件 包括：各有关机构、协作机构、应急监测人员、咨询专家的联系电话的一览表；应急监测机构的管理体系框图；应急相应工作程序框图；应急监测的任务书格式；应急监测的报告书格式（初报、总结报告）；辖区内重点应急管理单位的主要危险源和主要危险化学品名录。

4.2.2 应急监测组织指挥体系及工作程序

4.2.2.1 应急监测组织指挥体系

应急监测组织指挥体系包括应急监测领导小组、应急监测技术小组、应急监测专家咨询小组、应急监测联络及后勤保障小组等。明确应急监测各小组的组织机构、岗位职责、相互配合，各小组的主要任务，应急响应的程序、内容、信息互动、信息流向。应急监测组织指挥体系如图 4-1 所示。

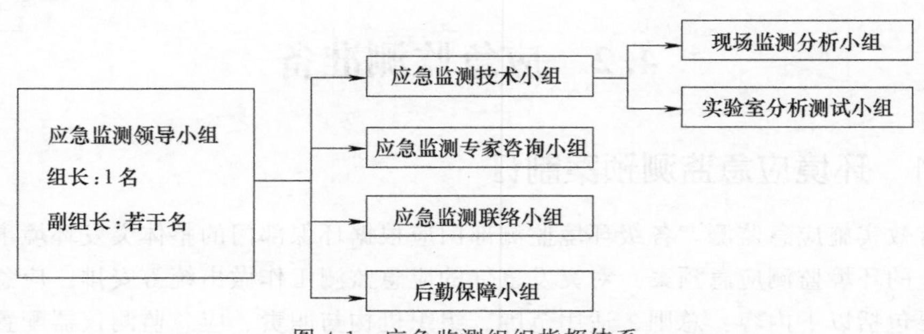

图 4-1 应急监测组织指挥体系

(1) 应急监测领导小组 应急监测领导小组负责应急监测过程中与上级及外界的联系沟通，制订应急监测预案、协调应急监测各相关小组工作、负责应急监测人员培训、负责落实应急监测装备、负责组织应急监测演练、组织编写应急监测报告。

应急监测领导小组可以由组长、若干名副组长和其他成员组成，组长应具有较高的组织、协调能力，调配各成员组有条不紊的做好应急监测工作。

(2) 应急监测技术小组 应急监测技术小组主要包括现场监测分析小组和实验室分析测试小组。

现场监测分析小组主要负责事故现场的应急监测，组成包括组长、副组长、成员，成员应有较强的应急监测和反应能力。主要职责包括参与制订应急监测技术方案；提供现场污染物的监测分析结果；提供事故变化情况报告、应急监测过程记录等信息；监测工作完成后，对应急监测行动进行评价，编制各类应急监测报告以及应急工作报告；日常工作中对应急监测仪器进行维护和保养，学习现场应急监测技术，参与应急监测培训和演练。

实验室分析测试小组主要负责在实验室对样品进行分析，组成包括组长、成员。主要职责是做好实验室分析准备工作，一旦接到样品，立刻对污染物进行定性、定量分析；做好实验室仪器设备的维护和保养工作；日常工作中，学习与掌握最新的分析测试技术。

(3) 应急监测专家咨询小组 应急监测咨询小组应由应急监测技术和相关方面技术专家组成。其职责是能根据监测数据，对污染事故的危害范围、发展趋势做出科学的判断；参与污染程度、危害范围及事故等级的判定；对污染区域的隔离、解禁、人员撤离、监测的终止等提出建议；指导制定和实施应急监测方案，以及结合监测结果进行评价。

(4) 应急监测联络及后勤保障小组 应急监测联络及后勤保障小组负责转达指挥领导小组的命令、指示、信息等，其组成包括组长、副组长、成员。其职责是负责各类监测人员的联络，负责信息联络和后勤供应，联络和调动其他相应监测力量，报告应急工作进展情况。保障各种应急监测物质和装备的后勤供应，做好后勤设施的保养和维修。

4.2.2.2 应急监测组织工作程序

（1）任务接收 技术小组在接收应急监测任务时应认真记录污染事故发生的时间、地点、事故出现的特征及可能的危害范围与损失、报告人等，并按应急监测程序进行工作。

（2）任务下达、人员安排及准备工作 技术小组下达任务通知，并加盖“应急监测”章。夜间或时间不许可时，可口头或电话通知各专业组，事后补发，由各专业组签收。

各专业组根据任务通知或口头通知，立即做好应急监测准备，分析、后勤、质控、报告人员同步上岗。应急监测及现场处置人员在尽可能短的时间内携仪器设备、采样器具、防护设备赶赴事故现场进行调查、监测和采样。实验室分析人员作好分析准备、后勤保障人员提供车辆和保障条件、质控人员同步进行质量控制、报告员作好资料收集。

（3）现场采样及监测 现场采样监测人员接到应急监测任务通知后，立即携带所需仪器设备、采样器具、试剂、药剂、防护装备和年需的监测预案、标准、方法、规范等资料，赶赴事故现场进行调查、监测和采样。应急监测必须有一位应急监测领导小组成员一同前往现场，污染事态严重时应急监测领导小组领导和技术小组成员一同前往现场。

（4）现场情况报告制度 现场采样监测人员到达现场进行污染状况调查后，立即向应急监测领导小组汇报现场情况，以便及时了解污染状况，决定是否增加监测点位、项目和频次，是否增加现场采样监测人员和仪器。对无法监测或不具备监测条件和能力的项目时，应向上一级部门报告，请求技术支援，由应急处置总指挥部协调解决。

现场监测和分析数据需现场报告时，报告审核人员应到达现场审核报告，并应立即向技术小组管理人员和应急监测领导小组进行汇报。

（5）样品的保存与运输

① 采样前，应初步判断样品的性质、成分及环境条件，以确定和检验保存方法和保存药剂的可靠性。

② 所有样品的采样及保存必须严格按照监测取样规范进行。

③ 现场取样开始前，应提前安排好样品的保存和运输，以避免错失最佳的分析时机。

④ 样品运输前应检查现场采样记录、核实样品标签是否完整，所有样品是否全部装车。

⑤ 样品运输必须配有专人押运、防止样品损坏或致污。移交样品时，应进行核对并办妥交接手续。

（6）实验室分析 实验室分析人员接到分析样品后，应立即按准备好的条件和程序进行样品分析，并接受质量控制组的考核和检查，接受应急监测领导小组的指导，准确、快捷地完成样品分析，做好原始记录，提交分析报告。

（7）报告编制与提交 报告编制人员在接到应急监测任务后，应与现场采样监测、分析同步收集资料，为编制报告做准备。待监测、分析数据出来后，认真进行数据处理，按职责认真进行报告审核，以最快的速度提交报告。

报告审校人员收到应急监测报告后，应严格、全面地审核报告，在最短的时间内以最快的通信方式上报，上报程序按上述应急监测工作程序或上级的要求执行，批准报告并上报上级有关部门。

（8）应急监测终止程序 接到上级应急监测终止的指令后，由应急监测工作领导小组宣布应急监测终止，并按上级统一布置要求，安排开展后续的环境跟踪监测。

（9）信息发布与保存 应急现场所有的监测数据及结果必须由统一渠道发布，应急救援工作领导小组确定对外公布的数据内容和数据结果，包括公布的形式等。每次应急监测（含现场监测）原始记录，报告应按监测中心有关规定建档，并按工作程序存入数据库备查。

4.2.3 应急装备和应急能力

按应急监测预案的要求，做好应急监测装备和应急能力建设。应急装备包括以下几种。

(1) 应急监测仪器装备 对必要的现场应急监测项目配备设备，如便携式水质检测仪、便携式有害气体检测仪、便携式红外光谱仪、便携式气相色谱仪、便携式色谱-质谱联用仪、气体检测管、水质检测管、便携式应急监测箱、检测试纸等。应定期检查，保证监测设备完好，进行定期维护，并应配套实验室内设备、保证完好，试剂定期配制更换。

(2) 应急监测采样设备 突发事故现场环境往往比较恶劣，采样人员难以达到采样现场，因此需要配备自动化现场采样设备，如采样船、无人艇、无人采样飞机等。

(3) 配备应急取证设备 如照相机、录像机、录音机、GPS定位仪等。

(4) 应急监测人员防护装备 如防毒面具、防护手套、过滤呼吸器、防化服、护目镜、防护鞋等。

(5) 应急监测急救装备 如应急药品、简易医疗仪器等。

(6) 应急监测通讯装备 如对讲机、移动电话、电话、传真机、电报等。

(7) 可以调用的应急力量 对一些特殊的监测分析仪器，由于财力有限，也可不用购置，确定本辖区内某单位的具有检测仪器和能力，可作为应急的备用检测，需要时调用，但应事先确认，并明确联系方式。

(8) 环境应急监测车 环境应急监测车由车体、车载电源系统、车载实验平台、车载气象系统、应急软件支持系统、便携应急监测仪器和应急防护设施等组成。它不受地点、时间、季节的限制，在突发性环境污染事故发生时，监测车可迅速进入污染现场，监测人员在正压防护服和呼吸装置的保护下立即开展工作，应用监测仪器在第一时间查明污染物的种类、污染程度，同时结合车载气象系统确定污染范围以及污染扩散趋势，准确地为决策部门提供技术依据。按不同的配置用途一般可分为：大气应急监测车、水质应急监测车。环境应急监测车如图 4-2 所示。

图 4-2 环境应急监测车

4.2.4 应急监测数据库

平时编制辖区内的危险源动态档案数据库，包括从事有毒有害物质生产、加工、储运、处理的单位名录，这些单位存在的危险源种类、规模、位置等基本情况；危险源存在的危险品的危险等级、毒性分类、潜在危害、事故预防措施等企业应急信息；如有可能还可以建立辖区内的危险源地理信息系统，便于突发事件发生后评估对周围的影响。

建立应急监测技术咨询数据库，包含常见化学品和污染物的标识、理化性质、毒性、化学性质、防护措施、应急消解措施等；有关应急监测仪器的操作步骤和使用信息；各类应急监测仪器和后勤器材的维护和管理信息；应急监测分析方法信息；应急处置（泄漏处理、消防措施、现场急救等）措施。

建立环境应急法律法规、标准、制度的决策数据库，包含国家对危险化学品、危险废物、化工生产的一系列法律、法规、条例、办法、管理制度，各类相关标准（控制标准、排放标准、安全防护标准、安全生产规范、环境监测方法标准）以便需要时调用。

建立典型污染事故案例数据库，通过对以往发生的典型污染事故案例分析和评估，为今后可能发生突发事件提供借鉴资料。

4.2.5　环境应急监测技术准备

4.2.5.1　各类突发环境事件的监测特点

(1) 有毒气体应急监测特点和方法　氯气、氰化氢、硫化氢、二硫化碳、氟化氢、光气、一氧化碳、砷化氢、氨等有毒气体泄漏的应急监测特点如下：污染范围广，能随风力扩散，事故源下风向一定范围内污染浓度较高；受气候和地形影响较大，如风力、风向、山地、森林都会对污染浓度分布有较大影响。

有毒气体泄漏可以使用便携式气体监测仪器、常用快速化学分析方法进行应急监测。

(2) 有毒化学品应急监测特点和方法　有毒化学品种类繁多，性质区别较大，现场应急监测有以下特点：能对浓度分布非常不均匀的各类样品进行有选择地分析；可以进行快速、便捷和连续的监测；从定性和定量分析都能做到快速实现。由于条件限制，现场的应急监测的设备往往不够，为了做出准确的分析判断，还须根据现场监测结果，准确确定用于实验室分析的采样地点、采样方法及分析方法。最终确定污染事件的各项特征，如化学物质的理化性质、毒性、挥发性、残留性、泄漏量、向环境的扩散速度、水和大气中主要污染物的浓度、污染的区域、降解的速率等定性指标。

目前这类监测技术主要有：试纸法、水质速测管法-显色反应型、气体速测管法-填充管型、化学测试组件法、便携式分析仪器测试法。

(3) 易燃易爆性物质应急监测特点和方法　易燃易爆危险物质包括：易爆性物质（包括易爆固体和凝结性液体，如氧化物；硝铵；硝基、硝铵和硝酸酯等的化合物等）；混合型易爆物质（混合产生易燃易爆性）；可燃性气体或挥发蒸气（如石油气、天然气、乙烯、乙炔、乙醚、苯、酒精等）；易燃液体（酒精、汽油、柴油等）；可燃性粉尘（铝粉、镁粉、硫黄粉等）；水解易燃性物质（吸收水分时，产生易燃易爆性物质）。

燃烧和爆炸的条件：有可燃性物质存在；有助燃物质存在；有导致燃烧能源（如明火、高温表面、过热、电火花、撞击、摩擦、绝热压缩等）的存在。

在燃烧爆炸现场应使用快速监测仪器，快速测定燃爆产生物质的成分和浓度，确定是否为对人体有毒有害的物质，以便采取防护措施；确定是否对环境有明显危害，以便采取控制污染和消除污染的措施。监测方法含有各种检测管方法。

(4) 溢油污染事件的应急监测特点和方法　溢油是在石油开采、炼制、加工、储运过程中由于突发事故或操作失误，造成油品泄漏进入地表水面的事件。水面产生溢油，首先要准确了解泄漏的油量，溢流的流向和流速。对于溢流的快速监测或实验室监测来说，水样的采集十分重要，要有代表性。分析方法有气相色谱法、红外分析法、GC-MS法、元素分析法、紫外分析法，国外多采用红外分析法，人为干扰小、比较灵敏。

(5) 农药污染事件的应急监测特点和方法 农药生产、储运过程中，原料和产品、废水废渣排放会造成突发性环境事件。农药的污染物类型复杂，应先进行现场调查，初步估计污染类型，再确定相应的测试技术。常见的农药检测方法有比色法、紫外光谱法、气相色谱法、高效液相色谱法、气相色谱-质谱法联用技术等。

4.2.5.2 环境应急监测快速应急监测技术

(1) 试纸法 使用对污染物有选择性反应的分析试剂制成的专用分析试纸，对污染物进行测试，通过试纸颜色的变化可对污染物进行定性分析。将变色后的试纸与标准色阶比较可以得到定量化的测试结果。商品试纸本身已配有色阶，有的还会配备标准比色板。化学试纸类型如表4-1所列。

表4-1 化学试纸类型

试纸类型	用途	色阶标准
pH试纸	用于测试酸碱度	一般色阶分为11～14，常用的有石蕊试纸、酚酞试纸、硝嗪黄试纸等，不同的试纸有不同色阶颜色标准
砷试纸	用于测试砷和AsH_3	白色变为棕黑
铬试纸	用于测试六价铬	存在六价铬时，白色试纸呈紫色斑点
锌含量快速检测试纸	用于锌浓度的测定	存在锌离子时，试纸呈粉红色，测定浓度范围可达10～250mg/L
铜离子快速测定试纸	用于铜离子浓度的快速测定	存在铜离子时，试纸呈黄色或橘色，测定浓度范围可达0～300mg/L
氟化物试纸	用于测氟化物和HF	当存在氟化物时，粉红色试纸变为黄白
氰化物试纸(Cyantesmo)	用于测氰化物和HCN	当存在氰化物时，淡绿色试纸变为蓝色或白色变为红紫色。试纸对碱性氰化物溶液不反应，对酸性氰化物溶液反应灵敏
KI-淀粉试纸	用于测余氯、余碘、余溴	当存在以上物质时，浅黄色试纸变为蓝色或白色变为红紫色
氨或铵离子试纸	用于测氨或铵离子	当存在氨或铵离子时，白色试纸变为棕黄色或黄色变为橙色
磷酸根快速测定试纸	用于废水中磷酸根的快速测定	当存在磷酸根时，白色测试纸条变为蓝色，测定范围为10～500mg/L
硝酸盐快速测定试纸	用于水中硝酸根快速测定	当存在硝酸根时，白色测试纸条变为粉红色，测定范围为5～500mg/L
余氯快速测定试纸	用于余氯的快速测定	不同浓度试纸有不同色阶的标准颜色，测定范围可达到0.5～10mg/L
硫化物检测试纸	用于硫化物的测定	试纸由白色变成粉红色
总硬度快速测定试纸	用于硬度的测定	不同浓度范围有不同颜色的色阶标准，以比色卡色阶为准
大肠杆菌快速检测试纸	废水中大肠杆菌快速测定	当有大肠杆菌存在时，试纸会变黄，并且黄色背景上有红色斑点或片状晕红菌斑

(2) 检测管法 检测管法对有毒气体或挥发性污染物的现场检测十分方便。检测管法的原理是被测气体通过检测管时造成管内填充物颜色变化，根据颜色变化程度来测定污染物及其含量，检测管一般附有标准色阶。

① 大气污染检测管法 大气检测管又分为短时检测管、长时检测管和气体快速检测箱。

短时检测管多为填充显色型，用于短时间测试，目前已有160多种短时检测管，将几种短时检测管组合成组件，可同时测试几种污染物。

长时检测管用于长时间（8h）连续监测，长时检测管可用于测定一段时间（1～8h）内污染物的平均浓度。

气体快速检测箱是将多种气体检测管组装在一种特制的检测箱内，便于携带到现场进行多项目的监测。

② 水污染检测管法　水污染检测管法又分直接检测试管法、色柱检测法、气提-气体检测管法、水污染检测箱。

直接检测试管法是将显色试剂封入塑料试管里，测定时，将检测管刺一小孔吸入待测水样，变化的颜色与标准色阶比色，对比确定污染物和浓度。

色柱检测法是将一定量水样通过检测管内，水样中的待测离子与管内填装显色试剂反应，产生一定颜色的色柱，色柱长度与被测离子浓度成比例。

气提-气体检测管法是利用液体提取装置与各类气体检测管进行组合，可以简单、快捷测定水样中易挥发性污染物（如氯代烃、氨、石油类、苯系物等）。

水污染检测箱是将多种水质检测管组合在一起形成整套检测设备，可以对水污染现场的多种污染物进行快速检测。

③ 紫外-可见分光光度法　紫外-可见分光光度法是利用污染物质与特定的显色试剂在一定条件下的显色反应，而具有对紫外-可见光的吸收特性来进行比色分析的一种方法。便携式分光光度计是常用的分光光度法仪器，其重量轻、携带方便，一台仪器可进行多项目测试，常为浓度直读，可以迅速读出浓度值。根据光度计的构造，可以分为单参数比色计、滤光分光比色计、分光光度计三种。

④ 化学测试组件法　为了同时进行多项目污染物质的测试可以采用化学测试组件法。化学测试组件法多采用比色方法或容量法（滴定）进行分析。化学测试组件法是将粉枕（可以放在塑料、铝箔、试剂管内）中的特定分析试剂加入一定量的样品中，通过颜色的变化，与标准色阶进行比较来估计待测污染物的浓度。

化学试剂测试组件进行现场测试时，可以采用不同的分析方法，如比色立体柱、比色盘、比色卡、滴定法、计数滴定器、数字式滴定器，前3种是比色法，后3种是容量法。

⑤ 便携式色谱与质谱分析技术　对一般性污染物的快速检测，检测管法可以发挥较好作用，但对于未知污染物或种类繁多的有机物的应急监测，检测管法已经不能满足现场的定性或定量的监测分析。便携式气相色谱仪和便携式色谱-质谱联用仪在有机污染物的现场监测中可以发挥重要作用。

现场使用的气相色谱仪有便携式和车载式，便携式气相色谱仪带分析的样品可以是气态或液态样品，全部操作程序化，可以做复杂的污染物定性或定量化检测分析。

便携式色谱-质谱联用仪可以分析有毒有害大气污染物，可用于化学品的泄漏检测、有害废物的检测，具有采样、读数、扫描定性、定量与记录功能，现场可以给出大气、水体、土壤中未知的挥发物或半挥发物的检测结果。便携式色谱-质谱联用仪便于在现场进行灾情判断、确认、评估和启动标准处理程序。

便携式离子色谱仪主要用于检测和分析碱金属离子、碱土金属离子、多种阴离子。

⑥ 便携式光学分析仪器　光学分析仪器是采用光谱分析技术对多种环境污染物（尤其是有机污染物）进行分析，根据光谱范围来说，目前使用的有便携式红外光谱仪、便携式X荧光光谱仪、专用光谱/光度分析仪、便携式荧光光度计、便携式浊度分析仪、便携式分光光度计等光学分析仪器。都可以对现场样品中的多元素进行监测或单点分析。光学分析仪器有便携式的和车载式的。

⑦ 便携式电化学分析仪器　电化学传感器是利用有毒有害气体同电解液反应产生电压来识别有毒有害污染物的一种监测仪器，可以检测硫化氢、氮氧化物、氯气、二氧化硫、氢氰酸、氨气、一氧化碳、光气（碳酰氯）等有害气体。各类电化学传感器既可以单独使用，也可以根据需要组合成多参数的电化学气体分析仪器。常见的电化学气体分析仪器主要是各类便携式选择离子分析仪（如离子计、pH 计、pH 测试笔、手提式 DO 仪、手提式电导率分析仪、手提式多参数分析仪、多参数水质分析仪等）。

⑧ 有毒有害气体检测器　对于一般已知污染物类型的检测，检测管法可以发挥较大作用，对于污染物种类较多或未知污染物种类，尤其是有机污染，检测管法已不能满足现场定性和定量的检测分析，高性能便携式气体检测器可以满足这方面检测分析的需要。

有毒有害气体检测器主要有易燃易爆气体检测器、光离子化检测器、金属氧化物半导体传感器、火焰离子化检测器、电化学传感器等。

4.2.6　环境应急监测演习

环境应急监测预案确定后，还应定期进行实战演练，通过演习完善制度和组织机构，锻炼队伍，发现问题，提高监测技术水平。

针对危险大、可能性大的突发事件，依据预案要求进行演练，一是可以通过演练发现预案中存在的问题；二是可以考察应急监测机构的指挥、协调能力；三是可以考核监测技术人员的应急监测的技术能力，检查仪器、装备是否能满足应急监测的基本需求。

环境应急监测演习的程序如下：

事故报告→应急中心指挥行动→现场监测、实验室测定、数据报告→处理方案→检查评估→调整机构修改预案。

4.3　环境应急监测方案

由于突发环境事件的事故类型、污染物、发生原因、危害程度千差万别，很难制订一套固定的环境应急技术方案，只能确定环境应急监测的技术规范。事发后，根据环境应急监测的技术规范和具体事故的现场情况，再确定一个突发事件的环境监测应急监测方案。任何一个环境应急监测方案都必须考虑布点、采样；监测频次与跟踪监测方案；污染物监测项目与分析方法；数据处理与 QA/QC；监测报告与上报程序等。

环境应急监测技术方案主要包括监测点位的布点原则、采样方法、样品的分类保存；确定监测频次；检测项目的筛选、项目的确定；确定应急监测方法；选择应急监测仪器和器材；应急监测数据的统计处理（原始记录、监测数据有效性检验、应急监测报告）；应急监测的质量保证。

4.3.1　应急监测布点原则

应急监测布点应考虑事件发生的类型、污染影响的范围、污染危害程度、事故发生中心区域周围的地理社会环境、事件发生时的气候条件等重要因素。布点原则具体可参照《突发环境事件应急监测技术规范》（HJ 589—2010）。

(1) 污染事件应急监测方法　应以事故地点为中心就近采样，再根据事发地的地理特点、风向等自然条件，在污染气团飘移经过的下风向，按一定间隔的圆形布点采样，同时根据污染趋势在不同高度采样，同时在事发中心的上风向适当位置对照采样，还要考虑在居民区等敏感区域布点采样。利用检气管快速检测污染物的种类和浓度，再检测采样流量和时间。

(2) 水污染事件应急监测方法 以事发地为中心根据水流方向和速度以及现场地理条件，进行布点采样，同时测定流量，以便测定污染物下泄量。现场应采集平行双样，一份供现场检测用，另一份加保护剂，速送回实验室检测，如需要还可采集事发中心水域沉积物进行检测。对江河污染的，在事发地江河下游按一定距离设置采样点，上游一定距离设对照断面采样点，在污染影响区域内的饮用和农灌区取水口处必须设置采样断面。对湖库水污染的，以事发中心水流方向按一定间隔圆形布点，根据污染特征在同一断面，可分不同水层采样后，再混为一个水样，在上游一定距离设对照断面采样点。在湖库出水口和饮用取水口处设置采样断面。

(3) 水污染事件应急监测方法 以事发地为中心，根据地下水流向采用网格法或辐射法在周围 2km 范围内设监测井采样，同时根据地下水流补给源，在垂直于地下水流的上方，设对照监测井采样，在地下水位饮用水源的取水口应设采样点。

(4) 污染事件应急监测方法 以事发地为中心，按一定距离间隔布点采样，并根据污染物特征在不同深度进行采样，同时采集未受污染区域样品进行对照。

(5) 注意事项 现场无法测定的项目，应尽快将样品送至实验室检测。样品必须保存至应急结束后才可废弃。

4.3.2 应急监测频次要求

污染物进入周围环境后，随着稀释、扩散、降解和沉降等自然作用以及应急处理处置后，其浓度会逐渐降低。为了掌握事故发生后的污染程度、范围及变化趋势，常需要实时进行连续的跟踪监测，对于确认环境化学污染事故影响的结束，宣布应急响施行动的终止具有重要意义。因此，应急监测全过程应在事发、事中和事后等不同阶段予以体现，但各阶段的监测频次不尽相同（表 4-2），原则上，采样频次主要根据现场污染状况确定。事故刚发生时，可适当加密采样频次，待摸清污染物变化规律后，可减少采样频次。

表 4-2 应急监测频次确定原则

事故类型	监测点位	应急监测频次	跟踪监测频次
大气污染	事发地	初始加密（次/天），随污染物浓度下降逐渐降低频次	连续两次监测浓度均低于空气质量标准值或已接近可忽略水平为止
	事发地周围敏感区域	初始加密（次/天），随污染物浓度下降逐渐降低频次	连续两次监测浓度均低于空气质量标准值或已接近可忽略水平为止
	事发地下风向	3～4 次/天或与事故发生地同频次（应急期间）	3～4 次/天连续 2～3 天
	事发地上风向对照点	2～3 次/天（应急期间）	
地表水污染	江河事发地及其下游	初始加密（次/天），随污染物浓度下降逐渐降低频次	连续两次监测浓度均低于地表水质量标准值或已接近可忽略水平为止
	湖库事发地及受影响的出水口	2～4 次/天（应急期间）	连续两次监测浓度均低于地表水质量标准值或已接近可忽略水平为止
	江河事发地其上游对照点	1 次/天（应急期间），以平行双样数据为准	
	近海海域监测点	2～4 次/天，随污染物浓度下降逐渐降低频次	连续两次监测浓度均低于海水质量标准值或已接近可忽略水平为止

续表

事故类型	监测点位	应急监测频次	跟踪监测频次
地下水污染	事发地中心周围2km内的水井	初始1～2次/天，第3天后，1次/周直至应急结束	连续两次监测浓度均低于地下水质量标准值或已接近可忽略水平为止
	地下水流经区域沿线水井	初始1～2次/天，第3天后，1次/周直至应急结束	连续两次监测浓度均低于地下水质量标准值或已接近可忽略水平为止
	事发地对照点	1次/天(应急期间)，以平行双样数据为准	
土壤污染	事发地污染区域	初始1～2次/天(应急期间)，视处置进展情况逐渐降低频次	应急结束后，1次
	对照点	1次/天(应急期间)，以平行双样数据为准	

4.3.3 监测项目的选择

环境污染事故由于其发生的突然性，形式的多样性，成分的复杂性，决定了应急监测往往一时难以确定。实际上，除非对污染事故的起因及污染成分有初步了解，否则要尽快确定。应监测的污染物。首先，可根据事故的性质（爆炸、泄漏、火灾、非正常排放、非法丢弃等)、现场调查情况（危险源资料，现场人员提供的背景资料，污染物的气味、颜色，人员与动植物的中毒反应等）初步确定应监测的污染物。其次，可利用检测试纸、快速检测管，便携式检测仪等分析手段，确定应监测的污染物。最后，可快速采集样品，送至实验室分析确定应监测的污染物。有时，这几种方法可同时并用，结合平时工作积累的经验，经过对获得信息进行系统综合分析，得出正确的结论。

4.3.3.1 监测项目筛选原则

对于已知污染物的突发性环境化学污染事故，可根据已知污染物来确定主要监测项目，同时应考虑该污染物在环境中可能产生的反应，衍生成其他有毒有害物质的可能性。

① 对固定源引发的突发性环境化学污染事故，通过对引发事故固定源单位的有关人员（如管理、技术人员和使用人员等）的调查询问，以及对事故的位置、所用设备、原辅材料、生产的产品等的调查，同时采集有代表性的污染源样品，确定和确认主要污染物的监测项目。

② 对流动源引发的突发性环境化学污染事故，通过询问有关人员（如货主、驾驶员、押运员等）以及运送危险化学品或危险废物的外包装、准运证、押运证、上岗证，驾驶证、车号或船号等信息，调查运输危险化学品的名称、数量、来源、生产或使用单位，同时采集有代表性的污染源样品，鉴定和确认主要污染物和监测项目。

③ 对于未知污染物的突发环境化学污染事故，通过污染事故现场的一些特征，如气味、挥发性、遇水的反应性、颜色及对周围环境、作物的影响等，初步确定主要污染物和监测项目。

④ 如发生人员中毒或动物中毒事故，可根据中毒反应的特殊症状，初步确定主要污染物和监测项目。

⑤ 通过事故现场周围可能产生污染的排放源的生产、环保、安全记录，初步确定主要污染物和监测项目。

⑥ 利用空气自动监测站、水质自动监测站和污染源在线监测系统等现有的仪器设备的监测，来确定主要污染物和监测项目。

⑦ 通过现场采样，包括采集有代表性的污染源样品，利用试纸、快速检测管和便携式监测仪器等现场快速分析手段，来确定主要污染物和监测项目。

⑧ 通过采集样品，包括采集有代表性的污染源样品，送实验室分析后确定主要污染物和监测项目。

由于有毒有害化学品种类繁多，一般应急监测的优先项目选择原则应是：历年来统计资料中发生事故或环境化学污染事故频率较高的化合物；毒性较大或毒性特殊、易燃易爆化合物，生产、运输、储存、使用量较大的化合物，易流失到环境中并造成环境污染的化合物。

4.3.3.2 主要筛选对象

根据最常见环境化学污染事故的化学污染成分（约150多种）及被污染的环境要素，建议优先考虑的监测项目为以下几类。

(1) 环境空气污染事故 如氯气、溴、氟、溴化氢、氰化氢、氯化氢、氟化氢、硫化氢、二氧化氮、氮氧化物、二氧化硫、一氧化碳、氨气、磷化氢、砷化氢、二硫化碳、臭氧、汞、铅、氟化物、汽油、液化石油气、氯乙烯、硝酸雾、硫酸雾、盐酸雾、高氯酸雾等。

(2) 地表水环境污染事故 如DO、pH值、COD、氰离子、铵离子、硝酸根离子、亚硝酸根离子、硫酸根离子、氯离子、硫离子、氟离子、元素磷、余氯、肼、砷、铜、铅、锌、镉、铬、汞、钡、钴、镍、三烃基锡、苯、甲苯、二甲苯、苯乙烯、苯胺、苯酚、硝基苯、丙烯腈及其他有机氰化物、二硫化碳、甲醛、丁醛、甲醇、氯乙烯、二氯甲烷、四氯化碳、溴甲烷、1,1,1-三氯乙烷、氯乙烯、甲胺类（一甲胺、二甲胺、三甲胺）、氯乙酸、硫酸二甲酯、二异氰酸甲苯酯、甲基异氰酸酯（C_2H_3NO）、有机氟及其化合物、倍硫磷、敌百虫、敌敌畏、对硫磷、甲基对硫磷、乐果、六六六、五氯酚、过氧乙酸、次氯酸钠、过氧化氢、二氧化氯、臭氧、环氧乙烷、甲基苯酚、戊二醛等。

(3) 土壤环境污染事故 如重金属、有机污染物、有机磷农药（甲拌磷、乙拌磷、对硫磷、内吸磷、特普、八甲磷、磷胺、敌敌畏、甲基内吸磷、二甲基硫磷、敌百虫、乐果、马拉硫磷、杀螟松、二嗪磷），有机氮农药（杀虫脒、杀虫双汀巴丹），氨基甲酸酯农药（呋喃丹、西维因）、有机氟农药（氟乙酰胺、氟乙酸钠）、拟除虫菊酯农药（戊氰菊酯、溴氰菊酯）、有机氯农药、杀鼠药（安妥、敌鼠钠）等。

(4) 有机污染物 烷烃类：如甲烷、乙烷、丙烷、丁烷、戊烷、己烷、庚烷、辛烷、环己烷、异戊烷、天然气、液化石油气等。石油类：如汽油、柴油、沥青等。烯炔烃类：如乙烯、丁烯、丙烯、丁二烯、氯乙烯、氯丁二烯、乙炔等。醇类：如甲醇、乙醇、正丁醇、辛醇、异丁醇、巯基乙醇等。苯系物：如苯、甲苯、乙苯、二甲苯、苯乙烯等。芳香烃类，如酚类、苯胺类、氯苯类、硝基苯类、多环芳烃类等。醛酮类：如甲醛、乙醛、丙醛、异丁醛、丙烯醛、丙酮、丁酮等。挥发性卤代烃：三氯甲烷、四氯化碳、1,2-二氯乙烷、三溴甲烷，二溴一氯甲烷、一溴二氯甲烷、乙烯、氯乙烯、三氯乙烯等。醚酯类：如乙醚、甲基叔丁基醚、乙酸甲酯、乙酸乙酯、醋酸乙烯酯、丙烯酸甲酯、磷酸三丁酯、过氧乙酸硝酸酯、邻苯二甲酸等。氰类：氰化氢、丙烯腈、丙酮氰醇等。有机农药类：甲胺磷、甲基对硫磷、对硫磷、马拉硫磷、倍硫磷、敌敌畏、敌百虫、乐果、杀虫螟、除草醚、五氯酚、毒杀芬、杀虫醚等。

4.3.4 监测项目初步定性方法

在突发性环境化学污染事故现场。可通过特征颜色和特征气味进行初步定性判断污染物的种类，见表 4-3。

表 4-3　利用感官初步确定污染物的定性方法

表象类型	特征	根据表象特征估计污染物质
颜色	黄色	可能是硝基化合物；也可能是亚硝基化合物(固态多为淡黄或无色，液态多为无色)；偶氮类化合物(也有红色、橙色、棕色或紫色)；氧化氮类化合物(也有橙黄色的)；醌(有淡黄色、棕色、红色)；醌亚胺类；邻二酮类；芳香族多羟酮类等
	红色	可能是某些偶氮化合物(多为黄色、橙色，也有棕色或紫色)；某些醌；在空气中放置久了的苯酚
	棕色	可能是某些偶氮化合物(多为黄色、橙色，也有棕色或紫色)；苯胺(新蒸馏出来的为淡黄色)
	紫色	可能是某些偶氮化合物(多为黄色、橙色，也有棕色或紫色)
气味	醚香	典型的化合物有乙酸乙酯、乙酸戊酯、乙醇、丙酮等
	苦杏仁香	典型的化合物有硝基苯、苯甲醛、苯甲腈等
	樟脑香	典型的化合物有樟脑、百里香酚、黄樟素、丁(子)香酚、香芹酚等
	柠檬香	典型的化合物有柠檬醛、乙酸沉香酯等
	花香	典型的化合物有邻氨基苯甲酸甲酯、香茅醇、萜品醇等
	百合香	典型的化合物有胡椒醛、肉桂醇等
	香草香	典型的化合物有香草醛、对甲氧基苯甲醛等
	麝香味	典型的化合物有三硝基异丁基甲苯、麝香精、麝香酮等
	蒜臭味	典型的化合物有二硫醚等
其他	二甲胂臭	典型的化合物有四甲二胂、三甲胺等
	焦臭味	典型的化合物有异丁醇、苯胺、枯胺、苯、甲酚、愈创木酚等
	腐臭味	典型的化合物有戊酸、己酸、甲基庚基甲酮、甲基壬基甲酮等
	麻醉味	典型的化合物有吡啶、胡薄荷酮等
	粪臭味	典型的化合物有粪臭素(3-甲基吲哚)、吲哚等

4.3.5　应急监测方法的选择

在突发环境事件发生后，尽快确定对环境影响大的主要污染物的种类以及污染程度，是应急监测在现场的首要工作。这项工作就是力争在最短时间内，采用最合适、最简单的分析方法获得最准确的环境监测数据，这里就涉及如何选择最佳应急监测方法，见表 4-4。

表 4-4　合理的应急监测方法

项目	事故及污染物种类	可供选择的监测方法
事故	大气污染事故	优先考虑选用气体检测管、便携式气体检测仪、便携式气相色谱法、便携式红外光谱法和便携式气相色谱-质谱联用仪器法等，还可以从企业在线自动监测系统和环境自动监测站的连续监测数据得到相关信息
	水或土壤污染事故	优先考虑选用检测试纸法、水质检测管法、化学比色法、便携式分光光度计法、便携式综合水质检测仪器法、便携式电化学检测仪器法、便携式气相色谱法、便携式红外光谱法和便携式气相色谱-质谱联用仪器法等，还可以从企业在线自动监测系统和环境自动监测站的连续监测数据得到相关信息
	无机物污染事故	优先考虑选用检测试纸法、气体或水质检测管法、便携式检测仪、化学比色法、便携式分光光度计法、便携式综合检测仪器法、便携式离子选择电极法以及便携式离子色谱法等
	有机物污染事故	优先考虑选用气体或水质检测管法、便携式气相色谱法、便携式红外光谱法、便携式质谱仪和便携式色谱-质谱联用仪器法等
	不确定污染事故	对于现场无法分析的污染物，尽快采集样品，迅速送到实验室进行分析，必要时，可采用生物监测法对样品毒性进行综合测试
大气污染物	氯气	可采用检测试纸法、便携式分光光度法、气体检测管法、便携式电化学传感器法
	氯化氢	可采用检测试纸法、便携式分光光度法、气体检测管法、便携式电化学传感器法
	氨	可采用检测试纸法、气体检测管法、便携式光学式检测器法

续表

项目	事故及污染物种类	可供选择的监测方法
大气污染物	硫化氢	可采用检测试纸法、便携光学式检测器法、便携式分光光度法、便携式离子色谱法、气体检测管法、便携式电化学传感器法
	二氧化硫	可采用检测试纸法、便携光学式检测器法、气体检测管法、便携式电化学传感器法
	氟化物	可采用检测试纸法、气体检测管法、化学测试组件法(茜素磺酸锆指示液)
	光气	可采用检测试纸法(二甲苯胺指示剂)、便携式分光光度法、气体检测管法、便携式仪器法
	氰化物	可采用检测试纸法、便携式分光光度法、气体检测管法、便携式电化学传感器法
	沥青烟	气体检测管法、便携式VOC检测仪法、便携式气相色谱法
	酸雾	可采用检测试纸法(pH试纸)、气体检测管法、便携式仪器法(酸度计)
	PH_3	可采用检测试纸法、气体检测管法、便携式气相色谱法、便携式电化学传感器法
	AsH_3	可采用检测试纸法(氯化汞指示剂)、气体检测管法、便携式电化学传感器法
	总烃	可采用气体检测管法、目视比色法、便携式VOC检测仪法
	铅雾	可采用气体检测管法、便携式离子计法、便携式比色计/光度计法
	一氧化碳	可采用检测试纸法、气体检测管法、便携式电化学传感器法、便携光学式(非分散红外吸收)检测器法
	氮氧化物	可采用检测试纸法、气体检测管法、便携式电化学传感器法、便携光学式检测器法
污染大气、水、土壤的污染物	二硫化碳	可采用现场吹脱捕集-检测管法、化学测试组件法(醋酸铜指示剂)、便携式气相色谱法
	甲醛	可采用检测试纸法、气体检测管法、水质检测管法、化学测试组件法、便携式检测仪法
	醇类	可采用气体检测管法、便携式气相色谱法、便携式气相色谱-质谱联用仪器法、实验室快速气相色谱法、便携式红外分光光度计法
	苯系物(芳烃)	可采用气体检测管法、现场吹脱捕集-检测管法、便携式VOC检测仪法、便携式气相色谱法、便携式气相色谱-质谱联用仪器法、实验室快速气相色谱法、便携式红外分光光度法
	酚类物质及衍生物	可采用气体检测管法、水质检测管法、化学测试组件法、便携式比色计/光度计法、便携式分光光度计法、便携式气相色谱法、便携式气相色谱-质谱联用仪器法、实验室快速气相色谱法、便携式红外分光光度法
	醛酮类	可采用气体检测管法、便携式气相色谱法、实验室快速气相色谱法、便携式气相色谱-质谱联用仪器法、实验室快速液相色谱法、便携式红外分光光度法
	氯苯类硝基苯类醚酯类	可采用气体检测管法、便携式气相色谱法、实验室快速气相色谱法、便携式气相色谱-质谱联用仪器法、便携式红外分光光度法
	苯胺类	可采用气体检测管法、便携式气相色谱法、实验室快速气相色谱法、便携式气相色谱-质谱联用仪器法、便携式红外分光光度法
	石油类	可采用气体检测管法、水质检测管法、便携式VOC检测仪法、便携式气相色谱法、便携式红外分光光度计法
	烯炔烃类	可采用气体检测管法、便携式VOC检测仪法、便携式气相色谱法、便携式红外分光光度法
	有机磷农药	可采用残留农药测试组件法($>1.6\times10^{-9}$西玛津除草剂)、便携式气相色谱法、便携式气相色谱-质谱联用仪器法、实验室快速气相色谱法、便携式红外分光光度法
	铅、铬、钡、镉、锌、锰、锡	可采用检测试纸法、水质检测管法、化学测试组件法、便携式比色计/光度计法、便携式分光光度计法、便携式X射线荧光光谱仪法
	汞	可采用气体检测管法、水质检测管法、便携式分光光度计法
	铍	可采用化学测试组件法、便携式分光光度计法、便携式X射线荧光光谱仪法
	砷	可采用检测试纸法、砷检测管法、便携式分光光度计法、便携式X射线荧光光谱仪法
	氰化物、氟化物、碘化物、氯化物、硝酸盐、磷酸盐	可采用检测试纸法、水质检测管法、化学测试组件法、便携式比色计/光度计法、便携式分光光度计法、便携式离子计法、便携式离子色谱法

续表

项目	事故及污染物种类	可供选择的监测方法
污染大气、水、土壤的污染物	总氮	可采用水质检测管法、便携式比色计/光度计法、便携式分光光度计法
	总磷	可采用水质检测管法、化学测试组件法、便携式分光光度计法
	硫氰酸盐	可采用便携式比色计/光度计法、便携式分光光度计法、便携式离子色谱法
	α、β放射性	可采用液体闪烁谱仪、α、β测量仪、X剂量率应急检测仪、α、β表面污染测量仪
	γ放射性	可采用γ辐射应急检测仪、便携式巡测γ谱仪

4.3.6　应急监测数据记录及报告

(1) 应急监测的原始记录

① 绘制事故现场的示意图，标出采样点位；

② 记录事件发生时间、事件持续时间、每次采样时间；

③ 现场状况描述，必要的地理、水文、气象参数（如水流向、流速、流量、水温、气温、气压、风向、风速等）；

④ 事故可能产生的污染物种类、毒性、流失量及影响范围；

⑤ 现场测试出的污染物有关数据，如有多组数据应编制成数据表，并附有简单分析；

⑥ 现场监测记录是应急监测结果的依据之一，应按规范格式填写，主要项目包括环境条件、分析项目、分析方法、测试时间、样品类型、仪器名称、型号、编号、测试结果；

⑦ 原始记录应有测试人员、分析人员、校核人员、审核人员等相关人员的签字；

⑧ 发生事故的单位的名称、联系电话等。

(2) 监测报告的主要报告内容

① 时间——事故发生时间、接到通知时间、到达现场监测的时间；

② 自然环境——事故发生地及周边的自然环境（附现场示意图及照片、录像资料）；

③ 监测结果——采样点位（断面）、监测频次、监测方法、主要污染物的种类、浓度、排放量；

④ 污染事件的类型和性质——根据规定和现场情况确定事故类型（附现场收集到的证据、勘察记录、当事人陈述）、污染事件的性质；

⑤ 污染事故的危害与损失——污染事故对环境的危害、造成的经济损失、人员的伤亡等；

⑥ 简要说明污染事故排放的主要污染物的危险性、毒性与应急处置的相应建议；

⑦ 应急监测现场负责人的签字。

4.3.7　质量保证

在应急监测中的各个环节都应采取质量保障措施，包括现场监测采样、实验室样品分析实验、样品运输，以及对数据进行三级审核确认。

4.4　现场采样方案

环境污染事故的类型、发生环节、污染成分及危及程度千差万别，制定一套固定的现场应急监测方案是不现实的。但是，应急监测工作仍然有其内在的科学性和规律性，为了规范环境监测系统对环境污染事故的应急监测工作、为各级政府和环保行政主管部门提供快速、及时、准确的技术支持，确定污染程度和采取应急处置措施，将就现场应急监测方案制订过程中应该考虑的最普遍的方面（布点与采样、监测频次与跟踪监测、监测项目与分析方法，数据处理与QA/QC、监测报告与上报程序等）做一简介，供实际监测人员在实施现场应急监测时参考。

在制订环境污染事故应急监测方案时，应遵循的基本原则是：现场应急监测与实验室分析相结合，应急监测的技术先进性和现实可行性相结合，定性与定量、快速与准确相结合，环境要素的优先顺序为空气、地表水、地下水、土壤。

4.4.1 点位布设及样品采集

4.4.1.1 布点原则

由于环境污染事故发生时，污染物的分布极不均匀，时空变化大，对各环境要素的污染程度各不相同。因此，采样点位的选择对于准确判断污染物的浓度分布、污染范围与程度等极为重要。一般应急监测的布点原则如下。

① 断面（点）的设置一般以突发性环境化学污染事故发生地点及其附近为主，且必须注意人群和生活环境，考虑对饮用水源地、居民住宅区空气、农田土壤等区域的影响，合理设置参照点，以掌握污染发生地点状况，反映事故发生区域环境的污染程度和污染范围为目的。

② 突发性环境化学污染事故所污染的地表水、地下水、大气和土壤均应设置对照断面（点）、控制断面（点），对地表水和地下水还应设置削减断面，尽可能以最少的断面（点）获取足够的有代表性的所需信息，同时需考虑采样的可行性和方便性。

4.4.1.2 布点采样方法

(1) 空气污染事故

① 应尽可能在事故发生地就近采样（往往污染物浓度最大，该值对于采用模型预测污染范围和变化趋势极为有用），并以事故地点为中心，根据事故发生地的地理特点、盛行风向及其他自然条件，在事故发生地下风向（污染物漂移云团经过的路径）影响区域、掩体或低洼地等位置，按一定间隔的圆形布点采样，并根据污染物的特性在不同高度采样，同时在事故点的上风向适当位置布设对照点。在距事故发生地最近的居民住宅区或其他敏感区域应布点采样。采样过程中应注意风向的变化，及时调整采样点位置。

② 对于应急监测用采样器，应经常予以校正（流量计、温度计、气压表），以免情况紧急时没有时间进行校正。

③ 利用检气管快速监测污染物的种类和浓度范围，现场确定采样流量和采样时间。采样时，应同时记录气温、气压、风向和风速，采样总体积应换算为标准状态下的体积。

(2) 水环境污染事故

① 监测点位以事故发生地为主，根据水流方向、扩散速度（或流速）和现场具体情况（如地形地貌等）进行布点采样，同时应测定流量。采样器具应洁净并应避免交叉污染，现场可采集平行双样，一份供现场快速测定，另一份现场立刻加入保护剂，尽快送至实验室进行分析。若需要，可同时用专用采泥器（深水处）或塑料铲（浅水处）采集事故发生地的沉积物样品（密封塑料广口瓶中）

② 对江、河的监测应在事故发生地或事故发生地的下游布设若干点位，同时在事故发生地的上游一定距离布设对照断面（点）。如江河水流的流速很小或基本静止，可根据污染

物的特性在不同水层采样；在事故影响区域内饮用水和农灌区取水口必须设置采样断面（点）。根据污染物的特性，必要时，对水体应同时布设沉积物采样断面（点）。当采样断面水宽小于等于 10m 时，在主流中心采样；当断面水宽大于 10m 时，在左、中、右三点采样后混合。

③ 对湖库的监测应在事故发生地或以事故发生地为中心的水流方向的出水口处，按一定间隔的扇形或圆形布点，并根据污染物的特性在不同水层采样，多点样品可混合成一个样。同时根据水流流向，在其上游适当距离布设对照断面（点）。必要时，在湖（库）出水口和饮用水取水口处设置采样断面（点）。

④ 在沿海和海上布设监测点位时，应考虑海域位置的特点：地形、水文条件和盛行风向及其他自然条件。多点采样后可混合成一个样。

(3) 水环境污染事故

① 应以事故发生地为中心，根据本地区地下水流向采用网格法或辐射法。在周围 2km 内布设监测井采样，同时视地下水主要补给来源，在垂直于地下水流的上方向，设置对照监测井采样；在以地下水为饮用水源的取水处必须设置采样点。

② 采样应避开井壁，采样瓶以均匀的速度沉入水中，使整个垂直断面的各层水样进入采样瓶。

③ 若用泵或直接从取水管采集水样时，应先排尽管内的积水后采集水样。同时要在事故发生地的上游采集两个对照样品。

(4) 污染事故

① 应以事故地点为中心，在事故发生地及其周围一定距离内的区域按一定间隔圆形布点采样，并根据污染物的特性在不同深度采样，同时采集先受污染区域的样品作为对照样品，必要时，还应采集在事故地附近农作物样品。

② 在相对开阔的污染区域采取垂直深 10cm 的表层土。一般在 10m×10m 范围内，采用梅花形布点方法或根据地形采用蛇形布点方法（采样点不少于 5 个）。

③ 将多点采集的土壤样品除去石块、草根等杂物，现场混合后取 1～2kg 样品装在塑料袋内密封。

(5) 污染源和流动污染源 对于固定污染源和流动污染源的监测、布点，应根据现场的具体情况，在产生污染物的不同工况（部位）下或不同容器内分别布设采样点。

(6) 化学污染事故 对于化学品仓库火灾、爆炸以及有害废物非法丢弃等造成的环境化学污染事故，由于样品基体往往极其复杂，此时就需要采取合适的样品预处理方法。

对于所有采集的样品，应分类保存，防止交叉污染，现场无法测定的项目，应立即将样品送至实验室分析。样品必须保存到应急行动结束后，才能废弃。

4.4.2 样品管理

4.4.2.1 样品标识

采集的样品应按一定的方法分类，并在采样记录单和样品标签上进行唯一性标识，包括样品编号、采样地点、检测项目、采样时间、采集人等信息。唯一性标识应贴在醒目位置。对于易燃易爆、有毒有害的样品应用特别的标志加以注明。在分样、流转过程中，不得随意改变样品标识。

4.4.2.2 样品保存

除现场监测项目外，需要送至实验室进行分析的样品应该选择合适的容器和储存条件，对样品进行运输和保存。

样品保存方法主要包括以下几种。

① 对于变化快、时效性强，监测后的样品均留样保存意义不大，但对于测试结果异常样品，应按样品保存条件要求保留适当时间。留样样品应有留样标识。

② 对需要测定物理-化学分析物的样品，应使水样充满容器至溢流并密封保存，以减少因与空气中氧气、二氧化碳的反应干扰及样品运输途中的振荡干扰。但当样品需要被冷冻保存时，不应溢满封存。

③ 用于化学分析的样品和用于生物分析的样品是不同的。加入到生物检测的样品中的化学品能够固定或保存样品，生物检测样品的保存应符合下列标准：一是预先了解防腐剂对预防生物有机物损失的效果；二是防腐剂至少在保存期间，能够有效地防止有机质的生物退化；三是在保存期内，防腐剂应保证能充分研究生物分类群。

对于易燃易爆、有毒有害的样品应该分类保存，保证安全。

4.4.2.3 样品处置

首先，对应急监测样品，应留样，直至事故处理完毕。

其次，对含有剧毒或大量有毒、有害化合物的样品，特别是污染源样品，不应随意处置，应作无害化处理或送有资质的处理单位进行无害化处理。

4.5 应急监测的安全防护与保障实施

4.5.1 应急监测的安全防护

4.5.1.1 现场应急防护与处置装备

现场防护与处置装备（表 4-5）是为了保护突发环境污染事件现场工作人员免受物理、化学、生物等污染危害而设计的装备，包括防护服、化学安全防护眼镜、防护手套和各种呼吸器等，以预防现场环境中有毒有害物质对人体健康造成危害。

表 4-5 现场应急防护与处置装备

类别	序号	设备名称	用途及设备参数	功能	适用环境
水污染突发事件	1	隔绝式防毒衣	全身防护：现场安全防护救援、采样、监测	防护有毒有害污染物	化工、石油、纺织、印染、造纸、冶炼、酿造、制药、化肥、炼油、制革、交通运输等泄漏、爆炸事件
	2	简易防毒面具	呼吸防护：现场安全防护救援、采样、监测	防护有毒有害污染物	
	3	防毒靴套	足部防护：污染采样、监测	防护有毒有害污染物	
	4	防酸碱长筒靴	足、腿部防护：现场安全防护、救援、采样、监测	防护有毒有害污染物	化工、石油、厂矿、交通运输等泄漏、爆炸事件
	5	耐酸碱防毒手套	手部防护：现场安全防护、救援、采样、监测	防护有毒有害污染物	
	6	耐酸碱防水高腰连体衣	全身防护：现场安全防护、救援、采样、监测	防护酸碱污染物	
	7	救生衣	现场防护、救援、采样、监测	防护、救援	排污口、沟渠、河流

续表

类别	序号	设备名称	用途及设备参数	功能	适用环境
水污染突发事件	8	急救箱	现场中毒急救及安全防护	急救、防护	各种污染事件受伤急救
	9	投掷式标志牌	现场安全防护、警戒	警戒	各种污染事件的警戒标志
	10	插入式标志牌	现场安全防护、警戒	警戒	各种污染事件的警戒标志
	11	排水泵、消毒设备、各种堵漏器、堵漏袋、堵漏枪、洗消器;封漏套管、阻流带等	现场处理、救援	现场应急处理、救援	各种水污染事件
	12	救护车	医疗卫生部门负责	人员安全救援	
大气污染突发事件	1	防毒面具(接滤毒灌)	呼吸防护:最短可防毒时间为2h	综合防有毒有害气体、各种有机蒸气、氯气、氨气、硫化氢、一氧化碳、氢氰酸及其衍生物、毒烟、毒物等	化工、油库、气库、石化、冶炼、制药、炼油、制革、交通运输等泄漏、火灾、爆炸等
	2	小型消毒器:消毒设备;洗消剂;各种堵漏器、堵漏袋、堵漏枪、洗消器;封漏套管、阻流袋、封漏胶、封漏剂等	救援	救援	
	3	各种防化消防车	消防部门负责	事件处置与救援	
	4	简易防毒面具	呼吸防护	防轻度、低浓度的有毒有害气体	防轻度、低浓度的有毒有害气体
	5	正压式空气呼吸器	可防毒时间1h	防高浓度的有毒有害气体	化工、石油、厂矿、交通运输等泄漏、火灾、爆炸等事件
	6	隔热/冷手套	现场安全防护	救援、救护	
	7	防毒手套	现场安全防护	救援、救护	
	8	高压呼吸空气压缩机	配供正压式空气;压缩空气充气泵100L/min	防各种有毒有害气体	
	9	气密防护眼镜	现场安全防护	防化学物质飞溅、防烟雾等	
	10	气体报警器	有毒气体报警、人员安全防护	一氧化碳、硫化氢	
	11	隔绝式防毒衣(防化服)	现场安全防护	防有毒气体、芥子气、光气、沙林、耐酸碱等	化工、油库、气库、石化、冶炼、制药、炼油、制革、交通运输等泄漏、火灾、爆炸等
	12	阻热防护服	现场安全防护	防火、防热、防静电	化工、油库、气库、炼油、火灾、爆炸等
	13	防酸碱工作服	现场安全防护	防酸碱水蒸气	化工、冶炼、交通运输等泄漏、爆炸
	14	滤毒罐	连防毒面具,最小可防毒时间为2h	综合防毒	化工、石油、厂矿、农药交通运输等泄漏、爆炸

续表

类别	序号	设备名称	用途及设备参数	功能	适用环境
大气污染突发事件	15	防酸碱长筒靴	现场安全防护	防酸碱物	化工、厂矿交通运输等泄漏
	16	防毒口罩	防护呼吸道	综合防护轻度、低浓度的有毒有害气体	各种大气污染、爆炸、火灾等
	17	风速风向标	测定风速风向、人员安全防护与救援距离	测定范围：风速0～60m/s,风向0°～360°,风向精度±3%	
	18	测距仪	测定距离、人员安全防护	测定距离范围：0.2～200m	大气污染事件
	19	灭火器	现场安全防护	灭火	易燃易爆气体、液体泄漏
	20	防爆强光照明设备	提供现场照明	防爆	

4.5.1.2 应急处置人员安全防护

① 危险品泄漏事故处置必须挑选业务技术熟练、思想作风过硬、身体素质良好，并有较丰富实践经验的人员，组成精干的处置小组（进入处置现场人员不得少于两人）。

② 专人对防护装备的安全性能进行仔细检查，认真检查空（氧）气呼吸器的压力等参数，详细记录每位进入、撤出泄漏现场的人员姓名和时间。

③ 进行关阀堵漏任务的人员还应使用喷雾或开花水流进行掩护。

④ 关注事故现场险情变化，发生危险立即撤离。现场还应准备特效急救解毒药物，有医护人员待命。对中毒的人员应从上风方向抢救或引导撤出。

⑤ 根据泄漏物质的理化性质，穿（佩）戴以下不同的防护装备。

a. 呼吸系统防护：当处置过程中存在有毒气体或有毒蒸气，应佩戴防毒面具。空气中浓度较高时，应佩戴正压式空气呼吸器或氧气呼吸器。

b. 眼睛防护：眼睛对有毒有害气体特别敏感，当呼吸系统防护未对眼睛进行救护时，应佩戴化学安全防护眼镜。

c. 身体防护：当有毒气体或液体可通过皮肤吸收中毒时，应穿全密闭式防护服；在可能接触腐蚀品时，应穿耐酸碱工作服；在处置易燃易爆品时，应穿防静电工作服。

d. 手部防护：在没有使用全密闭防护服时，应戴橡胶手套。

⑥ 易燃易爆品处置过程中，严禁使用未经防爆认证的通信工具。

4.5.2 应急监测的保障实施

4.5.2.1 供给保障

应急监测大多情况下是在远离城镇缺少物质供应的地方实施，工作时间不能确定，往往会持续较长时间，物质的消耗事先也不能准确计划，需要现场给予供给保障。

应急监测供给保障主要内容是：①消耗品（化学试剂、监测用水、备品备件、车料和用电等）；②设备装备（备用监测仪器设备、照明、通信、交通工具等）；③现场监测基地搭建等。

4.5.2.2 服务保障

现场监测服务保障主要是人员的交通、安全、医疗卫生、身体健康和人员往来接待等。

4.5.2.3 生活保障

现场监测的生活保障主要体现在人员的住宿安排、伙食安排、野外食品饮水及所需经费等。

4.6 应急监测的相关法律、法规

①《中华人民共和国环境保护法》
②《中华人民共和国水污染防治法》
③《中华人民共和国大气污染防治法》
④《中华人民共和国固体废物污染环境防治法》
⑤《中华人民共和国噪声污染防治法》
⑥《全国环境监测管理条例》
⑦《环境监测报告制度》
⑧《中华人民共和国安全生产法》
⑨《国家突发环境事件应急预案》
⑩《国家突发公共事件总体应急预案》
⑪《剧毒化学品目录》
⑫《国家危险废物名录》
⑬《重大危险源辨识》
⑭《危险货物品名表》
⑮《危险化学品安全管理条例》
⑯《关于进一步加强突发性环境污染事故应急监测工作的通知》
⑰《中华人民共和国突发事件应对法》
⑱《突发环境事件应急预案管理暂行办法》
⑲《突发环境事件应急监测技术规范》
⑳《集中式地表饮用水水源地环境应急管理工作指南（试行）》
㉑《全国环保部门环境应急能力建设标准》
㉒《突发环境事件应急监测技术规范》
以及相关的国家有关法律、法规和规范。

第5章　应急污染处置工艺技术简介

5.1　应急污染水处理技术

5.1.1　应急污染水处理技术综述

长期以来，污废水排放始终是大多数城市地表水体、饮用水源地安全的重要威胁。这些水污染既包括工业点源、生活污水和农业面源等常规污染，也包括船舶化学品和石油泄漏、工业事故排放、暴雨径流污染和蓄意投毒等突发性水污染。其中突发性水污染事件严重影响社会的正常活动，给生态环境带来极大的破坏，其危害不容小觑。由于突发性水污染事故的发生时间、污染物性质、影响范围和破坏程度都具有不确定性，且在短时间难以完成应对方案的制订和实施，因此往往对人体健康、生态环境和社会经济造成严重的破坏和深远的影响。

面对国内突发性水污染事故频发的局势，亟须事先确定对特定污染物的应急处理技术，以便事故发生时能够积极应对。这就需要对突发性的水污染事件有针对性的环境应急处理技术来提供支持。

5.1.2　突发性水污染事故的分类及特点

5.1.2.1　突发性水污染事故的分类

突发性环境污染事故没有固定的排放方式，具有潜伏性、不可预见性、发生突然、危害严重、监测困难、污染影响长远的特点。对突发性水污染事故进行准确详细分类，是选取正确处理方法的前提。突发水污染事件分类如表 5-1 所示。

表 5-1　突发性水污染事件分类

分类方式	类型名称
按事故发生方式	①偶然性突发事故；②长期累积性突发事故
按污染物质类型	①核污染事故；②溢油事故；③有毒化学品的泄漏、爆炸、排放造成的污染；④非正常大量排放废水污染
按污染源类型	①固定风险污染源；②不确定风险污染源
按污染物性质	①有机毒性物质污染；②重金属污染；③溢油事故；④生物性污染物污染；⑤其他

本节针对突发性水污染事故，按照污染物的性质分类的应急处理技术进行介绍，主要包括以下几种。

① 有机毒性物质污染事故，如苯酚、硝基苯、农药等的泄漏和运输事故、工厂偷排等；

② 重金属污染事故，如涉及 Cr、Cd、As 等重金属的企业废水违法超标排放等；

③ 溢油事故，如油罐车泄漏、输油管道爆炸、油船事故等；

④ 生物性污染物污染，如湖泊蓝藻暴发、饮用水微生物浓度超标等；

⑤ 其他，如典型的废酸、废碱等。

5.1.2.2 突发性水污染的特点

突发性水污染事故的特点主要体现在以下四个方面。

(1) 不确定性 事故发生的时间、水域、污染源、危害对象及程度等的不确定性；

(2) 扩散性 污染物会随水体的流动而扩散，从而影响到与污染流域相关的环境因素；

(3) 影响的长期性 突发性水污染事故发生后可对污染区域自然生态环境造成严重破坏，甚至会对人体健康造成长期的影响，需要长期的整治和恢复；

(4) 应急主体复杂性 很多突发性水污染事故不能被人们直接感知，且污染物随水流输移、脱离，造成污染现场不断变化，出现多个污染区域。

5.1.3 突发性水污染应急处理方法

5.1.3.1 有机毒性物质污染物的应急处理方法

有机毒性污染物是指可以造成人体中毒或者引起环境污染的有机物质，它们在水中的含量虽不高，但因在水体中残留时间长，有蓄积性。目前处理突发性有机污染物的方法主要采用吸附法、氧化分解等物理化学方法。

(1) 吸附法 吸附法是利用活性炭等吸附材料去除水中的苯系物、酚类、农药等有机污染物等。由于吸附剂在去除有机物方面具有独特的优越性，如较大的比表面积、适宜的孔结构及表面结构、良好的机械强度、化学与热稳定性好等特点，因此在有机污染事故应急处置中，吸附法一直备受人们的青睐。常用的吸附剂包括各种活性炭吸附剂、膨胀土及其改性产物、沙土、石灰、草木秸秆、吸附树脂等。这些吸附剂各有优缺点，在实际的应急处置中具有很强的应用性。

吸附法中，活性炭应用最为广泛，资料显示，其可吸附去除 60 多种有机污染物，水处理中活性炭分为粉末活性炭（PAC）和粒状活性炭（GAC）两类，本节主要介绍活性炭吸附法。

① 活性炭吸附法

a. 活性炭物理化学特性 活性炭是一种由煤、沥青、石油焦、果壳等含碳原料制成的外观呈黑色的粉末状或颗粒状的无定形碳。活性炭内部孔隙结构发达、比表面积大、吸附能力强。普通活性炭的比表面积为 $500\sim1500m^2/g$。采用特殊工艺处理后的超级活性炭比表面积则高达 $3500m^2/g$。活性炭所含主要元素是碳，含量为 90%～95%。氧和氢大部分是以化学键的形式与碳原子相结合形成有机官能团，氧含量 4%～5%左右，氢含量一般是 1%～2%。活性炭中最常见的官能团有：羧基、酚羟基和醌型羧基，此外还有醚、酯等。另外，根据不同吸附质的特点选用不同性质的活性炭种类是非常重要的。活性炭吸附作用有物理吸附和化学吸附。物理吸附主要发生在活性炭丰富的微孔中，比如通过范德华力（van der Waals force）进行吸附，物理吸附的吸附热很小，且是可逆的。由于活性炭表面存在不均匀力场，表面上的原子往往还有剩余的成键能力，当吸附质碰撞到活性炭表面上时便与表面原子间发生电子的交换、转移或共有，形成吸附化学键的吸附，此过程为化学吸附。

b. 活性炭吸附机理　活性炭在制造过程中，其自身的挥发性有机物被去除，晶格间生成空隙，形成许多形状各异的细孔。孔隙占活性炭总体积的70%～80%。每克活性炭的表面积可高达500～1700m^2，但99.9%都在多孔结构的内部。活性炭的极大吸附能力即在于它具有这样大的吸附面积。活性炭的孔隙大小分布很宽，从10^{-1}～10nm以上，一般按孔径大小分为微孔、过渡孔和大孔。在吸附过程中，真正决定活性炭吸附能力的是微孔结构。活性炭的全部表面几乎都是微孔构成的，粗孔和过渡孔只起着吸附通道作用，但它们的存在和分布在相当程度上影响了吸附和脱附速率。研究表明：在吸附过程中发生溶质由溶剂向活性炭吸附剂表面的质量传递，推动力可以是溶质的疏水特性或溶质对吸附剂表面的亲和性，或两者均存在。在水处理中通过活性炭吸附而被去除的物质一般为兼有疏水基团与亲水基团的有机化合物。溶质对吸附剂表面的亲和力可分为两类：一类是溶质在溶剂中的溶解度；另一类则是溶质与吸附剂之间的范德华力、化学键力和静电引力。严格地说，活性炭吸附是一个很复杂的过程。它是一种利用活性炭的物理吸附、化学吸附、离子交换吸附以及氧化、催化氧化和还原等性能去除水中污染物的水处理方法。

c. 活性炭吸附技术在水处理中应用　水处理中的活性炭主要有粉末炭和粒状炭两类。粉末炭采用混悬接触吸附方式，主要以搅拌池吸附的形式应用；而粒状炭则采用过滤吸附方式，通常采用固定床的形式，如活性炭滤池等。粒状炭较之粉末炭具有可再生性好和抗干扰力强的优点。

普通的给水净化工艺，对一些污染物如病毒、有机化合物不能有效去除。由于活性炭对水中微量有机物具有卓越的吸附特性，所以早在20世纪20年代末30年代初欧美国家就开始用粉状活性炭去除水中的臭、味等。粉状活性炭适用于含低浓度有机物和氨的污染水源的除臭、除味，尤其适用于季节性短期高峰负荷的污染水源的净化。粉状炭一般以5%～10%的悬浮液投加，其投加量根据原水的水质而异，并与水处理厂的流程有关。一般情况下投加剂量为3～10mg/L。接触时间一般为15～30min。投加点可在原水泵附近或澄清池之前。因其可再生性差和抗干扰能力弱的缘故，对污染较严重的水源及长期使用时，应逐渐由粒状炭代替。在给水处理中，粒状活性炭多以吸附柱或吸附塔的形式来应用，当吸附饱和后，通过再生以恢复其吸附能力。由于在新建或扩建现有水厂时，增设活性炭吸附过滤装置需要大量的基建费用和一定的建筑面积，因此在欧美国家的许多水厂中用粒状活性炭取代砂滤池中的砂。

d. 活性炭吸附技术在水处理中应用的优缺点　活性炭吸附在水处理应用中主要具有如下优点：i. 活性炭对水中污染物有卓越的吸附能力，对用生物法和其他方法难以去除的有机污染物和重金属有较好的吸附去除效果；ii. 活性炭对水质、水温及水量变化具有较强的抗冲击负荷能力，因而易于控制与管理；iii. 活性炭吸附的“贵重”有机污染物和重金属易于回收利用，且活性炭本身也能脱附再生。但是，目前我国的活性炭供应比较紧张，再生费用较高，这大大提高了治水成本，从而限制活性炭的广泛使用。为进一步提高去除有机污染物的效率，改善出水水质，活性炭吸附组合工艺在水处理中得到较好的应用和发展。可以预测，活性炭吸附组合工艺将逐步取代单纯活性炭吸附，成为水处理行业的一种发展趋势。

吸附法虽然可快速清除水体中的有机毒性污染物，但该方法还面临着诸多问题，如吸附材料多为颗粒状或者粉末状，直接投放于污染水域存在不易回收的问题，污染物无法从根本上去除。因此，吸附材料一般要被固定在编织网袋中，但是固定的方法使得吸附材料紧密堆积，使得吸附材料与水体接触的比表面积减小，降低了其去污效能，另外该种方式会阻碍水体的流动。最近发展起来的另外一种叫做活性炭纤维，它是一种性能优于粉状炭和粒状炭的高效活性吸附材料。活性炭纤维可方便地加工为毡、布、纸等各种不同的形状，制造的净水装置高效可靠、处理量大、结构紧凑，但价格较高。

② 沸石分子筛吸附法

a. 沸石分子筛物理化学特性　沸石是沸石族矿物的总称，是一种含水的碱或碱土金属的铝硅酸盐矿物，加热脱水后，沸石晶体孔道可以吸附比孔道小的物质分子，而排斥比孔道直径大的物质分子，使分子大小不同的混合物分开，起着筛分的作用。

沸石分子筛是硅铝四面体形成的三维硅铝酸盐金属结构的晶体，是一种孔径大小均一的强极性吸附剂。沸石或经不同金属阳离子交换或经其他方法改性后的沸石分子筛，具有很高的选择吸附分离能力。工业上最常用的合成分子筛仅为 A 型、X 型、Y 型、丝光沸石和 ZSM 系列沸石。沸石分子筛的化学组成通式为：$M_2(\text{I})[M(\text{II})]O \cdot Al_2O_3 \cdot nSiO_2 \cdot mH_2O$，式中，$M_2(\text{I})$ 和 $M(\text{II})$ 分别为 1 价和 2 价金属离子，多半是钠和钙；n 称为沸石的硅铝比，硅主要来自于硅酸钠和硅胶，铝则来自于铝酸钠和氢氧化铝等，它们与氢氧化钠水溶液反应制得的胶体物，经干燥后便成沸石。

沸石分子筛的最基本结构是硅氧四面体和铝氧四面体，四面体相互连接成多元环以及具有三维空间多面体，即构成了沸石的骨架结构，由于骨架结构中有中空的笼状，常称为笼，笼有多种多样，如 α 笼、β 笼、γ 笼等，这些笼相互连接就可构成 A 型、X 型、Y 型分子筛。

b. 沸石分子筛的性能

i. 吸附性能　沸石分子筛的吸附是一种物理变化过程，主要原因是分子引力作用在固体表面产生的一种表面力，当流体流过时，流体中一部分分子由于做不规则运动而碰撞到吸附剂表面，在表面聚集，使流体中这种分子数目减少，到达分离的目的，再通过其他办法将吸附在表面的分子赶跑，分子筛就又具有吸附能力，这一过程叫做解吸。

由于沸石分子筛孔径均匀，只有当分子动力学直径小于沸石分子筛孔径时才能很容易进入晶穴内部而被吸附，由于沸石分子筛晶穴内还有着较强的极性，能与含极性基团的分子在沸石分子筛表面发生强的作用，或是通过诱导使可极化的分子极化从而产生强吸附。这种极性或易极化的分子易被极性沸石分子筛吸附体现出沸石分子筛的又一种吸附选择性。

ii. 离子交换性能　通常所说的离子交换是指沸石分子筛骨架外的补偿阳离子的交换。沸石分子筛骨架外的补偿离子一般是质子和碱金属或碱土金属，它们很容易在金属盐的水溶液中被离子交换成各种价态的金属离子型沸石分子筛，离子在一定的条件下，如水溶液或受较高温度时比较容易迁移，在水溶液中，由于沸石分子筛对离子选择性的不同，则可表现出不同的离子交换性质。

通过离子交换可以改变沸石分子筛孔径的大小，从而改变其性能，达到择形吸附分离混合物的目的。沸石分子筛经离子交换后，阳离子的数目、大小和位置发生改变，如高价阳离子交换低价阳离子后使沸石分子筛中的阳离子数目减少，往往造成位置空缺使其孔径变大；而半径较大的离子交换半径较小的离子后，则易使其孔穴受到一定的阻塞，使有效孔径有所减小。

iii. 催化性能　沸石分子筛具有独特的规整晶体结构，其中每一类都具有一定尺寸、形状的孔道结构，并具有较大比表面积。大部分沸石分子筛表面具有较强的酸中心，同时晶孔内有强大的库仑场起极化作用，这些特性使它成为性能优异的催化剂。多相催化反应是在固体催化剂上进行的，催化活性与催化剂的晶孔大小有关，沸石分子筛作为催化剂或催化剂载体时，催化反应的进行受到沸石分子筛晶孔大小的控制，晶孔和孔道的大小和形状都可以对催化反应起着选择性作用。在一般反应条件下沸石分子筛对反应方向起主导作用，呈现了择形催化性能，这一性能使沸石分子筛作为催化新材料具有强大生命力。

c. 沸石分子筛的应用

i. 沸石去除氨氮　当水体中氨氮浓度高时，会导致水体富营养化，造成藻类过度繁殖，消耗水中的溶解氧，甚至发生水华或赤潮，对鱼类和其他水生动物造成毒害，破坏水生态环境。在给水处理中，会使消毒剂的耗量增大。出厂水中氨氮的存在使给水管网中极易繁殖微生物，形成生物膜腐蚀管道，其氧化的中间产物亚硝酸盐氮还对健康有害。因此，有效地去除氨氮成为水处理的重要内容之一。采用沸石除氨即是利用沸石对阳离子的选择性交换能力以及可以再生的特性。据国内外文献报道，由于各种阳离子的水合半径的差异，斜发沸石对具有较强的选择吸附能力，其阳离子交换顺序为：$Cs^{+} > Rb^{+} > K^{+} > NH_4^{+} > Sr^{2+} = Ba^{2+} > Ca^{2+} > Na^{+} > Fe^{3+} > Al^{3+} > Mg^{2+} > Li^{+}$。从顺序来看，天然斜发沸石对铵离子具有较强的选择吸附能力，这主要是NH_4^{+}的离子半径为2.86Å（1Å＝0.1nm），较容易进入4.00Å的斜发沸石孔道的缘故。因此，在上述各种阳离子共存的溶液中，除Cs、Rb^{+}、K^{+}外，优先吸附的是NH_4^{+}。目前，国内外工作者对用天然沸石除氨氮已作了较多的研究，并对它在污水处理中的应用条件、再生工艺等进行了生产性试验，建成了一定生产规模的处理厂。

ii. 沸石去除有机污染物　有机污染物是污染水源中的一类主要污染物。沸石对有机污染物的吸附能力主要取决于有机物分子的极性和大小，极性分子较非极性分子易被吸附，随着分子直径的增大，被吸附进入孔穴的机会就逐渐减小。含有可极化基团如—OH、$>C=O$、—NH_2或含有极性基团如$>C=C<$，C_6H_5—等的有机物分子能与沸石表面发生强烈吸附作用。二氯甲烷、三氯甲烷、三氯乙烷、四氯乙烷、三溴甲烷都属于沸石易吸附物质之列。四氯化碳分子虽整个分子为非极性，但其直径为0.68～0.69nm，可进入沸石孔穴内。而天然水中的氯仿前驱物质腐殖酸或富里酸虽是带有芳香族环基本结构的高分子有机酸，但因这类分子往往带有—COOH、$>C=O$、—NH_2等强极性官能团而有可能被沸石的外表面吸附，得以部分去除。其他一些常见的有机污染物如酚类、苯胺、苯醌、氨基酸等，多有极性分子直径适中，可望被沸石吸附。

iii. 沸石降氟　高氟水在我国分布非常广泛，对人体危害甚大。地方饮水型氟中毒即是由于长期饮用高氟水而引起的一种慢性病。因此改善水质，饮用适宜含氟水是预防地方性氟病发生的根本措施。目前，降氟方法很多，但均存在一定的弊端，在实际中难以推广使用。而一种新型的降氟材料——活化沸石正越来越受到人们的关注。

天然沸石本身除氟的能力甚低，它只靠沸石本身的吸附作用。所以，在用天然沸石除氟前须先对其进行活化处理。天然沸石经一系列物理化学方法预处理活化后，对氟离子具有高选择交换性能，吸氟后的沸石可用解吸剂再生，反复使用。沸石除氟机理如下。

活化处理后的沸石形态为：R—K・Al(OH)SO_4（R—表示沸石骨架）

沸石交换吸附反应为：

$$R—K\cdot Al(OH)SO_4 + F^{-} + X^{2-} \longrightarrow R—X\cdot Al(OH)F_2 + K^{+} + SO_4^{2-} \quad (5\text{-}1)$$

吸附沸石解吸再生反应式为：

$$R—X\cdot Al(OH)F_2 + K^{+} + Al^{3+} + SO_4^{2} \longrightarrow R—K\cdot Al(OH)SO_4 + X\cdot Al(OH)F_2^{-} \quad (5\text{-}2)$$

式（5-1）和式（5-2）中X表示水中Ca^{2+}、Mg^{2+}等2价离子。

目前，我国工作者在利用沸石降氟方面做了许多试验性的工作，发现沸石除氟有很多优点：可对含氟量不同的原水，有效地除氟，使处理后的水质澄清、透明，含氟达到国家饮用水标准，且处理成本低，装置简单，管理方便，再生简易。

iv. 沸石软化水，去除水中重金属离子　沸石本身格架结构特征和配位键的不平衡决定了沸石能作为阳离子交换剂使用。将天然沸石用食盐水改型处理后完全可以作硬水软化的离子交换剂。据体积效应，沸石中的Ca^{2+}、Mg^{2+}等2价离子被Na^{+}还原置换后，由于小离子Na^{+}通过沸石内部通道和窗孔时，空间位阻小，比较容易进入通道，并向通道内扩散，且内扩散速度较快，这就使沸石具有更大的离子交换能力和软化水的功能。

利用沸石的离子交换性能还可用于海水淡化及去除水中的重金属离子，许多试验均表明沸石具有综合治理污染水源的功能，它能同时去除水中浊度、色度、重金属离子、三氮、酚、油类及其他有机物。

③ 其他吸附材料

a. 高分子吸附剂　近年来，高分子吸附剂由于具有较高的比表面积、较高的机械强度、树脂和孔结构的可调整性以及容易再生等特点，已经可以作为活性炭的替代品。根据材料的来源，高分子吸附剂可以分为合成高分子吸附剂和天然高分子及其改性吸附剂。合成高分子吸附剂主要包括吸附树脂、螯合树脂、离子交换树脂、吸水树脂等。得益于分子设计的发展，合成高分子吸附剂的研究和生产发展很快，涌现出大量具有高吸附容量、高选择性的合成吸附材料，极大地丰富了水质净化吸附材料的类别。

b. 硅藻土　我国是世界上硅藻土储量最多的国家之一，硅藻土资源非常丰富。过去硅藻土在我国主要只用于作催化剂载体、助滤剂以及保温材料。近年来随着各个国家对水环境问题的日益关注，硅藻土便成为一种廉价的吸附剂。硅藻土材料多孔，比表面积大，熔点及化学稳定性高，所以是适合的吸附剂，且其价格低廉，价格比常用的活性炭吸附材料低了约400多倍而又因其颗粒表面带有负电荷，它对于吸附各种金属离子、阳离子型的有机化合物及高分子聚合物等有天然的优势。利用廉价吸附材料代替活性炭吸附剂在有色污水处理中得到广泛的研究。硅藻土资源丰富，价格低廉，其作为一种天然多孔产物，有望成为理想的染料吸附剂。

(2) 氧化分解法　化学氧化技术是各种高级氧化技术的基础，它是使用化学氧化剂将污染物氧化成微毒、无害的物质或转化成易处理的形态。常用的化学氧化剂包括H_2O_2、O_3、ClO_2、K_2MnO_4、K_2FeO_4等。O_3是一种强氧化剂，几乎可以与元素周期表中除铂、金、铱、氟以外的所有元素反应，特别是在酸性溶液中，其标准氧化还原电位$E^{\ominus}=2.07V$仅次于氟，具有极强氧化能力。ClO_2是公认的安全消毒剂，其杀灭微生物的能力高于氯气7倍，同时二氧化氯遇水能迅速分解生成多种强氧化剂，在水处理中有广泛应用。H_2O_2的标准氧化还原电位仅次于臭氧，高于ClO_2，能直接氧化水中有机污染物和构成微生物的有机物质。K_2MnO_4为无机强氧化剂，主要用于去除微污染有机物、氧化助凝及控制氯化副产物等。K_2FeO_4是一种比K_2MnO_4、O_3等氧化能力更强的氧化剂，具有优异的混凝助凝作用、优良的杀菌作用、高效的脱味除臭功能。由于K_2FeO_4具有较高的稳定性和选择性，且副产物为无毒的Fe(Ⅲ)，因而是一种绿色氧化剂。

在有机污染事故的应急处置中，化学氧化技术是一种直接而有效的方法，在这其中，Fenton氧化、臭氧氧化技术作为和高铁酸盐氧化技术作为高效、安全的氧化工艺在快速氧化降解水中的各类有机污染物方面有较好的应用前景。

① Fenton 氧化法

a. Fenton 试剂的特性

i. 羟基自由基具有高的氧化电极电位（标准电极电位 2.80V）；

ii. 羟基自由基具有很高的电负性或亲电性；

iii. 其电子亲和能为 569.3kJ；

iv. 容易进攻高电子云密度点；

v. HO· 的进攻具有一定的选择性；

vi. 羟基自由基发生加成反应；

vii. 当有碳碳双键存在时；

viii. 除非被进攻的分子具有高度活泼的碳氧键。

b. Fenton 氧化机理

i. 自由基形成机理　水处理中，一般在过氧化氢中加入催化剂 Fe^{2+} 构成 Fenton 试剂氧化体系。Fenton 试剂是 1894 年由 H. J. Fenton 发现，并应用于苹果酸的氧化，其实质是二价铁离子（Fe^{2+}）和 H_2O 之间的链式反应催化生成 ·OH，使苹果酸及其他有机物最终氧化为 CO_2 和 H_2O。在反应体系内 ·OH 首先与有机污染物 RH 反应生成自由基 R·，R· 进一步氧化生成 CO_2 和 H_2O，使有机污染物最终得以降解。反应方程式如下：

$$Fe^{2+} + H_2O_2 \longrightarrow Fe^{3+} + OH\cdot + \cdot OH$$

ii. 有机物降解机理　Fenton 试剂法是一种均相催化氧化法。在含有亚铁离子的酸性溶液中投加过氧化氢时，在 Fe^{2+} 催化剂作用下，H_2O_2 能产生两种活泼的氢氧自由基，从而引发和传播自由基链反应，加快有机物和还原性物质的氧化。其一般历程如图 5-1 所示。羟基自由基比其他常用的强氧化剂（如 MnO_4，ClO_2）具有更高的电极电势，且电子亲和能较高。所以 $\cdot HO_2$、·OH 自由基可与废水中的有机物发生反应，使其分解或改变其电子云密度和结构，有利于凝聚和吸附过程的进行。

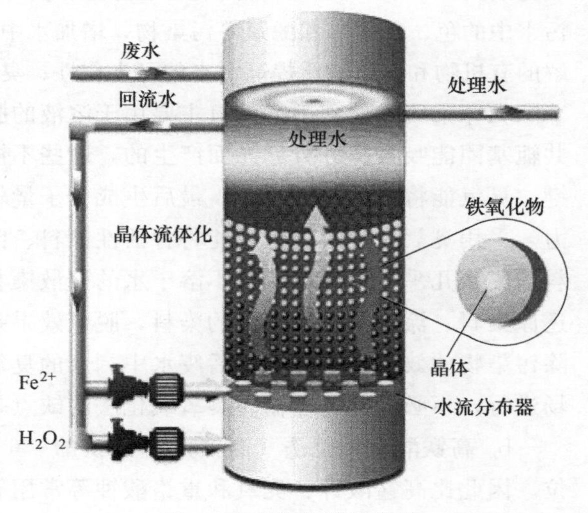

图 5-1　有机物降解机理

iii. Fenton 试剂法在水处理中的应用　Fenton 试剂法在废水处理中的应用可分为两个方面：一是单独作为一种处理方法氧化有机废水；二是与其他方法联用，如与混凝沉降法、活性炭法、生物处理法等联用。

大量试验研究表明，Fenton 试剂或 Fenton 类体系可以用于分解很多有机物，如五氯酚、酚、三氯乙烯、偶氮类染料、硝基酚、氯苯、芳香胺、三卤甲烷、米吐氯、甲基对硫磷、表面活性剂等。影响 Fenton 试剂反应的主要参数包括溶液的 pH 值、停留时间、温度、H_2O_2 及 Fe^{2+} 的浓度，操作时 pH 值不能过高（2～4 之间）。影响 Fenton 试剂效果的主要因素包括 pH 值、Fe^{2+} 投加量与 H_2O_2 投加量之比、H_2O_2 投加量与有机物浓度之比。研究表明反应系统的最佳 pH 范围为 3～5，该范围与有机物种类关系不大。Fe^{2+} 投加置的最佳值与 H_2O_2 投加量，有机物浓度等因素有关，实验发现 Fe^{2+} 浓度满足条件 $0.3<[Fe^{2+}]/[H_2O_2]<1$ 时效果较好。

iv. Fenton 氧化技术在水处理中应用的优缺点　Fenton 试剂作为一种强氧化剂用于处

理废水中的有机污染物具有明显的优点，但其处理成本较高，总体来说，对于毒性大，一般氧化剂难氧化或生物难降解的有机废水，Fenton 法还是一种很好的方法。

② 其他化学氧化技术

a. 臭氧法　臭氧是氧气的同素异构体，它是一种具有特殊气味的淡紫色气体。它的密度是氧气的 1.5 倍，在水中的溶解度是氧气的 10 倍。臭氧是一种强氧化剂，其氧化能力比氧气、氯气等常用的氧化剂都强。

臭氧（O_3）是应用最广泛的新型氧化剂，既可氧化分解去除微小的有机物、胶体杂质、腐殖酸，又能去除水中污染的浮油及藻类微生物和细菌、病毒。由于其技术经济的优势，已经广泛应用了，并取得了一些研究和工程应用的成果。

臭氧可杀灭细菌繁殖体和芽孢、病毒、真菌等，臭氧还可以氧化、分解水中的污染物，在水处理中对除臭味，脱色，杀菌，去除酚、氰、铁、锰和降低 COD、BOD 等都具有显著的效果。臭氧在处理过程中一生成就被溶解，即可以用较少的设备进行臭氧处理。若在加压条件下，可生产出较高浓度的臭氧。臭氧依靠其强氧化性能可快速分解产生臭味及其他气味的有机或无机物质后达到脱臭效果，将臭味根源物质分解成无害物质。

臭氧在含高溶解有机碳的水源中使用，还可防止生物大量繁殖，抑制藻类生长能力，使水中微生物的长势和消毒副产品受到最大程度的控制，在水藻繁盛季节下，臭氧的使用可保持水体的生物学稳定性，增强水体的自净功能。臭氧用在水处理中有以下几个优点：臭氧是优良的氧化剂，可以杀死抗氯性强的病毒和芽孢；臭氧消毒受污水 pH 值及温度影响较小；臭氧去除污水中的色、嗅、味和酚氯等污染物，增加水中的溶解氧，改善水质；臭氧可以分解难生物降解的有机物和三致物质提高污水的可生化性；臭氧在水中易分解，不会因残留造成二次污染。

在印染废水处理中，臭氧主要用于溶液的脱色。染料的颜色是由于染料分子中的不饱和共轭基团能吸收部分可见光而产生的，这些不饱和共轭基团称为发色基团。它们都有不饱和键，臭氧能将不饱和键打开，最后生成分子量较小的有机酸和醛类化合物，使之失去显色能力。采用臭氧氧化法脱色，能将含活性染料、阳离子染料、酸性染料、直接染料等水溶性染料的废水几乎完全脱色，对不溶于水的分散染料也能获得良好的脱色效果，但对硫化染料、还原染料、涂料等不溶于水的染料，脱色效果差。臭氧氧化法的优点在于：氧化能力强，去除污染物的效果显著；处理后废水中剩余的臭氧易分解，不产生二次污染；臭氧的制备在现场进行，不必储存和运输。臭氧氧化法的缺点是造价高、处理成本昂贵。

b. 高铁酸盐氧化法　高铁酸盐是铁的+6 价化合物，在酸性条件下具有很高的电极电位。因此比高锰酸钾、臭氧和重铬酸钾等常用氧化剂具有更强的氧化性，这是高铁酸盐具有重要应用价值的根本原因。

Waite 等于 1978 年开始研究高铁酸盐对有机污染物的去除，结果表明，苯、氯苯、苯丙烯和苯酚 4 种含芳环的典型污染物在 pH＜8 时的氧化去除率分别为 18%～47%、23%～47%、85%～100%、32%～55%，获得最大氧化效率时的高铁酸盐与有机物的摩尔比为（3～15）：1。另外的一些研究表明，水中许多污染物可被高铁酸盐氧化降解。从这些研究结果来看，有机物的降解率在很大程度上取决于高铁酸盐的投加量；另一个重要因素是反应的 pH 值，pH 值会影响到高铁酸盐的稳定性、氧化能力以及产物的存在形态等。由于高铁酸盐不稳定，且其制备成本高和工艺条件较复杂，难以得到大量的产品，因此目前高铁酸盐还难以得到广泛应用。

5.1.3.2 突发性重金属污染的应急处理方法

目前，针对突发性重金属污染事故的应急处理方法主要有化学沉淀法及吸附法。化学沉淀法是通过投加药剂调整污水的 pH 值，使重金属污染物生成金属氢氧化物或碳酸盐等沉淀形式，再通过铝盐、铁盐等絮凝及沉淀去除。吸附法是采用活性炭、沸石等高吸附量介质进行快速处理，工艺简单、效果稳定，尤其适用于大流量低污染物含量的去除，成为应对重金属突发水污染事故首选的应急处理技术。

(1) 吸附法　详见 5.1.3.1"(1) 吸附法"，在此不再单独介绍。

(2) 化学沉淀法　化学沉淀法是向污水中投加某种化学物质，使它与污水中的溶解物质发生化学反应，生成难溶于水的沉淀物，以降低污水中溶解物质的方法。主要针对废水中的阴、阳离子：①废水中的重金属离子，如 Cr^{3+}、Cd^{3+}、Hg^{2+}、Zn^{2+}、Ni^{2+}、Cu^{2+}、Pb^{2+}、Fe^{3+} 等；②给水处理中去除钙，镁硬度；③某些非金属离子，如 S^{2-}、F^{-}、P^{3-} 等；④某些有机污染物。本章主要介绍氢氧化物沉淀法和铁氧体沉淀法。

① 氢氧化物沉淀法

a. 氢氧化物沉淀法的机理　金属氢氧化物的溶解与污水的 pH 值关系很大。$M(OH)_n$ 表示金属的氢氧化物，M^{n+} 表示金属离子。

则电离方程式为：　$M^{n+}+nOH^{-} \rightleftharpoons M(OH)_n$

其溶度积为：　$L_{M(OH)_n}=[M^{n+}][OH^{-}]^n$

同时水发生电离：　$H_2O \rightleftharpoons H^{+}+OH^{-}$

水的离子积为：　$K_{H_2O} \rightleftharpoons [H^{+}][OH^{-}]=1\times10^{-14}$

代入上式：　$[M^{n+}]=\dfrac{L_{M(OH)_n}}{(K_{H_2O}/[H^{+}])^n}$

将上式取对数：

$$\begin{aligned}\lg[M^{n+}]&=\lg L-\{n\lg K_{H_2O}-n\lg[H^{+}]\}\\&=pL+npK_{H_2O}-npH\\&=x-npH\end{aligned}$$

将重金属离子的溶解度与 pH 值关系绘成曲线，如图 5-2 所示，从曲线中可以得到重金属离子的浓度值。采用氢氧化法处理污水，pH 值是一个重要因素，处理污水中的 Fe^{2+} 时，pH 值大于 9 则可完全沉淀，而处理污水中 Al^{3+} 时，pH 值严格为 5.5，否则 $Al(OH)_3$ 沉淀物又会溶解。

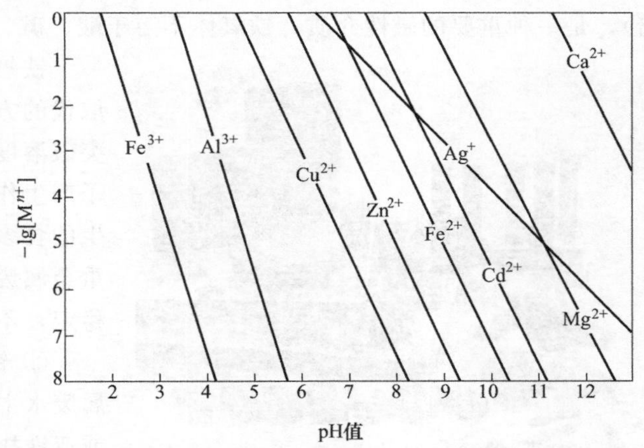

图 5-2　金属氢氧化物的溶解度与 pH 值的关系

b. 氢氧化物沉淀法的在污废水中的应用

i. 如用氢氧化物沉淀法处理含镉废水，一般 pH 值应为 9.5～12.5。当 pH=8 时，残留浓度为 1mg/L；当 pH 值升至 10 或 11 时，残留浓度分别降至 0.1mg/L 和 0.00075mg/L；如果采用砂滤或铁盐、铝盐凝聚沉降，则可改进出水水质。

ii. 对于含铜废水（1～1000mg/L）的处理，pH 值为 9.0～10.3 最好。若采用铁盐共沉淀，效果尤佳，残留浓度为 0.15～0.17mg/L。

iii. 不宜采用石灰处理焦磷酸铜废水，主要原因是pH值要求高（达12），形成大量焦磷酸钙沉渣，使沉淀中铜含量低，回收价值小。

iv. 对于某含镍100mg/L的废水，投加石灰250mg/L，pH值达9.9，出水含镍可降至1.5mg/L。

常见金属离子氢氧化物开始沉淀和沉淀完全的pH值见表5-2。

表5-2 常见金属离子氢氧化物开始沉淀和沉淀完全的pH值

氢氧化物	溶度积 K_{sp}	开始沉淀的pH值（$[M]_{初}=0.01mol/L$）	沉淀完全的最低pH值（$[M]_{余}=10^{-6}mol/L$）
$Sn(OH)_4$	1×10^{-57}	0.5	1.3
$Sn(OH)_2$	3×10^{-27}	1.7	3.7
$Fe(OH)_3$	3.5×10^{-38}	2.2	3.5
$Al(OH)_3$	2×10^{-32}	4.1	5.4
$Cr(OH)_3$	5.4×10^{-31}	4.6	5.9
$Zn(OH)_2$	1.2×10^{-17}	6.5	8.5
$Fe(OH)_2$	1×10^{-15}	7.5	9.5
$Ni(OH)_2$	6.5×10^{-18}	6.4	8.4
$Mn(OH)_2$	4.5×10^{-13}	8.8	10.8
$Mg(OH)_2$	1.8×10^{-11}	9.6	11.6
$Cu(OH)_2$	2×10^{-20}	4.2	6.7
$Bi(OH)_2$	4×10^{-31}	2	

② 铁氧体沉淀法

a. 铁氧体法概述　铁氧体法处理重金属废水就是向废水中投加铁盐，通过控制pH值、氧化、加热等条件，使废水中的重金属离子与铁盐生成稳定的铁氧体共沉淀物，然后采用固液分离的手段，达到去除重金属离子的目的。该法是日本NEC公司首先提出的，用于重金属废水及实验室污水的处理，得到较好的效果。

铁氧体（图5-3）是一类复合金属氧化物，其化学通式为 M_2FeO_4 或 $MOFe_2O_3$（M表示其他金属），呈尖晶石状立方结晶构造。铁氧体约有百种以上，最简单而又最常见的是磁铁矿 Fe_2O_3 或 Fe_3O_4。铁氧体具有高的磁导率和高的电阻率（其电阻率比铜大 $10^{13}\sim10^{14}$ 倍），是一种重要的磁性介质。铁氧体不溶于酸、碱、盐溶液，也不溶于水。

图5-3　铁氧体实物图

铁氧体法捕集金属离子的机理是通过晶格取代的方式而非一般的化学反应，因此有可能突破溶度积常数的限制而同时对多种重金属离子产生作用，特别适用于处理工业生产中所产生的含多种重金属离子的废水。铁氧体法处理重金属废水效果好，铁氧体沉淀化学性质比较稳定，不再溶解，一般不易造成二次污染。

② 铁氧体沉淀法机理　铁氧体法处理重金属废水主要是在含有重金属离子废水中加入铁盐或亚铁盐，在一定条件下形成铁氧体。在铁氧体形成过程中，各重金属离子通过吸附、包裹和夹带作用，取代铁氧体晶格中 Fe^{2+} 或 Fe^{3+} 的位置，形成复合铁氧体沉淀析出，从而使废水得到净化，铁氧体沉淀基本反应方程式：

$$M^{n+}+Fe^{2+}+Fe^{3+}+OH^{-}\longrightarrow M\cdot M(OH)_n\cdot Fe(OH)_3+Fe(OH)_2$$

铁氧体法工艺步骤：

i. 配料反应　为了形成铁氧体，通常要额外补加 $FeSO_4$ 和 $FeCl_2$，以保证有足量的 Fe^{2+} 和 Fe^{3+} 参与反应。投加 Fe^{2+} 的作用有 3 个：Ⅰ. 补充 Fe^{2+}；Ⅱ. 通过空气氧化，补充 Fe^{3+}；Ⅲ. 如废水中有 6 价铬，则 Fe^{2+} 能将其还原为 Cr^{3+}，作为形成铁氧体的原料之一，同时，Fe^{2+} 被 6 价铬氧化成 Fe^{3+}，可作为 3 价金属离子的一部分加以利用。

ii. 加碱共沉淀　根据金属离子不同，用氢氧化钠调整 pH 值至 8～9。在常温及缺氧条件下，金属离子以 $M(OH)_2$ 及 $M(OH)_3$ 的胶体形式同时沉淀出来，如 $Cr(OH)_3$、$Fe(OH)_3$、$Fe(OH)_2$ 和 $Zn(OH)_2$ 等。

iii. 充氧加热，转化沉淀　调整 2 价和 3 价金属离子的比例，通常向废水中通入空气，使部分 Fe^{2+} 转化为 Fe^{3+}。此外，加热可促使反应进行，氢氧化物胶体受热破坏，脱水分解，逐渐转化为铁氧体：

$$Fe(OH)_3 = FeOOH + H_2O$$

$$FeOOH + Fe(OH)_2 = FeOOH \cdot Fe(OH)_2$$

$$FeOOH \cdot Fe(OH)_2 + FeOOH = FeO \cdot Fe_2O_3 + 2H_2O$$

废水中其他金属氢氧化物的反应大致相同，2 价金属离子占据部分 Fe(Ⅱ) 的位置，3 价金属离子占据部分 Fe(Ⅲ) 的位置，从而使其他金属离子均匀地混杂到铁氧体晶格中去，形成特性各异的铁氧体。

iv. 固液分离　固液分离可采用沉降过滤、浮上分离、离心分离、磁力分离等工艺。由于铁氧体的相对密度较大（4.4～5.3），采用沉降过滤和离心分离都能获得较好的分离效果。

v. 沉渣处理　铁氧体沉渣，根据其组成、性能及用途不同，采取不同的处置和处理方式，可作磁性材料（铁淦氧磁体）的原料，也可暂时堆置贮存，或作为一般固体废物处置。

c. 铁氧体沉淀法的应用

i. 含铬（6 价铬）废水　含铬废水中，3 价铬的毒性仅为 6 价铬的 1%。且由于 3 价铬的氢氧化物溶度积较小，易于沉淀除去，因此多数处理方法中，均将 Cr^{6+} 还原为 Cr^{3+} 再进行去除。常规的处理方法有硫酸亚铁法、SO_2 法、黄铁矿法、亚硫酸盐和亚硫酸氢盐还原法、电化学法、离子交换法、活性炭吸附氧化法及液膜分离法等。以上方法各有利弊，综合比较，铁氧体法具有很明显的优势，它克服了电化学法高能耗易结块、离子交换法投资大回收铬酸复杂、活性炭法再生复杂洗脱液难利用和液膜分离成本高工艺不成熟等诸多不足，工艺技术相对成熟。一般处理流程：含铬（Cr^{6+}）废水由调节池进入反应槽。根据含铬（Cr^{6+}）量投加一定量 $FeSO_4$ 进行还原反应，然后投加 NaOH 调节 pH 值至 7～9，产生暗绿色 $Cr(OH)_3$ 沉淀。然后蒸气加热至 60～80℃，空气曝气 20min，当沉淀呈黑褐色时，停止曝气和加热，静置沉淀后上清液排放或回用，沉淀即为铁氧体，采用离心分离。根据资料显示，每克铬酐（CrO_3）约可产出 6g 铁氧体干渣。

ii. 含多种重金属混合废水　用铁氧体法处理含 Zn^{2+}、Cu^{2+}、Ni^{2+}、$Cr_2O_7^{2-}$ 等多种重金属离子的废水时，$FeSO_4$ 的投加量大体上为处理以上单种金属离子时的投药量之和。在反应池中投加 NaOH 调 pH 值至 8～9 生成金属氢氧化物沉淀，再进气浮槽中上浮分离。浮渣流入转化槽，补加一定量 $FeSO_4$，蒸汽加热至 70～80℃，空气曝气约 10～20min，金属氢氧化物即可转化为铁氧体。处理后的水中各金属离子含量均可达排放标准。处理过程中需注意对充氧加热的控制，以达到较好的反应条件。

iii. 铁氧体沉淀法的优缺点　铁氧体沉淀法优点：一次脱除多种金属离子，出水水质好，能达到排放标准；设备简单、操作方便；硫酸亚铁的投量范围大，对水质的适应性强；

沉淀易分离、易处置。缺点：不能单独回收有用金属；需消耗相当多的药剂及热能，处理时间较长，使处理成本较高；出水中的硫酸盐含量高。重金属离子应急处理方法应用优缺点对照见表 5-3。

表 5-3　重金属离子应急处理方法应用优缺点对照

重金属污染应急处理方法	优点	缺点
活性炭吸附法	吸附能力强，去除效果好；抗冲击负荷强；可回收贵的重金属，活性炭可以再生利用	再生费用高，回收不易
化学沉淀法	处理方法简单；去除效果好；絮凝效果佳；污泥量小，脱水容易；pH 使用范围宽	可能发生二次污染；若水中金属离子以络合物方式存在，则出水可能不达标；溶度积常数较大的重金属离子，处理成本高
铁氧体沉淀法	可一次去除多种离子；设备简单、操作方便；对水质适应性强；沉淀易分离、易处理	费药、耗能高；处理时间长，处理成本高；出水硫酸盐含量高

5.1.3.3　突发性油类污染的应急处理方法

随着石油资源的不断开发利用，海上石油开采量不断增加，船舶和陆源排放污油量逐年增大，因油类造成的海洋污染事件也接踵而来。石油污染物是一类危害程度大、污染范围广的工业污染物。石油污染物种类繁多，主要含有烷烃、环烷烃、芳香烃和不饱和烯烃、含氧化合物、含硫化合物、含氮化合物、胶质和沥青质等。油类污染物的主要危害表现如下。

① 石油中含有的烷烃、芳香烃等碳氢化合物均为具有毒性的有害物质，可以直接毒死海洋生物；

② 石油形成的油膜覆盖海面，导致水生生物饿死或者缺氧致死；

③ 石油具有强烈黏性，一旦沾染到动物表面，难以处理掉并对动物产生毒害，使一些物种的灭绝速度加快，近海荒漠化加剧；

④ 油中含有难降解有机有毒物质、重金属等，可长期存留并富集，危害渔业安全和人的健康。

应急处置的目的是快速清除泄漏在环境中的大部分油类物质，减少漏油对环境的影响。因此，要求处理技术具有快速、高效、实用的特点。目前，世界各国主要采取机械物理法、氧化处理法以及化学破乳等方法对湖泊、江河、海洋水源水的油类污染进行净化吸附。处理程序是先控制污染源头，然后再处理污染水。主要方法归纳如下。

(1) 物理机械回收　物理机械回收是指通过物理措施将石油类物质吸收、捕捉后再进行分离和回收。主要有围栏法、吸附法、撇油器法等。回收后不会对环境产生二次污染，且可对回收的油进行回收利用。物理机械法主要用于溢油量大、油层较厚的回收，通常用于油层厚度在 0.5cm 以上的油膜回收。

图 5-4　围栏法除去油污

① 围栏法　围栏法是采用巨大的漂浮物在水面上形成围栏将溢油海域围住，防止油污扩散，主要用于突发性的原油泄漏及海洋石油开采的溢油，见图 5-4。围栏应具有滞油性强、随波性好、抗风浪能力强、使用方便、坚韧耐用、易于维修、海生物不易附着等性能。围栏既能防止溢油在水平方向上

的扩散，又能防止原油凝结成焦油球，在海面垂直方向上的扩散，即在海上随波漂流。围栏的选择与布置应考虑气象、水文及油的黏度等因素。一般结合回收器、吸油装置，可取得较好的效果。

围栏可以分为以下四类。

帘式围栏：主要在海面平静的海岸状况良好的条件下使用；

篱式围栏：主要在水流速度较大的海区使用；

密封式围栏：用于周期性潮汐海域；

防火围栏：在与焚烧技术结合时使用。

② 吸附法　吸附法是指先用吸油材料吸附漏油，再将其回收，从而达到除油的目的。吸油材料应具备亲油疏水性、较高的吸附率、可重复使用、密度小于水并有一定弹性等特点。吸油材料主要用在靠近海岸和港口的海域，用于处理小规模溢油。制作吸油材料的原料有以下三种。

高分子材料：聚乙烯、聚丙烯、聚酯等；

无机材料：硅藻土、珍珠岩、浮石和膨润土等；

纤维：稻草、麦秆、木屑、草灰、芦苇等。

③ 撇油器法　撇油器法利用机械装置来处理油类污染事故。把撇油系统装在船上，船在行进的过程中，从船舷的两侧进行撇油操作。撇油器法结合吸附法、油水分离器等联用，能有效地回收油类。当回收的油水混合物后，采用油水分离器可将其进行油水分离，从而有效回收油类。该方法主要用于浮油密集型区域，不会带来二次污染，但是回收效率受原油性质、海域环境等条件影响，回收率较低（通常为10%～20%）。当前应用广泛的撇油器有以下几种。

吸式撇油器：主要类型有真空撇油器、韦式撇油器、涡轮撇油器。

吸附式撇油器：主要类型有带式撇油器、鼓式撇油器、毛刷式撇油器、圆盘式撇油器、拖把式撇油器。

重油撇油器：和一般撇油器的操作方法相同，但是重油撇油器是用来去除高黏稠石油和乳化油水混合物的。

(2) 消油剂法　消油剂也称分散剂，是一种按照不同要求溶于一种或几种溶剂中的表面活性物质（即乳化剂）的混合物。消油剂是具有两性基团的分子化合物，一端具有亲油性基团，一端具有亲水性基团，在它的作用下油可以分散于水中。消油剂的作用原理是：降低油和水之间的表面张力；增加油的分散性，使油变成微小油水乳化物浮于水面或悬浮于水面下20～30cm处，使水表面的浮油和水中的油作快速分散，从而在逐渐在微生物、光和热的作用下降解。

消油剂一般分为普通型消油剂和浓缩型消油剂。普通型消油剂可以不经稀释直接喷洒在溢油表面，对一般石油类，黏性油具有良好的分散效果，使用浓度比例是：消油剂：油分＝(1：1)～(1：10)，对原油处理范围是1：3或1：4；浓缩型消油剂有多种乳化剂（脂肪酸酯、酰胺类、乙氧基乙醇类）、可湿剂和氧化溶剂（如乙二醇乙醚）组成。这类型的消油剂比普通消油剂含有更多的有效活性物质，因而对原油具有更佳、更迅速的消油效果。使用方法是先用水稀释，一般加水10～30倍后、再以1：10的比例对溢油喷洒作消油处理。消油剂的喷洒可采用船舶、飞机、潜水设备进行作业，见图5-5。

(3) 燃烧法　燃烧法是指在可控条件下，在泄漏地或周围油膜较厚处（大于1mm）投

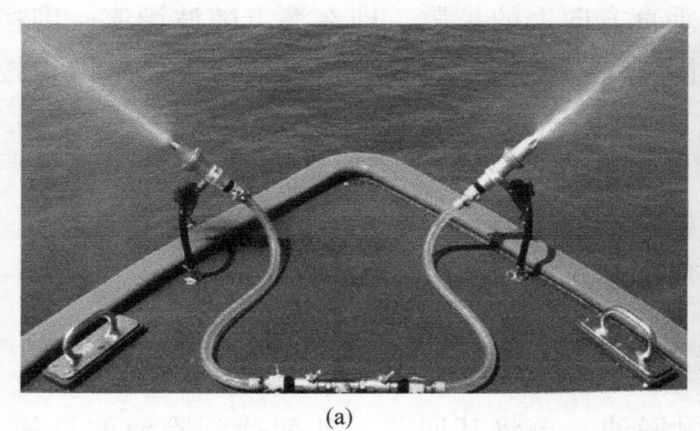
(a)

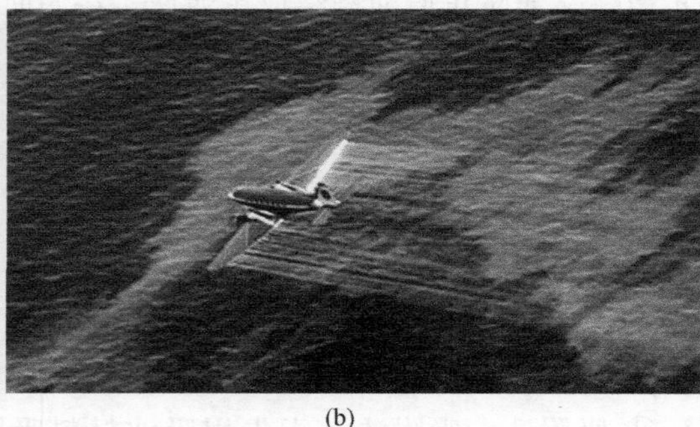
(b)

图 5-5 船载 (a) 机载 (b) 消油剂法

燃烧弹或人工点火，将泄漏的石油焚烧掉的一种应急技术，能快速去除95%以上的油膜。当石油泄漏发生在冰雪气象条件下，机械回收和消油剂等技术受限制时可采用此方法。燃烧法需要用防火围油栏将泄漏原油聚集，同时需采用各种助燃剂，使大量溢油能在短时间内燃烧完，处理时无需复杂的装置，处理费用低。但是考虑到燃烧产物对海洋生物的生长和繁殖的影响，对附近船舶和海岸设施可能造成损害，而且燃烧时产生的浓烟也会污染大气，因此处理对象一般为大规模的溢油和北冰洋水域的石油污染，处理地点一般为离海岸相当远的公海才使用此法处理。

燃烧法的优点是：除油效率高，无须转运储存，适用性强、环境影响小。其缺点是：受溢油状况的限制（应有足够的厚度），受燃烧时机的限制，使当地大气质量下降。

(4) 生物修复 生物修复是指通过微生物新陈代谢作用降解环境污染物，减少或最终消除环境污染的受控或自发过程，主要是在人为促进条件下的生物修复。该方法中，微生物被用来降解石油，最终将石油烃氧化成无毒产品 CO_2 和 H_2O。生物处理法具有高效、费用低、无二次污染等优点，但一旦出现大规模溢油而造成较厚油膜时，由于营养和氧气供应不足，就会抑制细菌的生长。微生物的净化作用就会受限制。不过，当处理无法消除的较薄油膜和化学药品受限制不允许使用时，生物技术便显示出重要的作用。生物修复法目前主要有菌种法和营养剂法两种。

① 菌种法 运用细菌、酵母菌、真菌中能高效降解石油烃的微生物来降解溢油，主要采取超级细菌法和混合菌群法两种形式。因为微生物降解石油烃受到DNA的控制，而在一定条件下，DNA可在不同的菌株间进行转移。通过这种方式就可得到超级细菌。而由于一种烃类氧化菌可氧化一种或少数几种石油烃，那么将这些氧化菌进行混合培养，形成温和菌群，便可处理多种烃类。

② 营养剂法 微生物的增殖需要营养物质，由于海水中可利用的N、P不足，将限制石油烃的生物降解。因此需向海水中添加一定量的能同油膜漂浮在一起的亲油性长效肥料，来补充微生物的营养，促进微生物的降解。但是在添加营养元素时，应注意避免引起富营养化和赤潮，以及考虑风浪的作用对处理效果的影响。

5.1.3.4 生物污染的应急处理方法

水体的生物性污染主要是指微生物污染，以及低等水生植物（如藻类）爆发造成的污染。生物性污染与其他污染的不同之处：它的污染物是活的生物，能够逐步适应新的环境，不断增殖并占据优势，从而危害其他生物的生存和人类的生活。

有机污染严重、氮磷含量超标导致水体富营养化状态时的夏季，蓝藻常有发生，并在水面形成一层蓝绿色带有腥臭味的浮沫，称为“水华”。藻类的爆发性增殖是使水体生态平衡发生改变、进而对水环境造成危害的污染现象。藻类所分泌的臭味物质可导致饮用水产生异味。

水体突发性蓝藻暴发的处理方法主要有物理、化学及生物方法。物理防治包括过滤、吸附、曝气和机械除藻等，但这要耗费巨大的人力及物力，处理成本过高。化学防治主要包括化学药剂法、电化学法降解法等。物理化学防治可通过添加混凝剂对藻类进行沉淀，或通过流动循环曝气、喷泉曝气充氧及化学加药气浮工艺去除水中的藻类、其他固体杂质和磷酸盐，从而使整个水体保持良好状态，但该方法操作繁琐、工艺复杂，对蓝藻暴发难以奏效。对于水体微生物超标问题，可采用强化消毒技术（Cl_2、ClO_2、次氯酸盐、紫外辐照、臭氧等）进行消毒处理。在水源水出现较高微生物风险时，可采用加大消毒剂投加量及延长消毒时间来强化消毒效果。

一般而言，化学方法除藻剂虽然具有一定的效果，可快速杀死藻类，但极易产生二次污染，同时化学药品的生物富集和放大对整个生态系统会产生较大的负面影响，长期使用低浓度的化学药物会使藻类产生抗药性，易造成环境污染甚至破坏区域生态平衡，因此不宜在水源地使用。生物除藻方法以长期防治为主，且生物之间作用机制复杂、影响因子众多、可控制性差，不适合在蓝藻暴发期间作为应急处理措施。而物理除藻方法虽然工作量较大，周期较长，控藻成本较高，但相对简单易行、见效快、副作用小，有助于加快水体生态修复，是一种有效的应急处理手段，适用于大部分水源地治理蓝藻水华。近年来物理原位控藻技术的研究也越来越受重视并得到广泛应用。

(1) 物理方法 对于水源地来说，需要采用实用性高、发展前景广阔的原位应急除藻物理方法，以避免化学药剂使用带来的副作用影响供水安全。

① 扬水筒技术　富营养化水体易产生分层现象，有利于蓝藻在表层水体停留繁殖和生长，加剧水生生态环境恶化。扬水筒技术早期用于深水港的港口防冻，在水库应用后发现其控藻效果极佳。扬水筒是一个垂直安装于水中的直筒，利用压缩空气间歇向直筒释放大气弹，推动下层水体向上流动，使上下层水体循环混合，达到破坏水体分层、控制藻类生长的目的。荷兰和英国的研究表明，该技术有助于改善水体中藻类的种群结构，增加溶解氧量，抑制藻类的大量繁殖。该技术简单易行，设备可循环使用，效果显著，有效降低水厂的水处理难度，适合饮用水水源地进行局部应急控藻。但应用于大型水库时，应考虑水位、可控制水面积、供电及航运等条件的限制。

② 机械清除技术　机械清除是将藻类从湖泊中移除的一种方式，一般应用在蓝藻富集区，采用固定式除藻设施和除藻船等对区域内湖水进行循环处理，如人工围捕、打捞、固定式抽藻、移动式抽藻及流动式除藻等措施。机械除藻是较常用的比较直接的应急除藻措施，适用于藻类覆盖面积较大的水体。利用机械方法收获湖水中大量的藻类，可在短期内快速有效地解决湖水中的藻类水华现象。该方法在我国的滇池、太湖均有成功应用。机械方法可直接清除水面藻类水华，对水质无负面影响，同时通过对湖泊系统内植物量的去除，一定程度上降低了水体富营养化的内源污染负荷，可作为水源地蓝藻暴发时采取的高效应急除藻辅助手段。此外，通过机械法打捞出的蓝藻，可经发酵产生沼气作为能源利用，或者用于堆肥作为农用肥料，这样可在取得环保效益的同时，能有一定的经济效益。

③ 改性黏土沉降技术　早在 1997 年就有专家在国际权威科学期刊《自然》杂志上撰文指出，黏土除藻可能是治理藻华最有发展前途的方法。黏土矿物来源充足，天然无毒，使用

方便，耗资少，尤其是当发生藻华的规模大到一定程度，各类基于人工“取出”技术或者人工生态工程，由于成本的原因无法实施时，黏土除藻更具优势。在藻类去除实验中，黏土先是被作为“增重剂”来使用，其目的是提高藻细胞的沉降效率。后来进一步的研究发现，黏土矿物本身就对水华生物具有一定的凝聚去除作用，并且其效果与黏土的种类、结构和表面性质等因素有关。为了提高黏土去除水华生物的能力，国内外科学家对黏土去除水华生物进行了大量的研究。

目前，黏土矿物除藻只作为应急措施进行水体污染处理，其主要不足是对除藻机理缺乏研究，黏土用量依然较大，使用黏土种类和对改性剂的选择也受到限制；其次，黏土凝聚沉降至水底，产生大量淤泥，需要相应的配套技术，解决沉降到水底的藻类分解而引起的二次污染问题。

④ 超声波技术　超声波是物理介质的一种弹性机械波，具有聚属、定向及反射透射特性的物理能量形式。超声波控藻是近年来国内外关注较多的一种物理控藻技术。由于对水生生态安全无显著负面影响，且具有设备简单、寿命长、便于操作等优点，超声波抑藻杀藻技术有较好的应用前景。国内的超声波控藻研究在太湖、银川等地有中试实践，取得了较好的效果。进一步的研究发现超声可能会导致藻类细胞中藻毒素的释放，因此，该技术应慎重考虑在水源地大范围长期使用。

⑤ 遮光控藻技术　局部遮光控藻技术通过对藻类积聚的水域进行遮光，可以在不对生态体系造成负面影响的前提下，短时间内高效抑制藻类，能有效消除藻类的积聚状态。目前该技术优点在于简单易行，但应用方法单一、遮光材料较昂贵，而且在遮光后抑制水华蓝藻的同时，也可能对其他水生生物带来影响。若要大面积应用，则还要考虑对航道管理和航运的影响。

⑥ MBR 技术　膜-生物反应器（Membrane-Bioreactor，MBR）是一种将膜分离技术与传统污水生物处理工艺有机结合的新型高效污水处理与回用工艺，近年来在水处理技术领域得到了较大的推广和应用。该技术通过膜组件的高效分离作用，大大提高了泥水分离效率，并且由于曝气池中活性污泥浓度的增大和污泥中优势菌的出现，提高了生化反应速率。同时，该工艺能大大减少剩余污泥的产量，从而基本解决了传统生物方法存在的剩余污泥产量大、占地面积大、运行效率低等突出问题。

在膜生物反应器中，由中空纤维膜组成的膜组件浸放于好氧曝气区中，由于中空纤维膜 0.2μm 的孔径可完全阻止细菌的通过，所以将菌胶团和游离细菌全部保留在曝气池中，只将过滤过的水汇入集水管中排出，从而达到泥水分离，免去了二沉池，各种悬浮颗粒、细菌、藻类、浊度、氮磷和 COD 及有机物均得到有效去除。由于微滤膜的近乎百分之百的菌种隔离作用，可使曝气池中的生物浓度达到 10000mg/L 以上，这样不仅提高了曝气池抗冲击负荷的能力，而且大大减少了所需的曝气池容积。池容积的缩小又相应大比例降低了生化系统的土建投资费用。

MBR 技术在北京动物园人工湖泊净化处理工程中得到应用，经过近两年的运行发现，MBR 对湖水的处理效果稳定明显，对减少水华发生，改善湖泊景观效果起到了决定性作用。动物园湖水经 MBR 工艺处理后出水主要水质指标优于地表水Ⅲ类水质指标，其中对叶绿素的去除率在 90%左右，对 BOD 的去除率在 65%左右，对总磷的去除率在 60%左右，氨氮的去除率 40%左右，出水水质达到了设计出水水质要求，增加了水体透明度。但初期投资略高，适用于中小型水体的藻类净化，在较长的处理周期内可取得显著的效果，但处理费用较高。

（2）化学方法 在发生蓝藻水华的湖库内，人工投放化学药剂进行杀藻或抑制藻类生长，使藻类数量在短时间内得以减少或得到有效控制是化学法处理蓝藻水华的基本目的。这种处理方法的优点是见效快、适合应急处理，缺点是当药剂在水体中的浓度下降到一定程度后，藻类又会继续繁殖，而且长期使用化学药剂亦会造成水体污染以及毒物的累积。

从长远观点来看，化学药剂法处理蓝藻水华只是一种治标的方法，并不能从根本上彻底解决蓝藻水华的发生。采用化学药剂法处理蓝藻水华时，应综合考虑经济成本、去除效果、藻类的密度和种类、欲处理的范围等等因素，尽量以最小的投入取得最好的效果，使其对水体环境的负面影响降至最低。

① 铜类药剂

a. 无机铜盐类药剂——以硫酸铜为代表，作为经典的杀藻类药剂，硫酸铜具有较好的杀灭和抑制藻类的作用。研究表明，当投加量达到0.5～1.0mg/L时，水中藻类的杀灭率可达70%～90%。其作用机理是：铜离子属于重金属离子，比水中的钠和镁等其他元素更容易参与藻类叶绿素的合成过程，使藻类无法进行光合作用、呼吸作用并影响酶的活性，藻类因此发生中毒而死亡，从而达到抑制藻类生长繁殖的效果。进入水体后的铜离子，除被藻类吸收外，其余部分很快会与水中的悬浮颗粒结合起来，转化为溶解度很低的碳酸铜或氢氧化铜而沉淀，最终被转移到底泥当中，这种特性在一程度上影响了硫酸铜的使用效果，同时发生沉降和累积作用，对水生生态系统构成威胁。因此硫酸铜应在藻类的聚集区等有限区域内使用，以减小其不良影响。

b. 络合铜类药剂——传统的硫酸铜相比，络合铜类杀藻剂在水体中相对比较稳定，对水生生物的毒性也比较小，可在水中缓慢地释放铜离子并维持一定的浓度，药效时间一般可比硫酸铜延长5倍以上，增强了杀藻能力，因此更具有应用价值。

c. 载体铜类药剂——为延长铜类药剂在水中的作用时间，还可采取将铜离子与其他载体结合制成杀藻剂的方法，如可溶性的掺铜玻璃微粒（TB）、沸石载铜等，均可克服局部浓度过高、药效时间短等缺点。

② 絮凝剂

a. 合成絮凝剂——常见的合成絮凝剂包括铝絮凝剂、铁絮凝剂、石灰和PAM等，其作用机理是利用絮凝剂胶体的化学特性使水体中的藻类及悬浮性颗粒物聚凝，沉淀后加以回收，达到去除藻类的目的，这种方法的优点是成本低、操作简单、效果明显，但对藻类的密度有一定要求，密度过小时，效果反而不佳。在利用絮凝剂除藻时，为提高去除效果，有时还先用高锰酸钾复合药剂等预先对水进行氧化处理。受藻类数量、絮凝剂种类以及水文要素等因素的影响，絮凝剂对藻类的去除效果有明显差异，最高可达95%以上。

b. 天然絮凝剂——主要指黏土类矿物质，其作用机理与合成絮凝剂类似，去除效果较好，能够有效抑制藻类上浮，去除率可达85%。但此类絮凝剂的成本较高，沉降物对水体亦会造成影响，为提高絮凝效果，减少投药量，近年来在研究和使用过程中已经逐步开始向改性黏土类过渡。

③ 含卤素类药剂 主要指漂白粉、次氯酸钠、氯气以及二氧化氯等物质，其中二氧化氯去除能力强、毒副作用小，在杀灭藻类的同时，还可对水中的其他污染物质起到氧化作用并且基本不会产生致癌类副产品，因此二氧化氯已经成为其他含氯类药剂的有效替代品。二氧化氯杀藻的作用机理是直接破坏藻类细胞的叶绿素，使其失去活性。几年来，含溴类卤素

杀藻剂相继出现，主要包括DBNPA、溴氯海因和富溴等，其作用机理是杀藻剂的有效成分穿过藻类的细胞膜，作用于一定的蛋白基团，使细胞的氧化还原作用停止，引起藻类死亡。

④ 含氧类药剂

a. 臭氧——具有较强的氧化性能，对水中的藻类、细菌、病毒、色度和味等均具有一定的去除作用。臭氧对蓝藻的去除率可达80%左右，其杀藻作用的机理是臭氧在水中产生活性羟基，使藻类细胞膜被氧化破坏，细胞内物质流出，导致藻类死亡。利用臭氧进行杀藻时，往往需要较高的初始浓度方可使效果显现，而且应使其浓度维持在最佳的范围以内，一旦超出最佳范围，可能造成藻类细胞完全溶解，产生有毒物质进入水体。

b. 双氧水——其氧化还原电位高于高锰酸钾，可直接将水中的污染物以及有机质氧化，达到破坏藻类细胞的目的，因双氧水分解后的产物为氧气和水，因此本身不会带来新的污染。双氧水的杀藻作用具有一定的局限性，即当其浓度达到一定时，除藻的效率便不再提高。

5.1.4 针对性的应急污染水处理技术

5.1.4.1 含氰废水处理技术

(1) 含氰废水的危害 含氰废水是电镀生产中毒性较大的废水。由于氰根具有良好的络合、表面活性、活化性能，因而一度在电镀生产中被大量采用。镀铜、镀锌、镀铜锡合金、镀铜锌合金、镀银、镀金及某些活化液、退镀液等，都曾大量采用氰化物。随着无氰电镀的推广应用，电镀中使用氰化物的量有了大幅度减少。但在一些单位的某些镀种上仍然使用氰化物。

氰化物（包括硫氰化物）是极毒的物质。人体对氰化钾的中毒致死剂量为0.25g（纯净的氰化钾为0.15g）。食用杏仁水（含氢氰酸约0.1%）约10.9mL，就能使人死亡。氰化钠对兔的肌肉注射最低致死剂量为2.2mg/kg。氢氰酸的作用极为迅速，经口腔黏膜吸收一滴氢氰酸（约50mg），瞬间即可死亡。空气中含$270\times10^{-6}mg/m^3$的氰化氢气体时，就能使人立即死亡。很低浓度的氢氰酸［$(4\sim5)\times10^{-6}$,0.05mg/L］，会引起很短时间的头痛、心律不齐。在高浓度（90×10^{-6}，0.1mg/L）时能立即致人死亡。在中等浓度时2～3min内就出现初期症状，大多数情况下在1h内就会死亡，有时也有在24h后才出现症状的。

废水中的氰化物，哪怕是呈络合状态，当pH值呈酸性时，亦会成为氰化氢气体逸出。氢氰酸和氰化物能通过皮肤、肺、胃，特别是从黏膜吸收进入体内。氢氰酸对呼吸中枢，在极短时间的刺激下，就可能迅速使之麻痹。高等动物的氰化物中毒症状具有共同之处，即最初呼吸兴奋，经过麻痹、横转侧卧、昏迷不醒、痉挛、窒息、呼吸麻痹等过程，最后致死。

含氰废水排放到自然界环境中会严重污染环境，并严重威胁人类的健康。我国在《污水综合排放标准》（GB 8978—1996）中明确规定了氰化物最高允许排放浓度，该标准中一级、二级排放浓度0.5mg/L，三级排放标准最高浓度为1.0mg/L。因此，研究含氰废水的应急处理方法及工艺具有十分重要的意义。

(2) 化学法处理含氰废水 含氰废水处理主要采用化学法，利用化学氧化和絮凝作用来处理高浓度的含氰废水。但是化学法也会产生大量有害的污泥，需要后续妥善处置。常见的化学法有：碱性氯化法、过氧化氢氧化法、臭氧氧化法、二氧化硫-空气氧化法、多硫化物处理法、硫酸亚铁法、高温加压水解法、光催化氧化降解法、酸化回收法。

含氰废水中氰的质量浓度可粗略分为高、中、低3种。一般情况下，成分复杂的高质量浓度废水CN^-在800mg/L以上，也有多种废水氰的质量浓度在$(1\sim x)\times 10^3$mg/L之间，可先采用酸化法回收氰化物，残液再继续氧化处理。含氰废水中氰的质量浓度一般在200～800mg/L之间，根据废水成分的复杂程度选择处理工艺：废水成分简单、回收氰化物有经济效益的，适合先采用酸化法，残液再继续采用二次处理；酸化回收无经济效益的废水，可直接采用氧化法进行破坏。低质量浓度的含氰废水常用直接氧化破坏的方法。

① 碱性氯化法　碱性氯化法是处理含氰废水常使用的方法。该方法的原理是采用氯气或液氯、漂白粉在碱性条件下将废水中的氰化物完全氧化成氰酸盐，然后进一步被氧化为CO_2和N_2等无毒物质。碱性氯化法破氰分两个阶段：

第一阶段是将氰化物氧化为氰酸盐，称为不完全氧化，反应式如下：

$$CN^- + ClO^- + H_2O \longrightarrow CNCl + 2OH^-$$

$$CNCl + 2OH^- \longrightarrow CNO^- + Cl^- + H_2O$$

CN^-与ClO^-反应首先生成CNCl，CNCl再水解成CNO^-，水解反应速度取决于pH值、温度和有效氯的浓度。pH值、水温和有效氯的浓度越高则水解的速度越快，而且在酸性条件下CNCl极易挥发，因此操作时必须严格控制pH值。

第二阶段是将氰酸盐进一步氧化为二氧化碳和氮，称为完全氧化，反应式如下：

$$2CNO^- + H_2O + 3ClO^- \longrightarrow 2CO_2 + N_2 + 3Cl^- + 2OH^-$$

在破氰过程中，pH值对氧化反应的影响很大。pH控制不好的话，会有剧毒催泪的氯化氰气体产生。因此，一般建议采取完全氧化反应。常用的化学氧化剂适用性比较详见表5-4，以及一级、二级氧化处理条件控制详见表5-5。

表5-4　各种化学氧化剂适用范围及优缺点比较

氧化剂	适用范围	优点	缺点
次氯酸钠	较低浓度，中小水量的含氰废水	产生污泥量少；操作较为方便；价格较为便宜，处理费用较低	活性氯含量低，为8%，有效期较短，宜避光存储，不便长时间现场储存；大量使用一般不使用次氯酸钠发生器
漂白粉	低浓度，小水量的含氰废水	货源供应较易解决；价格便宜，处理费用低；设备简单，投加可操作性强，工期短；当废水中含有酒石酸盐络合剂时，有利于生成酒石酸钙沉淀	活性氯含量较低，为36%，杂质多，产生的污泥量大。药剂配制采用人工时劳动强度大，药剂存放不当或时间较长易失效
二氧化氯	高(低)浓度，大中水量含氰废水	氧化作用强，活性氯含量高，为260%；污泥产生量少，投药量少；投加方式灵活，可用二氧化氯发生器现场制备投加，也可采用二氧化氯泡腾片投加	现场制备得到二氧化氯气体，不易储存，随用随制；若采用二氧化氯泡腾片价格较高，处理费用较高

表5-5　一级、二级氧化处理条件控制

一级氧化条件控制					二级氧化条件控制				
氧化剂名称	pH控制	反应时间/min	质量比（氰化物：活性氯）	氧化还原电位/mV	氧化剂名称	pH控制	反应时间/min	质量比（氰化物：活性氯）	氧化还原电位/mV
次氯酸钠	10～11	10～15			次氯酸钠				
漂白粉	10～11	30～40	1：3～1：4	300～350	漂白粉	6.5～7.0	10～15	1：4	600～700
二氧化氯	11～11.5	10～15			二氧化氯				

需要特别说明的是，由于一级氧化产物氰酸盐毒性仅为氰化物的千分之一，但氰酸盐水

解生成的氨对水体水质影响较大，氰酸盐（CNO^-）水解过程：$CNO^- + 2H_2O = HCO_3^- + NH_3$。因此，应急处理中应考虑出水水质要求，如果有其他处理设施联合使用，则可以采用一级氧化处理，若外部设施及受纳水体无法接受，则必须采用二级氧化，以保证氰化物完全氧化达标后方可排入环境。

含氰废水应急处理系统在连续处理含氰废水时，必须对废水的pH控制和氧化剂的投加有较好的控制，同时在各反应工段需配置在线pH仪、在线ORP计，并采用全自动加药系统控制药剂投加量，以保证投药量的准确性和处理出水水质的稳定，保证破氰完全。在2015年8月12日天津港瑞海国际物流公司危险品仓库爆炸事件中含氰废水的处理中，化学氧化法得到了大量的应用，但是由于突发环境事件导致的废水的复杂性，在处理含氰废水中应特别注意及时了解处理系统工况和废水水质变化，以及时调整工艺和自动加药条件。

② H_2O_2 氧化法　过氧化氢 H_2O_2 在一般条件下是不能氧化氰化物的，但是在pH为9.5～11，常温、有铜离子作催化剂的条件下，H_2O_2 可以与氧化氰化物反应，生成 CNO^-，然后 CNO^- 进一步的水解，水解速度取决于pH。其主要化学反应为：

$$CN^- + H_2O_2 \longrightarrow CNO^- + H_2O$$

$$CNO^- + 2H_2O \longrightarrow NH_4^+ + CO_3^{2-}$$

在偏碱性的条件下，废水中的重金属离子易生成氢氧化物沉淀，铁氰络离子与其他重金属离子生成铁氰络合盐除去，以金属氰络合物形式存在的铜、锌等金属，一旦其氰化物被氧化除去后，也会生成氢氧化物沉淀，本方法中过量的过氧化氢也能迅速分解成水和氧气。H_2O_2 氧化法适合处理较低质量浓度含氰废水。在“8·12”爆炸事件中的含氰废水处理中，次氯酸钠和过氧化氢被用来处理不同浓度、不同类别的含氰废水，在采用一定催化剂的条件下，过氧化氢的破氰能力得到很好的发挥，对于中低浓度的含氰废水处理效果比较明显。但是由于一般工业 H_2O_2 是强氧化剂，浓度在30%左右，腐蚀性强，且易燃易爆，在药品运输以及应急处理中一定要谨慎使用，一般可先进行初步工艺试验，掌握投药量和反应条件后可进行现场作业。

③ 臭氧氧化法　用臭氧处理含氰废水，一般分为二级处理，第一级将氰氧化为 CNO^-，第二级再将 CNO^- 氧化为 CO_2、N_2。由于第二阶段反应慢，需要加入亚铜离子作为催化剂。

臭氧氧化法的突出特点是：在整个过程中不增加其他污染物质；工艺简单、方便，无需药剂购运，只需一台臭氧发生器即可；污泥量少，而且因增加了水中的溶解氧而使出水不易发臭。但是臭氧氧化法成本设备投资高、电耗高，适应性差，不能除去铁氰络合物。该方法一般可与其他工序结合使用，如“8·12”事件的含氰废水治理中，有采用两级臭氧＋活性炭＋脱氰菌的工艺，适用于水质简单的中低浓度的含氰废水，而对于高浓度、成分复杂的含氰废水需要考虑其他工艺。

④ 二氧化硫-空气氧化法（因科法）

在一定pH值范围内，在铜的催化作用下，利用 SO_2 和空气的协同作用氧化废水中的氰化物，称为二氧化硫-空气氧化法，常简写成 SO_2/Air法。二氧化硫-空气氧化法处理含氰废水要求反应pH在7.5～10之间，在此条件下，如废水中含有50mg/L以上的铜或外加如此数量的铜盐，当空气和 SO_2 通入废水后生产 SO_3^{2-}，SO_3^{2-} 与水中的氧气发生反应生产 SO_4^{2-} 和活性氧，活性氧与 CN^- 反应生成 CNO^-，反应式如下：

$$SO_2 + 2OH^- \longrightarrow SO_3^{2-} + H_2O$$

$$SO_3^{2-} + O_2 \longrightarrow SO_4^{2-} + [O]$$

$$CN^- + [O] \longrightarrow CNO^-$$

$$CNO^- + 2H_2O \longrightarrow HCO_3^- + NH_3;$$

总反应式：$CN^- + O_2 + SO_2 + 2OH^- + H_2O \longrightarrow HCO_3^- + NH_3 + SO_4^{2-}$

二氧化硫-空气氧化法工艺简单，设备不复杂，处理效果一般优于氯氧化法（不考虑硫氰化物的毒性），药剂来源广，处理成本不高，投资少。二氧化硫-空气氧化法的缺点是不能消除废水中的硫氰化物。用铜作为催化剂时，排放口处含有的铜离子有时超标。反应产物为氰酸钠，需要放置氧化去除后再排放。影响处理效果的因素多，如反应 pH 值、催化剂投加量、二氧化硫投加量、充气量及空气弥散程度等，使用控制条件较氯氧化法复杂，该方法属于破坏氰化物的方法，无经济效益，反应过程 pH 值控制要求严格，不得过高或过低，尤其是 pH 偏低会造成 HCN 和 SO_2 逸出。在应急处置中此方法应在具备较好的控制条件下谨慎选用。

⑤ 多硫化物处理法　多硫化物与氰化物在碱性条件下进行反应，其离子反应方程式如下：$S_xS^{2-} + CN^- \longrightarrow + S_{x-1}S^{2-} + SCN^-$ 这里 $x=1\sim4$，常用多硫化物的钙盐（硫石灰，CaS_xS）。多硫化钙在水中溶解度较小，呈悬浮状，它与含氰废水接触后迅速与氰根反应生成硫氰酸盐。当多硫化物过量加入时，高浓度水中的氰（2000mg/L 以上）在 1h 内被去除 90%以上。废水中重金属离子则形成硫化物析出。所生成的硫氰化物对生物毒性较小，对水污染影响也较小，可以在生物处理构筑物中被氧化分解为碳酸盐、硫酸盐和氨。另外，多硫化物还可与水中的重金属离子反应生成硫化物沉淀，重金属浓度可降低到允许排入城市下水道的标准。该方法的特点是处理工艺简单，操作安全，适合于高浓度（20000～60000mg/L）、同时含有重金属离子的含氰废液的预处理。环境应急处置中，若需要达到环境排放要求，需配套后续的低浓度处理单元以及生物处理单元，以完善处理流程。

⑥ 硫酸亚铁法　CN^- 与多种金属离子可形成稳定络合物，而多数络合物是无毒无害的。根据这一性质常用 Fe^{2+} 和 CN^- 形成 $Fe(CN)_6^{4-}$，然后再与其他金属离子形成沉淀的特性来处理含氰废水。通常选用廉价的硫酸亚铁（$FeSO_4 \cdot 7H_2O$）作为沉淀剂，将氰化物转化为铁的亚铁氰化物（亚铁蓝，$Fe_2[Fe(CN)_6]$，$K_{sp}=10^{-35}$），再经空气曝气氧化，进一步转化成普鲁士蓝型不溶性化合物（铁蓝，$Fe_4[Fe(CN)_6]_3$，$K_{sp}=10^{-42}$），然后倾析或过滤出来。反应方程式：

$$FeSO_4 \cdot 7H_2O = Fe^{2+} + SO_4^{2-} + 7H_2O$$

$$Fe^{2+} + 6CN^- = Fe(CN)_6^{4-}$$

$$2Fe^{2+} + Fe(CN)_6^{4-} = Fe_2[Fe(CN)_6]$$

$$3Fe_2[Fe(CN)_6] + 2H_2SO_4 + O_2 = Fe_4[Fe(CN)_6]_3 \downarrow + 2FeSO_4 + 2H_2O$$

该方法优点是操作简单，处理费用低，且可回收普鲁士蓝沉淀作颜料。缺点是处理效果差，淤渣很多，分离出不溶物后的废水呈蓝色，净化率仅达 92%～95%，说明该方法处理程度不够，难以达到排放标准，尤其是处理 CN^- 质量浓度低于 10mg/L 时，效果更差。从环境安全防范的观点出发，这种方法可以作为氰化物产生突发性污染事故时而采用快速补救的方法之一，硫酸亚铁溶液投入水中可以迅速降低水中含氰污染物所造成的危害程度，减小对环境的危害，特别是对水生生物的伤害。

目前的研究和实践表明，在应对高浓度含氰废水方面，不宜单独采用硫酸亚铁法，该方法宜与次氯酸钠、二氧化氯氧化法联用，这样既能处理高浓度含氰废水，回收氰化物，又能妥善处置剩余的低浓度含氰废水，成本经济上可承受。

⑦ 高压水解法　氰化物即使在常温下也能缓慢水解，但速度极慢，生成低毒的铵盐和甲酸盐，温度达到65℃时，反应速度加快，当温度达到200℃以上时，氰化物的水解反应速度很快。利用此原理进行含氰废水处理的方法叫加压水解法，又称加热水解法。实际操作应用中一般控制反应温度在170～180℃范围，压力控制在0.9MPa左右，反应的pH值控制在10.5左右。加热分解反应机理如下。

$$CN^- + 2H_2O \longrightarrow HCOO^- + NH_3\uparrow$$

$$2HCOO^- \longrightarrow CO_3^{2-} + H_2\uparrow + CO\uparrow$$

该法的特点是不消耗化学药剂，反应彻底、安全有效，不仅可以处理游离的氰化物，也能处理氰的络合物（但效果有待考证）。具有处理浓度范围广、效果好、操作简单、运行稳定等优点，但反应需用特殊设备，在高温高压下进行，运行费较高。此外，还会带来酸碱污染和氨氮问题，对后续的生化处理产生抑制作用。此方法受设备、处理成本、应用范围等限制，只有在具备相应的外部条件且确保方法有效的情况下方可考虑采用。

⑧ 酸化回收法　用硫酸调节含氰废水的pH值，使之呈酸性，氰化物转变为HCN，由于HCN蒸气压较高，向废水中充入气体时，HCN就会从液相逸入气相而被气流带走，载有HCN的气体与NaOH溶液接触，HCN与NaOH反应生成NaCN，这种处理含氰废水的方法被称为酸化回收法。

此方法的优点：药剂来源广、价格低，处理成本受废水组成影响小，适用于高浓度含氰废水；缺点：不适用于低浓度的含氰废水，而且投资较氯氧化法高4～10倍，处理后废水氰化物浓度低于50mg/L，最低为5mg/L，需要结合其他处理工艺才能符合环境排放标准。

由于该方法应用的局限性，只有在具备相应的外部条件且投资及处理成本可接受的情况下可考虑采用此法作为预处理单元，后续低浓度含氰废水需有配套工序解决。

(3) 物理方法处理含氰废水

① 活性炭吸附法　活性炭吸附法的原理是用活性炭吸附含氰废水中的O_2和氰化物。在活性炭表面上O_2和H_2O生成H_2O_2，氰化物被H_2O_2氧化分解的反应。据日本有关方面研究表明，含有70～230mg/L的丙烯腈废水，用10g/L的活性炭吸附，在2000mg/L的Cu存在下，pH值为7或3500mg/L的Cu及1.2%的NH_3存在下，丙烯腈可有66%～78%的去除率。为了提高活性炭的处理效率，应从研究催化氧化机理出发，改变活性炭的表面结构，从而提高活性炭的催化能力。该法也存在许多缺点：仅能处理澄清水，不能处理矿浆，设备必须防腐处理，pH要求很严格否则影响处理效果；硅酸盐等在活性炭上凝结会使活性炭失活，活性炭再生效果变差；可能产生HCN等废气；当废水中含有较高浓度的硫氰化物时，活性炭的再生变得较为复杂。

② 膜分离法　目前，微滤、超滤和纳滤，反渗透等技术都基于膜分离技术。张力等用膜分离技术处理含氰废水，采用了超滤技术结合反渗透技术的方法，使用超滤膜有效地对原水实施了净化，并在一定程度上降低了原水的COD的含量，为反渗透的顺利进行提供了保障。使用反渗透膜对超滤过的原水进行处理后，产水中的CN^-的含量成功降低至0.0005%，并且整个系统的废水回收率大于40%，达到了排放要求。与常规分离法相比，该法处理含氰废水有效率高，速度快，选择性好，但也存在成本高，投资大，电耗大，膜污染难以解决等问题。

③ 溶剂萃取法　溶剂萃取法处理氰化物废液由于具有速率快、易于连续操作、溶剂损

耗少等优点，近几年来受到国内外的广泛关注，并取得了一定的成果。F. Xie 与 D. Dreisinger 用改性的胺类萃取剂 Llx7820 对含铜的氰化物废液进行了萃取研究。研究表明，在 pH 值低处，Llx7820 能够有效地萃取铜离子，但是较高的铜氰比例（[Cu^{2+}]：[CN^-]）会抑制对铜离子的萃取；通过对铜离子及氰化物的一系列实验表明，同对 $Cu(CN)_3^-$ 和 CN^- 萃取相比，Llx7820 优先萃取 $Cu(CN)_2^-$；Llx7820 还能够萃取废液中的锌离子与镍离子，但是对锌氰络合物与镍氰络合物表现出较弱的亲和力。该方法流程简单、速度快、去除率高，但存在不能连续处理废水，处理后的废水仍需进一步处理才能达到排放标准等问题。

④ 生物方法

a. 微生物处理法：微生物处理法原理是当废水中氰化物浓度较低时，利用能破坏氰化物的一种或几种微生物以氰化物和硫氰化物为碳源和氮源，将氰化物和硫氰化物氧化为 CO_2、氨和硫酸盐，或将氰化物水解成甲酰胺，同时重金属被细菌吸附而随生物膜脱落除去。微生物处理法分为生物酶法和生物池法。工业上生物池法包括富氧活性污泥法、滴渗池法、富氧污泥储留池法、旋转生物接触器法。该法的特点是可分解硫氰根，重金属呈污泥除去，渣量少，外排水质好，成本较低。缺点是设备复杂，投资大，操作严格，仅能处理极低浓度而且浓度范围波动小的含氰废水，含氰废水往往需要经过稀释后方可进行处理。

b. 将含氰废水用作堆肥：将废水用作堆肥的原理是在沤制过程中微生物和细菌将 CN^- 利用或破坏，使废水中的有机质得以充分利用。四川天然气化工研究院的专利公布了利用氨基腈生产废液制肥料的方法：将有机腈废液加入催化剂、分散剂（有机原料，如秸秆、谷糠等），在一定温度压力下制得基肥，基肥经营养调配后接种生物菌进行发酵，然后再配组养分，经干燥后制得有机肥料。此方法处理费用低，且含氰废水进入生态循环可创造一定的经济价值。但如果微生物对 CN^- 处理不彻底，堆肥过程中或肥料使用后氰化物逸散到空气中，容易产生环境安全问题，且需要场地大、周期长，工业应用有一定难度。

⑤ 离子交换法　离子交换法就是用阴离子交换树脂吸附废水中以阴离子形式存在的各种氰络合物，当流出液 CN^- 超标时对树脂进行酸洗再生，从洗脱液中回收氰化钠。该法由于净化水的水质好，水质稳定，回水可以利用，同时能回收氰化物和重金属化合物，国内外对该法进行了大量的研究。离子交换法处理含氰废水在国外较为成熟，但在国内距离应用尚远。南非和加拿大采用 IRA400 型苯酸阴离子树脂能将废水中氰化物含量降到 0.1mg/L。采用强碱性离子交换纤维对含氰废水中生成的铜氰络合物、锌氰络合物的吸附性能进行研究。研究结果表明含氰废水在 pH 值为 8～11 范围内，纤维材料对金属氰络合物具有良好的吸附性能。离子交换法的缺点有工艺复杂，操作难度大，处理成本高，经济效益少。由于离子交换树脂对不同离子的选择性不同，对于复杂的多离子体系要达到完全处理比较困难。现有的离子交换树脂法吸附含氰尾液之后残余氰化物浓度太高（一般≥1.5mg/L），仍需要二次处理，成本较高。另外，氰化物再生困难，有价金属利用率相对较低，经济效益较低，再资源化程度较低。

目前含氰废水的处理方法虽然有很多，但能够实际应用到应急处理项目中的方法不多，主要有以上介绍的几种。随着环境保护要求和人们生活水平的提高，对含氰废水的排放要求更加严格，含氰废水的处理技术应朝着高效节能的方向发展。显而易见，单一的处理技术很难满足排放水达标的要求。物化法、化学法和生物法等处理技术的联合使用，将会成为今后的一个发展方向。

5.1.4.2 含铬废水处理技术

近年来，随着工业生产的飞速发展，环境逐步恶化，铬化物已成为一种主要的环境污染物质。铬是工业生产的重要元素之一，随着在工业上的使用，其化合物已对环境造成很大的污染。含铬废水中铬的存在形式有6价铬和3价铬两种。在铬化合物中，6价铬毒性最强，并且会随雨水溶渗流失，严重污染周围环境的土壤、河流及地下水源。含 Cr^{6+} 废水主要来自于电镀、制革、铬冶炼等企业排放的废水，由于生产工艺不同，废水中的 Cr^{6+} 的波动范围也比较大，一般在5～100mg/L之间，含铬废水排放到天然水体中，会严重污染自然环境，直接对水生生物产生不同的毒害作用，甚至死亡，还可以通过生物链，使其在更高一级的生物体中成倍富集，世界卫生组织明确规定：饮用水中 Cr^{6+} 最高允许浓度为0.01 mg/L，我国制定的标准最高允许浓度为0.5mg/L。

目前，国内对于含铬废水的处理方法主要分为化学法、物理化学法、生物法等，下面将对这几种处理方法加以介绍。

(1) 化学法处理含铬废水　目前，国内外处理含铬废水最常见的方法是化学法。化学法处理含铬废水的优点是资金投资少、处理成本低、操作简单、广泛适用于多类含铬废水治理。

化学法是用氧化还原反应或是中和沉淀反应将有毒、有害的物质分解为无毒、无害物质或将重金属经沉淀和上浮从废水中除去。化学法处理含铬废水，常用的有药剂还原法、铁氧体法、电解还原法等。其中应用最多的为药剂还原法。

① 药剂还原法　还原沉淀法是目前应用较为广泛的含铬废水处理方法。基本原理是在酸性条件下（pH＝2～3）向废水中加入还原剂，将 Cr^{6+} 还原成 Cr^{3+} 然后再加入石灰石或氢氧化钠，使其在碱性条件下（pH＝7.5～9.0）生成氢氧化铬沉淀，从而去除铬离子。可作为还原剂的有：亚硫酸钠（Na_2SO_3）、亚硫酸氢钠（$NaHSO_3$）、焦亚硫酸钠（$Na_2S_2O_5$）、硫代硫酸钠（$Na_2S_2O_3$）、硫酸亚铁、二氧化硫、水合肼（$N_2H_4 \cdot H_2O$）、铁屑、铁粉等。还原沉淀法具有一次性投资小、运行费用低、处理效果好、操作管理简便的优点，因而得到广泛应用；但缺点是生成的泥渣量大、难以回收利用、易产生污泥的二次污染。在采用此方法时，还原剂的选择是至关重要的一个问题。

以 Na_2SO_3、$FeSO_4$ 还原剂为例进行说明。

a. Na_2SO_3 还原法

i. 在酸性条件下，向含铬废水投加还原剂 $NaHSO_3$，使水中 Cr^{6+} 还原为 Cr^{3+}，调整废水pH至碱性，使 Cr^{3+} 生成难溶的 $Cr(OH)_3$ 而除去。化学反应为：

$$2H_2Cr_2O_7 + 6NaHSO_3 + 3H_2SO_4 \longrightarrow 2Cr_2(SO_4)_3 + 3Na_2SO_4 + 8H_2O$$

$$Cr_2(SO_4)_3 + 6NaOH \longrightarrow 2Cr(OH)_3 \downarrow + 3Na_2SO_4$$

ii. Cr^{6+} 的还原：Cr^{6+} 的还原率取决于反应时间，废水pH值，还原剂投加量等因素。废水pH值和反应时间对 Cr^{6+} 还原效果的影响结果表明，废水pH值低，有利于 Cr^{6+} 的还原，而pH＞3时，反应速度变得很慢。考虑到过低pH值造成酸耗大，增加处理成本，也给设备管道的防腐增加麻烦，因此实际生产中，控制pH值在2.5～3.0之间。足够的还原剂投加量，是使 Cr^{6+} 全部还原的必要条件，由于废水中其他杂质的影响，实际投药量要比理论投药量高30%～60%。

iii. $Cr(OH)_3$ 的沉淀：$Cr(OH)_3$ 呈两性，pH值过高时（pH＞9），已生成的 $Cr(OH)_3$ 会再度反溶为 $NaCrO_2$；而pH太低（pH＜5.6），沉淀不能生成。由溶液pH值对

$Cr(OH)_3$ 沉淀效果的影响可见 pH 在 8～9 之间，$Cr(OH)_3$ 沉淀最完全，溶液中残留 Cr^{3+} 最少。在实际生产中，控制 pH 在 8 左右，反应时间 20～30min。

iv. 沉淀剂的选择：沉淀剂有石灰、NaOH、Na_2SO_3 等，优缺点对比见表 5-6。

表 5-6　沉淀剂优缺点对比

种类	优点	缺点
NaOH	用量少，污泥纯度高，便于回收	成本高，难过滤
石灰	价格便宜，来源广，过滤性能好	污泥多，难回收
Na_2SO_3	投料方便	反应时生成 CO_2，操作条件差

b. $FeSO_4$-石灰法　$FeSO_4$-石灰法处理含铬废水是一种成熟的方法，适用于含铬浓度大的废水。优点是药剂来源容易，方法简单，处理效果好；缺点是占地面积大，污泥体积大，出水色度高，适用于小厂。

其反应原理如下。

i. 酸化还原（pH=2～3）：$6FeSO_4+H_2Cr_2O_7+6H_2SO_4 = 3Fe_2(SO_4)_3+Cr_2(SO_4)_3+7H_2O$

ii. 碱化沉淀（pH=8.5～9.0）：$Cr_2(SO_4)_3+3Ca(OH)_2 = 2Cr(OH)_3\downarrow+3CaSO_4$

用硫酸亚铁还原 6 价铬，最终废水中同时含有 Cr^{3+} 和 Fe^{3+}，所以中和沉淀时 Cr^{3+} 和 Fe^{3+} 一起沉淀，所得到的污泥是铬与铁氢氧化物的混合污泥，产生的污泥量大，且没有回收价值，这是本法的最大缺点。

主要工艺设计参数为：i. 废水的 6 价铬浓度为 50～100mg/L；ii. 还原时废水的 pH=1～3；iii. 还原剂用量一般控制在 $Cr^{3+}:FeSO_4\cdot7H_2O=1:(25～30)$；iv. 反应时间不小于 30min；v. 中和沉淀的 pH 控制在 7～9。

② 铁氧体法　废水中各种金属离子形成铁氧体晶粒而沉淀析出的方法，叫铁氧体沉淀法。铁氧体是指具有铁离子、氧离子及其他金属离子组成的氧化物晶体，属尖晶石结构，通称亚高铁酸盐，其化学式可表示为 AB_2O_4。

在含铬废水中投加硫酸亚铁［$FeSO_4\cdot7H_2O:CrO_3$ 为 16∶1（质量比）］，使 Cr^{6+} 还原成 Cr^{3+}，再投加苛性钠，调整 pH 为 7～9，加热 60～80℃，经 20min 曝气充氧，使铬离子成为铁氧体的组成部分，生成晶体而沉淀进入晶格后的 Cr^{3+} 极为稳定，在自然条件下或酸性、碱性条件下不为水所溶出，因而不会造成二次污染，从而便于污泥处理。

用铁氧体法来处理含铬废水其优点是运行工艺简单、处理率较高、治理过后的废水效果比较明显，并且所得的铁氧体晶体是一种优良的半导体材料，对环境的二次污染比较小，铁氧体晶体沉淀可以用于制作磁流体和催化剂；缺点是用铁氧体法处理含铬废水时需要加热，耗电量大，产生的污泥量也很大，且处理过后的废水盐度高，对后续的处理带来很大麻烦。另外由于含铬废水成分复杂，所得的铁氧体晶体性能不稳定，对处理效果也会有影响。

目前，在我国工业中应用较多是间歇式和连续式两种工艺，我国是最先使用铁氧体法处理含铬废水的。

③ 电解还原法　电解法处理含铬废水是用一个以铁板作阴极、阳极的耐酸电解槽，槽中盛放含有一定量食盐的含铬废水，通过槽内放电并用压缩空气搅拌进行电解处理。在直流电的作用下，阳极溶解出亚铁离子（Fe^{2+}），然后亚铁离子将废水中的 Cr^{6+} 还原为 Cr^{3+}，同时阴极上发生氢离子放电析出氢气。其反应式为：

阳极反应：$Fe-2e^-\longrightarrow Fe^{2+}$

$$Cr_2O_7^{2-}+6Fe^{2+}+14H^+\longrightarrow 2Cr^{3+}+6Fe^{3+}+7H_2O$$

$$CrO_4^{2-} + 3Fe^{2+} + 8H^+ \longrightarrow Cr^{3+} + 3Fe^{3+} + 4H_2O$$

阴极反应：$2H^+ + 2e^- \longrightarrow H_2\uparrow$

另外，有少量 Cr^{6+} 在阴极上直接还原：

$$Cr_2O_7^{2-} + 6e^- + 14H^+ \longrightarrow 2Cr^{3+} + 7H_2O$$

$$CrO_4^{2-} + 3e^- + 8H^+ \longrightarrow Cr^{3+} + 4H_2O$$

然而，实践证明，用电解法处理含铬废水，电解时阳极溶解产生的亚铁离子由于具有还原作用是使 Cr^{6+} 还原为 Cr^{3+} 的主要因素，而直接被阴极还原为 Cr^{3+} 的作用却是很微弱。

电解还原法适用于废水中 Cr^{6+} 浓度不大于 100mg/L、pH 在 4～6.5 之间的废水，运行方式一般采用连续式。其优点是操作简单、工艺成熟、占地少、投资省。其缺点是耗电大，需大量铁板、出水水质差。电解法除铬的工艺有间歇式和连续式两种，一般多采用连续式工艺。

④ 常见化学处理法的优缺点对比　见表 5-7。

表 5-7　常见化学处理法的优缺点对比

化学处理法	优点	缺点
$FeSO_4$ 还原法	药剂来源容易，若使用废酸液时，成本更低，除铬效果好	用石灰乳进行中和，污泥中还混有 $CaSO_4$ 沉淀，产生的污泥量较多，基本上没有回收利用价值，并需妥善处理
铁氧体处理法	使废水中的多种金属离子（如：镉、铬、铜、镍等）净化达到排放标准，硫酸亚铁具有货源广，价格低，净化效果好，投资省、设备简单、沉渣易分离等优点	投加较多的 $FeSO_4$ 和 NaOH，处理水中含 Na_2SO_4 最高，经营费用高，不太适用于处理大水量；沉渣的成分不固定，综合利用的渠道尚难以建立
亚硫酸盐还原法	用 NaOH 中和时可回收铬污泥	费用较高，用石灰中和沉淀，费用便宜，但操作不便，反应速度慢，生成的沉渣量大，且难以回收利用，易产生污泥的二次污染
铁屑还原法	原材料便宜易得，处理效果好	消耗较多的酸
钡盐法	比化学还原法简单，不受车间来水中含铬浓度变化的影响，污泥消除的周期较长，出水水质较好	钡盐货源问题、沉淀物分离以及污泥的二次污染等问题，限制此法推广

(2) 物理化学法处理含铬废水　在工业废水的回收治理过程中，利用经常遇到的污染物质由一相转移到另一相的过程，即传质过程来分离废水中的溶解性物质，回收其中的有用成分，以使废水得到深度治理。尤其是当需要从废水中回收某种特定的物质时，或是当工业废水有毒、有害，且不易被微生物降解时，采用物理化学法最为相宜。常用的物理化学处理法有膜分离法、离子交换法、活性炭吸附法、吸收法等。

① 膜分离法　膜分离法是指采用天然或者人工合成的高分子薄膜，利用外界能量或化学位差作为推动力，对双组分或者多组分的溶质或溶剂进行分离、分级、提纯和浓缩的方法。其主要包括有膜萃取、超滤、电渗析和反渗透等工艺。膜分离法是 20 世纪 70 年代首先运用于气体分离的一种方法。所谓膜分离是指在某种推动力作用下，利用特定膜的透过性能，达到分离水中离子或分子以及某些微粒的目的。现在广泛用于废水的处理，其主要是通过电渗析法和反渗透法来处理废水。膜分离法以选择性透过膜为分离介质，当膜两侧存在某种推动力（如压力差、浓度差、电位差等）时，原料侧组分选择性透过膜，以达到分离、除去有害组分的目的。膜分离的推动力可以是膜两侧的压力差、电位差或浓度差。膜分离方法可在温室、无相变条件下进行，具有广泛的适用性，见表 5-8。

表 5-8　各种膜分离的推动力及分离对象

方法	推动力	分离对象
电渗析	电位差	离子
渗析	浓度差	离子、小分子
超滤	压力差	大分子、微粒
反渗透	压力差	离子、小分子

电渗析除铬是在直流电场的作用下，利用阴、阳离子交换膜对溶液中阴、阳离子的选择性，对溶液中的铬进行分离的一种物化过程。含铬废水进入排列于两电极之间的阴、阳膜组成的小室内，在电场作用下作定向运动而使铬得到富集。该法的不足之处是处理效果易受膜选择性的影响，而且影响会随着铬的富集而加强；膜寿命短、耗能高。

反渗透法是在膜的原水一侧施加比溶液渗透压高的外界压力，原水透过半透膜时，只允许水通过，其他物质不能透过而被截流膜表面的过程。反渗透的优点是在处理含铬（Cr^{6+}）废水方面，国内在技术上较成熟，具有较高的回收经济价值，是一种有发展前途的处理方法；缺点是膜的质量还需要提高，透水量小。

② 离子交换法　离子交换法是借助于离子交换剂上的离子和水中的离子进行交换反应除去水中有害离子。废水中的 6 价铬离子以酸根形式存在，将废水通过离子交换树脂，利用阴离子交换树脂对废水的铬酸根和其他离子的吸附交换作用，从而达到净化和回收的一种物理化学方法。

目前在水处理中广泛使用的是离子交换树脂。对含铬废水先调 pH 值，沉淀一部分 Cr^{3+} 后再进行处理。将废水通过 H 型阳离子交换树脂层，使废水中的阳离子交换成 H^+ 而变成相应的酸，然后再通过 OH 型阴离子交换成 OH^-，与余留下的 H^+ 结合生成水。吸附饱和后的离子交换树脂，用 NaOH 进行再生。其反应式为：

$$2ROH + CrO_4^{2-} \longrightarrow R_2CrO_4 + 2OH^-$$

$$2ROH + Cr_2O_7^{2-} \longrightarrow R_2Cr_2O_7 + 2OH^-$$

当树脂达到饱和失效时，可用一定浓度的氢氧化钠溶液（一般用 8%～12% 的 NaOH，用量为树脂体积的 2～3 倍）对树脂再生，使树脂恢复交换能力。反应式为：

$$R_2CrO_4 + 2NaOH \longrightarrow 2ROH + Na_2CrO_4$$

$$R_2Cr_2O_7 + 4NaOH \longrightarrow 2ROH + 2Na_2CrO_4 + H_2O$$

然后，可用阳离子交换树脂，去除水中 3 价铬、铁、铜等金属离子使废水回用生产。如使用铬酸回收利用，可使再生洗脱液 Na_2CrO_4，再经过一个 H 型阳离子交换柱脱钠，即得铬酸。反应式为：

$$4RH + 2Na_2CrO_4 \longrightarrow 4RNa + H_2Cr_2O_7 + H_2O$$

当 H 型树脂饱和失效时，可用一定浓度的 HCl（一般用 4%～6% 的 HCl，用量为树脂体积的 2～3 倍）对树脂再生，恢复交换能力。反应式为：

$$RNa + HCl \longrightarrow RH + NaCl$$

离子交换法的优点是处理效果好，废水可回用，并可回收铬酸。尤其适用于处理污染物浓度低、水量小、出水要求高的废水。缺点是工艺较为复杂，且使用的树脂不同，工艺也不同；一次投资较大，占地面积大，运行费用高，材料成本高，因此对于水量很大的工业废水，该法在经济上不适用。

③ 活性炭吸附法　吸附法是利用吸附剂对废水中铬的吸附从而达到降低铬含量的目的。活

性炭具有良好的吸附性能及稳定的化学性能。活性炭处理含铬废水既有吸附作用又有还原作用，当pH＝4～6.5时，废水中的Cr^{6+}易被活性炭直接吸附。在酸性条件下，pH＜3时，活性炭的碳原子能将Cr^{6+}还原为Cr^{3+}。同时在氧气充足供应时，活性炭吸附水溶液中的氧分子、氢离子、阴离子后产生过氧化氢，也能将Cr^{6+}还原为Cr^{3+}。Cr^{3+}难以被活性炭吸附，反应式为：

$$3C+2Cr_2O_7^{2-}+16H^+ \longrightarrow 3CO_2\uparrow+4Cr^{3+}+8H_2O$$

$$2Cr_2O_7^{2-}+16H^+ \longrightarrow 4Cr^{3+}+3O_2\uparrow+8H_2O$$

在pH较低的条件下，活性炭主要起还原作用，H^+浓度越高，还原能力越强，利用此原理，可用酸（如5%的H_2SO_4）对吸附Cr^{6+}饱和的活性炭进行再生，把活性炭吸附的Cr^{6+}解吸为Cr^{3+}回收。吸附剂由于其巨大的比表面积和表面能，能够吸附并固定住废水中的金属离子。吸附剂具有较强的对水量及水质变化的抗冲击能力，且吸附后可以再生，不易造成二次污染，来源广泛，价格便宜，因此具有较好的经济性。根据水质及污染物的具体情况，恰当合理的选择吸附剂，可以取得很好的净化效果。国内也有人采用吸附剂淀粉渣铁处理含铬废水，通过实验证明它具有良好的吸附性能。

(3) 生物法处理含铬废水 生物法是指利用生物物质对有害废物进行处理的一种方法。生物法是通过细菌的生长繁殖，将含铬废水中的Cr^{6+}还原为Cr^{3+}，此工艺的重要环节是保证功能菌的生长状态良好及调整适当的菌与废水的配比。生物除铬主要是利用微生物自身的新陈代谢活动来改变铬离子的价态，使高价态的铬离子还原为低价态的铬离子然后再通过生物自身的吸附、吸收和积累来除去废水中的Cr^{6+}。

国内外先后报道了用阴沟肠杆菌、铬酸盐还原菌、硫酸盐还原菌等对含铬废水的处理。生物化学法是在无氧情况下，通过氧化亚铁硫杆菌，将Cr^{6+}（其浓度可高达130mg/L）还原为Cr^{3+}，然后与硫化物相互作用，从而形成不溶性物质而除去；植物修复法可利用某些植物对废水中的Cr^{6+}进行吸附，达到去除的目的，如某些藻类、凤眼莲等植物，快速吸收废水中的铬、铅、汞等物质。一些科学工作者利用农业废弃物如锯末、花生壳等对废水中的铬进行处理，也取得了较好的效果。

微生物法处理含铬废水的优点是利用细菌在适宜的条件下，其生长过程中具有无限繁殖的特点，随着微生物数量的不断增加，重金属离子的去除也不断增加，反应饱和的现象不会出现。微生物处理法不需要太多的化学药品，除了微生物在生长过程中pH值需要调节时，加一些调节pH的药品外，不需要消耗别的药品。微生物法处理含铬废水的设备也比较简单，不需要特殊的防腐设施，反应过程中产生的污泥量少，装置中保持高浓度的微生物是能够去除废水中污染物质的前提。对含铬废水的处理办法多种多样，不仅限于以上方法。而在实际中，只有结合废水的特点，综合全面地来选择最有效的处理方法才能取到理想效果，促进含铬废水处理向清洁生产工艺、物质循环利用等综合防治方向发展。

5.1.4.3 含镉废水处理技术

含镉废水具有剧毒，而镉的化合物毒性更大。镉易在生物体内富集，如含镉废水未经严格处理，易引起生物体的慢性中毒，危害较大。其中毒性最大的为氯化镉，当质量浓度为0.001mg/L时，对鱼类和水生物就能产生致死作用。镉能严重抑制微生物的生长，浓度在0.1～1.0mg/L时，微生物死亡率可达50%左右。水中镉质量浓度为0.1mg/L时，就可抑制水体自净作用。我国《污水综合排放标准》（GB 8978—1996）明确规定镉是第一类污染物，最高允许排放质量浓度为0.1mg/L，不能稀释处理。因此，针对含镉废水的处理显得尤为重要。

镉因其对碱性物质和生物质的防腐蚀能力强，普遍用于钢、铁、铜、黄铜等金属的电镀。镉也可用于制造体积小和电容量大的镍镉电池。镉的化合物大量用于生产颜料和荧光粉。在这些工业生产过程中，都会或多或少地产生含镉废水。另外金属矿厂、冶炼厂是含镉废水的重要来源之一，排水中含有高浓度镉。镍镉电池的生产中主要涉及金属镉、氧化镍、氢氧化钾或氢氧化钠、铁等物质，废水主要成分为 Cd^{2+}、Ni^{2+}、Fe^{2+} 等离子，处理这类废水的方法有沉淀法、蒸发回收法、电解沉积法、萃取法、氨浸法等。在电镀工业中，镀镉大都采用氰法工艺，其产生的废水的主要成分为 $[Cd(CN)_4]^{2-}$、Cd^{2+} 和 CN^-。处理这种废水可以采用漂白粉氧化法。如能将电镀废水用电渗析法或反渗透法浓缩，则其可返回电镀槽循环使用，从而实现清洁生产。

(1) 化学法处理含镉废水

① 化学沉淀法　目前，沉淀法是处理含镉废水的一种主要方法，该法具有工艺简单、操作方便、经济实用的优点，在废水处理中应用广泛。常用的沉淀剂为石灰、硫化物、聚合硫酸铁、碳酸盐，以及由以上几种沉淀剂组成的混合沉淀剂。当向含镉废水中加入以上沉淀剂时，会生成 $Cd(OH)_2$，CdS，$CdCO_3$ 的沉淀物。聚合硫酸铁对镉主要起絮凝共沉作用。一般工业废水中污染物成分比较复杂，当加入沉淀剂后，有些离子会影响镉离子的沉淀，有的阴离子会与镉离子形成络合离子，令镉离子很难除去。废水的 pH 值对沉淀效果有很大影响，如废水中的镉、砷离子都要除去时，pH 的调节非常重要。沉淀法虽能除去废水中的大部分镉离子，但它却不能将镉回收利用，沉渣的堆放会造成二次污染，所以这个问题也有待进一步解决。

② 漂白粉氧化法　此法适用于处理氰法镀镉工厂中含氰、镉的废水，这种废水的主要成分是 $[Cd(CN)_4]^{2-}$，Cd^{2+} 和 CN^-，这些离子都有很大毒性，用漂白粉氧化法既可除去 Cd^{2+}，同时也可除去 CN^-。废水处理中的主要反应过程为：漂白粉首先水解生成的 $Cd(OH)_2$ 和 HOCl，OH^- 与 Cd^{2+} 生成 $Cd(OH)_2$ 沉淀，同时漂白粉水解生成的 HOCl 具有强氧化性，将 CN^- 氧化生成 CO_3^{2-} 和 N_2，促进 $[Cd(CN)_4]^{2-}$ 的离解，最后 CO_3^{2-} 与 Ca^{2+} 在碱性条件下生成 $CaCO_3$ 沉淀。

③ 铁氧体法　向含镉废水中投加硫酸亚铁，用氢氧化钠调节 pH 至 9～10 并加热，同时通入压缩空气进行氧化，即可形成铁氧体晶体并使镉等金属离子进入铁氧体晶格中，过滤便可分离出含镉铁氧体，水可排放或回用，也可利用铁氧体的强磁性特点，用高梯度磁分离技术使固液分离。有研究表明，铁氧体法去除废水中镉等多种金属离子是可行的。工艺条件为：硫酸亚铁投加含量为 150～200mg/L，pH 值为 9～10，反应温度 50～70℃，通入压缩空气氧化时间 20min 左右，澄清时间 30min，在此条件下镉的去除率可达 99.2%以上，出水镉含量小于 0.1mg/L。

(2) 物理法处理含镉废水　吸附剂处理含镉废水的机理不尽相同，但主要以物理吸附为主，但同时伴有化学吸附，有的吸附剂还具有絮凝作用。吸附法是利用多孔性的固体物质，使水中的一种或多种物质被吸附在固体表面而除去的方法。可用于处理含镉废水的吸附剂有：活性炭、风化煤、磺化煤、高炉矿渣、沸石、壳聚糖、羧甲基壳聚糖、硅藻土、改良纤维、活性氧化铝、蛋壳等。这些吸附剂处理含镉废水的机理不尽相同，有的物理吸附占主导，有的化学吸附占主导，有的吸附剂既起吸附作用，又起絮凝作用，从其对镉的去除率来看，均有良好效果。从经济上考虑，应尽量开发低廉而又高效的吸附剂，如风化煤、磺化煤、高炉矿渣、沸石、蛋壳等。吸附法处理含隔废水的控制条件比较多，如吸附剂的粒度、吸附剂的添加量、废水的成分、废水的含镉浓度、pH 值、吸附时间等，这些都会增加实际操作的难度。

(3) 物理化学法处理含镉废水 离子交换法：废水中的镉以 Cd^{2+} 形式存在时，用酸性阳离子交换树脂处理，饱和树脂用盐酸或硫酸钠的混合液再生。加入无机碱或硫化物到再生流出液中，生成镉化合物沉淀而回收镉。以各种络合阴离子形式存在的镉，选择阴离子交换树脂处理。治理含镉废水的其他离子交换材料有：腐殖酸树脂，螯合树脂。有研究表明，用不溶性淀粉黄原酸酯作离子交换剂，除隔率大于 99.8%。用这种方法处理含镉废水，净化程度高，可以回收镉，无二次污染，但成本较高。

(4) 生物法处理含镉废水 含镉废水的生物处理法的主要研究对象包括藻类、细菌及真菌，去除机理包括吸附、吸收、离子交换及沉淀、络合等。生物法处理含镉废水具有能耗少，效率高，无二次污染，处理费用低等优点，但其处理范围比较局限，一般对高浓度含镉废水不采用生物处理方法。

目前，生物处理方法的研究主要集中于生物强化技术，即通过驯化筛选分离出高效菌株并将其附着于生物载体上加以利用。尹平河、赵玲用几种大型海藻作吸附剂，对废水中的镉离子的吸附容量和吸附速度进行了研究，海藻的最大吸附容量（干重）在 0.8～1.6mmol/g 之间，吸附速度较快，在 10min 内，重金属从溶液中的去除率就可达 90%。徐惠娟等采用啤酒酵母吸附镉离子，其吸附过程受到 pH 值、离子浓度及菌体浓度的影响，在不使镉沉淀的条件下，提高 pH 值有利于吸附。许华夏等对微生物法固定重金属离子镉和铅进行了研究，结果表明，真菌比其他菌株对镉的固定能力强，且到达平衡的时间短。

5.1.4.4 含砷废水处理技术

砷污染是指由砷或其化合物所引起的环境污染。砷在地壳中主要以硫化物的形式存在，少量独立成矿，绝大部分与金属矿共生，在地壳中丰度（abundance of elements）达 5g/L。砷是一种对人体及其他生物体有毒有害的致癌物质。其毒性与它们的化学性质和价态有关。3 价砷的毒性比 5 价砷的高出约 60 倍，5 价砷在人体内会被还原转化成 3 价砷。另外，砷在人体内有明显的积蓄性，人体摄入较低量砷化物，经过 1～2 年，甚至十几年或几十年后，有可能会出现砷中毒病症。因此，含砷废水必须在达到排放标准之后才能排放。水体中的砷含量一直是人们非常关注的问题。不同地方的砷排放标准并不同。欧美和世界卫生组织对于水体中的砷含量严格限度在 0.01mg/L 以下，而美国甚至建议控制在 0.002mg/L 的范围。我国工业排水砷含量不能高于 0.5mg/L，城市污水处理厂出水砷含量不能高于 0.1mg/L。

(1) 化学沉淀法除砷技术 化学沉淀法主要有石灰乳中和沉淀法、聚硅酸金属盐混凝沉淀法、中和沉淀法、絮凝共沉淀法、硫化沉淀法、铁盐法等。

目前，美国环保署（EPA）认为铁锰除砷是最有效的除砷方法。除砷可以在具有混合池和反应池的传统处理构筑物中进行，或者通过粒状滤料除去。原有水处理系统如果已经具备除铁锰系统但砷含量超过修正 MCL 标准过多，可以采用此种策略。虽然砷可以通过与锰吸附共沉来去除，但铁对于砷的去除作用更加有效。砷去除率与水中初始铁含量和水中铁砷比相关。大多数情况下，水中铁含量保持在 1.5mg/L 或更高，并且铁砷比至少是 20：1，这时，砷去除率通常保持在 80%～95%。某些情况下，在除铁工艺的起始处加入一些铁盐混凝剂，这对于除砷工艺的优化是十分必要的。当 pH 在 5.5～8.5 范围内，通过与铁共沉的除砷效果与原水 pH 无关，但是超出这个范围除砷效果则会大大降低。因此，进水砷含量严重超标的系统可以通过调节 pH 值来增加砷去除率。

混凝法是目前在工业上和生活中使用最为广泛的一种除砷方法，它具有成本低廉、易于操作、除砷效率高等优点，能使处理后的含砷水达到排放标准。混凝法除砷的原理是利用具有强大吸附能力的混凝剂，利用吸附作用将砷吸附，转化为沉淀，再通过过滤等方式将砷与水分离。常见的混凝剂有铁盐、铝盐、比表面积大的粉煤灰等无机物以及一些高分子黏结剂。混凝剂通过将不同价态的砷以沉淀形式转化出来，达到除砷的目的。通过对国内外文献的研究，发现在混凝法除砷的过程中，5 价砷比 3 价砷更加容易形成稳定的化合物而沉淀，所以在使用混凝法除砷的过程中，若加入一定量的氧化剂使得 3 价砷转化成为 5 价砷再沉淀，除砷效果将会有很大的提高。

(2) 物理法除砷技术 吸附法除砷是利用吸附剂从废水中捕集砷，然后再用少量的酸、碱或盐溶液从含砷饱和的吸附剂中把砷洗脱出来，同时使吸附剂获得再生。近几年，更多的注意力集中在砷移除的吸附过程和各种各样的吸附材料，如生物材料、矿物氧化物、活性炭或聚合物树脂，各种吸附材料已经开始全球研发，吸附过程被认为是最有前途的技术之一。

(3) 生物法除砷技术 生物技术是比较环保的方法，相较于前两种，生物法产生的二次污染较小，因此近年来对生物技术研究较多。生物方法，主要是指在砷污染的土壤或水体中种植能吸收砷的植物，以达到吸收砷的目的。生物法可以利用某些植物或菌种对砷可以转化吸收蓄积进而除去水体或土壤中的砷。

生物技术无污染，成本低，较之化学法和物理法，是更好的一种除砷的方法，但是，这一技术发展并不成熟。因此，使用受到一定的限制。

5.1.4.5 含铅废水处理技术

铅常被用作原料应用于蓄电池、电镀、颜料、橡胶、农药、燃料等制造业。铅板制作工艺中排放的酸性废水（pH=3）中铅浓度最高，电镀废液产生的废水中铅的浓度也很高。铅是自然界分布很广的元素，也是工业中常使用的元素之一。铅和可溶性铅盐都有毒性，含铅废水对人体健康和动植物生长都有严重危害。如每日摄取铅量超过 0.3～1.0mg，就可在人体内积累，引起贫血、神经炎等。随着工业技术的迅速发展，工业废水中的重金属铅作为一类污染物，国家排放标准中明确规定含铅废水的排放标准为铅总含 1mg/L。

目前含铅废水的处理工艺，应用较多、较成熟可靠的技术有：离子交换法、物理化学沉淀法、吸附法、电解法以及以上工艺的组合。

(1) 离子交换法 离子交换法的原理是利用离子交换剂分离废水中有害物质的方法，常用的离子交换剂有离子交换树脂、沸石等。离子交换是靠交换剂自身所带的能自由移动的离子与被处理的溶液中的离子通过离子交换来实现的。推动离子交换的动力是离子间浓度差和交换剂上的功能基对离子的亲和能力。

在对炸药厂废水的处理研究中，使用强酸性阳离子交换树脂、在 pH 值为 5.0～5.2 时，用磷酸树脂对排放水进行离子交换处理，铅含量可降到 0.20～0.53mg/L；在对离子交换工艺及相应工艺条件运行及考察，含铅量 10mg/L 的废水经离子交换处理，排出水含铅量为 0.14～0.18mg/L，达到国家排放水质标准。利用由氯甲基化交联的聚苯乙烯氧化制得的带羧基的弱酸树脂强酸性阳离子交换树脂，在 pH=2.5、流速为 15m/h，可以处理 700 倍树脂体积的废液流，排放量可以达到 0.01mg/L 以下。

离子交换法除铅工艺的特点是：a. 除铅彻底，工业含铅废水可实现达标排放；b. 对环境污染危害小，污泥少；c. 处理能力大，效率高；d. 工艺成熟，适用性强；e. 离子交换树脂的使用寿命长达 5 年以上，可经再生反复使用。

(2) 物理化学沉淀法 化学沉淀法主要是选择合适的化学沉淀剂将铅离子转化为不溶性的铅盐与无机颗粒一起沉降。物理沉淀法主要是絮凝沉淀法，选择主要的絮凝剂使铅离子变成中性的微粒，在分子的作用下，加快沉降速度，实现固液分离。

① 化学沉淀法 化学沉淀法是目前使用较为普遍的方法。其又可以分为：a. 氢氧化物沉淀法；b. 硫化物沉淀法；c. 碳酸盐沉淀法，等等。所用沉淀剂有：石灰、烧碱、硫化盐、纯碱以及磷酸盐。其中氢氧化物沉淀法应用较多。重金属离子与 OH^- 能否生成难溶的氢氧化物沉淀，取决于溶液中重金属离子的浓度和 OH^- 的浓度。最有效的氢氧化铅沉淀发生在 pH 值为 9.2～9.5 时，在此 pH 值范围内处理的排水，铅含量为 0.01～0.03mg/L，在更高的 pH 值时会出现反溶现象，氢氧化物沉淀形成的效果急速下降，所以控制好 pH 值是本方法的关键。硫化物沉淀法是向溶液中投入硫化钠等沉淀剂，使废水中的 PbS 成 PbS 沉淀，PbS 溶解度很小，其溶度积为 3.48×10^{-28}，在热水中几乎不溶，每除去 1mg 铅离子理论上只需加入 0.1544mg 硫离子。磷酸盐沉淀法是以 Na_3PO_4 作沉淀剂，生成 $Pb_3(PO_4)_2$ 沉淀。其在水中的溶解度很小，有利于从废水中沉淀析出。

② 絮凝法 利用向废水中投加絮凝剂的方法，捕捉重金属，形成与废水中杂质粒子带相仿电荷的胶体，然后靠重力沉降予以分离，目前国内常用的絮凝剂有金属盐类和高分子聚合物两大类。前者主要有铝盐和铁盐，后者主要有聚丙烯酰胺等。

(3) 吸附法 吸附法也是一种常用的含铅废水处理工艺，根据作用机理的不同也可以分为物理吸附法和生物吸附法。

① 物理吸附法 物理吸附法是利用吸附剂特殊的物理化学性质，如较高的表面活性、较大的比表面积、特殊的微孔结构等。常用的吸附剂有改性膨润土、粉煤灰、沸石、陶土、活性炭等。这种处理工艺具有除铅效率高、成本适中、不造成二次污染的特点，因此具有良好的使用前景，特别是对一些吸附剂的改性之后处理效果更加可观。

② 生物吸附法 微生物对重金属具有很强的亲和吸附性能，通过物理化学作用将重金属吸附在胞外聚合物的结合点上，从而从水中去除，活的和死的微生物对重金属离子都有较强的吸附能力。这些微生物主要有藻类、真菌、细菌等。该法以其原材料来源丰富、成本低、吸附速度快、吸附量大、选择性好、无毒、无害、无二次污染等特点正受到越来越多的重视。

(4) 电解法 电解法的原理是重金属离子在阴极表面得到电子而被还原为金属。电解法处理废水一般无需加入很多化学药品，处理简单、占地面积小、管理方便、污泥量小，所以被称为清洁处理法。这种方法可直接得到纯金属，可以回收使用重金属。三维电极电解法的提出是电解法的革新，使得含铅废水通过电解法的深度进化成为可能。三维电极电解法通过增大电极表面积实现低电流密度下电解，减小了浓差极化，从而提高了电流效率。目前使用三维电极电解处理废水中的 Cu^{2+} 已经取得了较好的效果，并已应用于实践中。R-CWjdener 等人使用网状玻璃炭电极对酸性含铅废水进行了研究，在－0.8V（vs SCE）的电位下，使用 0.5moL/L 硼酸作缓冲溶液，得出最佳条件是阴极孔隙率 80ppi（单位英寸长度上的平均孔数），流速 240L/h。可使初始浓度为 50mg/L 的含铅废水降至 0.1mg/L，电流效率还可达到 14%。实现了含铅废水的深度净化。

5.1.4.6 含镍废水处理技术

镀镍工业会产生大量的含镍废水，镍及其化合物是我国的环境优先污染物，镍污染具有长期性、累积性、潜伏性和不可逆性等特点。其在水体环境中的累积，会对水体的水生植物、水生动物系统产生严重危害，并通过食物链的生物富集影响人类健康。严格控制环境中的镍含量，对于保证生态环境和人体健康的安全具有重大意义。

工业上化学镀镍时，为了保证镀液的稳定性，增长其使用寿命，提高镀层质量，需要往镀液中加入络合剂、稳定剂等，其中的络合剂能与镍形成稳定络合物，使水中有机络合成分增加，使镀液和废水的成分复杂，给镀镍废水的处理带来困难。另外，镀镍废水不但水质复杂，而且成分不易控制，若能选择适宜的处理方法，对废水中的镍进行回用，不仅回收镍资源，还能有效地解决重金属对环境的污染问题，达到双重功效。

目前电镀废水的常规处理方法主要有化学沉淀法、氧化还原法、离子交换法、电解法和反渗透法等。工业性质不同，采取的处理方法也不同，含镍废水处理方法应根据废水的水量、废水中含镍浓度选取，一般废水量小、镍浓度低的废水采用化学沉淀法处理；对于废水量较大、镍浓度高的废水应从清洁生产角度进行考虑，采用离子交换法和反渗透法处理，回收废水中的镍，处理后的废水返回生产装置循环使用。下面主要介绍如下几种方法。

(1) 化学沉淀法 化学沉淀法是通过调节溶液 pH 或加入化学药剂使镍离子形成沉淀，从而固液分离。一般的沉淀剂有石灰类沉淀剂、纯碱、硫化剂（如硫化钠、硫化氢、硫化钾等）或铁盐等。石灰类沉淀剂最为经济，并且反应快，生成的沉渣也易脱水，但是生成沉渣量大，处理后出水 pH 较高，还需要进一步处理。另外，废水中若存在氰类物质、卤素或有机物，则易与镍离子形成配合物，影响沉淀反应的进行。纯碱与镍离子反应可生成碱式盐，如 $NiCO_3$、$NiCO_3 \cdot Ni(OH)_2$ 等。金属离子的碳酸盐的溶度积很小，此法比较适合从高浓度的废水中回收重金属。但是这种方法价格昂贵、经济性差，沉渣量小，且不易脱水。由于溶解度低，硫化物沉淀相比于氢氧化物沉淀能更完全去除镍离子。但是硫化物沉淀法的应用有很多局限之处。此法生成的硫化物细小，难以沉降，常需要加入凝聚剂加强沉淀效果。同时，硫化物沉淀剂一般较昂贵且有毒性，S^{2-} 在酸性环境中还易产生 H_2S，污染大气，处理后的出水也需要二次处理。用碳酸钠或氢氧化钠溶液等将废水中的镍离子沉淀出来，反应方程式如下：

$$2NiSO_4 + Na_2CO_3 + 2H_2O \longrightarrow Ni(OH)_2 \cdot NiCO_3 + 2NaHSO_4$$

化学沉淀法工艺比较成熟，运行稳定，且操作费用较低。但其缺点是会产生大量废渣，需要妥善处理或综合利用，否则会造成二次污染。

(2) 离子交换法 在含镍废水处理过程中，离子交换法不仅能大范围的将镍离子分离，而且反应速度较快，除镍效果明显。该法在处理废水的同时能回收重金属离子，适合处理低浓度含镍废水，目前在国内得到了广泛应用。

离子交换法处理含镍废水的原理是，镍离子与离子交换剂上活性基团的反离子进行位置交换，当交换达到平衡时，用一定浓度的再生剂淋洗交换剂使其再生，投入下一轮循环。常用的离子交换剂有离子交换树脂、磺化煤、沸石、粉煤灰、大洋多金属结核矿或膨润土等。

例如，沸石是一种多孔的含铝酸盐矿物，其基本构成单元是硅氧四面体，硅氧四面体中的部分硅离子可被铝离子置换，置换后的铝氧四面体中会出现－1 价的负电荷，需要阳离子进行中和（如 K^+、Na^+ 或 Ca^{2+} 等），这些阳离子与硅铝酸盐的结合能力较弱，极易与水溶液中的其他金属离子进行离子交换，因此可作为一种离子交换剂。常用的作为离子交换剂的沸石有 Na 型或 H 型沸石，是将骨架中的阳离子转化为 Na 或 H 制成的。以 Na 型沸石为例，只要沸石对溶液中的金属离子的选择性大于 Na^{+}，即可使金属离子与 Na 发生交换，去除该金属离子。

离子交换法存在的主要问题是离子交换剂的再生问题。离子交换剂吸附饱和后必须再生后才能继续使用；另外该法设备复杂，运行操作技术要求高，再加上再生剂的持续使用，运行成本也较高。

(3) 膜分离法 膜分离是利用膜对混合物中各组分的选择性渗透作用的差异，以外界能量或化学位差为推动力对不同组分混合的气体或液体进行分离、分级、提纯和富集的方法。膜技术可分为纳滤（NF）、微滤（MF）、超滤（UF）、电渗析（ED）、反渗透（RO）、双极膜（BPM）和渗透蒸发（PV）等。膜分离过程是一种无相变、低能耗的物理分离过程，具有高效、节能、无污染、易控制等优点。根据分离物质的大小，膜分离技术可分为微滤、超滤、纳滤和反渗透。微滤普遍用于电镀液的预过滤，超滤被广泛用于电泳漆的回收，纳滤、反渗透已被用于化学处理的后处理或工艺纯水的制备。

反渗透是把溶解在水中的物质与水分离，是净化废水和富集溶解金属的一种方法。在反渗透过程中，废水在一定的机械压力下通过一种特定的离子树脂半透膜，常用醋酸纤维素膜（CA），该膜只允许水分子通过（或选择透过性）阻滞溶解金属和杂质通过，并可循环使用，而被阻滞的金属化合物也可以直接回用。反渗透其溶液流动平行于半透膜，溶剂（即水）能渗透过去呈去离子水，而滞留在膜表面上的杂质很快冲刷流走，不会积聚在表面上，故能使膜保持良好的渗透性，不需要像过滤那样频繁地更换过滤膜。而且用反渗透装置处理的淡水，可继续作镀件清洗用而不会影响镀件的质量。

(4) 生物法 采用生物法处理重金属废水主要依靠三方面：一是微生物在新陈代谢过程中产生酶蛋白等生理物质改变重金属价态，降低甚至消除其毒性；二是微生物细胞壁本身的官能团以及分泌的糖蛋白等胞外聚合物，能够与重金属发生静电吸附、络合等反应，将重金属离子固定在细胞表面；三是微生物体内的金属运输载体将重金属从微生物表面运输到细胞内，使重金属在细胞体内积累富集。目前生物法处理重金属废水的研究方向倾向于特殊功能菌的筛选和培育。

何宝燕的重金属生物吸附研究表明，采用 10g/L 的酵母融合菌处理 20mg/L 镍的含镍废水，在 pH 为 3～9 的条件下，镍的去除率均在 75%以上。然后投加一定量的活性污泥，可以为酵母融合菌提供一个很好的吸附环境，并且菌种也随污泥沉降，处理后静置 5min，出水澄清。

生物法可谓是最彻底的废水处理方法，且具有处理费用低，运行过程中操作简单，无二次污染，综合处理能力强等诸多优点。但是菌液因与重金属反应效率不高，在实际操作过程中需要菌液量极大，并且重金属吸附菌的培养繁殖条件高、速度也慢，投资成本高。另外，生物法处理的重金属废水虽然出水金属含量能达标，但是水内还会残留一些微生物和浮游生物，只能冲厕或培养菌种等，限制了废水的回用。

5.1.4.7 综合重金属废水处理技术

目前，世界各国重金属废水处理方法主要有三类。第一类是废水中重金属离子通过发生化学反应除去的方法，包括中和沉淀法、硫化物沉淀法、铁氧体共沉淀法、化学还原法、电化学还原法和高分子、重金属捕集剂法等；第二类是使废水中的重金属在不改变其化学形态的条件下进行吸附、浓缩、分离的方法，包括吸附、溶剂萃取、蒸发和凝固法、离子交换和膜分离等；第三类是借助微生物或植物的絮凝、吸收、积累、富集等作用去除废水中重金属的方法，其中包括生物絮凝、生物化学法和植物生态修复等。

(1) 吸附法 吸附法是利用吸附剂活性表面对重金属离子的吸引来去除废水中的重金属离子的一种方法。吸附剂种类很多，常用的有活性炭，活性炭可以同时吸附多种重金属离子。吸附容量大，但活性炭价格贵、使用寿命短、需再生、操作费用高。因此，近年来，国内外许多学者把注意力转向寻找可替代的吸附材料，例如玉米棒子芯、白杨木材锯屑等自然资源作为天然吸附材料（如白杨木材锯屑或橄榄叶研磨渣）可以吸附电镀废水中的汞、铅、铜、锌和镉。

(2) 重金属捕集剂 重金属捕集剂可采用二烃基二硫代磷酸的铵盐、钾盐或钠盐、活性基团（给电子基团）为二硫代磷酸。因活性基团中的硫原子电负性小、半径较大、易失去电子并易极化变形产生负电场，故能捕捉阳离子并趋向成键，生成难溶于水的二烃基二硫代磷酸盐。当捕集剂与某一金属离子结合时，均通过其结构中的两个硫与烃基及磷酸根和金属离子形成多个环。故形成的化合物为螯合物，并具有高稳定性。

(3) 离子交换法 离子交换法也是一种通过对固体物质上对重金属进行离子交换，从而将废水中有害物质进行去除的方法。采用大孔型阴离子交换树脂对电镀废水中铬的氧化物进行处理，其处理后的废水能够进行循环使用；采用氢型强碱性大孔阴离子树脂对含汞废水中的2价汞进行离子交换后，经过中和处理后能够满足排放标准。该方法去除率较高，但受交换剂品种、性能、成本等因素影响，同时对进入离子交换前的预处理有较高的要求。结合实际运行过程中，该方法常作为工艺处理中一道不可或缺的处理方法。

(4) 反渗透法和电渗析法 这是一种膜渗透分离重金属的方法。反渗透法和电渗析法在重金属废水处理中均有大规模的应用，其截留的机理主要是筛分机制和静电排斥，重金属离子的截留效果与重金属离子的价态有着密不可分的关系。黄万抚等对位于福建沿海山区的紫金山矿场废水进行处理，在经过简单的预处理后，对其进行反渗透处理。经过处理后的净化水中的2价铜离子浓度均小于0.5mg/L，从而使其废水得以净化，处理效果较明显。

(5) 化学沉淀法 化学沉淀法是重金属废水处理方式中最常用的方法。其主要有中和沉淀法、硫化物沉淀法、铁氧体沉淀法、钡盐沉淀法、氧化还原法、气浮法及电解法等。

① 中和沉淀法是通过投加中和型的药剂，使其废水中的重金属离子与之结合后能够形成氢氧化物或碳酸盐类物质，该类物质溶解度均较小，有利于重金属物质的沉降。该方法形成的沉渣量较大，容易造成二次污染，因而限制了其广泛应用。

② 硫化物沉淀法是通过在重金属废水中投加硫化钠、硫化氢等硫化剂等物质，使其重金属与硫结合后形成硫化物沉淀析出。该方法由于其硫化剂有毒，价格高，处理不当时容易造成二次污染，处理效果与投加药剂的剂量及运行控制均有关系；同样道理，铁氧体沉淀法、钡盐沉淀法等方法也是通过与重金属形成的铁氧体晶体、钡类沉淀物等方式，对其重金属进行化学沉降的方法来去除重金属。

③ 气浮法则是通过先将废水中的重金属离子析出，在表面活性物质的作用下，使重金属析出物疏水，通过黏附到上升的气泡表面，从而得以去除。通常有吸附胶体、沉淀气浮、泡沫气浮、离子气浮等方法。气浮法虽对重金属去除有独特的作用，但是在浮渣和净化水回用方面仍不能妥善得以解决。

④ 氧化还原法是在废水处理过程中通过加入还原剂，将重金属价态进行还原，然后进行沉淀的方式。如：废水中含有 Cr^{6+}，在酸性条件下加入还原剂，沉淀反应前将 Cr^{6+}

还原为 Cr^{3+}，然后再进行沉淀。该方法产生的化学污泥量小，效果较好，但是处理成本较高。

⑤ 电解法是利用电化学的原理来进行处理废水，重金属离子在阴极表面得到电子而被还原为金属。通常该方法不需要加入很多的药剂，占地面积小，同时可以得到纯金属。王健康等在使用电解法对含铅废水处理时，得出在 Pb^{2+} 在 100mg/L 时再生效果好，常作为电解的终点。

⑥ 市面上出现的金属捕捉剂通过与重金属离子进行结合后，生成稳定且难溶于水的金属螯合物。

(6) 生物法 生物法是借助微生物或植物的絮凝、吸收、积累和富集等作用去除废水中重金属的方法。由于物理化学法和化学法对药剂、设备等种种要求，指标容易波动、运行成本较高等原因，而生物法在重金属去除方面又有相当强的富集和吸附能力，越来越成为未来研究和发展的方向。

微生物与重金属的作用主要包括生物体对金属的自然吸附、代谢产物对金属的沉淀作用、生物体内的蛋白与金属的结合以及重金属在生物体内酶的作用下的转化，从而对废水中的重金属进行有效去除。这些微生物以藻类、真菌、细菌等为代表，来源丰富，成本较低、吸附速度较快，同时无毒无害、无二次污染。

生物法主要包括生物吸附法、生物沉淀法以及固定化生物法，以微生物与重金属结合的方式来去除废水中的重金属。生物吸附法是通过微生物吸附金属，金属离子与其发生配位、螯合、离子交换、物理吸附及沉淀等作用，然后将金属运送至细胞内；生物沉淀法是利用微生物新陈代谢产物使重金属离子进行沉淀固定的方法。当前发展较快的是硫酸盐还原菌在厌氧条件下产生的硫化氢和废水中的重金属进行反应生成硫化物沉淀，其重金属的去除率较高；固定化生物法处理废水具有生物量高、处理效率高、占地面积小等优点。

5.1.4.8 酸碱废水处理技术

酸碱废水是废水处理时最常见的一种。酸性废水主要来自钢铁厂、化工厂、染料厂、电镀厂和矿山等，废水处理要重点治理含有各种有害物质或重金属盐类。废水处理中酸的质量分数差别很大，低的小于 1%，高的大于 10%。碱性废水主要来自印染厂、皮革厂、造纸厂、炼油厂等。废水处理时，会遇到含有机碱或含无机碱。碱的质量分数有的高于 5%，有的低于 1%。酸碱废水中，除含有酸碱外，常含有酸式盐、碱式盐以及其他无机物和有机物。

含酸含碱废水来源很广，化工、化纤、制酸、电镀、炼油以及金属加工厂酸洗车间等都会排出酸性废水。有的废水含有无机酸，如硫酸、盐酸等，有的则含有蚁酸、醋酸等有机酸，有的则兼而有之。造纸、印染、制革、金属加工等生产过程会排出碱性废水，大多数情况下是无机碱，也有些废水含有有机碱。某些废水的含碱浓度很高，最高可达百分之几。废水中除含有酸、碱外还可能含有酸式盐和碱式盐以及其他的酸性或碱性的无机物和有机物等物质。将含有酸碱的废水随意排放不仅会对环境造成污染和破坏，而且也是一种资源的浪费。因此，对酸、碱废水首先考虑回收和综合利用。

当酸、碱废水浓度较高时，例如：含酸废水含酸量达到 4%以上、含碱废水含碱量达到 2%以上时就存在回收和综合利用的可能性，可以用以制造硫酸亚铁、石膏、化肥，也可以回用或供其他工厂使用。浓度低于 4%的酸性废水和浓度低于 2%的碱性废水因为回收利用的意义不大才考虑进行中和处理。其中含有各种有害物质或重金属盐类。酸的质量分数差别很大，低的小于1%高的大于10%。

碱性废水主要来自印染厂、皮革厂、造纸厂、炼油厂等。其中含有机碱或含无机碱。碱的质量分数有的高于5%有的低于1%。酸碱废水中除含有酸碱外常含有酸式盐、碱式盐以及其他无机物和有机物。酸碱废水具有较强的腐蚀性需经适当治理方可外排。

酸碱废水具有较强的腐蚀性，如不加治理直接排出，会腐蚀管渠和构筑物；排入水体，会改变水体的pH值，干扰并影响水生生物的生长和渔业生产；排入农田，会改变土壤的性质，使土壤酸化或盐碱化，危害农作物；酸碱原料流失也是浪费。所以酸碱废水应尽量回收利用，或经过处理，使废水的pH值处在6～9之间，才能排入水体。

酸碱废水处理的一般原则如下。

① 高浓度酸碱废水，应优先考虑回收利用的废水处理法，根据水质、水量和不同工艺要求，进行厂区或地区性调度，尽量重复使用；如重复使用有困难，或浓度偏低，水量较大，可采用浓缩的废水处理法回收酸碱。

② 低浓度的酸碱废水，如酸洗槽的清洗水，碱洗槽的漂洗水，应进行中和废水处理。对于中和处理，应首先考虑“以废治废”的废水处理原则。如酸、碱废水相互中和或利用废碱（渣）中和酸性废水，利用废酸中和碱性废水。在没有这些条件时，可采用中和剂进行废水处理。对于高浓度含酸（一般在10%以上）、含碱（一般在5%以上）废水，首先应根据水质、水量和不同工艺要求，进行厂区或地区性调度，尽量重复使用；如重复使用有困难，或浓度较低，水量较大，可采用浓缩的方法回收酸碱。

③ 目前含酸废水回收利用的方法主要有：浸没燃烧高温结晶法、真空浓缩冷冻结晶法和自然结晶法。浸没燃烧高温结晶法的基本过程是：将煤气燃烧所产生的高温气体直接喷入待蒸发的废液，去除废液中的水分，浓缩并回收酸类物质。这种浓缩方法适用于处理大量废水，其优点是热效率高，回收的再生酸浓度较高（可达42.6%）；缺点是酸雾大，防腐蚀要求较高，并须有可燃气体来源。真空浓缩和自然结晶法的基本过程是：利用真空减压法降低含酸废水的沸点，以蒸发水分，浓缩并回收酸类物质。这种浓缩方法的优点是自动化程度较高，酸雾问题易于解决；缺点是回收的再生酸浓度较低（仅为18%～20%）；需用耐酸防腐蚀材料较多，设备投资较大。自然结晶法主要是利用含酸废水制取硫酸亚铁、硫酸铵等化工原料和化学肥料。此外，还可用渗析法、离子交换法回收酸、碱物质。在水处理工艺中，也可将酸性废水用于给水软化的磺化煤再生和用于水质稳定等。

5.1.4.9 印染废水处理技术

(1) 印染废水来源 根据棉及其混纺织物印染加工工艺可知印染工业废来源有退浆废水、煮练废水、漂白废水、丝光废水、染色废水、印花废水和整理废水。印染业主要污染源包括以下几个方面。

① 在精炼及染色中所用的酸、碱会导致废水的pH偏向极端。

② 由于精炼及染色工序均在高温下进行，因而产生高温的废水。

③ 废水的高悬浮物主要来源于退浆及精炼工序所产生的毛碎、纤维及杂质。

④ 在退浆中所产生的淀粉、胶蜡，使废水中的BOD值提高，常用的乙酸等酸化剂也会提高BOD值。

⑤ 废水中COD主要来自聚乙烯（PVA）等化学浆料、各种染料及颜料。

退浆及染色（印花）工序作为印染废水的两大污染源在整个印染工艺流程所产生的废水中占非常高的比重。

(2) **常用的印染废水处理方法** 常用的印染废水处理方法有3类：物理法、化学法和生物法。物理法主要有格栅与筛网、调节、沉淀、气浮、过滤、分离、膜技术等。化学法有中和、混凝、电解、氧化、吸附、消毒等。生物法有厌氧生物法、兼氧生物法、好氧生物法。

① 吸附法 目前，印染废水中主要采用活性炭吸附法，这种方法是将活性炭的粉末或颗粒与废水混合，或让废水通过由颗粒状物组成的滤床，使废水中的污染物质被吸附在多孔物质表面或被过滤除去。对水溶性有机物去除非常有效，但不能去除水中的胶体和疏水性染料。用作吸附剂的活性炭有粉状、轻质粒状、颗粒状等。轻质粒状活性炭强度差，液体通过时易粉碎，粉状活性炭不易回收，一般采用粒状活性炭。国内也用活性硅藻土和煤渣处理传统印染工艺废水，费用较低，脱色效果好，但产泥渣量大，且进一步处理难度大。

研究表明，以活性炭的筛余炭作基炭，用碳酸铵溶液浸泡，烘干后再用水蒸气活化，可提高活性炭的吸附容量和使用寿命。

② 泡沫分离法 印染废水中含有大量洗涤剂，属表面活性物质，许多亲水性染料带有活性基团，也属于表面活性物质。生物处理法通常对表面活性物质难以降解，它们的存在对氧转移、微生物对有机物的吸附降解都有严重的影响；对混凝剂有分散作用，因而将会增加混凝剂用量；引起大量泡沫，增加运转管理上的困难。因此，印染废水处理前，最好预先去除废水中所含的表面活性物质。泡沫分离有良好的去除效果，设备简单，管理方便，成本低。

③ 膜分离法 膜分离技术作为一种高效分离技术被广泛应用于废水处理与回用。膜技术被应用在染料废水的处理中，超滤处理洗毛废水，用PVA回收退浆废水，以及含纤维油剂废水的处理和回用。而纳滤膜分离技术以其独特的分离特性，在印染废水处理领域得到了深入的研究与广泛应用。目前在印染废水处理领域中使用的纳滤膜均采用加压过滤方式，通常在1.0MPa以上的操作压力下运行，不仅能耗高还膜污染严重，且对原水处理要求较高，在一定程度上制约了纳滤膜技术的推广，因此改加压式过滤工艺为浸没式过滤工艺可以提高其效率并节能。具有能耗低、膜污染轻和预处理要求低等特点。

④ 中和法 印染废水的pH往往很高，除通过调节池均化其本身的酸、碱度不均匀性外，一般还需要设置中和池，以使废水的pH满足后续处理工艺要求。中和法的基本原理是使酸性废水中的H^+外加的OH^-，或使碱性废水中的OH^-与外加的H^+相互作用生成水和盐，从而调节废水的酸碱度。在印染废水处理中，中和法一般用于调节废水的pH，并不能去除废水中的其他污染物质。对含有硫化染料的碱性废水，投加中和会释放H_2S有毒气体，因此中和法一般不单独使用，往往与其他处理法配合使用。对于生物处理法，pH应调到9.5以下。

⑤ 混凝沉淀（气浮）法 在废水中投加铝、铁盐等絮凝剂，使其形成高电荷的羟基化合物，它们对水中憎水性染料分子如硫化染料、还原染料、分散染料的混凝效果较好。混凝过程中明显的吸附架桥作用不会改变染料分子的结构。混凝沉淀和混凝气浮法，所采用的混凝剂多半以铝盐或铁盐为主，PAC吸附架桥性能最好，而PFS价格较低。混凝法对疏水性染料效果好，但对亲水性染料效果差。

⑥ 氧化脱色法 常用的氧化脱色方法：氯氧化脱色法、臭氧氧化脱色法、Fenton试剂氧化法、光催化脱色法。

a. 氯氧化脱色法 用氯或其化合物作为氧化剂，氧化存在于废水中的显色有机物，破坏其结构，达到脱色的目的。常用的氯氧化剂有液氯、漂白粉、次氯酸钠等。

b. 臭氧氧化脱色法　利用臭氧本身具有的氧化性，使染料分子的显色基团中的不饱和键被氧化分解，使其失去显色能力。臭氧是良好的氧化脱色剂，在反应过程中不产生污泥且无二次污染，但处理成本高，且 COD 去除率低，因此常与其他方法结合。

c. 光催化脱色法　当光催化剂吸收的光能高于其禁带宽度的能量时，就会激发产生自由电子和空穴，空穴与水、电子与溶解氧反应生成·OH 和氧负离子。由于·OH 和氧负离子都具有强氧化性，因而促进了有机物的降解。光催化剂是光催化脱色法的重点，理想的光催化剂是 TiO_2。由于传统的粉末型 TiO_2 光催化剂，存在分离困难和不适合流动体系等缺点，难以在实际中应用。近年来，TiO_2光催化剂的掺杂化，改性化成为研究的热点。

d. Fenton 试剂氧化法　采用 Fenton 法催化氧化处理染料废水，Fe^{2+} 在 pH 为 4～5 时催化 H_2O_2 生成·OH 使染料氧化脱色。Fenton 试剂之所以有非常强的氧化能力，是因为·OH具有很强的氧化性。经过改进的 UV-Fenton 法比传统的 Fenton 试剂氧化法效果更佳。

近年来，臭氧氧化法在国外应用比较多。该法脱色效果好，但耗电多，大规模推广有一定困难。氯氧化法也应用较多，利用氯及其含氧化合物等氧化剂将染料的发色基团氧化破坏而脱色有较好的效果。采用臭氧和过氧化氢组合法处理染料废水时，过氧化氢能诱发臭氧产生羟基自由基，它的氧化能力强且无选择性，通过羟基取代反应转化芳烃环上的发色基团，发生开环裂解使燃料脱色。采用铁屑过氧化氢氧化法处理印染废水，在 pH 为 1～2 时铁氧化生成新态 Fe^{2+}，其水解产物有较强的絮凝作用，可脱除硝基酚类，蒽醌类染料废水色度。光氧化法处理印染废水脱色效率较高，但投资大，耗电量高。

⑦ 电解处理法　利用电解过程中的化学反应，使废水中的有害杂质而被取出的方法称为废水电解处理法。电解法对处理含酸性染料废水效果较好，但对颜色深、COD 高的废水处理效果差。电解法一般还同时伴随着气浮或混凝沉淀作用，所以处理效果较好，但是也存在电解过程中所加的电解质会造成其他杂质超标现象。

微电解法又称内电解法，将铸铁屑作为滤料，是染料废水浸没或通过，利用铁和铁碳与溶液的电位差，产生电极效应。电极反应产生新生态的 H 有较高的化学性能，能与染料废水中的多种组分发生氧化还原反应，破坏染料的发色结构。微电池中阳极产生新生态二价铁离子。其水解产物有较强的吸附能力。

微电解法是通过化学腐蚀原理对印染废水进行处理，利用铁-炭构成原电池产生的电场作用、在酸性充氧条件下产生的过氧化氢的氧化作用、铁和新生 H 的还原作用，氧化还原废水中的有机物，从而实现大分子有机物的开环、断链。同时生成的二价铁离子以及它们的水合物具有较强的吸附和絮凝活性，特别是在有氧的条件下加入碱后会生成氢氧化亚铁和氢氧化铁胶体，可以有效地吸附、凝聚水中的污染物。但由于内电解法的电场强度较弱，其电位差相对较小，内电解反应速率也不够理想，相比之下，电化学氧化法利用通电过程重点及氧化溶液中的基团或离子产生强氧化剂，如羟基自由基、臭氧和过氧化氢等。将印染废水中的有机物彻底氧化分解为二氧化碳和水，相较于内电解更为彻底。对 COD 和废水色度去除率较好，可作为高浓度印染废水的预处理工艺。

⑧ 印染废水的生物处理方法　生物处理技术可分为好氧处理技术、厌氧处理技术和厌氧-好氧处理技术。国内对印染废水以生物处理为主，占 80%以上，尤以好氧生物处理法占绝大多数。其中表面加速曝气和接触氧化法占多数。

好氧处理技术又可分为：传统活性污泥法、SBR 法、生物接触氧化法、MBR 工艺等。

a. 传统活性污泥法　相对较低、处理效果较好等优点。但随着 PVA 等化学浆料和表面活性剂的应用日趋广泛，污染物的可生物降解性降低。因此好氧生物处理技术常与其他方法连用。贾宏斌整合了 HCR 法与生物活性炭法。在进水 COD 为 1800mg/L 和色度为 500 倍的情况下，COD 去除率和脱色率分别为 94.4%和 99.0%。

b. SBR 法　SBR 工艺具有时间上的推流作用和空间上的完全混合两个优点，使其成为处理难降解有机物极具潜力的工艺。彭若梦采用 SBR 工艺处理印染废水，在进水 COD 在 800mg/L，pH 在 8.0 左右的情况下，COD 的去除率在 50%～90%。

c. 生物接触氧化法　因其具有容积负荷小、占地少、污泥少、不产生丝状菌膨胀、无需污泥回流、管理方便、可降解特殊有机物的专性微生物等特点，近年来在印染工业废水中广泛采用。当容积负荷为 0.6～0.7kg/(kg·d) 时，BOD 去除率大于 90%，COD 去除率为 60%～80%。

d. MBR 工艺　在 MBR 工艺中，膜分离组件可以提高某些专性菌的浓度活性，还可以截留大分子难降解物质；还可以在处理废水的同时回收化工原料；处理后排除的部分水能达到回用水的标准。同帜等设计的厌氧-好氧（A/O）MBR 处理印染废水时发现，停留时间长短，对去除率有较大影响。停留时间长，去除率相对较高，但也不能过长，否则会引起污泥浓度（MLSS）的降低。

e. 厌氧处理技术　对浓度较高、可生化性较差的印染废水，采用厌氧处理方法能大幅度地提高有机物的去除率。厌氧处理技术因能耗低、剩余污泥少、可回收沼气而受到人们青睐。沈东升等采用小规模的复合式厌氧反应器常温处理低浓度真丝废水，在进水 COD 为 300mg/L、色度为 400 倍、HRT 分别在 10.8h 和 5.5h 的条件下，出水 COD 分别低于 100mg/L 和 150mg/L，出水色度分别低于 50 倍和 80 倍。分别达到国家规定的一级、二级污水排放标准。

由于厌氧-好氧生物处理技术充分利用了厌氧和好氧生物处理技术的优点，已成为国内外研究的热点。Kapda 和 Alprslan 采用厌氧滤池和活性污泥池联合系统，考察了不同 HRT（12～72h）和不同进水 COD 浓度（800～3000mg/L）下对印染废水 COD 和色度的去除效果。结果表明，当 HRT 为 48h 时，COD 的去除率和脱色率分别达到 90%和 85%。

⑨ 印染废水新型生物处理技术　废水新型生物处理技术是新近发展起来的一种新的环境生物技术。印染废水新型生物处理技术有生物强化技术和固定化微生物技术。

a. 生物强化技术　指针对目标污染物，在传统生物处理系统中投加具有特定功能菌的生物处理技术。功能菌可以是自然界特定的复合菌群，也可以是基因工程菌。具有代表性的就是白腐真菌，白腐真菌对染料具有广谱的脱色和降解能力，这是由于其在次生代谢阶段产生的木质素通过氧化酶和锰过氧化酶所致。培养条件对白腐真菌脱色及降解活性有较大影响。

b. 微生物固化技术　微生物固化技术将微生物固定在载体上以获得高密度高活性细胞技术。与悬浮生物处理技术相比，固定化微生物技术具有效率高、运行稳定、可纯化和保持高效优势菌种，反应器生物量大、污泥产量少以及固液分离效果好等一系列优点。Chen 等以 PVA 凝胶小球固定高效菌，降解偶氮染料，在摇瓶培养试验中，12h 内对偶氮染料（500mg/L）的脱色率达 75%。

5.1.4.10　含磷废水处理技术

(1) 含磷废水的来源　排放到湖泊中的磷大多来源于生活污水、工厂和畜牧业废水、山林耕地肥料流失以及降雨降雪之中。与前几项相比，降雨和降雪中的磷含量较低。有调查表明，降雨中磷浓度平均值低于0.04mg/L，降雪中低于0.02mg/L。以生活污水为例，每人每天磷排放量大约为1.4～3.2g，各种洗涤剂的贡献约占其中的70%。此外，炊事与洗漱水以及在粪尿中磷也有相当的含量。工厂磷排放主要来源于肥料、医药、金属表面处理、纤维以及发酵和食品工业。在水域的磷流入量中，生活污水占43.4%为最大，工厂和畜牧业废水20.5%，肥料流失29.4%，降雪降水6.7%。

① 工业废水

a. 化工行业：如造纸业、磷肥工业等。磷肥厂排放的废水为酸性废水，特征污染物为氟化物和总磷，对水体危害较大。

b. 生化制药：如江苏某药业有限公司是一家生物制药企业，公司主要产品为三磷酸腺苷、环磷酸腺苷，是核苷酸制药工业的重要原料和中间体。生产中树脂吸附和脱附等工段产生废水中含有大量的有机磷和无机磷，导致综合废水中TP、COD_{Cr}浓度较高。

c. 金属表面处理：洗衣机箱体外壳是由冷轧式镀锌铁皮喷塑而成，喷塑前必须经过前处理；电冰箱公司高速双排平板喷涂线上冷轧钢板喷塑前也必须经过前处理。前处理的主要工序为脱脂、磷化，所用脱脂剂主要成分为苏打、表面活性剂等，洗衣机公司磷化液主要成分为磷酸二氢锌，电冰箱公司磷化液主要成分为磷酸二氢钠，因此前处理工段排放废水含有油污、Zn^{2+}、磷酸盐等有毒有害物质，特别是磷酸盐含量高。

② 生活污水　生活污水常含有大量的磷，排入水体会造成藻类过度繁殖，导致水体富营养化，使水质恶化。生活污水中，80%的磷来自人体排泄，其余的来自于洗涤废水和食物废渣。其中含磷洗衣粉是生活含磷污水的主要来源。

(2) 废水中磷的形态　废水中的磷以正磷酸盐、聚磷酸盐和有机磷的形式存在，由于废水来源不同，总磷及各种形式的磷含量差别较大。典型的生活污水中总磷含量（以磷计）在3～15mg/L；在新鲜的原生活污水中，磷酸盐的分配大致如下：正磷酸盐（以磷计）5mg/L，三聚磷酸盐（以磷计）3mg/L，焦磷酸盐（以磷计）1mg/L以及有机磷（以磷计）<1mg/L。聚磷酸盐在酸性条件下可以水解为正磷酸盐，大多数生活污水的pH范围在6.5～8.0，温度在10～20℃，在此条件下水解过程非常缓慢；然而，在污水中细菌生物酶的作用下，可以大大加快水解转化过程，生活污水中的不少缩聚磷酸盐在污水到达处理厂之前已经转变为正磷酸盐。此外，在污水生化处理过程中，所有的聚磷酸盐都被转化为正磷酸盐，没有聚磷酸盐能残存下来。同时，在细菌的作用下，污水中的有机磷也部分转化为正磷酸盐。

由于上述原因，在废水除磷过程中主要关注正磷酸盐。受磷酸的电离平衡制约，正磷酸盐在水体中电离，同时生成H_3PO_4、$H_2PO_4^-$、HPO_4^{2-}和PO_4^{3-}。各个含磷基团的浓度分布随pH值而异，在pH值6～9的典型生活污水中，主要存在形式为磷酸氢根和磷酸二氢根。

(3) 含磷废水的处理

1）化学法处理含磷污水　化学沉淀法是利用多种阳离子与废水中的磷酸根结合生成沉淀物质，从而使磷有效地从废水中分离出来；电渗析除磷是膜分离技术的一种，它只是浓缩磷的一种方法，它自身无法从根本上除去磷；生物法现在多用于城市污水处理厂磷含量低的情况。与其他方法相比，化学沉淀法具有操作弹性大、除磷效率高、操作简单等特点。

① 钙法除磷　钙法除磷在沉淀法除磷中，化学沉析剂主要有铝离子、铁离子和钙离子，其中石灰和磷酸根生成的羟基磷灰石的平衡常数最大，除磷效果最好。投加石灰于含磷废水

中，钙离子与磷酸根反应生成沉淀，反应如下。

$$5Ca^{2+} + 7OH^{-} + 3H_2PO_4^{-} \longrightarrow Ca_5(OH)(PO_4)_3 \downarrow + 6H_2O \quad ①$$

$$副反应:Ca^{2+} + CO_3^{2-} \longrightarrow CaCO_3 \downarrow \quad ②$$

反应式①的平衡常数 $K_{sp}=10^{-55.9}$。由上述反应可知除磷效率取决于阴离子的相对浓度和 pH 值，由式①可知磷酸盐在碱性条件下与钙离子反应生成羟基磷酸钙，随着 pH 值增加反应趋于完全，当 pH 值大于 10 时除磷效果更好，可确保达到出水中磷酸盐的质量浓度<0.5mg/L的标准。反应式②即钙离子与废水中的碳酸根反应生成碳酸钙，它对于钙法除磷非常重要，不仅影响钙的投量，同时生成的碳酸钙可作为增重剂，有助于凝聚而使污水澄清。

上述工艺中第一级反应及沉淀主要是除锌，控制 pH＝8.5～9.0，投加聚合氯化铝，第二级反应及沉淀主要是钙法除磷，控制 pH＝11～11.5，出水经中和后排放或回用，出水水质达一级标准。

钙法除磷关键技术是利用氯化钙或石灰作为药剂，采用机械混合反应器和高效斜管沉淀器，控制适量反应、混合强度、沉淀表面负荷和反应 pH 值。

两种常用除磷物质如下。

a. 炉渣　炉渣是钢铁冶炼过程中产生的固体废弃物，主要由 CaO、FeO、MnO、SiO_2、Fe_2O_3、P_2O_5、Cr_2O_5、Al_2O_3 等氧化物组成，具有很多优良特性，其中所含的每种成分均可以利用。该方法的实验研究是在数个具塞锥形瓶中各加 200mL 模拟含磷废水和一定量的炉渣，置于振荡器上，在室温下振荡一定时间使吸附反应达到平衡后过滤，然后对清液进行磷的浓度测试，再通过比较溶液中磷的初始浓度和平衡浓度推算出其在吸附剂上的吸附量和磷的去除率。研究表明如下几个结果。

ⅰ. 随着炉渣用量的增加，磷的去除率也增加，但吸附量却下降。

ⅱ. 吸附量在开始是随时间的增长而增大，但吸附时间大于 2h 时，吸附量趋于稳定。

ⅲ. 吸附量随废水中磷的浓度的上升而增大。

ⅳ. 温度对炉渣吸附作用的影响很小。

ⅴ. 溶液 pH 值对吸附效果有重要影响，当 pH 为 7.56 时，磷的去除率为最高。

因此，用炉渣处理含磷废水时，当废液中磷的浓度为 2～13mg/L，炉渣用量为 5g/L，pH 为 7.56，吸附时间为 2h 的条件下，磷的去除率可达 99%以上，残留液的浓度也低于国家排放标准，而且该法安全可靠，不会产生二次污染。

b. 加石灰　含磷废水加入大量石灰，调 pH＝10.5～12.5 生成羟基磷灰石，沉淀物稳定，平衡常数大，生成 $Ca_{10}(OH)_2(PO_4)_6$ 的平衡常数为 90，大于铝盐、铁盐生成磷酸盐沉淀物的 3～4 倍。平衡常数越大，生成的沉淀物越稳定，沉淀效果越好，脱磷更彻底，固液分离效果也好，处理含磷废水完全达标，P 的浓度≤0.5mg/L。加石灰提高废水 pH 值除磷的同时也使废水中的石油类、COD_{Cr} 共沉得到净化，废水可达标排放。用石灰处理含磷废水，产生的泥渣量较大，斜管沉淀池底的污泥通过底管排入污泥浓缩池，每天排泥 1～2 次，以免干结堵管。污泥浓缩池浓缩后，下层浓稠污泥泵入板框压滤机压滤后使固液分离，干渣打包外运。

② 混剂辅助化学沉淀法除磷　该法采用的复合沉淀剂是氯化镁和磷酸氢铵，在除磷的同时生产缓效复合肥，其反应原理如下。

$$HPO_4^{2-} + Mg^{2+} + NH_4^{+} + 6H_2O \longrightarrow MgNH_4PO_4 \cdot 6H_2O \downarrow + H^{+}$$

$$PO_4^{3-} + Mg^{2+} + NH_4^{+} + 6H_2O \longrightarrow MgNH_4PO_4 \cdot 6H_2O \downarrow$$

反应生成 $MgNH_4PO_4 \cdot 6H_2O$ 结晶大，易过滤，对含磷浓度较低的废水，一次处理即可达到排放标准。PAC 的混凝主要是通过吸附架桥和沉淀网捕作用实现的，PAM 是阴离子型高分子絮凝剂，加入溶液后 PAM 能迅速并均匀地分散，使水溶液中的沉淀离子"联桥"形成絮团而沉淀下来。实验结果表明：以 PAM 作为助凝剂，与混凝剂 PAC 一起作用，能够取得良好的混凝效果。

化学除磷法的特点：化学除磷本质上是一种物理化学过程，其优点是处理效果稳定可靠，操作简单且弹性大，污泥在处理处置过程中不会重新释放磷，耐冲击负荷的能力也较强。不足之处是化学除磷法会产生大量含水化学污泥，处理难度大。此外，药剂费用较高，由此造成的残留金属离子的浓度也较高，出水色度增加。

2）生物法处理含磷废水　生物除磷技术于 20 世纪 80 年代在欧洲得到了广泛的使用。它是一种利用微生物的生理活动（新陈代谢），将磷从污水中转移到污泥细胞中，从而排出处理系统的除磷技术。其除磷原理是基于聚磷菌在厌氧条件下释放磷及在好氧条件下过剩摄取磷的原理，通过好氧-厌氧的交替运行来实现除磷的方法。

① 生物除磷过程　具体的生物除磷过程为：在厌氧条件下，兼性细菌聚磷菌受到抑制，它必须吸收污水中的有机碳源（溶解性 BOD 的转化产物），若要使出水中的磷含量控制在 1.0mg/L 以下，进水中的 BOD/TP 应控制在 20～30。因此，生物除磷及脱氮工艺适合处理中高 BOD_5（≥200mg/L）的污水。

② 生物处理效果受环境温度、pH、溶解氧等因素的影响。生物除磷适于在中性和微碱性条件下进行。

③ 泥龄长短对除磷脱氮效果亦有直接影响，因而生物处理部分应及时排泥，否则厌氧菌会分解污泥中的聚磷，导致磷的二次释放。

现代生物除磷技术，自 20 世纪 60 年代中期以来，人工湿地除磷技术不断发展并得到推广应用。人工湿地是指通过选择一定的地理位置与地形，并模拟天然湿地的结构与功能，根据人们的需要人为设计与建设的湿地。人工湿地是一个自适应的系统，其中水体、基质、水生植物和微生物是构成人工湿地污水处理系统的 4 个基本要素，其除污的原理主要是利用湿地的基质、水生植物和微生物之间的相互作用，通过一系列物理、化学以及生物作用的途径净化污水。其中物理作用主要是过滤、沉积作用，污水进入湿地，经过基质层及植物茎叶和根系，可以过滤、截流污水中的悬浮物，使之沉积在基质中。化学作用主要指化学沉淀、吸附、离子交换、氧化还原反应等，这些化学反应的发生主要取决于所选择的基质类型。生化作用主要指微生物在好氧、厌氧及兼氧状态下通过开环、断链分解成简单分子、小分子等作用，实现对污染物的降解和去除。

构成人工湿地的 4 个要素都具有单独的净化污水的能力，尤其是人工湿地基质中的微生物类群在人工湿地净化过程中起到极其重要的作用。

人工湿地除磷技术是一种廉价有效的污水处理技术，它是在一般人工湿地系统的基础上，通过人为控制措施优化系统，达到以除磷为主要目标的废水除磷技术。目前该技术广泛应用于生活污水、农业点源污染和面源污染处理，以及水体富营养化问题的治理。其优点是：效率高、投资少、耗能低、操作简单、设置灵活、维护和运行费用低廉，可作为传统的污水除磷技术的一种有效替代方案。

3）物理化学法

① 吸附法　吸附法除磷的作用机理是在废水吸附除磷过程中，主要关注于正磷酸盐。

受磷酸的电离平衡制约，正磷酸盐在水体中电离，同时生成 H_3PO_4、$H_2PO_4^-$、HPO_4^{2-}。和 PO_4^{3-}，各个含磷基团的浓度分布随 pH 值而异，在 pH 值 6～9 的典型生活污水中，主要存在形式为磷酸氢根和磷酸二氢根。在吸附除磷的同液反应过程中所提到的吸附概念，可以涵盖固体表面的物理吸附、离子交换形式的化学吸附以及固体表面沉积过程。物理吸附仅发生在固液界面，依据分子间的相似相溶原理，其作用力为分子间力。物理吸附的特点为多层吸附，无严格的饱和吸附量，吸附等温线较符合 Fruendrich 方程。化学吸附或离子交换可能是固液界面的单层反应，也可能是固体内部一定深度的表层反应，一般能近似符合单层吸附假设，吸附等温线较符合 Langmiur 方程。吸附除磷的实际过程既包括物理吸附，又包括化学吸附。对于天然吸附剂，一般由于固体表面老化而不能显示出高表面能及强吸附性，吸附作用主要依靠其巨大的比表面积，该类吸附以物理吸附为主。对于大多数人工合成的高效吸附剂，由于人为制造了固体表面的特性吸附和离子交换层，化学吸附占主导地位。

② 结晶法　结晶法的除磷机理就是向含钙盐的含磷废水中添加一种结构和表面性质与难溶磷酸盐相似的固体颗粒，破坏溶液的亚稳态，在作为晶核的除磷剂上析出羟基钙磷灰石，从而达到除磷目的。作为晶核的除磷剂绝大多数都是含钙的矿物质材料，如磷矿石、骨炭、高炉渣等，其中以磷矿石和骨炭的效果为最好。该方法的实质是利用污水中的磷酸根离子与钙离子以及氢氧根离子反应生成碱式磷酸钙｛羟基钙磷灰石（Calcium-Hydroxyapatite）$[Ca_5(OH)(PO_4)_3]$｝的晶吸现象。其反应式如下。

$$3HPO_4^{2-}+5Ca^{2+}+4OH^- \longrightarrow Ca_5(OH)(PO_4)_3\downarrow +3H_2O$$

许多废水都因含有磷酸钙等化合物而过度饱和，但沉降过程很少发生。加入晶核是为了建立 Ca 和 P 之间的平衡，因为晶核结晶可以降低界面能并能引发沉降过程。

③ 电渗析除磷　电渗析除磷是一种膜分离技术。电渗析室的进水通过多对阴阳离子渗透膜，在阴阳膜之间施加直流电压，含磷和含氮离子以及其他溶解离子在施加电压的影响下，体积小的离子会通过膜而进到另一侧的溶液中去，从而实现分离。在利用电渗析去除磷时，预处理和离子选择性显得特别重要。在处理时必须对浓度大的废水进行预处理，而高度选择性的防污膜仍在发展中。事实上，电渗析除磷只是浓缩磷的一种方法，它自身无法从根本上除去磷。

④ 组合工艺　在上述单一工艺中，有些需要特定工艺参数，如电解法除磷中的 pH 值需串联另外一个生物硝化或反硝化工艺或者脱氮工艺。而另外一些工艺也由于其他原因无法达到预期处理效果，因此近来的工艺研究也将注意力转移到组合工艺上。

a. 絮凝沉降-粉煤灰吸附法　磷肥化工厂为实验废水来源，废水中的含磷量很高，磷的浓度约为 182mg/L，废水为弱酸性，pH 为 5 左右，主要研究了在化学絮凝沉淀法的基础上，再经粉煤灰吸附，高效率地除去了废水中的磷。此种方法除磷效果好，运行操作稳定，适合于处理流量不很大的高浓度含磷废水。

b. 化学沉淀-混凝气浮-活性炭吸附法　采用化学沉淀-混凝气浮-活性炭吸附组合工艺，以一套工程处理为实例，其废水中的特征污染物为总磷（严重超标，含量高达 100mg/L 左右，主要以溶解性的磷酸二氢锰铁、磷酸二氢锌等无机盐类的形式存在），此外废水中还含有少量的 COD_{Cr}、BOD_5、油类和悬浮物等。含磷生产废水由车间流入调节池，泵前加入反应药剂石灰乳与废水混合，而后泵至反应槽，搅拌混合反应（混合液通过 pH 值测控系统来自动控制石灰乳的投加量，以使其 pH 值稳定在 11 左右），接着再依次流经反应槽搅拌反应，使废水中的总磷绝大部分得以沉淀去除。之后废水经斜板沉淀器沉淀之后再流入气浮装置，与投入的絮凝剂混合发生混凝反应，从而除去废水中的其他污染物和部分残磷。其后废水经二次沉淀、砂滤和活性炭吸附处理，最后进入中和池，用稀盐酸中和调节 pH 值后外排。

c. 陶瓷膜混凝反应法　此法将化学混凝与错流微滤过程相结合成一体化陶瓷膜混凝反应器。其工作原理是采用化学混凝作为膜分离的前处理步骤，将废水中的污染物形成较大的絮凝体，然后利用陶瓷微滤膜进行过滤。与传统工艺相比，一体化陶瓷膜反应器具有渗透通量大、处理周期短、分离效果好、出水水质满足排放或回用的特点。

5.1.4.11 “SARS”废水应急处理技术

2003 年 4 月份，全国相继暴发了非典型肺炎，住院治疗的患者，不断增多，随之产生了可能含有非典病毒的医疗废水，这些废水极有可能被 SARS 病毒污染，对于这些废水如何进行监测和处理是环保科技工作者和医务工作者研究的一个新课题，这些被“SARS”污染的废水（以下简称“非典废水”），不同程度地可能含有病毒、细菌、寄生虫卵及“SARS 病毒”，这种废水的监测不能依照医疗废水的监测方法，必须依据“非典废水”的特点进行监测，同样“非典废水”的处理也不能仅仅用医疗废水的处理方法进行处理，由于医疗废水处理允许少量细菌存活，而“非典废水”要求“SARS 病毒”100％被消灭，根据“非典废水”具体特点，研究提出“非典废水”的监测方法和废水处理技术。

(1)“非典废水”的特点　各医疗单位排放的废水不尽相同，但废水来源一般有以下几个途径，在临床医疗中产生的废水有传染病房、手术室、化验室、肠道门诊、处置室、医疗器械消毒等科室，它们排放的废水有可能被“SARS 病毒”污染。厕所、食堂洗衣房等被“SARA 病毒”污染的可能性很小，所以“非典”患者在治疗和生活中产生的废水要与正常的医疗废水区分，这样有利于污水处理。“非典废水”的另一个特点是排水量相对医疗废水较小，因“SARS”病患者相对其他病患者人数少得多，所以产生的废水量也不会太大。

(2)“非典废水”的监测项目选择　“非典废水”的监测项目国家目前还没有出台规定的监测方法，这就需要我们做深入的研究与探讨。2002 年 12 月 25 日国家环保总局发布了新的《地表水和污水监测技术规范》，其中具体规定医院污水的监测项目中的必测项目有：pH、COD、BOD_5、SS、油类、ArOH、TN、TP、Hg、As、大肠菌群、细菌总数；选测项目有：F^-、Cl^-、RCHO、TOC，而国家标准中对医疗机构污水排放要求如下。

国家标准要求：医疗废水的监测指标有总余氯、粪便大肠菌群、肠道致病菌（结核病院测结核杆菌）。国家环保总局发布的监测技术规范规定的项目属于污染源监测的项目，不适用“非典废水”应急监测，而医院污水排放有化学指标 1 项，细菌学指标 3 项，而细菌学指标的检测对于“非典废水”无意义，况且检测时间长，监测人员在工作中易受到感染。目前环保监测部分还没有关于“SARS 病毒”的控制这方面的监测能力，故选择总余氯作为“非典废水”的监测指标比较合理，且具有监测起来简单快速，不易感染等特点。主要缺点：总余氯浓度随时间的变化而变化。

目前，医疗废水处理以加氯消毒为主，现场制备二氧化氯的发生器有两种，一种是以食盐为原料，通过电解食盐水制备出 ClO_2、Cl_2 等混合物的电解法发生器；另一种是以含氯无机盐和酸为原料通过化学法反应制备出 ClO_2 的化学法发生器。由于电解法发生器部件易腐易损、ClO_2 的产量和浓度较低，故已逐步被化学法发生器所取代。二氧化氯被联合国卫生组织（WHO）确认为一种安全高效的强力杀菌剂，它对经水传播的病原微生物，包括耐氯性极强的病毒、芽孢及水路系统中的异养菌、硫酸盐还原菌和真菌等均有很好的消毒效果。二氧化氯的杀菌速度快，只要几分钟就可使杀菌率达到99%以上（理论值），二氧化氯还可以与污水中的部分有机物反应，降低污水的臭味。

①“非典废水”的一次消毒处理　根据“非典废水”的特点，废水处理目的是消灭水中的病原微生物（主要指病菌和病毒），一般医疗废水处理主要是采用电解食盐水产生氯气，氯气与水反应产生次氯酸，实际是次氯酸盐消毒，其反应式如下。

$$2NaCl+2H_2O \longrightarrow Cl_2\uparrow+H_2\uparrow+2NaOH$$

$$Cl_2+H_2O \longrightarrow HCl+HClO$$

另一种方法是：使用 $HClO_3$ 和 HCl 反应生成 ClO_2 和化工氯气。其反应式如下。

$$2HClO_3+2HCl \longrightarrow 2ClO_2+Cl_2\uparrow+2H_2O$$

氯化法目前很少使用，二氧化氯消毒法对于一般的医院，无需生化或其他方法对污水进行处理，即可使细菌指标和其他指标满足一级处理排放要求，从而大大节约医院污水处理设施的投资费用和运转费用，具有较大的经济效益。据资料介绍二氧化氯是一种高效、持续时间长、储存与使用方便的杀菌消毒剂，是国际上公认的氯系列消毒剂的最理想的更新替代产品，其有效氯是液氯的2.63倍，杀菌能力是氯的5倍，可以杀灭水体中的一切微生物，且在水体中不会与有机物形成三卤甲烷的致癌卤代物。近年来逐步成为国内污水处理行业的主要消毒方法。该方法可以满足医疗废水治理的要求，但未必能满足“非典废水”的处理要求。“非典废水”的处理要求非常严格，废水中的细菌、病毒必须100%被杀灭，保证细菌、病毒零排放，做到“SARS病毒”被完全杀灭、万无一失，因此，在一次消毒处理基础上，再进行二次添加石灰乳消毒处理。

②“非典废水”的二次处理　要保证“非典废水”100%的病原微生物完全被杀灭，依据“SARS病毒”在碱性环境下无法生存的原理，在“非典废水”中加入石灰乳，保证测定pH在12～14内，其反应原理如下：

$$(在加入生石灰后)\quad CaO+H_2O \longrightarrow Ca(OH)_2$$

废水在池中存放两小时后排放，从而能够使“非典废水”彻底消毒。

③“非典废水”的二次治理工艺流程　医疗废水与“非典废水”区分开后，“非典废水”经格栅进行过滤后，进行一次消毒处理，在反应槽加入次氯酸钠和盐酸，按工艺处理完毕后加进入二次处理池，投入石灰乳进行二次处理，2h后排放。所用石灰乳由生石灰加水配制。医疗废水处理流程见图5-6。

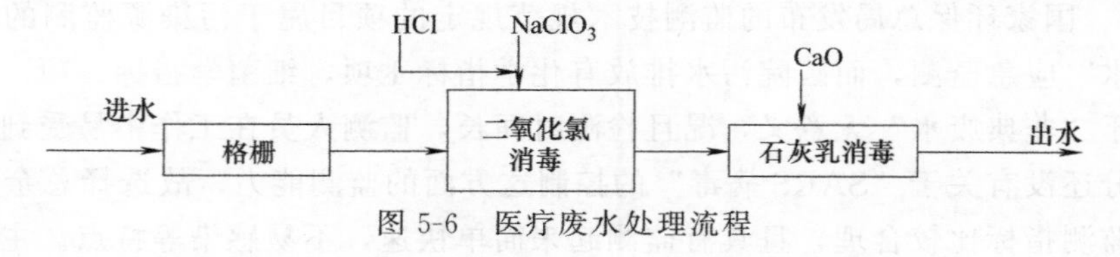

图5-6　医疗废水处理流程

工艺要求二次处理余氯浓度≥6.5mg/L，二次处理pH 12～14之间。

④“非典废水”二次处理方法的特点　利用细菌和病毒不能在碱性条件下生存的原理，一次处理的排水加入石灰乳进行二次处理，加入量根据排水量而定，这种方法具有工艺简单、投资少、见效快、运转费用低（生石灰150元/t）、不需要投入更多设备、不用电。缺点是加入石灰后排放废水含有碱性，需存放一定时间后才可以排放。

“非典废水”的应急监测与处理是环保工作者的一项重要任务，控制“SARS病毒”的传播，需开展“非典废水”的应急监测和处理，在国家环保总局没有出台新的有关“非典废水”监测的技术规范情况下，采用余氯监测是比较实用可行的方法，它简单快速，目前还没有更好的应急监测方法来取代。“非典废水”在一次处理的基础上，再进行二次处理，使废水完全彻底被消毒，该方法简单、实用、节省投资，易推广使用，也是切实可行的“非典废水”处理办法。

5.1.4.12 氨基酸废水处理技术

在化工、制药、食品等行业生产中，经常排放出大量含氨基酸的废水，这种废水呈酸性，将使水的pH值发生变化，水体的自净能力降低，水中的微生物生长受到阻碍，严重污染环境。一旦泄漏，发生突发性污水污染事件，将会引起严重的后果。因此，解决氨基酸废水的关键在于对氨基酸彻底有效的治理。氨基酸废水具有成分复杂、有机物含量高、SO_4^{2-}及盐分等生物抑制物质含量高、氨氮含量变化较大等特点，属典型的高含量难降解废水。氨基酸废水的处理主要在于如何合理地处置氨基酸。目前，国内对氨基酸废水的处理，电渗析法是主要手段。

(1) 电渗析 电渗析是利用膜的选择透过性，以电场为推动力使水中离子和水分离的一种膜分离技术。电渗析技术已广泛应用于各种工业废水处理，其应用范围还在不断扩大，并已发展成为一种新型的单元操作。国内有人模拟氨基酸废水进行了电渗析处理，结果表明，处理后的水质完全符合国家废水排放标准，不仅变废为宝，而且把氨基酸处理工艺和浓缩工艺合为一体，取得了明显效果。后来刘跃进等也用电渗析处理了该类废水，其氨基酸和COD去除率均可达到80%，低浓度浅色废水经一级处理即可达排放标准，氨基酸浓淡比可达20倍，浓水中氨基酸浓度可接近其饱和浓度。

(2) 超滤法 超滤法在水处理方面应用十分广泛。它可以与反渗透联合制备高纯水；可以处理生活污水；处理工业废水，包括电泳涂漆废水、含油废水、含聚乙烯醇（PVA）废水等；从羊毛精制废水中回收羊毛脂；纤维加工油剂废水处理等。郑宗坤等把谷氨酸发酵废液先混合絮凝并离心后的清液进行超滤除杂，可得到COD_{Cr}为123mg/L，BOD_5为42mg/L的清液，接近第二类污染物排放标准。

(3) 液膜法 液膜分离技术是一项简单、快速、高效、选择性好、经济节能的新型提取、浓缩和分离的工艺。液膜就是悬浮在液体中的很薄一层乳液微粒。它有油性（油包水）和水性（水包油）两种，在废水处理和提取金属元素时，必须采用油包水型乳状液膜。近些年来，液膜在生物下游工程产品分离上的研究，特别是各种氨基酸的提取、浓缩和分离上尤为引人瞩目。

(4) 生物法 运用生物技术治理环境污染是现阶段研究的热点。它具有费用低，不产生二次污染等优点，其在氨基酸废水处理中的应用已引起了世界性的关注。存在的问题是这种方法不适合处理高浓度氨基酸废水，一般情况是和其他方法结合浓缩回收或降低浓度，如谢少雄等采用先对高浓度氨基酸废水进行浓缩回收，然后用生物技术处理混合废水，这种方法是处理氨基酸废水的一种有效方法，既回收了氨基酸，又降低了生物处理的负担，使排放水的水质保持稳定，达到国家排放标准，具有较好的经济效益和社会效益。

① 好氧活性污泥法 活性污泥法是目前应用最广泛的一种生物技术。它是将空气连续鼓入含有大量溶解性有机物质的废水中，经过一定时间后，水中形成生物絮凝体——活性污泥，在活性污泥上栖息、生活着大量的微生物，这种微生物以溶解性有机物为食料，获得能量，并不断增长繁殖，从而使废水得到净化。

② 厌氧生物处理法 厌氧生物处理是利用兼性厌氧菌和专性厌氧菌在无氧条件下降解

有机污染物的处理技术。祝万鹏等进行了异亮氨酸生产中发酵废水的厌氧生物处理研究，试验结果表明了该发酵废水厌氧生物处理的可行性，废水COD去除率>80%。李静等采用上流式厌氧污泥床反应器——移动床生物膜反应器串联装置处理含有大量氨基酸和皂素的制药废水，系统的总COD去除率平均在86%左右，当厌氧反应器的COD容积负荷为10～21kg/(m^3·d)，去除率平均为70%左右，好氧反应器的COD容积负荷率为2.48～2.87kg/(m^3·d)，去除率为59%。

5.1.4.13 放射性废水处理技术

放射性废水主要来自诊断、治疗过程中患者服用或注射放射性同位素后所产生的排泄物，分装同位素的容器、杯皿和实验室的清洗水，标记化合物等排放的放射性废水。放射性废水浓度范围为3.7×10^2～3.7×10^5Bq/L。医院放射性废水排放执行新制订的《医疗机构污染物排放标准》。标准规定：在放射性污水处理设施排放口监测其总α<1Bq/L，总β<10Bq/L。

(1) 化学沉淀法 化学沉淀法是向废水中投放一定量的化学絮凝剂，如硫酸钾铝、硫酸钠、硫酸铁、氯化铁等，有时还需要投加助凝剂，如活性二氧化硅、黏土、聚合电解质等，使废水中的胶体物质失去稳定而凝聚成细小的可沉淀的颗粒，并能与水中原有的悬浮物结合为疏松绒粒。该绒粒对水中的放射性元素具有很强的吸附能力，从而净化水中的放射性物质、胶体和悬浮物。引起放射性元素与某种不溶性沉渣共沉的原因包括共晶、吸附、胶体化、截留和直接沉淀等多种作用，因此去除效率较高。

化学沉淀法的优点是：方法简便、费用低廉、去除元素种类较广、耐水力和耐水质冲击负荷较强、技术和设备较成熟。缺点是：产生的污泥需进行浓缩、脱水、固化等处理，否则极易造成二次污染。化学沉淀法适用于水质比较复杂、水量变化较大的低放射性废水，也可在与其他方法联用时作为预处理方法。

(2) 蒸发浓缩法处理放射性废水 除氚、碘等极少数元素之外，废水中的大多数放射性元素都不具有挥发性，因此用蒸发浓缩法处理，能够使这些元素大都留在残余液中而得到浓缩。蒸发法的最大优点之一是去污倍数高。使用单效蒸发器处理只含有不挥发性放射性污染物的废水时，可达到>10^4的去污倍数（decontamination factor），而使用多效蒸发器和带有除污膜装置的蒸发器更可高达10^6～10^8的去污倍数。此外，蒸发法基本不需要使用其他物质，不会像其他方法因为污染物的转移而产生其他形式的污染物。尽管蒸发法效率较高，但动力消耗大、费用高，此外，还存在着腐蚀、泡沫、结垢和爆炸的危险。因此，本法较适用于处理总固体浓度大、化学成分变化大、需要高的去污倍数且流量较小的废水，特别是中高放射性水平的废水。

新型高效蒸发器的研发对于蒸发法的推广利用具有重大意义，为此，许多国家进行了大量工作，如压缩蒸汽蒸发器、薄膜蒸发器、脉冲空气蒸发器等，都具有良好的节能降耗效果。另外，对废液的预处理、抗泡和结垢等问题也进行了不少研究。

(3) 离子交换法 离子交换法处理放射性废水的原理是，当废液通过离子交换剂时，放射性离子交换到离子交换剂上，使废液得到净化。目前，离子交换法已广泛应用于核工艺生产工艺及放射性废水处理工艺。

许多放射性元素在水中呈离子状态，其中大多数是阳离子，且放射性元素在水中是微量存在的，因此很适合离子交换出来，并且在无非放射性粒子干扰的情况下，离子交换能够长时间的工作而不失效。

离子交换法的缺点是，对原水水质要求较高；对于处理含高浓度竞争离子的废水，往往需要采用二级离子交换柱，或者在离子交换柱前附加电渗析设备，以去除常量竞争离子；对钌、单价和低原子序数元素的去除比较困难；离子交换剂的再生和处置较困难。除离子交换树脂外，还有用磺化沥青做离子交换剂，其特点是能在饱和后进行熔化-凝固处理，这样有利于放射性废物的最终处置。

(4) 吸附法 吸附法是用多孔性的固体吸附剂处理放射性废水，使其中所含的一种或数种元素吸附在吸附剂的表面上，从而达到去除的目的。在放射性废液的处理中，常用的吸附剂有活性炭、沸石等。

天然斜发沸石是一种多孔状结构的无机非金属矿物，主要成分为铝硅酸盐。沸石价格低廉，安全易得，处理同类型的放射性废水的费用可比蒸发法节省80%以上，因而是一种很有竞争力的水处理药剂。它在水处理工艺中常用作吸附剂，并兼有离子交换剂和过滤剂的作用。

当前，高选择性复合吸附剂的研发是吸附法运用中的热点。所谓“复合”是指离子交换复合物（氰亚铁盐、氢氧化物、磷酸盐等）在母体（多位多孔物质）上的某些方面饱和，所以新材料结合天然母体材料的优点，具有良好的机械性能、高的交换容量以及适宜的选择性。

(5) 离子浮选法 离子浮选法属于泡沫分离技术范畴。该方法基于待分离物质通过化学的、物理的力与捕集剂结合在一起，在鼓泡塔中被吸附在气泡表面而富集，借泡沫上升带出溶液主体，达到净化溶液主体和浓缩待分离物质的目的。离子浮选法的分离作用，主要取决于其组分在气-液界面上的选择性和吸附程度。所使用捕集剂的主要成分是，表面活性剂和适量的起泡剂、络合剂、掩蔽剂等。

离子浮选法具有操作简单、能耗低、效率高和适应性广等特点。它适用于处理铀同位素生产和实验研究设施退役中产生的含有各种洗涤剂和去污剂的放射性废水，尤其是含有有机物的化学清洗剂的废水，以便充分利用该废水易于起泡的特点而达到回收金属离子和处理废水的目的。

(6) 膜处理法 膜处理作为一门新兴学科，正处于不断推广应用的阶段。它有可能成为处理放射性废水的一种高效、经济、可靠的方法。目前所采用的膜处理技术主要有：微滤、超滤、反渗透、电渗析、电化学离子交换、铁氧体吸附过滤膜分离等方法。与传统处理工艺相比，膜技术在处理低放射性废水时，具有出水水质好、浓缩倍数高、运行稳定可靠等诸多优点。

不同的膜技术由于去除机理不同，所适用的水质与现场条件也不尽相同。此外，由于对原水水质要求较高，一般需要预处理，故膜处理法宜与其他方法联用。比如铁凝沉淀-超滤法，适用于处理含有能与碱生成金属氢氧化物的放射性离子的废水，水溶性多聚物-膜过滤法，适用于处理含有能被水溶性聚合物选择吸附的放射性离子的废水；化学预处理-微滤法，通过预处理可以大大提高微滤处理放射性废水的效果，且运行费用低，设备维护简单。

5.1.4.14 农药废水处理技术

(1) 国外农药废水处理技术

① Linpor法废水处理新工艺 德国林德公司开发了Linpor法废水处理新工艺，即在传统鼓风曝气池中加入边长为1.5cm的正方形泡沫塑料作为固体微生物的载体，泡沫塑料孔径为1mm，可使细菌和原生动物载入。泡沫塑料投加量占曝气池体积的25%～40%。因

此，池中既有悬浮污泥（浓度为3g/L），又有固定污泥（浓度为10～15g/L），从而使池中污泥浓度提高到7g/L以上，比传统曝气法的污泥浓度高1倍多，提高了处理能力。该法另一特点是改进污泥沉降性能，避免了污泥膨胀。在曝气池出口处设有挡板，以防泡沫塑料流出。目前，德国已建成五套生产性废水Linpor法处理装置。

② 啮酚菌与投菌活性污泥法　啮酚菌是一种经过冷冻干燥的异变菌种再加进一些适当养料的微生物制剂，由美国新泽西州的Werkt生物制品公司生产。适用于含有以下化学物质的废水处理：苯的衍生物，酚和甲酚类，胺类，合成洗涤剂和表面活性物质，适当稀释的氰化物等。将啮酚菌或其他具有强活力的细菌投加到原有的活性污泥处理系统中，即为投菌活性污泥法。用该工艺可处理多种不同形式的污水，并在以下几方面明显优于活性污泥法。

a. 高污水处理效率，对有机物有特殊的分解能力，因而能有效提高效率，可使污水处理厂超负荷运行而不降低出水水质。

b. 少污泥量，菌种能将污泥中的有机物迅速分解成可溶性无机盐类，从而使污泥减少。

c. 提高对难分解的化学物质的处理能力。

d. 节约能源费用。

③ 双塔流化床厌氧废水处理　荷兰Gist-Brocardes公司开发了双塔流化床厌氧废水处理新工艺，以附有生物膜的活性砂粒作为流化载体。利用流化床厌氧反应器降解工业有机废水，不仅可产生甲烷气，而且处理出水达标，有机物转化能力高，占地面积小。该公司建成的反应器直径为4.7m，高20m，处理容积为350m^3，适用于处理工业有机废水及含S、N废水。进水流量200m^3/h，处理COD负荷20000kg/d，产气量275m^3/h，停留时间1.5～2h。反应器由聚酯树脂制成。

④ PACT法在工业废水处理中的应用　PACT法（Powderd Activated Carbon Treatment Process，PACT）是一种将粉状活性炭（PAC）作为吸附剂投加到曝气池中的废水处理新工艺。在活性污泥曝气池前投加粉状活性炭，使之与回流的炭污泥混合后一起进入曝气池曝气。曝气池出水经澄清池澄清，上清液即为处理后的出水。澄清池中沉降的污泥部分回流，部分作为剩余污泥处理。PACT工艺将物理吸附和生物氧化法合在一起，对COD、BOD、氨氮、颜色及主要污染物的去除率高，成本低，对出水的消毒、固体物质的沉淀和浓缩、氧的转移、处理系统的稳定性以及臭味的控制等方面均有改善。该法对一些重要的污染物如杀虫剂、酚、氰化物和硫氰酸盐的去除效果更佳，COD去除率达99%，BOD去除率达97.6%。

PACT法废水处理装置，自1997年以来已在美国和日本投入运行。对于含有一些不可生物降解或抑制化合物的废水，可采用生物法与活性炭吸附的联合流程进行处理。实践证明，投加粉末活性炭的活性污泥法（PACT）具有许多优点。

⑤ 用超声波解吸活性炭吸附的酚　美国密歇根州化学与生物医药大学的研究人员发现，用超声波可轻而易举地将活性炭及聚合树脂吸附的难以解吸的酚解吸下来。研究人员还发现，解吸温度降低，酚的解吸速率增大，使用一种曝气液体介质和增大超声波强度可以提高解吸速率；随着超声波强度的增大，解吸所需的活化能减少。

用超声波解吸活性炭及聚合树脂吸附的酚所做的可行性研究表明，在40kHz超声波存在的条件下，酚的解吸速率明显提高，然而活性炭有被粉碎的趋向；在较高的声频(1.44MHz)作用下，活性炭粉碎的趋向被克服，而且酚的解吸速率得到充分提高。超声波解吸法用于解吸聚合树脂吸附的酚尤为成功。

(2) **我国农药的废水处理技术** 我国农药废水在物化处理法、化学处理法和生物处理法等都有较大进展。

1）物化处理法

① 吸附法 据报道，活性炭对废水中有机磷农药具有良好的吸附性，尤其对含有马拉硫磷、磷酰胺、敌百虫等有机磷农药的综合废水，用型号为AGN、AG-5、OU-5的活性炭在碱性条件下吸附，可回收95%的有效成分。近年来，由南开大学、成都科技大学、南京大学、江苏石油化工学院等先后研制出数十种新型吸附树脂，包括H系列和NKA系列吸附树脂，先后建成300多套工业废水处理装置。

吸附法用于农药废水处理的研究与应用综述如下。

a. 多菌灵废水处理：用邻苯二胺与氰氨基甲酸甲酯在酸性条件下进行缩合反应生成多菌灵农药，其过程中产生的废水主要含有苯胺类化合物、硝基苯、硫化物等。该废水的成分复杂、毒性大，其处理问题长期得不到解决。江阴农药厂与江苏石油化工学院、江苏省农药研究所协作，采用树脂吸附生物接触氧化工艺处理这种废水，选用H-103树脂，每个周期处理15倍床层体积的废水，邻苯二胺的去除率为80%，硝基物去除率为90%，COD去除率为40%～50%。由于树脂吸附处理已去除了废水中大部分难降解的有机物，所以大大降低了生化处理负荷，废水再经生物接触氧化处理后，其各项指标均可达到国家工业废水排放标准。用甲醇作脱附剂，高浓度脱附液经精馏后可回收甲醇，釜底残液经浓缩后可送焚烧炉进行焚烧处理。江阴农药厂已建成工业化处理装置。

b. 3-(2′-吡啶基）丙醇（代号7841）废水治理：植物生长调节剂“7841”生产中产生的废水中含3-(2′-吡啶基）丙醇3000mg/L，COD为20000mg/L。江苏石油化工学院、南开大学与常州农药厂协作，采用CHA-101树脂作吸附剂，好氧工艺处理废水。废水中大部分“7841”可得到回收，从而使产品收率提高3%～5%。

c. 嘧啶氧磷废水治理：江西农药厂采用氰胺路线合成嘧啶氧磷杀虫剂，产生含有羟基嘧啶和有机磷类物质的废水。该厂采用树脂吸附-生化工艺处理这种废水，羟基嘧啶的去除率达97.4%，有机磷、COD、BOD_5的去除率分别为94.3%、82.9%和92.9%。经甲醇脱附后，羟基嘧啶和有机磷类物质的回收率分别大于93%和40%。

d. 甲基（乙基）-对硫磷生产废水治理：在有机磷杀虫剂甲基（乙基）-对硫磷的生产过程中，产生含对硝基苯酚的黄色废水，酚浓度为240mg/L，COD为9700mg/L，江苏石油化工学院采用树脂吸附法处理这种废水，每个周期可处理80倍床层体积的废水，出水酚浓度低于3mg/L，而且出水变为无色；用乙醇或稀碱液作脱附剂，可有效地脱附并回收酚。树脂吸附工艺的不足在于处理成本较高，这方面还有待于进一步研究探索，以提高该方法的实用性。

② 萃取法 农药生产中有许多反应需要经过相分离和水洗，分离出的母液和洗水中含有悬浮和溶解的产物或原料，常用萃取法回收，大多数用釜式间歇萃取。20世纪90年代前后，推行塔式连续逆流萃取，大幅度提高萃取效率。例如，用三氯乙烯萃取回收乐果废水中的乐果，用釜式间歇萃取2次，回收率为60%～70%；用塔式逆流连续萃取，回收率达90%。

甲胺磷是目前国内生产使用的主要杀虫剂之一，全国生产厂有30多家，氨化工段年排放废水近9万吨。该废水污染物浓度高，毒性大，长期以来未能得到有效处理，既污染环境又浪费资源。采用萃取法从废水中提取氨化物，回收的精胺质量达到了生产中的精胺指标。

氨化物含量93%～96%，水分0.5%，处理后废水中氨化物残留量小于0.2%。

该项技术工艺合理，设备运行稳定，设备投资少，运行费用低，所得产品价值较高，具有明显的经济效益和环境效益。目前该技术已在新沂农药厂、武进农药厂等工业化应用。

③ 膜分离技术　膜分离技术是近年来发展起来的新型分离技术。沈阳化工研究院经过几年的努力探索和研究，终于使该方法运用到工业化大型装置中，如江苏利民化工厂、大连瑞泽农药厂含氰废水的处理，原水CN^-浓度为3000～4000mg/L，经液膜处理后出水CN^-浓度小于0.5mg/L。江苏吴江红旗化工厂氯喹生产中含酚废水的处理，原水酚浓度为2000～2500mg/L，经膜分离处理后出水酚浓度小于0.5mg/L。该项技术已获得中国石油和化学工业联合会科技进步二等奖。

氰化物是一种剧毒物质，许多菊酯类农药以及化肥工业生产中都产生含铱废水。含氰废水的治理是国内外极为重视的课题。目前，常规的处理方法如空气吹脱法、电解法、氯氧化法，都存在运行成本高、腐蚀性强、设备投资大等不足，处理后的废水难以达到排放标准。用液膜分离法处理甲氰菊酯生产中排放的含氰废水，该技术与国内现行的含氰废水治理技术相比，对同等规模的同样废水，其处理成本仅为常规方法的5%，处理后的废水CN^-含量可达到国家工业废水排放标准，同时又回收了氰化物。同样，本方法也适用于含酚废水的处理。

④ 超声波技术　超声波气振是一种复杂的化学、物理作用过程，一方面改变废水中有机物的性能；另一方面可加速分子的运动，破坏有机物胶粒的稳定性，使之与混凝剂更有效地进行混凝。某些农药厂废水经超声波处理后，可去除50%的COD，既脱除了大量难生物降解物，提高生化可行性，又降低了后续生化处理的负荷。

通农药厂于1995年建成处理规模10t/h的超声波处理装置，处理久效磷生产中排放的高浓度废水，处理前废水COD浓度为40000～50000mg/L，处理后COD去除率可达60%。

淮阴电化厂于1993年采用超声波气浮工艺治理敌敌畏废水，气振时间为7～10min，处理前废水COD浓度为45000mg/L，处理后出水COD去除率基本稳定在50%左右。

2）化学处理法

① 水解法　水解法可在酸性条件下，也可在碱性条件下进行。有机磷农药多数能在碱性条件下迅速水解。因此，有机磷农药生产中缩合、加工和包装车间废水应在碱性条件下存放一定时间，使农药本体水解为中间体后，再送入生化处理，以提高生化处理效果。

a. 碱性水解法：有机磷农药在碱性条件下一般都不稳定，容易水解，常用的碱是液碱（NaOH）或石灰乳。当采用石灰乳时，将废水pH值维持在11左右，在常温常压下搅拌6h，水解后COD去除50%左右，有机磷去除27%左右。若将反应温度提高到60～80℃，反应30～45min，效果显著提高，COD去除率在80%左右，有机磷去除率在80%以上，但会产生很大的臭味。

中国科学院成都生物所采用碱性水解法对乐果废水进行预处理。处理前废水水质为：COD 180000mg/L，有机磷7901mg/L，BOD/COD约为0.21～0.23，pH值为2～4；采用10%石灰乳将废水的pH值调整到11左右，在常温常压下搅拌反应6h，COD去除51%，有机磷去除28%，BOD/COD的值提高到0.4。若将温度升至60～80℃，搅拌反应30～45min后，COD去除率可达75%～80%，有机磷去除率可达80%～85%。

b. 酸性水解法：酸性水解法处理有机磷农药废水，可以将废水中的硫代磷酸酯水解成二烷基磷酸，再进一步水解成正磷酸与硫化氢。硫化氢从水中逸出与石灰乳中和，生成硫氢酸钙，正磷酸与石灰乳中和生成磷酸钙。

温州农药厂选择低压酸性水解法作为该厂有机磷农药废水的一级处理方法，取得较理想的效果。该厂以气化物为中间体生产系列有机磷农药，废水呈碱性。在废水池中被叶青双酸性废水中和后呈酸性，水解温度为130～150℃，压力为0.2～0.4MPa，水解时间为1～l.5h，水解完成后，经冷却用石灰乳使磷沉淀，然后离心过滤，滤渣可作农肥。水解中排出的气相组分经冷凝后返回至甲醇回收塔回收甲醇，尾气经水洗后用液碱吸收生成硫化碱。处理后COD去除65%，有机磷水解率为88%。

② 湿式氧化法　湿式氧化法是在一定温度和压力下，向废水中通入空气或氧气，使污染物氧化的方法。氧化所需的温度由污染物的化学性质决定，压力的确定基于使废水保持液相并溶有足够浓度的氧气。在用空气氧化时，系统压力一般比水的饱和蒸气压高3～4MPa。湿式氧化是放热反应，为维持系统的热量平衡，废水中的被氧化物要有足够的浓度，以COD计在40000～100000mg/L为佳。

湿式氧化法可以作为终端处理方法，也可用作生化处理的预处理手段，即只氧化除去难生物降解物。例如：乐果废水中主要污染物是甲醇、甲胺、二硫代磷酸酯等，废水先直接稀释并生化处理，COD去除率为45%～55%；再在温度为230～240℃，压力为6～7MPa条件下进行湿式氧化处理，二硫代磷酸酯氧化分解为磷酸与硫酸盐、甲醇和二氧化碳，用钙盐沉淀回收磷酸盐后，再进行生化处理，COD去除率大于90%，经以上两步处理后COD总去除率可以达到95%～98%。年产50%乐果3000t的工厂，将废水稀释到COD为40000mg/L进行生化处理，需5500m^3有效容积的曝气池；若用湿式氧化法预处理后再进行生化处理，只需反应器容积为2.2m^3的湿式氧化装置1套和曝气池容积为1000m^3的生化处理装置1套。这是工业上可行的处理乐果废水的方法。

中国科学院生态环境研究中心用湿式氧化法处理*O*,*O*-二甲基硫代磷酰氯生产废水，其水的水质为：COD 15000mg/L，有机磷3500mg/L，有机硫3000mg/L，总盐100mg/L，pH值大于13，试验在GS-2型不锈钢高压反应釜中进行，反应温度为165～190℃，氧分压范围0.4～1MPa，反应时间0.5～1h，并在废水中适当加入铜离子催化剂。处理结果为：COD去除50%～96%，有机磷去除80%～90%，有机硫去除90%以上，BOD/OOD值由原来的0.16～0.18，提高到0.33～0.51。

3）生物处理法　我国农药废水特别是有机磷农药废水处理是以生化法为主，目前我国农药废水处理技术有如下特点。

处理工艺均为好氧生物降解，主要是传统的活性污泥法，其曝气方式为鼓风曝气、表面机械曝气。生物处理构筑物进水浓度一般为COD 1000mg/L左右，有机磷浓度为40～120mg/L，处理后出水COD约100～250mg/L，去除率为70%～80%，有机磷低于30mg/L，BOD平均去除率为90%，酚去除率99%。

由于农药废水，尤其是有机磷农药废水COD浓度常常高达每升数万毫克至数，十万毫克，虽辅以一定的预处理技术，然而进入生物处理构筑物前仍需大量稀释水，故表现出处理装置较庞大，负荷较低，投资和运行费用较高等缺点。因此，研究并应用处理效率高、能耗低、处理费用低廉的生物处理技术已越来越受到重视。

目前，对生物处理技术的改进不外乎有两个方面：一是生物反应器的改进；二是高效降解菌的研究和应用。已经研究成功并应用的有：沈阳化工研究院设计并在南通农药厂建成深度为10m的深层鼓风曝气生物处理装置，处理久效磷与敌敌畏废水已连续运转数年，处理效果稳定，BOD去除率为90%～95%，耗电量低于浅池曝气。

沈阳化工研究院采用深井曝气法处理乙基1605等农药废水，井深为104m，直径为0.3m，井体采用普通无缝钢管，当井容0.66m³时，氧的最大传递速度可达3kg/(h·m³)，氧利用率为90%，动力效率为6kg/(kW·h)，进水COD浓度3000～4000mg/L，COD去除率为90%～95%，进水有机磷59～202mg/L，去除率87%～96%；进水酚浓度35～187mg/L，去除率64%～88%。该处理装置具有污泥产率低，抗冲击负荷能力强，占地少，能耗低等优点，但缺点是井体管道易腐蚀，维修管理不太方便，施工费用较高。

5.1.4.15 高氨氮废水处理技术

在20世纪80年代以后水体的氮磷污染日益严重，特别是来源于焦化、化肥、石油化工、化学冶金、食品、养殖等行业以及垃圾渗滤液的高浓度氨氮废水，排放量大，成分复杂，毒性强，对环境危害大，处理难度又很大，使得氨氮废水的污染及其治理一直受到全世界环保领域的高度重视。

近30年来，在氨氮废水、特别是高浓度氨氮废水的处理技术方面，取得了不断的进步。目前，常用的脱除氨氮方法主要有生化法、氨吹脱（空气吹脱与蒸汽汽提）法、折点氯化法、离子交换法和磷酸铵镁沉淀（MAP）法等。这些处理工艺各有特色，但也各有一定的局限性。就国内外高浓度氨氮废水处理现状来看，国内多采用生化法和氨吹脱法，国外则多采用生化法和磷酸铵镁沉淀法。氨氮废水的主要处理方法比较见表5-9。

表5-9 氨氮废水的主要处理方法比较

处理方法	基本优点	主要缺点	适用范围
传统生化法	工艺成熟，脱氮效果较好	流程长，反应器大，占地多，常需外加碳源，能耗大，成本高	低浓度氨氮废水
氨吹脱法（汽提法）	工艺简单，效果稳定，适用性强，投资较低	能耗大，有二次污染，出水氨氮仍偏高	各种浓度废水，多用于中、高浓度废水
离子交换法	工艺简单，操作方便，投资较省	树脂用量大，再生难，费用高，有二次污染	低浓度氨氮废水
折点氯化法	设备少，投资省，反应速度快，能高效脱氮	操作要求高，成本高，会产生有害气体	各种浓度废水，多用于低浓度废水
磷酸铵镁沉淀（MAP）法	工艺简单，操作简便，反应快，影响因素少，节能高效，能充分回收氨，实现废水资源化	用药量大，成本较高；MAP用途有待开发	各种浓度废水，尤其高浓度氨氮废水

从环境经济效益和可持续发展观出发，可以将这几种脱氮工艺分为三类。

① 把废水中的NH_4^+转化成无害的N_2逸入大气，虽然治理了氨氮污染，但也丢弃了有价值的氨资源，如生化法、折点氯化法。

② 将NH_4^+从废水中分离、脱出，或排入大气，或进入后续处理工序，如氨吹脱法及离子交换法。这些方法会带来NH_4^+的二次污染和NH_4^+资源的浪费。其中，氨吹脱法脱氮效果虽好，但能耗也大，尤其是汽提法，处理1t废水至少需要0.5t蒸汽。以氨氮浓度为3177mg/L的化肥厂氨氮废水为例，用汽提法若每天处理废水300m³，出水氨氮含量为42.3mg/L，则每天约浪费0.9t的氨；若按我国目前生产合成氨的吨氨平均工艺综合能耗水平推算，则相当于每天浪费近1.8t标煤。

③ 将NH_4^+转化为可利用的物质，使废水资源化，如磷酸铵镁沉淀（MAP）法。

(1) 生物脱氮方法

① 传统的生物脱氮方法　传统的生物脱氮技术主要包括A/O、A^2/O、氧化沟以及各

种改进型 SBR（多级 SBR 法、A-SBR 法、膜-SBR 法等）工艺，在处理高氨氮废水时，通常采用前置物化脱氮工艺将进水氨氮浓度降至生物处理适宜范围内。

传统生物脱氮工艺处理高氨氮废水时存在的主要问题有：a. 需要增大供氧量，这将增加处理系统的基建投资和供氧动力费用；b. 对于缓冲能力差的高氨氮废水，还需要增大体系的碱度以维持反硝化所需的 pH 范围；c. 一些高氨氮废水中存在大量的游离氨，将对微生物的活性产生抑制作用，从而影响整个系统的除污效果；d. 可能需要投加大量碳源以满足反硝化要求，导致处理成本偏高。

② 同步硝化反硝化（SND） 同步硝化反硝化可简化工艺流程，缩短水力停留时间，减小反应器的体积和占地面积。目前关于同步硝化反硝化已有较多研究报道，如在移动床生物膜系统、序批式生物膜反应器、序批式活性污泥反应器、膜生物反应器中均可实现同步硝化反硝化脱氮等。

③ 短程（或简捷）硝化反硝化法 目前短程硝化反硝化比较有代表性的工艺为 SHARON 工艺，该工艺采用完全混合反应器（CSTR），通过控制温度和 HRT 可以自然淘汰硝化菌，使反应器中的亚硝酸菌占绝对优势，从而使氨氧化控制在亚硝酸盐阶段，并通过间歇曝气便可达到反硝化的目的。

④ 厌氧氨氧化 马富国等在处理消化污泥脱水液时采用“缺氧滤床/好氧悬浮填料生物膜工艺”实现部分亚硝化，然后进行厌氧氨氧化（ANAMMOX），通过综合调控进水氨氮负荷、进水碱度氨氮、水力停留时间（HRT）等运行参数，可以调节出水 NO_2^--N/NH_4^+-N 的比率，能够较好地实现部分亚硝化反应以完成厌氧氨氧化，ANAMMOX 对氮的去除率达到 83.8%。

几种新型生物脱氮工艺的节能减耗比较见表 5-10。

表 5-10 几种新型生物脱氮工艺的节能减耗比较

工艺名称	同步硝化/反硝化	短程硝化-反硝化	半硝化-厌氧氨氧化
代号	SND	SHORTND	SHARON-ANAMMAOX
氧供应量	比传统活性污泥法曝气量减少	比传统活性污泥法节省氧供应量 25%	比 SHORTND 工艺节省氧供应量 50%
碳源用量	减少外加碳源用量	节省外加碳源 40%	无需外加碳源
工艺优点	高效脱氮，无需调控 pH，减少投碱量，操作简单经济	脱氮率高，反应时间短，减小反应器容积，减少投碱量	节能减耗，成本低，高效脱氮。尤其适用于低碳源的高氨氮废水处理
存在问题	影响因素多，过程控制难	HNO_2 的积累难维持；会产生毒害副产物	尚不够成熟

(2) 物理化学法脱氮

① 离子交换法 常规的离子交换树脂不具备对氨离子的选择性，故不能用于废水中氨氮的去除，目前常用沸石作为去除氨氮的离子交换体。钱福国等选用对氨氮有较强选择性和吸附性的安徽宣城天然斜发沸石为吸附材料，通过静态、动态和再生吸附试验，系统考察了进水氨氮浓度、pH、沸石用量、温度、沸石粒径、振荡时间、滤速和水质对氨氮去除率的影响。静态试验结果表明，当氨氮初始浓度为 10mg/L，pH 值为 7～9，沸石粒径为 20～40 目时，沸石的静态吸附容量（以 NH_4^+ 计）为 1.6mmol/g。动态试验结果表明，在滤速为 2m/h，停留时间为 30min 的条件下，出水氨氮＜2mg/L，沸石产水量为 0.62L/g。再生试验结果表明，用 500mL 浓度为 5g/L 的 NaCl 溶液作再生剂，再生时间为 1h，一次再生恢复

率较好。该结果为天然沸石深度处理氨氮废水技术的应用提供了参考依据。

② 折点氯化法　折点氯化法除氨的机理为氯气与氨气反应最终生成了无害的氮气。当水中存在氨和胺时，加氯量必须控制在折点之后，才能保证水中胺和氨被全部氧化分解。折点氯化法最突出的优点是通过正确控制加氯量和对流量进行均化，去除废水中的全部氨氮，缺点是处理成本较高。因此，常将其用于深度脱氮处理，所需的实际氯气量取决于温度、pH及氨氮浓度。虽然氯化法反应迅速，处理效果稳定，不受水温影响，所需设备投资少，但副产物氯胺和氯代有机物会造成二次污染，液氯的安全使用和贮存要求较严，处理成本较高，一般用于给水处理，不适合处理大水量的高浓度氨氮废水。

③ 磷酸铵镁沉淀（MAP）法　MAP法是通过在废水中投加镁化合物和磷酸或磷酸氢盐，生成磷酸铵镁沉淀，从而去除废水中的氨氮。用磷酸铵镁沉淀法处理氨氮废水，在pH值为8.5，反应时间为20min、$n(PO_4^{3-}):n(Mg^{2+}):n(NH_4^+)=1.2:1.1:1$的最佳条件下，对氨氮的去除率为97.6%。采用加入足量饱和的$Ca(OH)_2$溶液的方法，可使上层清液中多余的Mg^{2+}与PO_4^{3-}生成$Mg(OH)_2$和$Ca_3(PO_4)_2$沉淀，离心后再用浓硫酸溶解，可达到回用的目的，而处理后上清液中剩余磷酸盐$<1mg/L$，达到《污水综合排放标准》（GB 8978—1996）的二级排放标准。所得$MgNH_4PO_4$沉淀经加热碱溶后回用，$MgNH_4PO_4$沉淀的回用小于6次时，对氨氮的去除率在80%左右；所得$MgNH_4PO_4$沉淀经加酸溶解后再回用，对氨氮的去除率最高为35%。MAP法每沉淀1kg氨氮的用药量及产物回收情况见表5-11。

表5-11　MAP法每沉淀1kg氨氮的用药量及产物回收情况

药品用量			MAP沉淀产物	
镁/kg	磷/kg	NaOH	生成量/kg	价值/美元
1.90	2.0	少量		
1.71	2.21	少量	17.5	3.5～5.8

④ 氨吹脱法　空气吹脱法是在碱性条件下，大量空气与废水接触而使其中的氨氮转换成游离氨被吹出，从而去除废水中的氨氮。此法也叫氨解吸法，解吸速率与温度、气液比有关。当投加石灰使水体pH>11、气液比为3000：1时，经逆流塔吹脱后氨氮去除率可达90%以上。该法适于高氨氮废水的预处理，脱氮率高，操作灵活，占地小，但NH_3-N仅从溶解状态转化为气态并没有彻底去除。当温度降低时，脱氮率会急剧下降。同时脱氮率也受吹脱装置大小及长径比例、气液接触效率的影响。随着使用时间的延长，装置及管道内易产生$CaCO_3$沉淀。该法需不断鼓气、加碱，出水需再加酸调低pH，以致处理费用相对较高。此外，该方法还存在一个很大的缺点，即吹脱气体携带大量氨气直接进入大气而造成二次污染。

（3）物化生物联合法　通过对以上各种氨氮脱除方法的比较可知，生物脱氮技术具有处理效果好、处理过程稳定可靠和操作管理方便等优点，为水体中氨氮的去除提供了有效手段。生化法对氨氮的去除形式多种多样，经济且无二次污染。但是高浓度的氨氮对微生物的活性会有抑制作用，从而导致出水水质难以达标排放。另外，如仅靠生物处理进行硝化或反硝化脱氮，必须外加碳源并改变碱度，致使处理费用偏高。因此，为了减轻生物处理的负荷，必须对高氨氮废水进行预处理。目前，常用的预处理方法有空气吹脱法、絮凝沉淀法、折点加氯法、沸石吸附法、蒸氨法等。絮凝沉淀法虽然可以用于高氨氮废水的预处理，但运行费用高；折点加氯法和沸石吸附法都适用于深度处理，但前者液氯费用太高且难保存，而后者再生液的处理仍是一个问题；蒸氨法能耗大，成本高，且固定铵盐的脱除率低，总

NH_3-N 含量高，会使后续活性污泥生化处理的负荷较大；氨吹脱法具有工艺流程简单、处理效果稳定、基建费和运行费较低等优点，是高浓度氨氮废水最经济的预处理方法，同时又可以回收氨氮。

(4) 气水分离膜法 在气水分离膜的一侧是高浓度氨氮废水（也称料液），另一侧是酸性水溶液或水（也称吸收液，多采用酸）。当在料液侧温度 $T_1 > 20℃$，$pH_1 > 9$，$p_1 > p_2$ 保持一定压力差的条件下，废水中的 NH_4^+ 就变为游离氨 NH_3，经过料液侧界面扩散至膜表面，在膜表面两侧氨分压差的作用下，穿越膜孔，进入吸收液，迅速与酸性溶液中的 H^+ 反应生成铵盐。反应方程式如下。

$$2NH_3 + H_2SO_4 = (NH_4)_2SO_4$$

$$NH_3 + HNO_3 = NH_4NO_3$$

生成的铵盐质量浓度可达 20%～30%，成为清洁的工业原料。而废水中的氨氮可以降至 15mg/L 以下，也可以根据生物处理的需要，将氨氮浓度降到某一规定值。

① 化工厂氨氮废水处理工艺流程　针对高浓度的氨氮废水，利用磁电催化，在催化剂作用下，控制最优条件，能够将水中有机氮无机化，同时可产生显著的絮凝作用。污水中不但有机氮能够转化为氨氮，而且有机物能够得到显著地去除，特别是对能够干扰气水分离膜分离效果和对膜造成污染的大分子有机物。生产应用结果表明，在磁电催化阶段，大分子有机物被部分氧化后，其在水中的稳定性大幅度下降，从而形成很大的絮体，很容易被从水中沉淀分离出来。水中剩余的成分主要是氨氮、无机盐和一些小分子有机物，这部分水可进一步利用气水分离膜，处理后的废水达标排放。

② 垃圾场渗滤液处理　新场工艺流程：垃圾渗滤液→电位（pH）调整→磁电催化→沉降澄清→高效纤维滤器→保安过滤器→脱氨氮气水分离膜催化氧化系统（GLSM）（铵盐回收）→生化系统→催化氧化系统→合格排放水

此工艺适用于比较“年轻”的填埋场，渗滤液的生化性相对较好。首先，利用气水分离膜脱除部分氨氮，将渗滤液的 C/N 调至最佳值。然后，利用生化系统处理此渗滤液，如 UASB、MBR 等。如果生化系统出水仍达不到排放标准，可以后续催化氧化系统，最终出水合格排放。此工艺的特点是能够将渗滤液最大限度的达标外排，没有浓水回灌问题，避免恶性循环。

③ 垃圾场渗滤液处理　老场改造工艺流程：垃圾渗滤液→电位（pH）调整→磁电催化→沉降澄清→高效纤维滤器→保安过滤器→脱氨氮气水分离膜系统→超滤→纳滤系统 $\xrightarrow{\text{浓水回垃圾填埋场}}$ 催化氧化→合格排放水（氨氮≤8mg/L，COD≤100mg/L）

此工艺适用于比较“年老”的填埋场，渗滤液的可生化性很差，生化法不理想的情况下。

截至 2008 年前所用的垃圾液处理工艺，一般是生化的较多。而 2008 年后所用的工艺为：UASB→MBR→NF→RO 典型工艺，投资较高，运行费用高，运行效果不理想。

GB 16889—2008 表 2 中规定：2008 年 7 月 1 日前建场的渗滤液排放标准执行总氮 40mg/L，氨氮 25mg/L，COD 100mg/L。根据此要求目前垃圾场用生化处理后需要进一步对氨氮进行处理，当 COD 达标而氨氮出水不理想时，其解决的办法较简单，在其原工艺后面加一套气水分离膜设备便直接将氨氮脱到 8mg/L 以下便可。当 COD 和氨氮全部不理想时，首先原工艺流程的后面加入气水分离膜脱除氨氮到 8mg/L 以下，再将氨氮达标的渗滤液经过超滤预处理后送入纳滤系统。纳滤膜的截留COD效果和脱色效果均很好，纳滤膜具有部分脱盐性，对二价离子有较好的截留，但对单价离子的截留率低，膜的污染速度减缓，渗滤液的浓缩倍率较高。

与反渗透相比较，纳滤系统较大降低了系统的投资费用和运行成本，且浓水的回灌比例减少。利用此工艺对天津双口垃圾发电厂的渗滤液进行处理，原水COD 20200mg/L，BOD 2470mg/L，氨氮1430mg/L，经过气水分离膜＋纳滤＋催化氧化的组合工艺处理，出水氨氮小于8mg/L，COD小于100mg/L，符合GB 16889—2008中表2的排放标准。

5.2 应急污染场地土壤修复技术

5.2.1 应急污染土壤修复技术综述

土壤是地球陆地表面能获得植物收获的疏松表层，是地球上大多数生物生长、发育和繁衍栖息的场所，更是人类生存和发展的基础，是人类工作的对象。同时，人类的生活、生产活动也对土壤本身产生影响，这既包括促进了土壤的形成和发展，也包括使土壤发生退化和污染。

土壤污染物包括的范围很广泛，其中石油烃、重金属、持久性有机污染物（POPs)、富营养的废弃物、其他工业化学品、致病生物和放射性核素等对土壤污染很严重。生活污染源、农业污染源、工业污染源、商业污染源和其他污染源等都是土壤污染源所涉及的。土壤因吸附能力、氧化还原作用及土壤微生物分解作用，可缓冲污染物所造成的危害，以上统称为土壤自净能力。土壤自净作用的机理，既是土壤环境容量的理论依据，又是选择针对土壤环境污染调控与污染修复措施的理论基础。尽管土壤环境具有多种净化作用，而且也可通过多种措施来提高土壤环境的净化能力，但其净化能力毕竟是有限的，预防土壤污染是保护土壤环境的根本措施。

土壤修复与空气和水污染的治理不同，其耗时长、耗资大、处置过程更复杂，而且很容易产生二次污染。再加上我国土壤污染防治面临的形势很复杂：部分地区土壤污染严重，土壤污染类型多样，呈现新老污染物并存、无机有机复合污染物并存的局面，因而土壤修复工作就显得更为重要和复杂。目前土壤污染的主要修复技术有工程修复、物理-化学修复、生物修复及其联合修复技术在内的污染土壤修复技术体系已经形成，并积累了不同污染类型场地土壤原位、异位或综合修复技术的工程应用经验。

5.2.2 突发性土壤污染事故的分类及特点

目前，我国城市化、工业化、农业集约化正在不断发展，未经处理的废弃物被转移到土壤当中，并由于自然因素不断汇集、残留在土壤环境中。根据环境中的污染物可分为单一污染，复合污染和混合污染等。从污染物的来源可分为农资（化肥、农药、农用薄膜等）污染，工业三废（废水、废气、废渣）污染和城市生活垃圾（污水，固体废物，吸、排气）污染型。可见，土壤污染和退化具有复杂、数量大、持久性、毒性等特征，我国土壤污染退化的总体形势已从局部蔓延到区域，从城市郊区延伸到农村，从单一污染扩展到复合污染。按照污染源的性质主要分为重金属污染、有机物污染、放射性污染、病原菌污染、固体废物污染等几种类型。其中重金属污染和有机物污染是最常见的类型。

5.2.2.1 重金属污染

重金属一般指密度在4.5g/m^{3}以上的45种元素。砷、硒是非金属，但它们的毒性及某些性质与重金属相似，所以砷、硒也被列入重金属污染物范围。环境污染所说的重金属污染物，主要是指生物毒性显著的汞、镉、铅、铬，以及类金属砷，还包括具有毒性的重金属锌、铜、钴、镍、锡、钒等污染物。

土壤重金属污染是指人类活动将重金属或其化合物加入到土壤中，致使土壤中重金属含量明显高于原有含量，并造成生态环境质量恶化的现象。重金属污染土壤的主要方式有：①土壤中的重金属通过雨水淋溶作用向下渗透，导致地下水污染；②受污染的土壤直接暴露在环境中，通过土壤颗粒物等形式直接或间接地被人或动物所吸收；③外界环境条件的变化如酸雨、某些土壤添加剂等因素提高了土壤中重金属的生物可利用性，使得重金属较容易地为植物吸收利用而进入食物链，对食物链上的生物产生毒害。

根据农业部环保监测系统对全国24个省市、320个严重污染区约548万公顷土壤调查发现，大田类农产品污染超标面积占污染区农田面积的20%，其中重金属污染占80%，对全国粮食调查发现，重金属Pb、Cd、Hg、As超标率占10%。

5.2.2.2 有机物污染

土壤有机污染是由有机物引起的土壤污染。土壤中主要有机污染物有农药、三氯乙醛、多环芳烃、多氯联苯、石油、甲烷、有害微生物等，其中农药是最主要的有机污染物。

土壤中有机污染物按降解性难易分成两类：①易分解类，如2,4-D、有机磷农药、酚、氰、三氯乙醛；②难分解类，如2,4,5-T、有机氯等。在生物和非生物作用下，土壤中有机物可转化和降解成不同稳定性的产物，或最终成为无机物，特别是土壤微生物起着重要作用。土壤有机污染可造成作物减产，如用含三氯乙醛废酸制成的过磷酸钙肥料可造成小麦、水稻大面积减产，可引起污染物在植物中残留，如DDT可转化成DDD、DDE成为植物残毒。

我国是有机农药生产和使用大国，每年使用的农药量达到50万～60万吨，其中约有80%的农药直接进入环境，每年使用农药的土地面积在2.8亿公顷以上。农药品种有120余种，大多为有机农药。我国平均每公顷农田施用农药13.9kg，比发达国家高约1倍，利用率不足30%，造成土壤污染，目前受农药污染的土地面积已超过1300万～1600万公顷。

许多多环芳烃（PAHs）可致癌，还具有破坏造血和淋巴系统的作用，并能使脾、胸腺和隔膜淋巴结退化，抑制骨骼形成。全国主要的农产品中PAHs超标率高达20%以上。

5.2.2.3 石油污染

随着我国社会经济的繁荣和发展，人们对石油的需求越来越大，从而推动了石油开采事业的发展。然而由于技术与管理的缺陷，大量的原油直接或间接流入土壤，从而将土壤污染。土壤是人类赖以生存、生产的自然资源，人们在石油开采和提炼过程中，导致石油对土壤的污染，其一方面是主要能源物质的损失；另一方面严重影响人们对土壤的利用面和利用效率。

石油是由上千种化学特性不同的化合物组成的复杂混合体，石油的主要成分是烃类（烷烃、环烷烃和芳香烃），约占97%～99%；非烃类化合物（含氧化合物、含硫化合物、含氮化合物、胶质和沥青质）通常只占石油成分的1%～2%。石油污染泛指原油和石油初加工产品（包括汽油、煤油、柴油、重油、润滑油等）及各类油的分解产物所引起的污染。石油污染主要是在勘探、开采、运输以及储存过程中引起的，在石油利用过程中大面积的土壤一般都受到严重的污染，石油对土壤的污染多集中在20cm左右的表层。污染物以有机污染物为主，污染面积一般很大，污染物的浓度分布不均匀，污染物的深度通常不深。石油开采土壤污染治理的保护目标主要为地表水、地下水和生态环境系统，其修复模式为减少土壤中污染物的含量，修复技术以生物修复为主。

石油对土壤的污染，有着与其他土壤污染不同的特征。石油流入土壤，从而将土壤污染，以至于石油灌满一定深度土壤的空隙，影响土壤的通透性，破坏原油的土壤水、气和固的三相结构，影响土壤中微生物的生长，也影响土壤中植物根系的呼吸及水分养料的吸收，甚至使植物根系腐烂坏死，严重危害植物的生长。且土壤中的石油随土壤中水的运行而运行，不断地扩散到它处或深处。此外，因为石油富含反应基能与无机氮、磷结合并限制硝化作用和脱磷酸作用，从而使土壤有机氮、磷的含量减少，影响作物的营养吸收。另外，石油是种混合物，其中烃不易被土壤吸附的部分能渗入地下水，污染地下水，导致地下水水质恶化。石油中的某些苯系物质和多环芳烃具有致癌、致病变和致畸形等作用，这些污染土壤中的物质，经食物链的传递进入人体，在人体中积累，当积累的量达到人体所能承受的最大程度时，则严重危及人体的身体健康，甚至危害生命。故土壤的石油污染应引起高度的重视，应多方面地进行治理，其中对已经得到石油污染的土壤的修复是关键一环。

5.2.2.4 化肥污染

化肥污染是农田施用大量化肥而引起水体、土壤和大气污染的现象。农田施用的任何种类和形态的化肥，都不可能全部被植物吸收利用。化肥利用率，氮为30%～60%，磷为2%～25%，钾为30%～60%。未被植物及时利用的氮化合物，若以不能被土壤胶体吸附的NH_4^+-N的形式存在，就会随下渗的土壤水转移至根系密集层以下而造成污染。可导致河川、湖泊和内海的富营养化；土壤受到污染，物理性质恶化；食品、饲料和饮用水中有毒成分增加。

土壤受到污染，土壤物理性质恶化。长期过量而单纯施用化学肥料，会使土壤酸化。土壤溶液中和土壤微团上有机、无机复合体的铵离子量增加，并代换Ca^{2+}、Mg^{2+}等，使土壤胶体分散，土壤结构破坏，土地板结，并直接影响农业生产成本和作物的产量和质量。食品、饲料和饮用水中有毒成分增加。亚硝酸盐的生物毒性比硝酸盐大5～10倍，亚硝酸盐与胺类结合形成的*N*-亚硝基化合物则是强致癌物质（见*N*-亚硝基化合物与癌）。使用化肥的地区的井水或河水中氮化合物的含量会增加，甚至超过饮用水标准。施用化肥过多的土壤会使蔬菜和牧草等作物中硝酸盐含量增加。食品和饲料中亚硝酸盐含量过高，曾引起小儿和牲畜中毒事故。化学肥料中还含有其他一些杂质，如磷矿石中含镉1～100mg/L，含铅5～10mg/L，这些杂质也可造成环境污染。

5.2.2.5 放射性污染

放射性能源的开发利用在医疗、科研、工业等领域都有着不可或缺的地位，给人类的生活带来便捷。然而，随着科技的日益发展，放射性能源在各个领域的发展给人类的生存环境带来了一定的危害。其中，最令人担心的问题是土壤中放射性能源物质的污染。放射性物质进入土壤后，能在土壤中积累，将有害物质转移到植物（食作物、果树、蔬菜）体内，并通过食物链进入人体，从而危害到人类的身体健康。土壤污染对生态环境质量、食品安全、人体健康和社会经济持续发展构成的严重威胁已引起人们的高度重视。

土壤中放射性污染及主要来源放射性污染是指在生产、生活活动中排放放射性物质，造成改变环境放射性水平，使环境质量恶化，危害人体健康或者破坏生态环境的现象。

土壤中放射性污染的主要来源分为两类：天然放射性来源和人为放射性来源。

① 天然放射性来源是指在天然产物中发现的放射性元素，其元素种类主要包含^{40}K、^{238}U、^{232}Th、^{226}Ra等。它们通过放射性衰变，产生一系列的放射性子体，广泛分布于土壤和岩石中。地壳是天然放射性核素的重要贮存库，然而天然放射性核素在土壤中的含量很低，对人体的生活影响不大。

② 人为放射性污染是土壤污染的主要来源，主要包括两方面来源：①科研放射性。科研工作中广泛应用放射性物质，除了原子能利用研究单位外，金属冶炼、自动控制、生物工程、计量等研究部门，几乎都有涉及放射性方面的试验。在这些研究工作过程中，都有可能造成放射性污染。大气层核试验产生的放射性落下灰尘是迄今土壤放射性污染的主要来源。例如美国于1954年的3月将1颗600万吨以上TNT当量的氢弹放置在马绍尔群岛比基尼环礁，导致致命的永久污染区近2万平方千米。②核工业排放的废弃物。核工业中核燃料的开采、提炼、精制和核燃料元件的制造，都会有放射性废物的产生和废水、废气的排放，这些废弃物的排放都会给土壤环境带来一定的污染。美国曾有报道，地下掩埋的放射性废物($3\times10^6m^3$)污染土壤面积约为$7\times10^7m^3$、地下水$3\times10^9m^3$。除此之外，核电站事故产生的污染也是土壤放射性污染的主要源头之一，如2011年发生的日本福岛第一核电站的未处理土壤进料斗滚筒洗涤反应器、澄清离子交换柱、蒸发罐、再生罐、渗滤液储罐以及带式压滤机污染物的固化处理后的土壤，回收垃圾、渗滤液储罐、土壤洗涤过程简化流程性事故，严重污染了土壤地表面和地下水，据统计受污染的水达到了1.15万吨。可见，人为放射性污染给人类健康带来了严重的后果。

放射性污染土壤的修复方法很多，只有极少数方法投入使用。而植物修复方法的优点更为明显，操作简便，价格便宜，适合于大面积受污染土壤的修复。我们需要寻找更多的超常积累放射性元素的本土植物，提高修复效率，同时也可以通过微生物和植物结合的方法更有效地对受污染的土壤进行修复，然而微生物修复有可能会造成土壤的二次污染，这是我们今后需要考虑并予以解决的问题，从而使放射性污染土壤得到治理。

5.2.2.6 固体废物污染

固体废物又称垃圾，是指人类在生产过程和社会生活中丢弃的固体或半固体物质。“废弃物”只是相对而言的概念，在某种条件下为废物的，在另一种条件下却可能成为宝贵的原材料或另一种产品。因此，固体废物的资源化，正为许多国家所重视。

(1) 固体废物来源 固体废物来自人类活动的许多环节，主要包括生产过程和生活过程的环节。表5-12列出从各类发生源产生的主要固体废物。

表5-12 从各类发生源产生的主要固体废物

发生源	产生的主要固体废物
矿业	废石、尾矿、金属、废水、碎瓦和水泥、砂石等
冶金、金属结构、交通、机械等工业	金属、渣、砂石、陶瓷、涂料、管道、绝热和绝缘材料、黏结剂、污垢、废木、塑料、橡胶、纸、各种建筑材料、烟尘等
建筑材料工业	金属、水泥、黏土、陶瓷、石膏、石棉、砂、石、纸、纤维等
食品加工业	肉、谷物、蔬菜、硬果壳、水果、烟草等
橡胶、皮革、塑料等工业	橡胶、塑料、皮革、纤维、染料等
石油化工工业	化学药剂、金属、塑料、橡胶、陶瓷、沥青、油毡、石棉、涂料等
电器、仪器仪表等工业	金属、玻璃、木、橡胶、塑料、化学药剂、研磨料、陶瓷、绝缘材料等
纺织服装工业	纤维、金属、橡胶、塑料等

续表

发生源	产生的主要固体废物
造纸、木材、印刷等工业	刨花、锯末、碎木、化学药剂、金属、塑料凳
居民生活	食物、纸、木、布、庭院植物修剪物、金属、玻璃、塑料、瓷、染料、灰渣、脏土、碎砖瓦、废器具、粪便等
商业、机关	除同居民生活产生的固体废物外,另有管道、碎砌体、沥青及其他建筑材料、含有易爆、易燃腐蚀性、放射性废物以及废汽车、废电器、废器具等
市政维护、管理部门	碎砖瓦、树叶、死禽畜、金属、锅炉灰渣、污泥等
农业	秸秆、蔬菜、水果、果树枝条、人和禽畜粪便、农药等
核工业和放射性医疗单位	金属、含放射性废液、粉尘、污泥器具和建筑材料等

(2) 固体废物种类

① 按其组成可分为有机废物和无机废物。

② 按其形态可分为固态废物、半固态废物和液态(气态)废物。

③ 按其污染特性可分为有害废物和一般废物。

④ 在《固体废物污染环境防治法》中将其分为城市固体废物、工业固体废物和有害废物。

(3) 固体废物对环境的影响 固体废物对环境的污染不同于废水、废气和噪声。固体废物呆滞性大、扩散性小,它对环境的影响主要是通过水、气和土壤进行的。其中污染成分的迁移转化,如浸出液在土壤中的迁移,是一个比较缓慢的过程,其危害可能在数年以致数十年后才能发现。从某种意义上讲,固体废物,特别是有害废物对环境造成的危害可能要比水、气造成的危害严重很多。

工业固体废物特别是有害固体废物,经过风化、雨雪淋溶、地表径流的侵蚀,有些高温和有毒液体渗入土壤,能杀害土壤中的微生物,破坏土壤的腐解能力,甚至导致草木不生。这些有害成分的存在,还会在植物有机体内积蓄,通过食物链危及人体健康。

5.2.3 突发性土壤污染的过程

突发性土壤污染过程分为以下四个阶段。

(1) 接触阶段 污染物进入土壤的初始阶段,主要的接触形式有3种:①气型接触的污染:工业活动中的烟尘和废气排放物,首先污染大气,然后沉降到地表和土壤,以及汽车尾气的排放、农业农药的使用等。②水型接触的污染。③固体型接触的污染 。

(2) 反应阶段

① 以不同途径进入土壤中的污染物经过吸附-解吸、沉淀-溶解、氧化-还原、络合-解离、降解和积累放大等一系列的生态化学过程,参与土壤系统功能的表达,影响土壤的原始平衡。

② 污染物作用过程在改变土壤物理化学性质的同时,本身的形态、毒性、浓度等性质也发生相应的变化,污染物与土壤有机质及其他组分之间的相互作用,在影响各个子系统的正常代谢过程中改变了土壤生态系统整体平衡发展的趋势。

(3) 污染中毒阶段 污染物进入土壤并参与到土壤各个组分之间的物理化学反应当中,使土壤及其中的生命组分发生急性中毒或慢性中毒。

(4) 恢复阶段 急性中毒土壤一般很难恢复初始的健康状态,需要人为的力量才能恢复正常的功能表达;慢性中毒的土壤一般可以自然恢复。

5.2.4 应急污染土壤修复技术

5.2.4.1 土壤修复技术分类

按暴露情景分类：可以按“污染源-暴露途径-受体”对修复技术分类。对污染源进行处理的技术有生物修复、植物修复、生物通风、自然降解、生物堆、化学氧化、土壤淋洗、电动分离、汽提技术、热处理、挖掘等；对暴露途径进行阻断的方法有稳定/固化、帽封、垂直/水平阻控系统等；降低受体风险的制度控制措施有增加室内通风强度、引入清洁空气、减少室内外扬尘、减少人体与粉尘的接触、对裸土进行覆盖、减少人体与土壤的接触、改变土地或建筑物的使用类型、设立物障、减少污染食品的摄入、工作人员及其他受体转移等。

按处置地点分类：可分为原位修复技术和异位修复技术。原位修复技术又可分为原位处理技术和原位控制技术，常用的原位处理技术包括物理、化学和生物方法等。异位修复技术可分为挖掘和异位处理处置技术。

5.2.4.2 物理修复技术

(1) **工程修复技术** 土壤的工程修复技术主要包括排土、换土、去表土、客土和深耕翻土等措施。客土法是向污染土壤内加入大量的干净土壤，覆盖在表层或混匀，使污染物浓度降低或减少污染物与植物根系的接触。换土就是把污染土壤取走，换入新的干净土壤。翻土就是深翻土壤，使聚集在表层的污染物分散到土壤深层，达到稀释和自处理的目的。通过这些方法可以降低土壤中污染物的含量，减少污染物对土壤-植物系统产生毒害，从而使农产品达到食品卫生标准。翻土用于轻度污染的土壤，动土比较少，而客土和换土则是用于重污染区的常见方法。

工程措施是比较经典的土壤污染治理措施，它具有彻底、稳定的优点，但工程量大、投资费用高，会破坏土体结构，引起土壤肥力下降，并且还要对换出的污土进行堆放或处理。

(2) **物理分离技术** 物理分离技术主要应用在污染土壤中无机污染物的修复技术上，如图 5-7 所示，它最适合用来处理小范围污染的土壤，从土壤、沉积物、废渣中分离重金属、清洁土壤、恢复土壤正常功能。

大多数物理分离修复技术都有设备简单、费用低廉、可持续高产出等优点，但是在具体分离过程中，其技术的可行性，要考虑各种因素的影响。例如：①物理分离技术要求污染物具有较高的浓度并且存在于具有不同物理特征的相介质中；②筛分干污染物时会产生粉尘；③固体基质中的细粒径部分和废液中的污染物需要进行再处理。

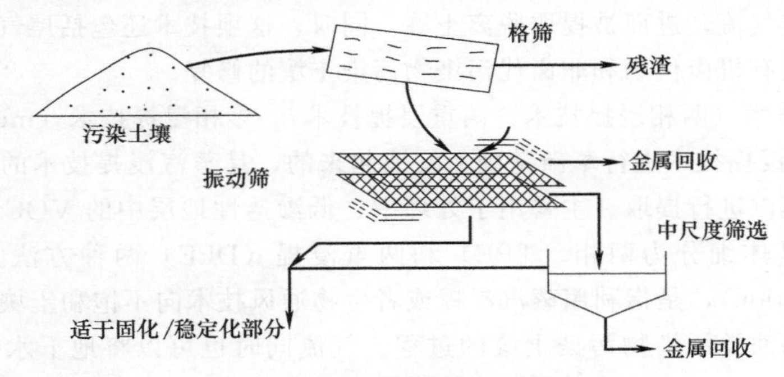

图 5-7 物理分离修复过程

(3) **气相抽提技术** 土壤气相抽提（简称 SVE）技术是去除土壤中挥发性有机污染物

(VOCs) 的一种原位修复技术。土壤气相抽提的基本原理是利用真空泵抽提产生负压，空气流经污染区域时，解吸并夹带土壤孔隙中的挥发性和半挥发性有机污染物，由气流将其带走，经抽提井收集后最终处理，达到净化包气带土壤的目的。

在场地修复应用中 SVE 系统涉及的污染土壤深度范围为 1.5～90m，主要应用于 VOCs、燃料油的土壤污染。一般要求有机污染物的亨利常数大于 0.01，或蒸气压大于 0.067kPa。由于 SVE 修复效果的影响因素较多，如土壤含水率、有机质含量、渗透性等，所以不同的场地会有不同的修复效果。实际应用中，可以通过地表铺设土工膜，避免短路，增加抽提井的影响半径，也可以抽取地下水，降低水位，增大包气带的厚度，提高 SVE 的效率。

SVE 技术不能单独使污染物降低到很低的标准，有时需要有后续的其他修复技术，如微生物降解修复等。SVE 方法不能去除重油、PCBs 或二噁英，但对于低挥发性的有机污染物可以通过气体的流动，改善其微生物原位修复的条件。

(4) 蒸汽浸提技术

① 土壤蒸汽浸提技术（soil vapour extraction，SVE）最早于 1984 年由美国 Terravac 公司研究成功并获得专利授权。它是指通过降低土壤孔隙的蒸气压，把土壤中的污染物转化为蒸气形式而加以去除的技术，是利用物理方法去除不饱和土壤中挥发性有机组分 (VOCs) 污染的一种修复技术，该技术适用于高挥发性化学污染土壤的修复，如汽油、苯和四氯乙烯等污染的土壤。

土壤蒸汽浸提技术是在污染土壤内引入清洁空气产生驱动力，利用土壤固相、液相和气相之间的浓度梯度，在气压降低的情况下，将其转化为气态污染物排出土壤外的过程。土壤蒸汽浸提技术利用真空泵产生负压驱使空气流过污染的土壤空隙，而解吸并夹带有机污染组分流向抽取井，并最终于地上进行处理。为增加压力梯度和空气流速，很多情况下在污染土壤中也安装若干空气注射井。

② 分类

a. 原位土壤蒸汽浸提技术　利用真空通过布置在不饱和土壤层中污染土壤的随空气进入真空井，气流经过后，土壤得到了修复。主要用于挥发性有机卤代物或非卤代物的修复，有时也应用于去除土壤中的油类、重金属及其有机物、多环芳烃或二噁英等污染物。

b. 异位土壤蒸汽浸提技术　异位土壤蒸汽浸提技术是指利用真空通过布置在堆积着的污染土壤中开有狭缝的管道网络向土壤中引入气流，促使挥发性和半挥发性的污染物挥发进入土壤中的清洁空气流，进而被提取脱离土壤。同时，这项技术还包括尾气处理系统。其主要用于处理挥发性有机卤代物和非卤代污染物污染土壤的修复。

c. 多相浸提技术（两相浸提技术、两重浸提技术）　多相浸提技术（multi-phase extraction）是土壤蒸汽浸提技术进行革新基础上发展起来的，是蒸汽浸提技术的强化，可以同时对地下水和土壤蒸汽进行提取。主要用于处理中、低渗透性地层中的 VOCs 及其他污染物。多相浸提技术可具体细分为两相（TPE）和两重浸提（DPE）两种方法。两相浸提技术 (two-phase extraction)，是指利用蒸汽浸提或者生物通风技术向不饱和土壤输送气流，以修复挥发性有机物和油类污染物污染土壤的过程。气流同时也可以将地下水提到地上进行处理，两相提取井同时位于土壤饱和层和土壤不饱和层，施以真空后进行提取。两重浸提技术 (dual-phase extraction) 既可以在高真空下也可以在低真空条件下使用潜水泵或者空气泵工作。

d. 生物通风技术　异位土壤蒸汽浸提技术与原位土壤蒸汽浸提技术相比的优点：ⅰ. 挖掘过程可以增加土壤中的气流通道；ⅱ. 浅层地下水位不会影响处理过程；ⅲ. 使泄漏收集变得可能；ⅳ. 监测过程变得容易进行。

③ 优缺点　采用原位土壤蒸汽浸提修复的污染土壤应具有高的渗透能力、大孔隙度以及不均匀的颗粒大小分布。影响异位土壤浸提技术发挥有效性的主要因素包括：挖掘和物料处理的过程中容易出现气体泄漏；运输过程中有可能导致挥发性物质释放；占地空间大；处理前直径大的块状碎石需提前去除；黏质土壤影响修复效果；腐殖质含量过高会抑制挥发过程。为了强化蒸汽浸提技术，出现了多相浸提技术，该技术同时对土壤和地下水蒸气进行提取。随着地下水位的降低，浸提过程就可以应用到新露出的土壤层中。该技术特别适用于处理中、低渗透性地层及地下水中的挥发性有机卤化物污染物，对于非卤化挥发性有机卤化物和石油烃化合物的修复技术也不错。该技术又包括两相浸提技术和两重浸提技术蒸汽浸提技术所需设备一般有：鼓风机、浸提井、真空系统、监测井和气体处理系统。多相浸提技术修复土壤的时间可由几个月至几年不等。原理是在污染土壤内引入清洁空气产生驱动力，利用土壤固相、液相和气相之间的浓度梯度，在气压降低的情况下，将其转化为气态的污染物排出土壤外的过程。土壤蒸汽浸提利用真空泵产生负压驱使空气流经受污染的土壤孔隙而解吸并夹带有机组分流向抽取井，并最终于地上进行处理。

特点如下。

a. 可操作性强；

b. 处理污染物的范围宽；

c. 可由标准设备操作；

d. 不破坏土壤结构；

e. 对回收利用废物有潜在价值等。

由于上述特点，很快被大量用于商业实践。美国到 1997 年已有几千个应用该技术进行污染土壤修复的实例。

土壤蒸汽浸提技术的研究在初期集中于现场条件下的开发与设计，现阶段流动模式大多是建立在汽液局部相平衡假定的基础上；另一个研究方向是对技术本身的改进和拓展，最重要的是原位空气注射（in-situ air sparging）技术，该技术将土壤蒸汽浸提修复技术的范围拓展到对饱和层土壤及地下水有机污染的修复。土壤蒸汽浸提技术分为原位土壤蒸汽浸提修复技术［图 5-8（a）］和异位蒸汽浸提修复技术［图 5-8（b）］。

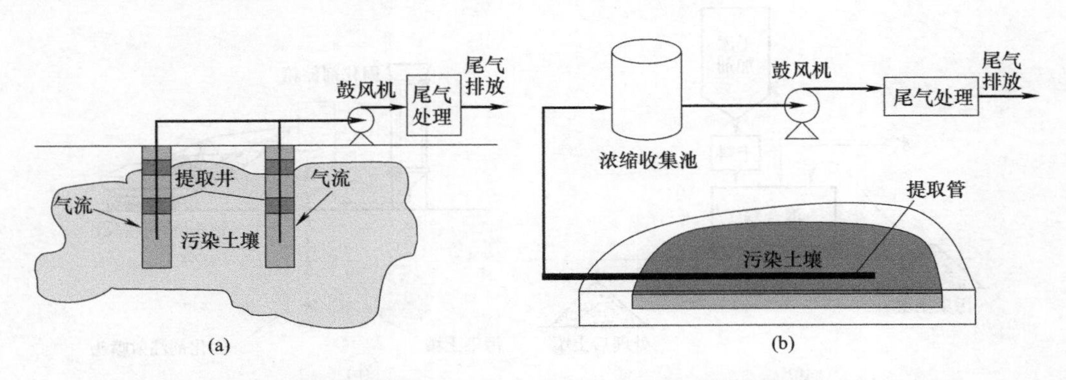

图 5-8　原位土壤蒸汽浸提修复技术（a）与异位蒸汽浸提修复技术（b）示意图

5.2.4.3 化学修复技术

(1) **固化/稳定化技术** 固化/稳定化技术（solidification/stabilization）是通过物理和化学的作用以稳定土壤污染物的一组技术。指向土壤添加黏结剂而引起石块状固体形成的过程。固化/稳定化技术采用的黏结剂主要是水泥、石灰和热塑料等，也包括一些专利的添加剂。

① 概念 固化/稳定化是指防止或者降低污染土壤释放有害化学物质过程的一组修复技术，通常用于重金属和放射性物质污染土壤的无害化处理，可以是原位也可以是异位，见图5-9。固化是指将污染物包被起来，使之呈颗粒状或大块状存在，进而使污染物处于相对稳定状态。稳定化是指将污染物转化为不易溶解、迁移能力或毒性变小的状态和形式，即通过降低污染物的生物有效性，实现其无害化或者降低其对生态系统危害性的风险。

② 原理 固化/稳定化技术一般常采用的方法为：先利用吸附质如黏土、活性炭和树脂等吸附污染物，浇上沥青，然后添加某种凝固剂或黏合剂，使混合物成为一种凝胶，最后固化为硬块。

③ 特点

a. 需要污染土壤与固化剂/稳定剂等进行原位或异位混合，与其他固定技术相比，无需破坏无机物质，但可能改变有机物质的性质；

b. 稳定化可能与封装等其他固定技术联合应用，并可能增加污染物的总体积；

c. 固化/稳定化处理后的污染土壤应当有利于后续处理；

d. 现场应用需要安装下面全部或部分设施：原位修复所需的螺旋钻井和混合设备，集尘系统，挥发性污染物控制系统；大型储存池。

④ 优势 可以处理多种复杂金属废物；费用低廉；加工设备容易转移；所形成的固体毒性降低，稳定性增强；凝结在固体中的微生物很难生长，不致破坏结块结构。

⑤ 影响因素

a. 物理机制：水分及有机污染物含量过高，部分潮湿土壤或者废物颗粒与黏结剂接触黏合，而另一部分未经处理的土壤团聚体或结块，最后形成处理土壤与黏结剂混合不均匀；亲水有机物对养护水泥或者矿渣水泥混合物的胶体结构有破坏作用；干燥或黏性土壤或废物容易导致混合不均。

b. 化学机制：化学吸附/老化过程；沉降/沉淀过程；结晶作用。

c. 其他因素：含油或油脂的污染土壤固化/稳定化后，其稳定性较差；污染土壤本身某些固定组分。

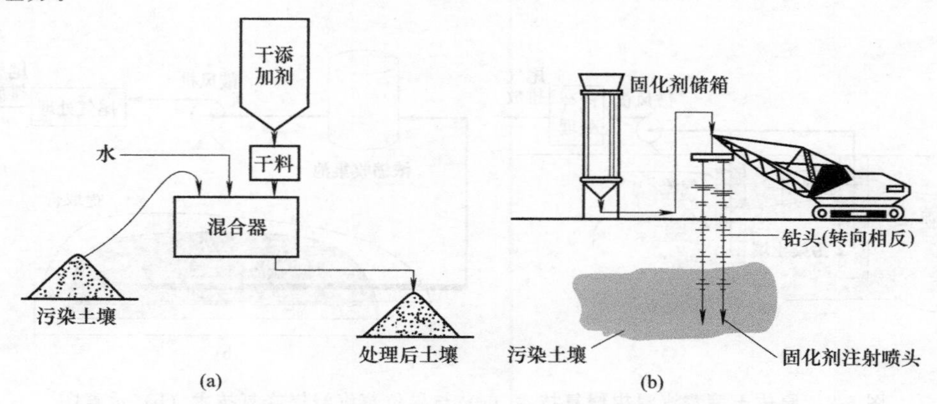

图 5-9 异位固化（a）与原位固化（b）修复污染土壤示意图

(2) **玻璃化技术** 玻璃化技术是指使用高温熔融污染土壤使其形成玻璃体或固结成团的技术。从广义上说，玻璃化技术属于固化技术范畴。化学溶剂清洗重金属技术、热处理技术、电化学修复技术、电修复更适合于治理渗透系数低的密质土壤。

(3) **化学淋洗技术**（soil leaching/flushing/washing） 化学淋洗技术是指借助能促进土壤环境中污染物溶解或迁移作用的溶剂，通过水力压头推动清洗液，将其注入被污染土层中，然后把包含有污染物的液体从土层中抽提出来，进行分离和污水处理技术。

① 优点 淋洗法/淋洗-提取法具有方法简便、成本低、处理量大、见效快等优点，适用于大面积、重度污染的治理。特别适用于轻质土和砂质土但对渗透系数很低的土壤效果不好。

② 主要影响因素

a. 土壤质地。如不同质地的土壤对重金属的结合力大小不同，一般的黏土比砂土对重金属离子有更强的结合力，使得结合在土壤颗粒上的重金属难以解吸下来，从而影响重金属的淋洗效率。

b. 土壤中有机质含量。土壤有机质的含量与污染物的吸附量成正比，土壤有机质含量较高时不利于污染物的去除。

c. 土壤阳离子交换容量。一般土壤阳离子交换容量越大，土壤胶体对重金属阳离子吸附能力也就越大，从而增加重金属从土壤胶体上解吸下来的难度。所以阳离子交换容量大的土壤不适合用化学淋洗技术修复。

d. 污染物的种类及含量。石油类污染物从土壤中洗出的难易程度与其性质、浓度及老化时间密切相关对原油来说，其组分比较复杂，各组分与土壤结合的紧密程度不同，去除的难易程度也不尽相同，不同的重金属与土壤矿物质的结合力大小不同，从而影响它们的淋洗。

e. 污染物在土壤中存在形态。如重金属元素常常以不同的形态存在于土壤中，各种不同形态的重金属具有不同的迁移能力和可解吸性。

f. 所选淋洗剂的种类。表面活性剂性质对其增溶作用的影响程度远小于有机物本身性质的影响，对于同一种有机污染物，不同表面活性剂的 K_{mc}值（有机物的分配系数）相差不大，都与该有机污染物的 K_{ow}（有机物的辛醇-水分配系数）在同一数量级。

g. 淋洗液的浓度。对于淋洗试剂浓度来说，污染物的去除效率通常随淋洗试剂浓度的增大而提高，并在达到某一定值后趋于稳定。

h. 淋洗时间。当到达一定的淋洗时间后，继续的淋洗对淋洗效果的提高可能是无效或者效果不明显的，所以每一次淋洗都有一个最佳的萃取时间。

i. pH 值。淋洗液的 pH 值影响到螯合剂和重金属的螯合平衡以及重金属在土壤颗粒上的吸附状态，从而对重金属的萃出有一定的影响。

j. 淋洗温度。淋洗温度对土壤中石油类污染物的去除效率影响很大，升高温度一般可以大大提高污染物的去除率，原因是升高温度可以使油膜在土壤表面的黏附能力减弱，降低油的黏度，增加油的流动性，促使淋洗试剂与污染物充分作用。液固比：液固比是指淋洗液与污染土壤的质量比，提高液固比一般会提高污染物的去除率，原因是提高液固比相当于提高了单位质量污染土壤所加入的淋洗液的量。

化学淋洗技术分为原位化学淋洗技术（图 5-10）和异位化学淋洗技术（图 5-11）。

(4) **化学固定技术** 化学固定是在土壤中加入化学试剂或化学材料，并利用它们与重金属之间形成不溶性或移动性差、毒性小的物质而降低其在土壤中的生物有效性，减少其向水体和植物及其他环境单元的迁移，实现污染土壤的化学修复方法。

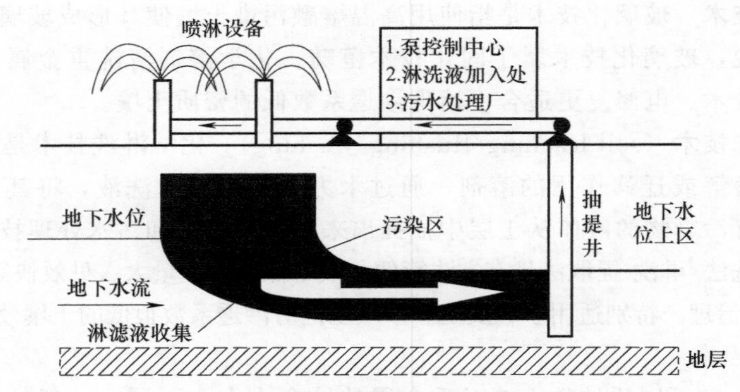

图 5-10　原位化学淋洗技术流程图

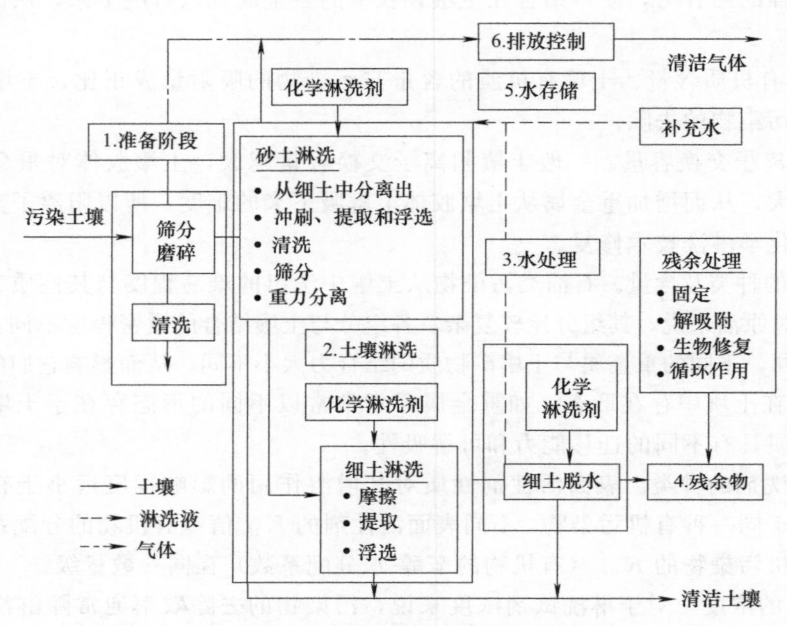

图 5-11　异位化学淋洗技术流程图

优缺点：①固定在土壤中的重金属在环境条件发生改变时，仍然可以从土壤中释放出来，变成生物有效形态；②固定剂的使用将在一定程度上改变土壤结构，同时对土壤微生物也可能产生一定影响；③进一步发展稳定性好，对土壤结构影响小的固定剂将是十分重要的。

(5) 农业生产对化学修复方法的应用（磷肥、有机物）　磷肥降低铅毒的主要机理：①是通过磷肥中的磷与土壤中各个非残渣态的铅反应生成更稳定的磷酸铅盐矿（主要是磷氯/羟基/氟铅矿沉淀），降低了土壤中 Pb 的移动性，从而降低了 Pb 对生物的毒性。②磷矿粉有极大的比表面，可以大量地吸附固定土壤溶液和胶体上的水溶性和交换态的 Pb，达到降低 Pb 生物有效性的效果。

有机质：向土壤施加有机物质能够提高土壤肥力的同时，可以增强土壤对重金属离子和有机物的吸附能力。通过有机物质和重金属的络合、螯合作用，使污染物分子失去活性，减轻土壤污染对植物和生态环境的危害。有机物质中的含氧功能团，如羧基、酚羟基等，能与金属氧化物、金属氢氧化物等金属-有机物配合。有机物质对重金属污染缓冲和净化机制主要表现在：参与土壤离子的交换反应；稳定土壤结构，提供微生物生物活性物质，为土壤微生物活动提供基质和能源，从而间接影响土壤重金属行为；是重金属的螯合剂。

(6) 热解吸技术（污染范围对土壤环境条件要求）

① 概念　热解吸技术是通过直接或间接热交换，将污染介质及其所含的有机污染物加热到足够的温度（通常被加热到150～540℃），以使有机污染物从污染介质上得以挥发或分离的过程。

② 分类　土壤或沉积物加热温度为150～315℃的技术为低温热解吸技术和温度达到315～540℃的高温热解吸技术。

热解吸技术可以分为两步：a. 加热被污染的物质使其中的有机污染物挥发；b. 处理废气，防止挥发污染物扩散到大气。加热可以分为直接接触加热（火焰辐射直接加热或燃气对流直接加热）和间接接触加热（通过物理隔离，如钢板，将热源与被加热污染物分开）两种热解吸系统可以进一步分为两类：连续给料系统和批量给料系统。连续给料系统采用异位处理方式，即污染物必须从原地挖出，经过一定处理后加入处理系统。连续给料系统既可采用直接加热方式，也可采用间接火焰加热方式。代表性的连续给料热解吸系统包括：直接接触热解吸系统-旋转干燥机；间接接触热解吸系统-旋转干燥机和热旋转。批量给料系统既可以是原位修复，如热毯系统、热井和土壤气体抽提设备，也可以是异位修复，如加热灶和热气抽提设备。

③ 修复处理过程的影响因素　土壤性质、温度、气流修复地点的实际条件；当地的土地利用状况；当地的气候条件；待修复污染土壤的体积或数量；污染土壤的运送；当地劳动人员和辅助设施的可得性和工资支付；可提供的工程施展空间；环保部门的准许。

④ 应考虑的问题

a. 场地特性。b. 水分含量：过多的水分含量会提高操作费用，因为水在处理过程中的蒸发也需要燃料。在处理尾气中加入水蒸气导致低的产废率，因为水蒸气也要同尾气和解吸下来的污染物一道进入处理设备中进行处理。这些低的产废率可归因于：过高的气流；热输入的限制。c. 土壤粒径分布与组成：确定土壤质地粗细的临界点是粒径大于或小于0.075mm（200目筛）所占的百分比。如果超过半数的土壤颗粒大于0.075mm，认为土壤质地是粗的，如果超过半数的土壤颗粒小于0.075mm，认为是细质土壤。d. 土壤密度（处理角度——质量；付费角度——体积）。e. 土壤渗透性与可塑性：土壤渗透性影响着将气态化的污染物引导出土壤介质的过程，黏土含量高或结构紧实的土壤，渗透性比较低，不适合利用热解吸技术修复污染土壤；土壤可塑性指的是未经休整的土壤的变形程度。f. 土壤均一性。g. 热容量。h. 污染物与化学成分。

⑤ 热解吸系统的适用范围

a. 热解吸系统可以用在广泛意义上的挥发态有机物、半挥发态有机物、农药，甚至高沸点氯代化合物污染土壤的治理与修复上。b. 温度范围。c. 可行性分析。d. 重金属污染物的影响。e. 其他因素：时间保证、公众的认可度、充足的能源、空间保证、资金保证。

(7) 电动修复

① 概念　是利用电动力学的方法从饱和土壤层、不饱和土壤层、污泥、沉积物中分离提取重金属、有机污染物的过程。

② 原理　电动力学修复技术是把电极插入受污染的地下水及土壤区域并通入直流电，发生土壤孔隙水和带电离子的迁移，土壤中的污染物质在外加电场作用下发生定向移动并在电极附近累积，定期将电极抽出处理，可将污染物除去。电动力学修复技术是一种新型高效

的去除土壤和地下水中污染物的新方法。

③ 技术优势　与挖掘、土壤冲洗等异位技术相比，电动力学技术对现有景观、建筑和结构等的影响最小。与酸浸技术不同，此方法改变土壤中原有成分的 pH 使金属离子活化，这样土壤本身的结构不会遭到破坏，且该过程不受土壤低渗透性的影响。与化学稳定化不同，此方法中金属离子从根本上完全被去除而不是通过向土壤中引入新的物质与金属离子结合产生沉淀。对于不能原位修复的土壤，可以采用对饱和层和不饱和层都有效的异位修复，特别是黏土含量高的土壤适用性强。

④ 对有机和无机污染物都有效的限制因素　污染物的溶解性和污染物从土壤胶体表面的脱附性能对该技术的成功有重要影响。需要电导性的孔隙流体来活化污染物埋藏的地基、碎石、大块金属氧化物，但这会降低处理效率。金属电极电解过程中发生溶解，产生腐蚀性物质，因此，电极需采用惰性物质，如碳、石墨等。污染物的溶解性和脱附能力限制了技术的有效应用。土壤含水量低于 10% 的场合，处理效果降低，非饱和层水的引入会将污染物冲洗出电场影响区域，埋藏的金属或绝缘物质会引起土壤中电流的变化。

5.2.4.4 生物修复技术

(1) 微生物修复　土壤微生物修复技术是一种利用土著微生物或人工驯化的具有特定功能的微生物，在适宜环境条件下，通过自身的代谢作用，降低土壤中有害污染物活性或降解成无害物质的修复技术。相较于化学修复技术和物理修复技术，微生物修复技术应用成本较低，对土壤肥力和代谢活性负面影响小，可以避免因污染物转移而对人类健康和环境产生影响。其完全无害，从而使污染的土壤部分地或完全地恢复到原始状态。比起常规的物理、化学修复方法，其最大特点是经济高效且不会形成二次污染，一些科学家形象地称之为替环境“天然排毒”。

微生物修复方法微生物的个体小，有相对大的比表面积，可以分解转化污染物。微生物修复的主要机理是：①微生物的吸收作用。微生物的生长除需 K、Na、Ca、Mg 等常规元素外，还需要一些具特殊生理功能的微量元素。②微生物的吸附作用。微生物表面（细胞壁和黏液层）可直接吸附固定放射性核素。如土壤真菌对放射性核素具有一定的吸附能力，可以利用土壤真菌将放射性核素固定在表土中，以防地下水污染。野外和实验室试验皆证实，菌丝可富集核素并最终将核素移至果实体中，可通过收获果实体来提取放射性核素。③微生物转化作用。微生物影响放射性核素的生物可得性，土壤微生物对环境中放射性核素的活化与固定起重要作用，菌根菌是土壤中大量存在的微生物，与植物形成共生关系，在植物吸收放射性核素中扮演着重要角色。如 Lovley 等用 Fe(Ⅲ) 还原细菌 Gs215，在一定试验条件下分别从氯化铀酰［c(U) 为 1mmol/L］和醋酸铀酰［c(U) 0.135mmol/L］的试验液中还原沥青铀矿，Fe(Ⅲ) 还原细菌 Gs215 从还原过程中获得能生存 *Desulfovibriodesulfuricans* 和 *D. vulgaris*。同样，能够还原的还有，硫酸盐还原菌（Ⅵ)，且这些微生物能够从还原过程中获得用于生长的能量。Rufyikiri 等的试验研究表明，AM 真菌和根的分泌物会改变 U 的生物有效性，如 AM 菌丝上结合的球囊霉素能固定介质中的 U。彭国文等研究了一种新型的生物修复剂，修饰啤酒酵母菌对铀的吸附性最佳条件为 pH 值 6.0、吸附时间 1.8 h。微生物的修复方法可以有效减少土壤中的放射性元素，但是易改变土壤的性质，造成土壤的二次污染。

(2) 土壤微生物修复原理　重金属污染土壤的微生物修复原理主要包括生物富集和生物转化等作用方式，生物富集主要表现在胞外络合、沉淀以及胞内积累三种形式，生物转化的主要机理包括微生物对重金属的生物氧化和还原、甲基化与去甲基化以及重金属的溶解和有机络合配位降解转化重金属，改变其毒性，从而形成某些微生物对重金属的解毒机制。

土壤当中的大部分有机污染物可以被微生物降解与转化，降低或消灭污染物的毒害性。微生物修复技术具体指的是利用天然存在的或经由培养的功能微生物群，在适宜的条件中使微生物代谢功能得到促进或强化，最终降低有毒污染物的活性，或直接使其降解成为无毒物质。微生物降解有机污染物主要包括两种作用方式：一种是经由微生物所分泌的胞外酶进行降解作用；另一种是污染物经由微生物吸收至其细胞内之后，由胞内酶进行降解作用。微生物从胞外环境中吸收摄取物质主要通过主动运输、被动扩散、胞饮作用、促进扩散以及基团转位等方式进行。微生物降解与转化土壤中有机污染物的基本反应模式主要包括氧化作用，醛、醇、甲基的氧化，硫醚氧化，氧化去烷基化，过氧化，芳环裂解，苯环羟基化，环氧化以及杂环裂解等反应形式；还原作用，醇、乙烯基的还原，以及芳环羟基化等反应形式；基团转移作用，脱卤作用、脱羧作用以及脱烃作用等；水解作用，以及包括酯化、氨化、缩合、乙酰化以及双键断裂等其他反应类型。

微生物降解有机污染物主要依靠两种作用方式：其一，通过微生物分泌的胞外酶降解；其二，污染物被微生物吸收至其细胞内后，由胞内酶降解。微生物从胞外环境中吸收摄取物质的方式主要有主动运输、被动扩散、促进扩散、基团转位及胞饮作用等。微生物降解和转化土壤中有机污染物，通常依靠氧化作用、还原作用、基团转移作用、水解作用等基本反应模式来实现的。

(3) 土壤微生物修复技术方法 土壤微生物修复技术主要分为以下5类。

① 原位微生物修复 原位微生物修复技术不破坏土壤的基本结构，不需将土壤搬离现场，主要用于修复被有机污染物污染的土壤。通常直接向污染土壤中供应营养盐、氧源以及外源微生物等，以促进土壤中特异功能微生物和土著微生物的代谢活性，提高生物降解能力。原位修复技术主要有生物培养法、投菌法和生物通气法等方法。生物培养法指的是定期向土壤中投加营养物以及在代谢过程中作为电子受体的过氧化氢，以满足土壤中微生物的代谢活动，污染物被彻底转化成为 CO_2 与 H_2O。投菌法采用的是直接向受污染土壤中接入外源污染物降解菌，再投加营养物质的方式。生物通气法指的是进行鼓风机和抽真空机的安装，在污染土壤中打上深井，将空气强行排入后再抽出，去除土壤中的挥发性有机物质。可加入一定量的氨气提供氮源，以提升微生物活性、提高去除效率。

② 异位微生物修复 用异位微生物修复技术处理污染土壤时，需要挖出污染土壤，以进行集中的生物降解，主要技术包括预制床技术、厌氧处理法、土壤堆积法、堆肥法以及生物反应器技术等。预制床技术是在不泄漏的平台铺上石子与砂子，将遭受污染的土壤平铺其上（15～30cm），加入营养液和水，必要时，加入表面活化剂，定期翻动供氧，使土壤中微生物生长的要求得到满足。达到消除污染的最终目的。过程中流出的渗滤液必须及时处理，回灌至土层上以彻底清除。

③ 生物反应器技术 把污染的土壤转移至微生物反应器，加水混合搅拌成泥浆，调节pH至适宜状态，加入营养物质与表面活性剂，四川师范大学化学与材料科学学院的梁小龙在提供氧气的同时，使微生物与污染物得到充分的接触，以加速降解污染物，降解完成后进行过滤脱水再运回原地。此法的处理速度快，效果较好，但仅适用于小范围的污染治理工作。

④ 厌氧处理技术 适用于包括三硝基甲苯、PCB等的高维度有机污染的土壤处理，但

处理条件难以得到有效的控制，并容易产生中间代谢污染物，因此也较少应用。

⑤ 土壤堆积法、堆肥法处理　在污染土壤中直接掺入树枝、稻草、粪肥、泥炭等可以提高处理效果的易堆腐物质作为支撑材料，使用机械或压气系统进行充氧，加入石灰调节pH至适宜范围，进行高温降解有机物的固相反应过程。

总之，在选择污染土壤微生物修复技术时，应充分考虑各种修复方法的优缺点，结合污染物的类型、污染场地、污染状况等因素，充分发挥每种微生物修复方法的长处，加以灵活运用。

(4) 土壤微生物修复技术的问题与局限性　首先，与其他方法相比，这一技术治理污染土壤的时间相对较长。由于微生物遗传稳定性差、易发生变异，一般不能将污染物全部去除，很多情况下去除率也不如其他方法。

其次，特定的微生物只能降解特定化学物质，一旦化合物状态有所改变，就可能不会被同一微生物酶所降解，而在实际应用过程中土壤中的污染物形态种类各异且可能并不稳定。

最后，微生物对重金属的吸附和累积容量有限，而且须与土著菌株竞争，受环境影响显著。而微生物体内吸收的污染物可能会因为其新陈代谢或死亡等原因又释放到环境中。

(5) 土壤微生物修复技术在我国的发展现状及其未来的发展方向　目前，在中国已构建了农药高效降解菌筛选技术、微生物修复剂制备技术和农药残留微生物降解田间应用技术；也筛选了大量的石油烃降解菌，复配了多种微生物修复菌剂，研制了生物修复预制床和生物泥浆反应器。近年来，我国也开展了很多有机砷和持久性有机污染物如多氯联苯和多环芳烃污染土壤的微生物修复技术工作。目前已成功分离到能将PAHs作为唯一碳源的微生物如假单胞菌属、黄杆菌属等，以及可以通过共代谢方式对4环以上PAHs加以降解的如白腐菌等。建立了菌根真菌强化紫花苜蓿根际修复多环芳烃的技术和污染农田土壤的固氮植物-根瘤菌-菌根真菌联合生物修复技术。

总体上，微生物修复研究工作主要体现在筛选和驯化特异性高效降解微生物菌株，提高功能微生物在土壤中的活性、寿命和安全性，修复过程参数的优化和养分、温度、湿度等关键因子的调控等方面。微生物固定化技术因能保障功能微生物在农田土壤条件下种群与数量的稳定性和显著提高修复效率而受到青睐。

(6) 未来土壤微生物修复技术还需加强的几个方面

① 在挖掘现有高效微生物资源的基础上，继续筛选和驯化新的降解菌株，开展典型污染物微生物降解的基因组研究，以揭示其微生物遗传多样性与功能基因，在全面掌握污染物降解菌生理生化、遗传学特性基础上，重组构建污染物降解关键酶和功能优化的基因工程菌等。

② 由于土壤复合污染的普遍性、复杂性和特殊性，往往需要多途径、多方式的修复手段，发展微生物修复与其他现场修复工程的嫁接和移植技术，以达彻底修复之目的，在重金属和有机污染土壤的修复中显示出很好的应用前景。

③ 实验室的微生物修复研究因修复条件较为理想化，被干扰因素极少，其修复可能很好，而放大到现场条件下，干扰因素复杂。因此，微生物修复技术的工程化应用必须融合环境工程、水利学、环境化学及土壤学等多学科知识，构建出一套因地因时的污染土壤田间修复工程技术，并设计出针对性强、高效快捷、成本低廉的微生物修复设备，以实现微生物修复技术的工程化应用。

微生物修复是目前最具发展与应用前景的生物修复技术，但随着不断拓展的微生物修复范畴及内涵，尤其是对于污染土壤的生态系统，每种微生物修复技术在克服自身不足的基础上，还需进一步认识和解决所产生的新问题，包括新微生物资源的评价、新型污染物类型的发现、修复技术的高效应用和复合机制等方面。因此，今后我们将从污染土壤的修复过程与生态风险评估、微生物资源及其生物降解途径、微生物修复技术的污染场地应用、微生物修复的复合化或组合式修复技术研发等方面展开深入的研究。

5.2.4.5 联合修复技术

(1) 物理-化学联合修复技术 物理和化学修复是利用污染物的物理、化学特性，通过分离、固定以及改变存在状态等方式，将污染物从土壤中去除。这两种方法具有周期短、操作简单、适用范围广等优点。但传统的物理、化学修复也存在着修复费用高昂、易产生二次污染、破坏土壤及微生物结构等缺点，制约了此方法从实验室向大规模应用的转化。

近年来，研究者们通过对一些物理和化学修复方法的组合，有效地克服了某些修复方法存在的问题，在提高修复的效率，降低修复成本方面，取得了一定的进展，也为今后物理和化学修复的发展提供了新的思路。Dadkhah 等先用亚临界的热水作为介质，将 PAHs 从土壤中提取出来，然后用氧气、过氧化氢来处理含有污染物的水。通常状况下，由于极性较强，水对很多有机物的溶解度不高，但随着温度的升高，其极性降低，在亚临界状态已经成为 PAHs 的良好溶剂。用这种方法，土壤中 99.1%～99.9%的 PAHs 都被提取到水中，而经过氧化在水中残留的不超过 10%。此方法用水作为溶剂，具有成本低、对环境友好等优点。Flores 等报道了一种化学氧化与超声波联合修复甲苯和二甲苯污染土壤的技术。使用 Fenton 型催化剂和 H_2O_2，可以将有机物完全氧化成 CO 和 CO_2，整个反应过程在室温下进行，而且实施时间短。许多研究发现，氧化过程发生在有机物溶解在溶剂以后，而有机物的溶解是整个修复过程的限速步骤，使用超声波一方面可以显著加快这一过程；另一方面对氧化过程中的 OH 的形成起着重要的作用。

(2) 化学/物化-生物联合修复技术 生物修复，就是利用微生物、植物和动物将土壤中的污染物转化、吸附或富集的生物工程技术系统。生物修复具有成本低、不破坏土壤环境、污染物降解效率高、不产生二次污染、可原地处理、操作简单等优点。随着对土壤修复的要求的提高，生物修复越来越引起人们的重视。但生物修复也有其短期内难以克服的缺点：如生物修复周期长，往往需要几个月甚至几年的时间才能完成；用微生物进行原位修复，其结果可能会与实验室模拟有很大的差别；非土著微生物对生物多样性会产生威胁等等。

目前，物理、化学与生物的联合修复的研究很少，且方法主要集中在以一种修复技术为主，其他的作为辅助来进一步完善修复过程上，如用微生物降解物理修复中的污染物或者用某些化学物质加快生物降解过程等。石油中含有多种有机物质，如何治理石油污染也是一个世界性的难题。Goi 等最近报道了用化学氧化剂和微生物共同降解土壤中石油污染的方法。用化学氧化剂预处理过的土壤再用微生物降解，其降解效率明显比单独使用其中任何一种高。同时作者还指出，在联合修复过程中，控制氧化剂在合适的范围之内，才能保证较高的降解效率；另外，土壤的结构及其他理化性质对于降解的效果也有影响。Schippers 等通过向 *Sphingomonas yanoikuyae* 中加入来源于 *Candida bombicola* ATCC22214 的生物脂类表面活性剂，促进菲由晶体状态向溶解状态转化。荧光光谱检测发现，整个修复过程的限速步骤是菲的溶解过程而不是 *S. yanoikuyae* 对溶液中菲的吸收。因此，表面活性剂能够加速 *S. yanoikuyae* 的生物修复。另外一个有价值的方向是研究不同的物理、化学修复手段对土壤中土著微生物的影响。外部环境的变化会引起土壤中微生物的群落结构、代谢等一系列的变化。掌握了它的变化规律，一方面可以针对不同的土壤特征选择行之有效的修复手段；另一方面也为将来在更复杂的情况下进行多种手段的联合修复打下基础。动电技术是通过插入土壤的两个电极之间加入低压直流电场，使带有不同电荷的污染物向不同电极方向移动，进而将溶解于土壤溶液的污染物吸附去除的方法，此方法具有低能耗、易于控制等优点。经研究证明，此方法对铬、镉、铜、锌、汞等金属以及 PCB、TCE、苯酚、甲苯等有机物有比较好的去除效果。然而，动电修复对土壤微生物的影响却知之甚少。

(3) 微生物/动物-植物联合修复技术 生物技术应用到土壤修复中，大大提高了修复过程的安全性，降低了成本。目前，用于修复的生物主要是植物和微生物，另外还有少量的原生动物。植物作用于污染物主要有吸收、降解、转化以及挥发等几种方法。据报道，已经发现了超过 400 种的超富集植物，主要集中在对 Cu、Pb、Zn 等金属的治理上。微生物修复的机理包括细胞代谢、表面生物大分子吸收转运、生物吸附（利用活细胞、无生命的生物量、多肽或生物多聚体作为生物吸附剂）、空泡吞饮、沉淀和氧化还原反应等。土壤微生物是土壤中的活性胶体，它们比表面积大、带电荷、代谢活动旺盛。受污染的土壤中，往往富集多种具有高耐受性的真菌和细菌，这些微生物可通过多种作用方式影响土壤污染物的毒性。

然而，植物和微生物修复也都存在不足，比如植物修复缓慢、对高浓度污染的耐受性低，微生物的修复易受到土著微生物的干扰等。而植物与微生物的联合修复，特别是植物根系与根际微生物的联合作用，已经在实验室和小规模的修复中取得了良好的效果。根际是受植物根系影响的根土界面的一个微区，一方面，植物根部的表皮细胞脱落、酶和营养物质的释放，为微生物提供了更好的生长环境，增加了微生物的活动和生物量；另一方面，根际微生物群落能够增强植物对营养物质的吸收，提高植物对病原的抵抗能力，合成生长因子以及降解腐败物质等，这些对维持土壤肥力和植物的生长都是必不可少的。

这样一个修复体系的作用主要表现在以下几个方面：与植物共生去除土壤中的污染物。某些根际微生物在土壤中独立生长的速度很慢，但是与植物共生后则快速生长。并且一个单个微生物个体侵染植物后，可以迅速形成一个可以固定氮的结节，每个结节大约含有 10^8 个细菌。在重金属胁迫下，不同生物体都会产生金属硫蛋白。这是一类富含半胱氨酸、低分子量的蛋白，并可结合 Cd、Zn、Hg、Cu 和 Ag 等重金属。Sriprang 等报道了将金属硫蛋白四聚体基因导入细菌 *Mesorhizobium huakuii* subsp. *rengei* B3 中，并与植物 *Astragalus sinicus* 共生后，使植物对土壤中 Cd^{2+} 的吸收量增加 1.7～2.0 倍；改变污染物的性质通过释放螯合剂、酸类物质和氧化还原作用，根际微生物不仅会影响土壤中重金属的流动性，还可以增加植物的利用度。微生物的氧化作用能使重金属元素的活性降低，进而增加植物对重金属的吸收作用。一种荧光假单细胞菌（*Pseudomonas fluorescen* LB300）能在含有高达 270mg/L Cr^{3+} 的介质中生长，原因是它能还原 Cr^{6+}，在降低 Cr^{6+} 毒性的同时，也增加了植物对重金属的吸收能力；微生物促进植物生长，维持土壤肥力；土壤微生物几乎参与土壤中一切生物及生物化学反应，在土壤功能及土壤过程中直接或间接地起重要作用，包括对动物植物残体的分解、养分的储存转化及污染物的降解等。

因此，土壤微生物尤其是根际微生物的结构和功能，对维持超积累植物的生长、保持其吸附活力是必需的。微生物通过固氮和对元素的矿化，既增加了土壤的肥力，也促进了植物的生长。如硅酸盐细菌可以将土壤中云母、长石、磷灰石等含钾、磷的矿物转化为有效钾，提高土壤中有效元素的水平。根际促生细菌和共生菌产生的植物激素类物质具有促进植物生长的作用，如某些根际促生细菌（Plant growth promoting rhizobacteria，PGPR）能产生吲哚-3-乙酸（IAA），而IAA通过与植物质膜上的质子泵结合使之活化，改变细胞内环境，导致细胞壁糖溶解和可塑性增加来增大细胞体积和促进RNA、蛋白质合成、增加细胞体积和质量以达到促生作用。此外，许多细菌都可以产生细胞分裂素、乙烯、维生素类等物质，对植物的生长具有不同程度的促进作用。因此平衡植物根际微生物的微生态系统是保证土壤生物修复正常进行的重要环节。

随着对土壤污染认识的深入了解以及对环境保护和人类健康要求的提高，对土壤修复也就提出了更高的要求。而在土壤这样不均一的复杂体系中，想要通过单一的方法达到这样的目的面临着很大的困难，物理、化学、生物等多种技术的综合利用将会成为未来的发展趋势，近来发展起来的化学生物联合修复以及植物微生物联合修复就是典型的代表。就现有的技术来看，还存在着以下几方面的问题：①研究主要集中在实验室或小规模的模拟试验上，在复杂条件下的大规模实际应用的效果还需要进一步验证，另外，如何加快科学研究向应用甚至商业化的转化也是亟待解决的难题；②较少见各种修复手段对土壤中土著微生物的影响以及修复生物对生物多样性带来的威胁方面的研究，修复风险是现实存在的，对风险进行评估并将其控制在一定的范围之内，也是未来修复必须要考虑的问题；③不同的修复手段在修复周期、成本及副作用等方面存在着差异，需要将现有的技术进行有效地整合或者发展出新的更为有效的修复手段。

第6章　环境应急处置配套设施土建工程技术

6.1　概　　述

6.1.1　环境应急处置配套设施土建工程的基本概念

环境应急处置中的配套土建工程，是指在环境应急事件的处置过程中，依托土木工程相关技术，建造各类工程设施及其配套设施的技术总称，它既指工程建设的对象，即建在地上、地下、水中的各种工程设施，也指所应用的材料、设备和相应勘测设计、施工、保养、维修等技术。

6.1.2　环境应急处置配套设施土建工程的特点

环境应急处置项目中的土建工程，总体上来说属于传统土木建设工程范畴，其勘察、设计、施工等各个环节的工作方法遵循土木工程建设的一般规律。

土建工程作为环境应急处置中的组成部分，其工程对象主要是各类环境处置工程设施及其配套设施。其范围比较广泛，包括房屋建筑工程，地下工程，给水排水工程，道路工程等。一般来说，土建工程均在项目开始的第一时间内启动，是整个项目的保障性条件，对后续的环境处置项目能否顺利进行起到不容忽视的作用。

环境应急处置工程针对环境紧急事件，根据其独特的任务要求与目标，相对于常规的土木工程建设项目，其特殊性主要体现在以下几个方面。

(1) 时效性要求　环境应急处置项目针对环境紧急事件，更加强调快速部署、快速到位，以保证治理力量能够迅速地对污染物进行控制与进一步的处置。由此，配套设施作为先行建设项目，不同于常规的建设项目，从设计到施工，直至竣工投产的时间管理压力更大。

(2) 针对性要求　环境紧急事件形式多样，由其成因、主要污染物类型存在很多分类。在环境应急处置项目中，需根据现场状况、处置对象、工艺条件进行针对性的布置并进行区别考虑，编制针对性的设计方案与施工计划。在此过程中，特别值得重视的是：配套设施建设工作需针对不同现场环境与污染状况，做出调整。

（3）**可恢复性要求** 与一般性建筑不同，配套设施普遍考虑临时性使用需求，需易于拆除，以便在工程结束之后恢复原貌。

（4）**经济性要求** 配套设施普遍考虑临时性使用需求，需具备一定经济性，在设计及施工过程中，需对此方面做出针对性的布置与考虑。

6.1.3 环境应急处置配套设施的分类

环境应急处置工程中，一般对象是环境突发事件中的各类污染物，其主要形态包括固态、液态、气态等。诸如散逸于空气中的废气烟尘；散落于地表和地下环境中的固体废物，如天津港“8·12”事件中的主要污染物，各种形态的氰化物，就以不同形态分布于土壤及水体中。

针对不同的现场情况，处理方案及手段各异，各方案所使用设备及对运行场地的要求也不同，需修建不同的配套建筑物、构筑物。

建筑物主要为工业建筑，主要以安置各类处理设备的工业厂房为主。此外，也包括仓库、员工宿舍、值班室等其他功能性配套房屋。

构筑物主要包括：水处理项目中普遍需要的水工构筑物，如各型水池。土壤修复、固体废物处置项目中常用的挡土挡水构造物，如挡土墙和堤坝。此外，在工程实践中，面对不同的使用环境，地基处理是工作中不可忽视的要点，故而，本章中，将有关地基处理的经验单独列出。

6.2 环境应急处置中的配套设施土建工程的设计与勘察

6.2.1 配套工程设计勘察工作的主要思路

对一般意义上的工程而言，勘察设计是前期环节，是构思设计方案、完成设计图纸和设计文件的过程。其中首先要通过现场勘察、收集数据，了解原有资源情况，按项目功能特性进行全面科学分析，然后综合运用相关专业技术知识对设计项目进行构思设计，按时、按质完成项目的勘察设计工作。

对于环境应急处置中的配套设施建设而言，其勘察设计工作是项目的开始阶段，需要与相应工艺设计紧密结合。要做到充分的理解与沟通，保证配套设施建设方案充分满足工艺要求，在技术上合理有效、在经济上可行节约。

6.2.2 配套工程设计勘察工作的特殊性

在环境应急处置中的配套设施建设工作中，勘察设计作为最先期开始的工作阶段，其特殊性体现的尤其充分，往往面临着诸多困难情况，以“8·12”事件工程为例，存在以下难点。

① 项目时间非常紧迫，前期准备工作条件极其不充分；

② 项目场地选址及勘察工作条件受限制，最终不得不取消，对地基处理等工作造成很大影响；

③ 受到时间限制，工艺设计成果不完善，配套设施设计条件经常变更；

④ 建筑材料的选用和调运时间受到严格限制，设计方案的选择空间有限。

6.2.3 配套工程设计勘察工作的主要特点及对策

对于应急工作而言，由于前述环境应急处置的特殊性，除了一般建设项目的普遍经验以外，由于面对的特殊情况和特殊要求，勘察设计工作的开展往往是十分不利。笔者结合实际工作中的经验及自身体会，总结了部分建议，供读者及相关行业从业者参考讨论。

(1) 重视项目组织管理 应急项目时间非常紧迫，各个工作环节的时间均需进行很大程度的压缩，从而使得设计勘察阶段工作组织管理的重要性显得十分突出。

在此前提下，为提高项目运行效率，项目管理要求组织结构尽量扁平化，减少管理层级、降低管理幅度，从而减少项目办公室或项目经理的协调层次。

与之相应的，应落实项目负责人制度，不能把项目负责人作为简单的项目执行者，仅承担技术和协助计划部门管理进度、协调项目的责任。还应该赋予控制项目的相应责权，包括人权、财权、资源设备支配权。以及充分的预算成本资料，以负起有意义的成本责任。

(2) 重视项目时间管理 应急项目时间非常紧迫，各个工作环节的时间均需进行很大程度的压缩，从而使得设计勘察阶段工作时间管理的重要性显得十分突出（以滨海爆炸事故应急处置项目为例，从处理任务下达至主要水处理设备运抵处理现场，留给设计阶段的工作时间不足 7 天）。

在此条件下，勘察设计工作应特别强调项目的时间节点控制意识，在第一时间成立项目组并明确项目负责人及各主要专业负责人的职责范围，并在尽量短的时间内完成设计任务的明确，确定主要方案后，设计工作宜平行进行。在工作过程中，宜由项目负责人牵头，定期（一般不超过一天）对各专业分组进行进度及技术检查，保证技术路线和进度路线进展，并及时纠偏。

(3) 应灵活地选择工作组织形式 与一般建设工程类似的是，应急处置设施的建立通常也会包含若干专业，如工艺（水处理、土壤处理等）、结构、电气、水工等专业。而与一般建设工程的区别则在于，应急处置中各个专业内容之间的衔接工作十分紧密。

针对该种情况，在设计阶段应灵活的确定项目组织形式：对于规模大、技术复杂、设计专业繁且时间相对宽裕的项目，应在原有职能机构下，采用矩阵式组织形式，以保证项目的完整控制。对偏重于技术要求、突发性、政治性、时效性的项目，为提高工作效率，则以采用职能式组织形式为宜。在应急工程中，以后者居多。

(4) 重视结合新方法新技术，对工作方法加以改进 对于传统的设计工作而言，主要专注于技术路线的合理选择，主要工作形式为二维图纸的形式，在应急项目工作环境下，工作背景信息变动，组织协调沟通工作量大，复杂性大大增加，传统方式难以适应。作为从业者应及时地更新自己的知识库，提高工作效率。

总的来说，勘察设计环节是项目的开始，环境应急处置项目亦不例外。特殊的工作特点要求从业者在本工作阶段改进工作方法，在规范允许的范围内，尽可能提高工作效率，尤其是在项目中推广新方法新技术，这也是未来工作发展的方向。

6.3 配套建筑物主要工程技术介绍

环境应急处置工程中所涉及的建筑物主要为工业建筑。工业建筑是指从事各类工业生产及直接从事生产服务的房屋，直接从事生产的房屋包括主要生产房屋、辅助生产房屋，这些房屋常被称为“厂房”或“车间”。在环境应急处置的建筑中，大部分均属于厂房或车间。此外，为主要工艺服务的储藏、运输等的房屋设施也属于整个项目的有机组成部分。

在环境应急处置事件中，主要的应用为工业建筑，即生产性建筑，如主要生产厂房、辅助生产厂房、动力建筑、储藏建筑等。除此之外，还有供人员居住及活动的宿舍及办公室等。

在本书所涉及的范围内，考虑到应急工程的要求，所用的房屋建筑除正常使用功能之外，尤其要求施工便捷，可以迅速成型的结构。以下以轻型钢结构房屋为例进行论述。

本章将从设计角度入手，以实践中最常见的轻型钢结构建筑物为例，对相关工程技术进行介绍。

6.3.1 轻型钢结构建筑体系简介

轻型钢结构是在普通钢结构的基础上发展起来的一种新型结构形式，它包括所有轻型屋面下采用的钢结构，不仅仅指由圆钢、角钢和薄壁型钢组成的结构，它具有更广泛的内容。

轻钢结构中，“轻”有两层含义，一是指结构自重轻，二是指经济效益好。以房屋建筑结构为例，屋盖采用轻型屋面材料和结构体系每单位面积的用钢量指标，是判断和衡量是否为轻型钢结构建筑体系的两个重要因素；对其他结构形式，主要视用钢量而定。

与普通钢结构相比，有较好的经济指标。轻型钢结构不仅自重轻、钢材用量省、施工速度快，而且它本身具有较强的抗震能力，并能提高整个房屋的综合抗震性能。是目前工业厂房应用较广泛的一种结构。

一般而言。对于中小跨度的工业建筑，轻型刚架结构体系较为经济。对于大跨度或超大跨度的工业厂房和民用建筑，则选择屋盖体系为网架结构或网壳结构的轻钢结构更具有优越性。因此，轻型钢结构研究和开发的主要结构形式包括：单跨或多跨刚架结构体系；薄壁型钢桁架结构体系；轻型房屋钢网架或网壳结构体系；多层房屋轻型钢结构建筑体系。

刚架的形式具有以下特点。

① 采用轻型屋面，不仅可减小梁柱截面尺寸，基础也可相应减小。

② 在多跨建筑中可做成一个屋脊的大双坡屋面，为长坡面排水创造了条件。设中间柱可减小横梁的跨度，从而降低造价。中间柱采用钢管制作的上下铰接摇摆柱，占空间小。

③ 刚架的侧向刚度有檩条的支撑保证，省去纵向刚性构件，并减小翼缘宽度。

④ 刚架可采用变截面，截面与弯矩成正比；变截面时根据需要可改变腹板的高度和厚度及翼缘的宽度，做到材尽其用。

⑤ 刚架的腹板可按有效宽度设计，即允许部分腹板失稳，并可利用其曲后强度。

⑥ 竖向荷载通常是设计的控制荷载，但当风荷载较大或房屋较高时，风荷载的作用不应忽视。在轻屋面门式钢架中，地震作用一般不起控制作用。

⑦ 支撑可做得较轻便。将其直接或用水平节点板连接在腹板上，可采用张紧的圆钢。

⑧ 结构构件可全部在工厂制作，工业化程度高。构件单元可根据运输条件划分，单元之间在现场用螺栓相连，安装方便快速，土建施工量小。

6.3.2 轻钢结构基础的设计特点

(1) 受力特点分析

① 由于钢结构自振周期较长，而结构自重较轻，水平地震作用相对较小。水平控制荷

载多为风荷载加吊车水平制动荷载；

② 结构重量轻，风荷和吊车水平制动荷载相对较大，造成基础偏心较大；

③ 轻型钢结构厂房单层或单层带夹层基础多采用独立基础，而且埋深较浅。

(2) 基础的设计要求

① 基础设计原则：应满足《建筑地基基础设计规范》GB 50007—2011，偏心基础的设计相关规定。

② 厂房的设计要求：由于偏心荷载作用下基础底面反力不均匀性，可能使基础发生倾斜，甚至会影响厂房的正常使用；对于承受吊车起重15t以下的厂房柱基，要求不出现基础底面与地基脱离；对于仅有风荷载而无吊车荷载的柱基，允许基础底面不完全与地基接触。但接触部分长度与基础长度之比应满足规范相关要求，同时，还应验算底板受拉一边在底板自重及上部土的重力荷载作用下的抗弯强度。

6.3.3 屋面板及檩条设计

屋面板和檩条的设计，现在通常是檩条等间距布置，檩条对屋面板是等跨支座，跨度15m以上的刚架多为双坡，每坡屋面板在7.5m以上。根据檩条布置，屋面板多按5跨等跨连续梁设计，其结果是屋面板端跨的跨中弯矩比中跨的跨中弯矩大很多，按端跨跨中弯矩选用屋面板，则中跨屋面板不能充分发挥作用。对檩条的线荷载又以屋面板的第二支座反力为依据，第二支座反力是5跨连续板中反力最大的支座，以此反力设计檩条，此时只有屋面板第二支座的檩条能充分发挥作用，中跨支座檩条承载力富裕很多，不能充分发挥作用。

为此建议檩条采用不等跨布置，檩条的布置在屋面板端跨处间距减少而中跨处间距放大使屋面板的端跨弯矩和中跨弯矩比较接近，或由于檩条不等跨布置使屋面板支座反力比较接近，这样能充分发挥屋面系统的材料性能，降低单位用钢量，降低造价。一般工程的屋面系统用钢量占总用钢量的比例较大，所以这样处理效果较好。檩条采用不等跨布置，相应的檩托布置不等距，檩条拉杆长度也会不一致，只要认真施工，是可以满足设计要求的。

6.3.4 柱间支撑设计

关于柱间支撑的设置，一些轻型钢结构房屋中的柱间支撑多为角钢剪刀撑，每一肢均同时满足受压和受拉的长细比要求，因此设计的柱间支撑截面较大。

轻型钢结构房屋的墙体围护结构多为压型钢板加保温材料，对厂房的柱顶位移限值放得很宽，需要考虑风荷载，个别地区的地震作用荷载也不能忽视。一般来说，常用的支撑形式是设剪刀式钢筋拉杆代替角钢剪刀撑，剪刀式钢筋拉杆只承受拉力，不考虑承受压力。

钢筋直径由纵向水平力之和设计确定，但要求必须设法将钢筋拉紧，真正能够传递纵向水平力。在环境应急处置中，往往也采用在一个结构单元中设几道剪刀式钢筋拉杆的方法，由纵向水平力及钢筋直径确定，这样可以简化工作流程，给制作和安装带来方便。

6.3.5 主钢构材质的选择

关于轻型刚架材质问题，经常见业主要求主刚架材质为Q345即三级钢，部分建设单位认为材质的设计强度越高就越省钢材，就会降低工程造价。这种认识有一定局限性，不是普遍规律。因为刚架的结构设计，不仅要进行强度设计，还要进行刚度设计及稳定性设计，而影响设计的因素也较复杂，例如跨度、高度、地震烈度、风载、静载、是否有吊车、吊车吨位等，所以材料强度越高就越省钢的这种认识是不全面的。

一般来说非地震区的建筑风载较小且跨度较大时，其构件内力较大，是强度控制结构安全，材质强度高会降低用钢量，建筑物造价会下降；当抗震设防烈度较高且风载较大时，对整个结构而言，往往是变形较大，由刚度控制结构安全，材质强度提高，也需保持足够的构件截面，才能有足够的刚度以满足变形要求，这时材质强度高并不能减少投资，反而建筑物造价会提高，造成不必要的浪费。且一般来说 Q235（二级钢）在实践工作中货源广泛，订货阶段能够节省时间，需要在实践工作中加以注意。

6.4 挡土、挡水构造物主要工程技术介绍

在环境应急处置中，有相当比例的突发环境污染事件发生于山区及丘陵地区，如西南地区部分矿山尾矿处置。部分配套设施需要建设于水体附近，或需要在复杂地形内临时开辟工作面。此类工程面临着地形复杂、地势狭窄、水系复杂等问题。在项目初期建设时需要考虑进行场地平整工作以开辟工作面，配套设施建设需要各式支挡结构保证基础的稳定。相应的挡土、挡水构造物则广泛应用于配套设施建设中，因其设计原理有共同之处，采用的建筑材料类似，所以合并介绍。

挡土构造物又称挡土墙，常见于公路与市政道路建设工程，在山区及丘陵地区广泛使用，是指支承路基填土以及桥台、隧道洞口和河流堤岸等处或山坡土体、防止填土或土体变形失稳的构造物，按照按结构形式的不同可分为重力式、悬臂式等 6 种。

挡水构造物为拦截水流、抬高水位、调蓄水量，或为阻挡河水泛滥、海水入侵而兴建的各种闸、坝、堤防、海塘等水工建筑物的总称。配套设施建设中最常见的如临时性的围堰、仅用以抬高水位的、高度不大的闸、坝也称壅水建筑物。不少挡水建筑物兼有其他功能。

本章将主要介绍实践中常见的挡土构筑物——挡土墙，以及常用的挡水构筑物——围堰。

6.4.1 挡土墙

工程中的挡土墙主要按下述几种方法进行分类。

按照挡土墙设置的位置，挡土墙可分为：路堑墙、路堤墙、路肩墙和山坡墙等类型。按照结构形式，挡土墙可分为重力式挡土墙、锚定式挡土墙、薄壁式挡土墙、加筋土挡土墙等。按照墙体材料，挡土墙可分为石砌挡土墙、混凝土挡土墙、钢筋混凝土挡土墙、钢板挡土墙等。

以下按照结构形式，将对实践中应用较多的挡土墙类型进行介绍与分析。

6.4.1.1 重力式挡土墙

重力式挡土墙（图 6-1），指依靠墙身自身重力抵抗土体侧压力的挡土墙。一般条件下可用块石、片石、混凝土预制块作为砌体，或采用片石混凝土、混凝土进行整体浇筑的结构形式。

墙体靠回填土或山体的一侧面称为墙背，根据墙背倾斜方向的不同，墙身断面形式可分为仰斜、垂直、俯斜、凸形折线式和衡重式等几种。

墙体外露的一侧面称为墙面，一般为平面，墙面坡度除应与墙背的坡度相协调外，还应考虑到墙趾处地面的横坡度，进而影响挡土墙的高度。

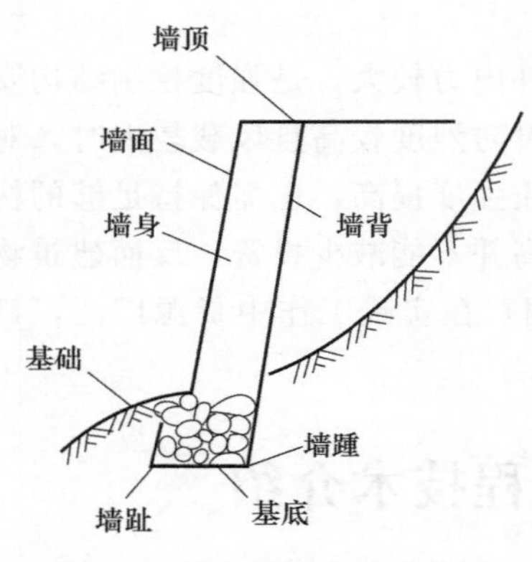

图 6-1 重力式挡土墙示意图

墙的顶面部分称为墙顶；墙的底面部分称为基底或墙底。

墙面与墙底的交线称为墙趾；墙背与墙底的变线称为墙踵。

凸榫：为提高挡土墙抗滑稳定的能力，底板设置凸榫。为使凸榫前的土体产生最大的被动土压力，墙后的主动土压力不因设凸榫而增大，凸榫应设在正确位置上。

重力式挡土墙原理简单，施工方便，造价低廉。当地基较好，挡土墙高度不大、本地又有可用石料时，应当首先选用重力式挡土墙。如果墙尺寸过高，其经济性将显著降低。

由于依靠自重维持墙体平衡及结构稳定，因此质量较大，墙体尺寸也较大。

由于自重较大，在软弱地基上修建时往往受到承载力的限制。

根据实践经验，在石料资源丰富的山区及丘陵地区的环境应急处置工程建设中，由于重力式挡土墙具有简单可靠的结构形式，在场地平整阶段较常使用，但在设计阶段需考虑对墙高的控制，一般来说，当墙高超过 6m 时，不推荐使用重力式挡土墙。

6.4.1.2 锚定板式挡土墙

锚定板式挡土墙（图 6-2）一般由墙面板、拉杆、锚定板及填料组成。

其结构原理主要为：锚定板埋置在填料中，通过拉杆与墙面板相连，通过抗拔力抵消墙后土压力的作用，以保证墙体稳定。

锚定板挡土墙一般适用于结合填料层与原状土，尤其在缺乏石料地区，宜使用于填土路段。属于轻型支挡结构。

依据实践经验，在环境应急处置工程建设中，锚定板墙结构自重较轻，柔性大，运输安装方便；圬工量及土石方量较省，且所使用的材料多为预制，施工速度快；综合成本较低。

另外，锚定板墙对于原始土基强度要求较高，对于滑坡、坍塌、软土及膨胀土地区的应用应尤其注意。根据实践经验，墙高不宜超过 10m。如采用单级墙或双级墙，每级墙高不宜大于 6m。

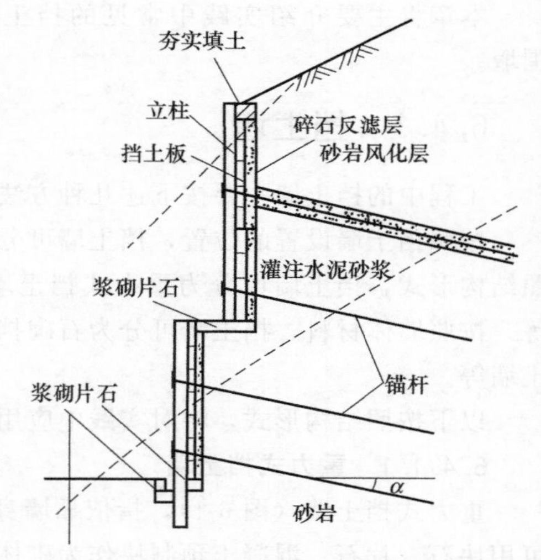

图 6-2 锚定板式挡土墙示意图

6.4.1.3 锚杆式挡土墙

锚杆挡土墙是指利用锚杆技术建筑的挡土墙，由钢筋混凝土肋柱、墙面板和水平（或倾斜）的锚杆联合组成，依靠锚固在岩层内的锚杆的水平拉力以承受土体侧压力。

锚杆一端与墙面板联结，另一端锚固在稳定的地层中，以承受土压力对结构物所施加的推力，从而利用锚杆与地层间的锚固力来维持结构物的锚杆挡土墙是利用锚杆技术形成的一种挡土结构物。

锚杆挡土墙按墙面的结构形式可分为柱板式挡土墙和壁板式挡土墙。柱板式锚杆挡土墙是由挡土板、肋柱和锚杆组成。肋柱是挡土板的支座，锚杆是肋柱的支座，墙后的侧向土压力作用于挡土板上，并通过挡土板传递给肋柱，再由肋柱传递给锚杆，由锚杆与周围地层之间的锚固力即锚杆抗拔力使之平衡，以维持墙身及墙后土体的稳定。壁板式锚杆挡土墙是由墙面板和锚杆组成。墙面板直接与锚杆连接，并以锚杆为支撑，土压力通过墙面板传给锚杆，依靠锚杆与周围地层之间的锚固力（即抗拔力）抵抗土压力，以维持挡土墙的平衡与稳定。

目前多用柱板式锚杆挡土墙。

依据实践经验，在环境应急处置工程建设中，锚杆挡土墙有如下优点：结构质量轻，可以节约大量的圬工和节省工程投资；机械化、装配化施工，可以加快施工速度；不需要宽大的开挖面，对地基的要求不高；此外有利于施工安全。

另外，锚杆墙自身的另一些特性，使设计和施工受到一定的限制，如施工工艺要求较高，需配合钻孔、灌浆等配套的专用机械设备，需要较为专业的施工队伍。

另外，在实践使用中，应注意锚定式挡土墙与锚杆式挡土墙的区别，锚定式挡土墙依靠锚定物提供抗拔力，锚杆式挡土墙则主要依靠锚杆的摩擦力。

6.4.1.4 薄壁式挡土墙

薄壁式挡土墙是钢筋混凝土结构，属轻型挡土墙，包括悬臂式和扶壁式两种形式，见图6-3。

悬臂式挡土墙一般由立壁（墙面板）和墙底板（包括墙趾板和墙踵板）组成，呈倒“T”字形。

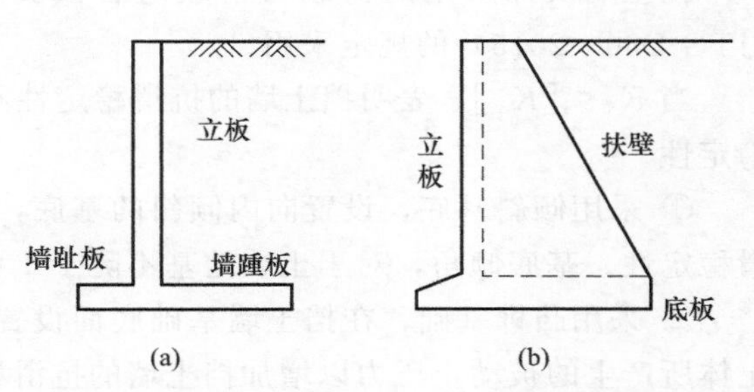

图6-3 悬臂式挡土墙（a）与扶壁式挡土墙（b）

扶壁式挡土墙由墙面板（立壁）、墙趾板、墙踵板及扶肋（扶壁）组成。当墙身较高时，在悬臂式挡土墙的基础上，沿墙长方向，每隔一定距离加设扶肋即形成扶臂式挡土墙。扶肋把立壁同墙踵板连接起来，起加劲的作用，以改善立壁和墙踵板的受力条件，提高结构的刚度和整体性，减小立壁的变形。扶壁式挡土墙宜整体灌注，也可采用拼装，但拼装式扶壁挡土墙不宜在地质不良地段和地震烈度大于等于8度的地区使用。

悬臂式和扶壁式挡土墙的结构稳定性是依靠墙身自重和踵板上方填土的重力来保证，而且墙趾板也显著地增大了抗倾覆稳定性，并大大减小了基底应力。

以下将以重力式挡土墙和加筋式挡土墙为例，简述挡土墙的设计过程。

6.4.1.5 重力式挡土墙设计要点

当挡土墙的位置、墙高和断面形式确定后，挡土墙的断面尺寸可通过试算的方法确定，其程序是：

① 据经验或标准图，初步拟定断面尺寸；

② 计算侧向土压力；

③ 进行稳定性验算和基底应力与偏心距验算；

④ 当验算结果满足要求时，初拟断面尺寸可作为设计尺寸；当验算结果不能满足要求时，采取适当的措施使其满足要求，或重新拟定断面尺寸，重新计算，直至满足要求为止。

(1) 库仑主动土压力计算 挡土墙是支挡土体的结构物，它的断面尺寸与稳定性主要取决于土压力；挡土墙的位移情况不同，可以形成不同性质的土压力。当挡土墙受土体侧压力作用向外位移或倾覆时，土压力随之减小，直到墙后土体达到向下滑动的极限平衡状态时，作用于墙背的土压力称为主动土压力；当挡土墙由于外力作用（如拱桥桥台受到拱圈的推力）向土体挤压移动时，土压力随之增大，直到墙后土体达到向上滑动的极限平衡状态时，土体对墙的抗力称为被动土压力；当挡土墙在原来位置面不产生位移时，作用于墙背的土压力称为静止土压力。

挡土墙都可能向外位移或倾覆，墙背受到的土压力为主动土压力。对于墙趾前土体的被动土压力（即墙前土的反推力），往往偏于安全，略去不计。

挡土墙承受的主动土压力，一般可按库仑理论计算。库仑土压力理论假定：墙后填土是松散的、匀质的砂性土；墙体产生位移，使墙后填土达到极限平衡状态，将形成一个滑动土楔体；其滑裂面是通过墙脚的两个平面，一个是墙背面。另一个是墙脚面；滑动土楔体是一个刚性整体。根据土楔体静力平衡条件，可求得墙背上的土压力。

(2) 挡土墙稳定性验算　为保证挡土墙在土压力及外荷载作用下，有足够的强度及稳定性，在设计挡土墙时，应验算挡土墙沿基底的抗滑动稳定性，绕墙趾的抗倾覆稳定性，基底应力和偏心距，以及墙身强度等。一般情况下，主要由基底承载力和滑动稳定性来控制设计，墙身应力可不必验算。挡土墙的力学计算取单位长度计算。

挡土墙设计所用的荷载与荷载组合按交通部颁布的标准《公路桥涵设计通用规范》(JTG D60—2015) 的规定采用。

当 $K_c<[K_c]$，表明挡土墙的抗滑稳定性不足，可考虑采用下列措施，以增加其抗滑动稳定性。

① 采用倾斜基底，设置向内倾斜的基底，可以增加抗滑力和减少滑动力，从而增加抗滑稳定性。基底倾角，对于土质地基不陡于 1∶5；对于岩石地基不陡于 1∶3。

② 采用凸榫基础，在挡土墙基础底面设置混凝土凸榫，与基础连成整体，利用凸榫前土体所产生的被动土压力以增加挡土墙的抗滑稳定性。

③ 更换基底土层，以增大基础底面与地基之间的摩擦系数。

④ 改变墙身断面形式和尺寸，以增大垂直力系，但单纯扩大断面尺寸，收效不大，也不经济。

(3) 抗倾覆稳定性验算　挡土墙的抗倾覆稳定性是指它抵抗墙身绕墙趾向外转动倾覆的能力，用抗倾覆稳定系数表示，其值为对墙趾的稳定力矩之和与倾覆力矩之和的比值，表达式为。

$$K_0=\frac{\sum M_y}{\sum M_0}$$

式中　$\sum M_y$——稳定力系对墙趾的总力矩；

$\sum M_0$——倾覆力系对墙趾的总力矩。

一般情况下，抗倾覆稳定性系数不应小于 1.5，考虑附加力时，不应小于 1.3。当墙高大于 12～15m 时，应注意加大系数值，以保证挡土墙的倾覆稳定性。

当抗滑稳定性满足要求，挡土墙受抗倾覆稳定性控制时，可展宽墙趾，如图 6-4 所示，在墙趾处展宽基础可以增大稳定力矩的力臂，是增强抗倾覆稳定性的常用方法。但在地面横坡较陡处，会由此引起墙高的增加。展宽部分 Δb 一般用与墙身相同的材料砌筑，不宜过宽。重力式挡土墙 Δb 不宜大于墙高的 10%；衡重式挡土墙 Δb 不宜大于墙高的 5%。基础展宽可分级设置成台阶基础，每级的宽度和高度关系应符合刚性角（即基础台阶的斜向连线与竖直线的夹角）的要求，对于石砌圬工不大于35°；对于混凝土圬工不大于45°，如超过时，则应采用钢筋混凝土基础板。

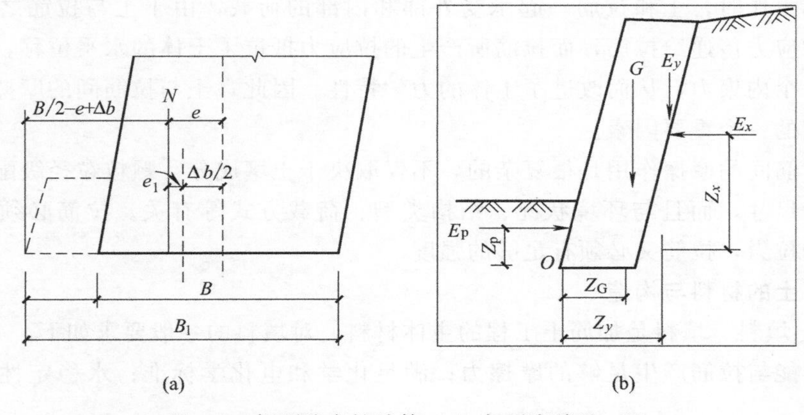

图6-4　倾覆稳定性验算（a）与展宽墙趾（b）

增加抗倾覆稳定性的措施还有：改变墙背或墙面的坡度以减少土压力或增加稳定力臂；改变墙身形式，如改用衡重式、墙后增设卸荷平台或卸荷板。

6.4.1.6　加筋土挡土墙设计要点

(1) 加筋土的特点与基本原理　加筋土挡土墙自20世纪60年代初问世以来，以其显著的技术经济效益，被广泛地应用于土木工程中，同时加筋土技术本身也逐渐地完善成熟。加筋土挡土墙的基本构造如图6-5所示。

图6-5　加筋土挡土墙构造

加筋土工程有以下特点。

① 可以做成很高的垂直填土，从而减少占地面积，这对不利于开挖的地区、城市道路以及土地珍贵地区而言，有着很大的经济效益。

② 面板、筋带可以在工厂中定形制造、加工，在现场可以用机械分层施工。这种装配式施工方法简便快速，并且节省劳动力和缩短工期。

③ 加筋土是柔性结构物，能够适应地基较大的变形，因而可用于较软的地基上。同时，由于加筋土结构所特有的柔性能够很好地吸收地震的能量，故其抗震性好。

④ 造价低廉，据国内部分工程资料统计，加筋土挡土墙的造价一般为钢筋混凝土挡墙的50%，重力式挡土墙的60%～80%。

加筋土的基本原理是借助于拉筋与填土间的摩擦力来提高填土的抗剪强度，从而保证土体平衡。

加筋土体工作时，土和拉筋一起承受外部和内部的荷载，由于土与拉筋之间的摩擦作用，将土中的应力传递给拉筋，而拉筋所产生的拉应力抵抗了土体的水平位移，就好像在土体中增加了一个内聚力，从而改进了土体的力学特性。因此，土与拉筋间的摩擦作用是加筋土体能否稳定的一个重要因素。

土体与拉筋间的摩擦作用是很复杂的，不仅取决于土壤成分、颗粒粒径级配、拉筋种类及其断面形状尺寸，而且与环境状况、结构类型、荷载方式等有关。拉筋必须有足够的长度；为了承受拉力，拉筋又必须有足够的强度。

(2) 加筋土的材料与构造

① 加筋土填料　填料是加筋土工程的主体材料，对填料的一般要求如下。

易压实；能与拉筋产生足够的摩擦力；满足化学和电化学标准；水稳定性好（浸水工程）。

有一定级配的砾类土、砂类土，与拉筋之间的摩擦力大，透水性能好应优先选用；碎石土、结土、中低液限黏质土和稳定土也可采用；腐质土、冻结土等影响拉筋和面板使用寿命的应禁止采用。

填料的设计参数包括容重 r、计算内摩擦角 ψ 和摩擦系数 f 等，应由试验或当地经验数据确定。当无上述条件时，可参照《公路路基施工技术规范》（JTG F10—2016）中相关表选用。

② 筋带　拉筋的主要作用是与填料产生摩擦力，并承受结构内部的拉力。因此，拉筋必须具有以下特性；具有较高的强度，受力后变形小；较好的柔性与韧性：表面粗糙，能与填料产生足够的摩擦力；抗腐蚀性和耐久性好；加工、接长和与面板的连接简单。

筋带可以分为钢带、钢筋混凝土带和聚丙烯土工带三种。高速公路和一级公路上的加筋土工程应采用钢带或钢筋混凝土带。

a. 扁钢带　扁钢带一般用软钢（3号钢）轧制而成，按其外形又可分为光面带和有肋带两种，断面为扁矩形，宽度不应小于30mm，厚度不应小于3mm。钢带埋在土中容易锈蚀，出此，钢带表面一般应镀锌或采取其他措施进行防锈处理。

b. 钢筋混凝土带　钢筋混凝土带的平面为长条形或楔形，断面为扁矩形，宽10～25cm，厚6～10cm。为了施工方便，钢筋混凝土带应分节预制，分节长度一般宜小于300cm。为防止混凝土断裂可在混凝土内布设钢丝网。预制件所用混凝土的强度等级不宜低于C18（即轴心受压应力、主拉应力和弯曲拉应力分别不小于7.0MPa、0.45MPa和0.70MPa），钢筋直径不得小于8mm。预制件的接长与面板连接，可采用焊接或螺栓结合，结点处应做防锈处理。筋带设计拉力由钢筋承担，钢筋截面应考虑锈蚀影响。

c. 聚丙烯土工带　聚丙烯土工带的宽度应大于18mm，厚度应大于0.8mm。为提高土工带与填土之间的摩擦力，其表面应压有粗糙花纹。

填料中有尖锐棱角的粗粒料会刺穿或割断土工带。因此，在含有尖锐棱角的粗粒料中不得使用聚丙烯土工带作为拉筋。

③ 面板　面板的主要作用是防止端部土体从拉筋间挤出。一般遵守以下规定。

a. 面板设计应满足坚固、美观、运输方便和易于安装等要求。

b. 面板一般采用混凝土预制件，其强度等级不应低于C18，厚度不应小于8cm。

c. 面板上的筋带结点，可采用预埋钢拉环、钢板锚头或顶留穿筋孔等形式。钢拉环应采用直径不小于10mm的Ⅰ级钢筋；钢板锚头应采用厚度不小于3mm的钢板。露于混凝土外部的钢拉环、钢板锚头应做防锈处理，聚丙烯土工带与钢拉环的接触面应做隔离处理。

d. 面板四周应设企口和相互连接的装置。当采用插销连接装置时，插销直径不应小于10mm。

混凝土面板的外形可选用十字形、槽形、六角形、L形和矩形等。墙顶和角隅处可采用异形面板和角隅面板。

加筋土挡土墙一般由加筋体、基础、排水设施和沉降伸缩缝等几部分构成。

a. 加筋体　加筋体墙面的平面线形可采用直线、折线和曲线。相邻墙面的内夹角不宜小于70°。加筋体筋带一般应水平布设并垂直于面板，当一个结点有两条以上筋带时，应成扇状分开。当相邻墙面的夹角小于90°时，宜将不能垂直布设的筋带逐渐斜放，必要时在角隅处增设加强筋带。当双面加筋土挡土墙的筋带相互插入时，应错开铺设避免重叠。在拱涵顶部的双面加筋土挡土墙，其下部宜增加筋带用量或采用防止拱两端墙面变位的其他措施。

加筋体的横断面形式一般应采用矩形。当地形、地质条件限制时也可采用上宽下窄或上窄下宽的阶梯形。断面尺寸由计算确定，底部筋带长度不应小于3m，同时不小于$0.4H$（H为墙高）。

加筋土挡土墙顶部一般应按路线要求设置纵坡；路堤式挡土墙，也可调整两端与路线水平距离，变更墙高，将墙顶设计成平坡。设置纵坡的加筋土挡土墙顶部可按纵坡要求设置异形面板，也可将需设异形面板的缺口用浆砌片石或现浇混凝土补齐。

加筋体填料的压实度是保证加筋体稳定性的重要因素之一，应按相关规范的要求采用。

浸水地区的加筋体应采用渗水性良好的土做填料。在面板内侧应设置反滤层或铺设透水土工织物。季节性冷凉地区的加筋体宜采用非冻胀性土填料，否则应在墙面板内侧设置不小于0.5m的砂砾防冻层。

加筋土挡土墙高度大于12m时，填料应慎重选择。墙高的中部宜设宽度不小于1m的错台。墙高大于20m时，应进行特殊设计。

b. 基础　加筋体墙面下部应设置宽度不小于0.3m，厚度不小于0.2m的混凝土基础，但属下列情况之一者可不设。

——面板筑于石砌圬工或混凝土之上；

——地基为基岩。

加筋体面板基础底面的埋置深度，对于一般土质地基不应小于0.6m，当设置在岩石上时应清除表面风化层。当风化层很厚难以全部清除时，可采用土质地基的埋置深度。浸水地区和冰冻地区的基础埋置深度要求同重力式挡土墙。

软弱地基上的加筋土挡土墙，当地基承载力不能满足要求时，应进行地基处理。加筋土挡土墙的基底可做成水平或结合地形做成台阶形。

(3) 排水设施　沉降缝、伸缩缝宽度一般为1～2cm，可采用沥青板、软木板或沥青麻絮等填塞。缩缝，其间距一般与沉降缝一致。

(4) 加筋土挡土墙的结构计算

① 加筋土挡土墙的破坏形式　加筋土挡土墙的破坏形式有如下三种。

a. 拉筋断裂造成的破坏。当拉筋的强度不足，或拉筋与连接螺栓的尺寸偏小，或拉筋因腐蚀而强度逐渐下降时，拉筋可能部分或全部被拉断，从而导致加筋体失去内部稳定性。

b. 填料与拉筋间的摩擦力不足造成的破坏。当填料与拉筋间的摩擦力不足以平衡拉筋所受拉力时，拉筋与填料可能相对滑动，致使挡土墙发生严重变形。以上两种破坏形式均与加筋土挡土墙的内部稳定性有关。

c. 加筋体的滑动和倾覆破坏当加筋体的外部稳定性不足时，导致加筋体整体产生过大的沿基底的滑动变形或绕墙趾的倾覆变形。

为此，要保证加筋土挡土墙在使用过程中发挥应有的作用，设计时应进行内部稳定性和外部稳定性计算。

加筋土挡土墙设计的首要问题是确定破裂面的形状和位置。由实验室模型试验和实地加筋土挡土墙原型试验测定的结果表明：拉筋上的最大拉力点不是出现在拉筋与墙面板的连接处，而是在墙体内部，连接处的拉力约为最大拉力的 0.75 倍；各层拉筋最大拉力点的连线通过墙面板脚。其形状近似对数螺旋线。在挡土墙的上部，最大拉力线与墙面间距离≤$0.3H$（H 为墙高）。

在加筋体中，各层拉筋最大拉力点的连线就是可能的破坏面。为了简化计算，近似地认为破裂面是一条通过墙面板脚，在挡土墙的上部距面板背向距离为 $0.3H$ 的折线。

破裂面把加筋体分成两部分，破裂面与墙面板之间的部分称为活动区，活动区的土体具有将加筋条拔出土体的趋势，该区摩擦力的方向指向墙外；活动区以外的部分称为稳定区或锚固区，稳定区的土体具有阻止加筋条被拔出的趋势。该区加筋条表面的摩擦力方向指向墙内。

② 筋带拉力与长度计算　筋带拉力与长度计算的基本方法是局部平衡法。局部平衡法的原理是根据作用在填料中最大拉应力点上的应力，计算筋带最大拉应力。

拉筋的根数由设计断面面积除以每根拉筋的断面面积确定。

筋带的总长度由活动区长度和锚固区长度两部分组成。筋带锚固长度计算不计车辆荷载引起的抗拔力。

③ 外部稳定性计算　加筋体外部稳定性计算包括基础底面地基承载力验算，基底抗滑稳定性验算和抗倾覆稳定性验算。计算时假定加筋体结构为刚体，计算方法同重力式挡土墙。

山坡上的加筋体容易出现整体滑动，必要时可增加整体滑动稳定性验算。验算方法同“圆弧滑动面法”。

对于墙高大于 12m 的加筋土挡土墙，为增强高墙的安全，应采用总体平衡法进行验算。此不赘述。

6.4.2 挡水构造物（围堰）

6.4.2.1 围堰

围堰一般指导流工程中的临时挡水建筑物。其一般的作用是围护基坑及各类工作面，并保证水工建筑物能在干地上安全施工。导流时期用于挡水，用完一般应拆除。除永久部分外，其余部分仅在相应的导流时段内使用。

6.4.2.2 对围堰的设计要求

① 结构上要求足够的强度，且稳定、防渗、抗冲刷。

② 施工上能就地取材，构造简单，修建、拆除方便。

③ 布置上使水流平顺，不发生严重的局部冲刷。

④ 围堰接头和岸坡联结要安全可靠，不致因集中渗漏等破坏作用而引起围堰失事。

⑤ 必要时应设置抵抗冰凌、船筏冲击破坏的设施。

⑥ 经济上合理。

6.4.2.3 围堰工程的结构形式及简要施工方法

(1) 土围堰（填土围堰，草土围堰，草、麻袋围堰）

① 技术特性　土围堰适用于水深 1.5m 以内、水流流速 0.5m/s 以内、河床土质渗水较小时，具体技术参数如表 6-1 所示。

表 6-1　土围堰技术参数

分类	填料	顶宽/m	边坡	
			内侧	外侧
填土围堰	黏土、砂黏土	≥1.5	1∶1～2∶3	1∶2～1∶3
草土围堰	黏性土及草	≥1.5	1∶1～2∶3	1∶2～1∶3
草、麻袋围堰	黏性土	1～2	1∶0.2～1∶0.5	1∶0.5～1∶1

② 结构形式　土围堰主要结构形式如图 6-6 所示。

草、麻袋围堰结构见图 6-7。

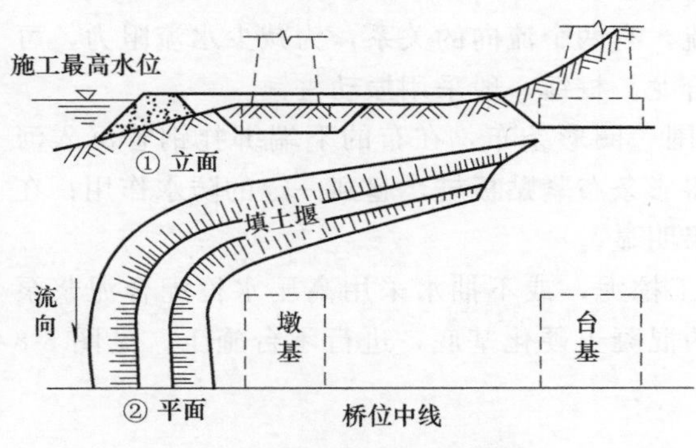

图 6-6　土围堰结构示意图

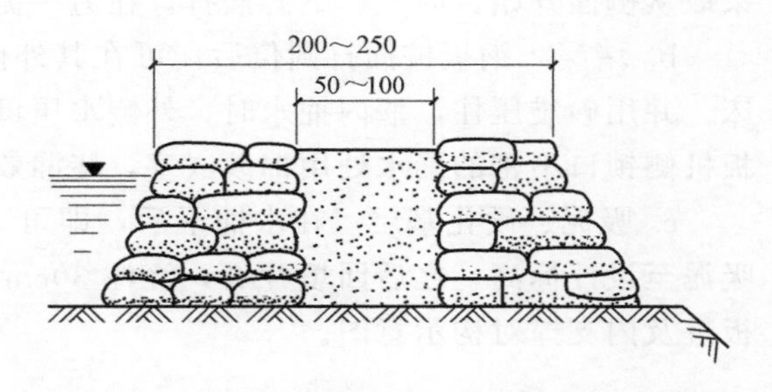

图 6-7　草、麻袋围堰结构示意图（单位：mm）

③ 施工方法。填土围堰施工方法：先清除堰底河床上的树根、石块等，自上游开始填筑至下游合龙。处于岸边的应自岸边开始，填土时应将土倒在已出水面的堰头上再顺坡送入水中。水面以上的填土要分层夯实。

草土围堰施工方法：用麦秸、稻草或茎秆较长的杂草夹填黏性土，以一层土（20～30cm）夹一层草，分层铺填夯实。其他同填土围堰。

草、麻袋围堰施工方法：用草袋（或麻袋）盛装松散黏性土，装填量为袋容量的 1/3～1/2，袋口用细麻线或铁丝缝合。用黏性土砌墙时，也可用砂性土装袋。施工时要求土袋平放，上下左右互相错缝堆码整齐。流速较大处，外围草袋可改用小卵石或粗砂，以免流失，必要时也可抛片石防护或用竹篓或柳条筐装盛砂石在堰外防护。

(2) 钢板桩围堰　钢板桩围堰是一种比较传统的深水基础施工方法。钢板桩是从国外引进的一种制式产品，主要为德国拉森式钢板桩。钢板桩可以打入土中或连到物件上，组成承载及防水结构，工作结束后，拔出或拆下重复使用。钢板桩围堰主要由钢板桩和钢围囹组成，钢板桩起防水、挡土及水下封底混凝土模板的作用；钢围囹作为下沉导管柱的悬挂和导向结构，同时用作钢板桩的支撑，其顶层又作施工平台，它是一种临时辅助结构。

① 技术特性　钢板桩围堰技术特性：首先，由于是组拼式结构，整体刚度较小，因此

其抗水流及冲刷能力差，不宜于在流速较大的情况下使用；其次，由于其本身强度、刚度局限，在承台埋置较深时，需设置强而密的支撑，对后续的承台及墩身施工干扰很大，因此，不宜于在水位较高的情况下使用；再次，因为要重复使用，不宜灌注封底混凝土。因此，在既要满足底部支承力，又要满足较小渗流的情况下，对河床提出了较高的要求。因此，不宜在透水性强，承载力小的地层条件下使用。

② 结构形式。钢板桩围堰平面形式：有矩形、圆形、多边形、圆端形。矩形及多边形围堰在转角处使用特制的同类型角桩，圆形及圆端形围堰，在板桩锁口联结时能转一定的角度，使板桩联结成圆形。

钢板桩类型规格按断面形状分四类：平形、槽形、Z形、工字钢或槽钢。

按钢板桩锁口分为三类：阴阳锁口、环形锁口、套形锁口。

③ 施工方法　钢板桩运到工地后，应进行检查、分类、编号及登记。

锁口检查：用一块长1.5～2m符合类型规格的钢板桩作标准将所有同类型的钢板桩进行检查，凡钢板桩有弯曲、破损、锁口不合、长度不够的均应进行整修、接长直至合格。

a. 插打钢板桩　应用固定的临时导向架插打钢板桩，在稳定的条件下安置桩锤。一般宜插桩到全部合龙，然后再分段、分次打到标高。插桩顺序，在无潮汐河流一般是从上游中间开始分两侧对称插打至下游合龙，在潮汐河流，有两个流向的关系，为减少水流阻力，可采取从侧面开始，向上、下游插打，在另一侧合龙。桩锤一般采用振动桩锤。

b. 堵漏　钢板桩插打到位后，可在其外侧围一圈彩条布，在布的下端绑扎钢管沉入河床，并用砂袋压住，堰内抽水时，外侧水压可将彩条布紧贴板桩，起到一定的防水作用；在板桩侧锁口不密的漏水处用棉砂嵌塞，堵漏效果明显。

c. 吸泥、硬化基层　在水抽干后，即可人工挖泥，或不抽水采用高压水枪配合泥浆泵吸泥至设计标高，之后回填片石，浇注30cm的混凝土硬化基底，进行承台施工。见图6-8板桩及内支撑对构示意图。

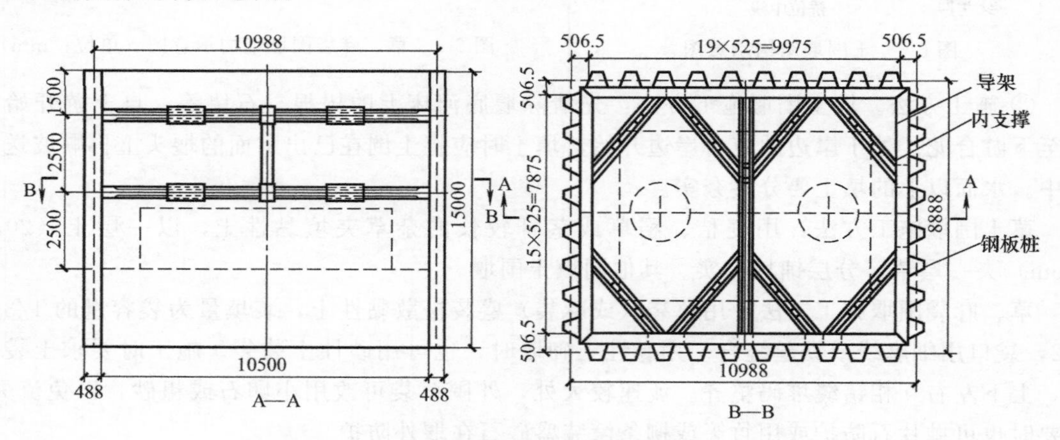

图6-8　板桩及内支撑对构示意图

d. 拔桩　施工完成后需要拔桩，在拔除钢板桩前，应先将围堰内的支撑，从上到下陆续拆除，并陆续灌水使内外水压平稳，使板桩压力消失，并与部分混凝土脱离（指有水下混凝土部分）。拔桩设备可用吊船、吊机、拔桩机、千斤顶等。

(3) 锁口钢管桩围堰　锁口钢管桩（日本叫钢管板桩）是以带锁口的钢管桩代替钢板桩，通过导向桩下沉到位，并可视作将钢围堰"化整为零"，由各根钢管桩来穿过片石等地下障碍物。锁口钢管桩的新技术广泛应用在岸墙、护岸、防波堤、围堰、挡土墙基础等工程中。

① 技术特性

a. 钢管桩截面大，具有很强的抗弯能力，可大大简化围堰的内支撑体系，方便施工。

b. 钢管桩的刚度和稳定性好，可采用强制下沉式，因此它更适用于有地下障碍物、密集孤石、片石堆积的地方使用。

c. 锁口钢管桩围堰综合了钢板桩围堰和双壁钢围堰的结构受力特点。

d. 施工速度快。制作、加工、运输、吊插、下沉等方便灵活，工艺简单，所需设备少。

e. 可根据需要，组装成各种形式的围堰。

② 施工方法

a. 锁口钢管桩的插打及围堰合龙。在钻孔灌注桩施工平台周边安装导向框。设上、下两层，控制桩的倾斜。

为了控制锁口缝隙，在导向框上分别标出每根钢管桩锁口的中心位。

在桩下插前于锁口槽口下端先焊坡度 1∶6 的挡板，阻止碎石和硬土进入锁口。

插打从围堰上游中部开始，顺次逐根向两侧插至角桩，再逐次从上游向下游插，最后在下游中部合龙。

整个钢管桩围堰合龙并插打到位后，将导向平台拆除，在钢管桩上焊牛腿，按设计要求安装内支撑。完成从单桩受力到形成整体围堰的内支撑体系转换。

b. 钢管桩内除土和围堰内除土。主要除工具是吸泥机、抓泥土和高压射水设施等。

若有沉船部分的管桩内采取冲击和吸泥交替的方法进行，围堰内开挖：泥土用抓斗冲抓或射水吸泥。沉船用冲击钻机和旋转钻机破碎，船梆的大方木由潜水工人水下切割。孤石由潜水工人水下作业消除。片石因堆砌整齐，且用砂浆钩缝，故在挖时用钢纤凿开或用撬棍撬松，人工清除。围堰内吸泥应注意采用边吸边补水的方法。

c. 锁口钢管桩围堰的排水与止水。锁口钢管桩的止水是此种围堰成功的关键，钢管桩的止水主要依靠精密加工的锁口来实现的，并在锁口加设填料或压浆，具体根据施工决定。

d. 灌注封底混凝，施工承台、墩身。

e. 钢管桩的拔除。

在用震动打桩机震松锁口的浆体后，用液压千斤顶顶出。

(4) 有（无）底钢套箱围堰

① 技术特性　有底钢套箱又名钢吊箱，是深水高桩承台施工的临时隔水结构，其作用是通过套箱侧板和底板上的封底混凝土围水，为高桩承台施工提供无水的施工环境。同双壁钢围堰比较，钢套箱具有施工工期短、水流阻力小、利于通航、不需沉入河床、施工难度小、材料用量少、经济合理等特点，因而在大跨深水大型桥梁中得到广泛的应用。

无底钢套箱下沉施工干扰小，不受桩基影响。其结构构造简单，封底混凝土直接与河床接触，套箱承受荷载小，壁板重复利用率高。较之双壁钢围堰，钢套箱具有施工工期短、水流阻力小、利于通航、施工难度小、材料用量少、经济合理等特点。但是，无底钢套箱下沉定位难度大，套箱围堰需着床，对河床表面的地质情况及大面平整要求较高。

② 结构形式　钢套箱围堰按形状可分为矩形（圆端形）等形状，其中每种围堰又有单壁、双壁以及单双壁组合式钢围堰。

单、双壁的构造主要是考虑钢围堰下沉的需要而设计，由于钢围堰重量轻，在需要入土较深的情况下仅靠自重难以下沉，需灌注配重混凝土，因此必须设置双壁结构；如果下沉较浅，借自重可以下沉，可设计为单壁结构；如在满足下沉需要的前提下，又要节省材料，可设计成单、双壁组合式结构。

钢围堰结构形式的确定受多种因素的制约，如水文、地质、起重设备等。平面形状的确定主要受承台平面尺寸的影响以及水深的影响。

③ 施工方法

a. 套箱的加工。为运输方便，一般选择船运比较方便的工厂进行加工。为减少墩位处拼装工作量，一般根据现场起吊能力分节在工厂加工。其加工顺序为，先分单元在胎具上加工成型，然后在浮体上组拼。矩形围堰由于较轻，一般是分块加工，一次拼装成型。

b. 套箱的浮运。围堰的浮运根据下沉的设备情况而定，如果采用大型浮吊下沉，可用平驳进行浮运；如果采用组拼的龙门浮吊下沉，可直接用浮吊进行浮运。

c. 套箱的下沉。矩形套箱围堰由于重量较轻，可一次拼装到位，因此，精确定位后，可一次放置于河床上。而双壁或单、双壁组合式围堰由于体积大，需在水中边下沉边接高。其作业步骤为：将第一节放入水中定位，利用双壁所产生的浮力自浮于水中，然后接高第二节，灌水或混凝土下沉，再继续接高下一节，直至围堰全高。在围堰上搭设吸泥平台，布置吸泥机进行下沉。围堰设计时，双壁间应设隔仓，灌注时应分仓对称进行，以防钢围堰的偏移。

d. 封底混凝土的施工。钢围堰沉至设计标高，灌注封底混凝土之前，要求潜水员用高压水枪进行清理，整平河床面，同时，为了保证封底混凝土与桩身、箱壁的良好结合，达到止水效果，潜水员应用高压水枪将桩身和箱壁上附着的泥浆冲洗干净。

封底混凝土的施工采用垂直导管法。水下混凝土靠自身流动性向四周摊开。导管一般采用 ϕ300mm 无缝钢管，顶部设漏斗，导管数量根据钢围堰内净面积确定。对于矩形钢围堰由于封底混凝土数量巨大，可分成几个仓，分次灌注封底混凝土。混凝土一般由岸上拌合站或大型拌合船供应，泵送至浇注位置。

(5) 双壁钢围堰

① 技术特性　双壁钢围堰即是钻孔桩平台的基础，又是承台施工的挡水结构。因为有强度很高的双壁钢壳，可承受更大的围堰内、外水头差。双壁钢围堰的上部均能重复使用，可充分发挥材料的利用率。

② 结构形式　双壁钢围堰根据承台的结构形式不同，外形也不同，一般有圆形、圆端形、矩形及其他形式。

圆形围堰：由于在水压力作用下，只产生环向轴力，可不设内支撑，因此能够提供足够的施工空间，另外，由于其截面可以导流，因此抗水流能力强，它适用于流速较大的深水河流的低桩承台的施工中。但是，由于承台尺寸一般为矩形，因此，其封底的截面积较大，封底混凝土的量较大。当承台的平面尺寸长宽比小于 1.5 时，采用圆形围堰更为合理，但水深大于 15m 的情况下，若采用矩形围堰，需加设多层内支撑，施工空间难以保证，同时也大大增加了钢材的用量，此时采用圆形围堰更为合理。

③ 施工方法

a. 双壁钢围堰加工制作及运输。双壁钢围堰按设计在岸上加工，加工完成并经试拼质量检验合格后，再进行每节组装焊接或缆索吊至墩身拼装现场。

在围堰钢块件加工场组装工作平台，杆件集中下料，在平台上放大样后焊接块件骨架，安装隔舱板、焊接内外壁板检查节间、块间接缝及隔仓板是否渗水、漏水并及时处理渗水部位，确保钢围堰的水密性。

组拼工序为：外壁板、竖向加劲角钢、水平桁架、水平撑、隔舱板、内壁加劲角钢、内壁板、脱胎模翻身、焊接成件。

拼装时要求：上下隔舱板对齐，各相邻水平桁架弦板对齐，上、下竖向加劲角钢允许不对准，但必须和水平桁架弦板焊牢。内外壁钢板拼缝不能对接焊时，允许采用搭接焊或贴板焊接，但必须满焊，并保证全焊水密结构的可靠性。

b. 钢围堰的组拼及下放水。钢围堰根据起吊能力不同可在就近施工场所或在钻孔平台上组拼。若在就近拼装成围堰整体可采用缆索或浮吊整体运至墩位处入水就位。在墩位各作业平台拼装，应先在作业平台上放出钢围堰底层的安装线，做好组拼前的准备工作，底节围堰组拼完成后下放入水步骤如下。

ⅰ. 钢围堰的接高。在首节钢围堰锁定后，向其隔仓内灌注混凝土和向夹壁内加抽水等措施以调平围堰，并预留一定的干舷高度，使其处于待拼次节围堰的状态。以后每一节段船运到围堰旁，由起吊设备起吊与首节或上一节进行焊接，每接高一节即均匀下沉，并预留相应的干舷高度，以便接高下一节时施焊作业。

ⅱ. 钢围堰的下沉和着床稳定。双壁钢围堰在水中是以在隔仓内灌水下沉。在切入覆盖层时应在刃角内灌壁仓砼，起到加重又可增加刃脚强度作用。

ⅲ. 钢围堰的竖向定位。钢围堰下沉时的竖向定位是通过在作业平台上设辅助措施实施。钢围堰着床是钢围堰施工中的一道关键工序，钢围堰着床后的位置和倾斜率对钢围堰以后的下沉，乃至钢围堰落到设计高程时的质量都有重要影响。一般应选择在平潮时，基本没有多大流速的条件下着床。通过在钢围堰的隔舱内灌水以调平围堰这样的操作可以反复几次。当围堰接高下沉至刃尖距河床 0.5m 左右即停灌水下沉，通过反复纠偏以实现围堰的精确定位。然后均匀灌水，快速实现围堰刃脚的着床，继之以均匀吸泥下沉使围堰下沉到位。

若围堰着床后发现偏位较大，可排除隔舱内的水使围堰上浮再进行第二次准确着床，直到精度符合设计要求。

ⅳ. 围堰内清基。钢围堰下沉确认合格后，既可进行清基工作。围堰内清基采用抓泥斗或空气吸泥机高压射水龙头清除，清基到位后，则可进行水下混凝土封底。

ⅴ. 围堰内灌注水下封底混凝土。采用泵送多点用导管浇筑封底混凝土，因封底混凝土数量大，为提高混凝土流动性和延长混凝土的初凝时间，混凝土中掺加适量的缓凝型减水剂（30h 缓凝时间）和粉煤灰。

水下混凝土浇筑过程中应注意的事项：用测深锤每隔一段时间，测出混凝土表面标高，将原始资料记录下来，随时告诉现场值班技术员，用以指导各导管提升及下料，要求混凝土均匀上升，以免造成混凝土面高低偏差过大，同时，也避免导管埋置过浅而使导管悬空，混凝土浇筑终结时，尽量调平混凝土表面平整度。灌注水下混凝土时，准备多套导管提升装置，防止混凝土堵管。

封底混凝土达到设计强度后，进行围堰抽水，边抽水边完成剩余支撑。将承台底设计标高以上钢护筒割除，将封底混凝土表面找平。

6.4.2.4 常见围堰施工方案比选

深水桥梁墩台的围堰形式是多种多样的，每种围堰都有其各自的特点和适用条件，施工中应根据各自桥梁不同的水文、地质、材料以及设备等条件，综合考虑各种因素进行比选。

钢板桩围堰：钢板桩插打和吊装不需大型起吊和下沉设备。但由于其截面特性，限制了应用。钢板桩围堰内支撑间距密集到1.5～2.0m。由于其截面是敞口，在孤石和片石地层中插打，下端极易出卷边或被撕裂，造成围堰不能止水。

双壁钢围堰：它自20世纪70年代九江长江大桥首次采用在钻孔桩基础施工后，由于其整体性、刚度和强度大、围堰内无支撑及止水效果、抽水水头、抗水流冲击力和波浪袭击都较其他围堰优越，所以广泛应用于深水钻孔灌注桩基础施工中。但它体积庞大，需大型起吊设备。在覆盖层下沉亦需较多设备，且下沉速度比桩要慢，若遇土层中障碍物，必须水中在刃脚下清除，势必影响工期。双壁钢壳在墩身出水后，承台顶以上部分可切割回收或倒用，以下部分不能取出。

钻孔桩围堰：它是在深水基础施工中钢板桩和钻孔桩并举的围堰。它虽然在复杂地层中具有做围堰穿透能力强，围堰内无支撑、止水效果好的优点，但须先做钢板桩围堰，在板桩围堰内填土筑岛，在岛上板桩内缘做深基坑护壁钻孔桩，桩顶设圈梁，再开挖基坑等，因此它的缺点有工序多、设备多、时间长、造价高。

锁口式钢管桩围堰由于综合了钢板桩围堰和双壁钢围堰的结构受力特点，该项新技术广泛应用在岸墙、护岸、防波堤、围堰、挡土墙基础等工程中，钢管桩能穿过水下地层中的障碍物、孤石和片石。

6.4.2.5 围堰工程设计

(1) 概述 围堰工程设计一般应结合工程所处的水文、地质情况，对围堰本体的强度、稳定性、抗浮能力等进行必要的验算，满足相应规范和规定的要求，并应有一定的安全储备。

(2) 土围堰设计

① 土围堰设计原则及标准 围堰要求安全可靠、能满足稳定、抗渗及抗冲要求；结构要求简单，施工方便，宜于拆除并能充分利用当地材料及开挖料碴，同时能满足工期要求。

② 主要验算项目及方法

a. 围堰土体强度、稳定性验算。

水压力：$p=\frac{1}{2}H_0^2\gamma_{水}$ 渗透压力：$p_1=\frac{1}{2}H_0L\gamma_{水}$

抗滑稳定安全系数： $K_0=\frac{f(G_0+p_1)}{p}$

式中 f——坝体与河床摩擦系数，取0.4；

G_0——坝体重量；

K_0——一般可取1.15～1.30。

b. 局部冲刷验算。

c. 基坑渗水量计算。

当基坑底为一般碎石土、砂类土，并处于干河床时，其总涌水量Q（m^3/d）可按下式计算。

$$Q=\frac{1.366KH^2}{\lg(R+r_0)-\lg r_0}$$

式中 K——渗透系数，m/d；

H——稳定水位至基坑底的深度，m，当基底以下为深厚透水层时，H 值可酌加 3～4m，以保安全；

R——影响半径，m；

r_0——引用基坑半径，m。

当为不均匀的粗粒、中粒和细粒砂时，$K=5\sim6\text{m/d}$，$R=80\sim150\text{m}$；

当为碎石、卵石类地层，混有大量细颗粒时，$K=20\sim60\text{m/d}$，$R=100\sim200\text{m}$；

当为碎石、卵石类地层，无细颗粒混杂，均匀的粗砂和中砂时，$K=20\sim60\text{m/d}$，$R=150\sim250\text{m}$。

矩形
$$r_0=u\frac{L+B}{4}$$

形状不规则时：
$$r_0=\sqrt{\frac{F}{\pi}}$$

式中 L，B，F——基坑的长（m）、宽（m）和面积（m^2）；

u——系数，当 $\frac{B}{L}=0.1\sim0.2$ $u=1.0$，$\frac{B}{L}=0.3$ $u=1.12$，$\frac{B}{L}=0.4$ $u=1.16$，$\frac{B}{L}=0.6\sim1$ $u=1.18$。

d. 基坑底涌砂、基坑底板隆起验算

——基坑底涌砂验算

——基坑底板隆起验算

如基坑为一厚度不大的不透水层（h），其下层是承压水层（t），则应考虑坑底是否会被承压水顶坏的危险，其安全条件可用公式验算见下式：

$$\gamma_t>\gamma_w(h+t)$$

式中 γ_t——坑底不透水的容重；

γ_w——水的容重。

(3) 钢板桩围堰、锁口钢管桩围堰设计

① 钢管桩围堰总的设计原则如下。

a. 计算围堰内挖土和抽水时钢管桩和支撑的是否安全。

b. 确定围堰内封底混凝土的强度和厚度以确定锁口的形式，使其能注浆止水。确保锁口在复杂受力状态下不被破坏。

c. 围堰在水流、风力、波浪作用下抗倾覆性检算。

② 钢板桩围堰总的设计原则如下。

设计板桩围堰需要求算板桩的横断面、最小入土深度、支撑间距及尺寸等。板桩受力除土压、水压等外力外，还与支撑有关。

③ 水文地质技术参数的选择　钢板桩围堰整体刚度大防水性能好，适用于在黏性土层深水河床基础施工。

钢管桩适用于水深 0～20m，流速 0～3m/s，适用于各种复杂地质、地层，特别是有障碍物的地层。

④ 桩体、围囹、内外导环、支撑系统技术参数的选择　锁口管的尺寸通常采用 ϕ165.2mm，壁厚 11mm。在实际施工中可根据需要自行选用管桩，设计锁口，以适用施工

需要。锁口钢管桩主要尺寸截面见表 6-2。

表 6-2 锁口钢管桩主要尺寸截面

外径/mm	厚度/mm	截面积/cm^2	单位质量/(kg/m)	参考值			
				截面惯性矩/cm^4	截面模量/cm^3	截面回转半径/cm	外表面积/(m^2/m)
800	12	297.1	233	230×10^3	576×10	27.9	2.51
	14	345.7	271	267×10^3	667×10	27.8	2.51
	16	394.1	309	302×10^3	757×10	27.7	2.51
900	12	334.8	263	330×10^3	733×10	31.4	2.83
	14	389.7	306	382×10^3	849×10	31.3	2.83
	16	444.3	349	434×10^3	964×10	31.3	2.83
	19	525.9	413	510×10^3	113×10^2	31.2	2.83
1000	12	372.5	292	454×10^3	909×10	34.9	3.14
	14	433.7	340	527×10^3	105×10^2	34.9	3.14
	16	494.6	388	598×10^3	119×10^2	34.8	3.14
	19	585.6	460	704×10^3	140×10^2	34.7	3.14
1100	12	410.2	322	606×10^3	110×10^2	38.5	3.46
	14	477.6	375	704×10^3	128×10^2	38.4	3.46
	16	544.9	428	800×10^3	145×10^2	38.3	3.46
	19	645.3	506	942×10^3	171×10^2	38.2	3.46
1200	14	521.6	409	917×10^3	152×10^2	41.9	3.77
	16	595.1	467	104×10^4	173×10^2	41.9	3.77
	19	704.9	553	122×10^4	204×10^2	41.8	3.77
	22	814.2	639	141×10^4	135×10^2	41.7	3.77

钢板桩都是按支承在各层导环上的连续梁计算，其下端则按钢板桩打入土中的深度或封底混凝土的情况分别视作铰或固端，最常用的方法是力矩分配法。

钢板桩围堰设计时，平面尺寸多按上部结构及其基础的尺寸拟定，以不妨碍施工和安装模板为原则，但至少应大于基础轮廓尺寸 1.5m，另外还需考虑抽水设备和其汇水井安装所需之尺寸；立面尺寸主要考虑施工阶段的最高水位、抽水最高水位、洪峰最高水位等计算。

支撑系统选择。支撑间距布置原则是：当板桩强度已定，可按支撑之间最大弯矩值相等的原则进行布置；当把支撑作为常备构件使用时，可按支撑各层的断面都相等时把各层支撑设计成相等。当计算得导环支点反力 R_i 后，支撑可按在轴向力 R_i 作用下的压杆设计。

内、外导环：钢板桩围堰内导环可用方木或型钢制作，其作用是插打钢板桩时起导向作用，顶层导框可兼作施工平台；最主要作用是作为钢板桩围堰的内部立体支撑，直接承受钢板桩传来的水、土压力，因此断面尺寸应能满足结构内力设计要求。外导环则只起导向作用。

内导环可视作一支承在支撑上的连续梁或框架，简化成铰支在支撑上的简支梁用设计也是安全的。通常圆形导环设计很强可考虑支撑。

钢管桩围堰设计时，因钢管桩刚度大，为了考虑围堰的经济性，一般应按浅埋桩围堰设计，可近似按刚性基础计算，由此确定钢管桩的最佳入土深度。

⑤ 主要验算项目及方法 a. 桩身入土深度确定、强度及稳定性验算 桩身入土计算分以下几种情况：

——悬壁式板桩计算

悬壁式板桩指顶端不设支撑，完全依靠打入足够的入土深度保证其稳定性。

试算确定埋入深度 t_1：先假定埋入深度 t_1，然后将净主动土压力 acd 和净被动土压力 def 对 e 点取力矩，要求由 def 产生的抵抗力矩大于由 acd 所产生的倾覆力矩的 2 倍，即防倾覆的安全系数不小于 2。将通过试算求得的 t_1 增加 15%，即得桩身的入土深度，确保桩的稳定。

求出桩身剪力为零点，再求出该点的弯矩为最大弯矩，根据弯矩选择板桩的截面和型号。

——单锚浅埋板桩计算

计算模式按上端简支，下端为自由支承模式，这种板桩相当于单跨简支梁，作用在桩后为主动土压力，作用在桩前为被动土压力。

ⅰ. 最小入土深度 t：

$$t=\frac{(3E_p-2E_a)H}{2(E_a-E_p)}$$

式中 E_p——被动土压力，$E_p=\frac{1}{2}\gamma t^2 K_p$；

K_p——被动土压力系数，$K_p=\tan^2\left(45°+\frac{\varphi}{2}\right)$；

E_a——主动土压力，$E_p=\frac{1}{2}\gamma(H+t)^2 K_a$；

K_a——主动土压力系数，$K_a=\tan^2\left(45°-\frac{\varphi}{2}\right)$。

ⅱ. A 点的支承力为：$R_a=E_a-E_p$。

ⅲ. 根据求得之入土深度 t 的支承力 R_a，并依此可求得剪力为零的点，求出该点最大弯矩来选用板桩截面。

被动土压力一般只取其一部分，即安全系数取 2。

b. 单锚深埋板桩计算　计算模式简化为上端简支，下端为固定支撑，其计算常用等值梁法。

等值梁法计算板桩，为简化计算，常用土压力等于零的位置来代替正负弯矩转折点的位置，其计算方法如下。

ⅰ. 最小入土深度 t_0：

$$t_0=y+x$$

$$y=\frac{P_b}{\gamma(KK_p-K_a)}\qquad x=\sqrt{\frac{6P_0}{\gamma(KK_p-K_a)}}$$

板桩实际埋深 t：$t=(1.1\sim1.2)t_0$。

式中 P_b——挖土面处板桩墙后的主动土压力强度值；

P_0——支反力；

K——被动土压力修正系数见表 6-3。

表 6-3　被动土压力修正系数

土的内摩擦角 φ	40°	35°	30°	25°	20°	15°	10°
K	2.3	2.00	1.80	1.70	1.60	1.40	1.20
K'	0.35	0.40	0.47	0.55	0.64	0.75	1.00

注：K、K' 分别为板桩墙前、后被动土压力修正系数。

ⅱ. 按简支梁计算等值梁的最大弯矩 M_{max} 和两个支反点（R_a 和 P_0）

c. 多支撑等弯矩布置式板桩计算　根据施工条件，选定一种类型的板桩，查得截面模量 W，用下式计算出悬臂部分的最大允许跨度 h：

$$h=\sqrt[3]{\frac{6[f]W}{\gamma K_a}}$$

式中　$[f]$——板桩的抗弯强度设计值；

γ——板桩墙后的土的重度；

K_a——主动土压力系数。

再计算下部各层支撑的跨度，即支撑的间距。把板桩视作一个承受三角形荷载的连续梁，各支点近似的假定为不动，即把每跨都视作两端固定，可按一般力学计算出各支点最大弯矩都等于悬臂端弯矩时的跨度，确定支撑层数，复核板桩截面。

d. 多跨支撑等反力布置板桩计算　这种布置是使各层横梁和支撑所受的力都相等，计算支撑间距时，把板桩视作承受三角荷载的连续梁，除顶部压力为0.15P，其他支撑承受反力均为 P。其值计算见下式：

$$P=\frac{\gamma K_a h^2}{2(n-0.85)}$$

通常按第一跨的最大弯矩进行板桩截面的选择。

实际施工中则将板桩视作承受三角形荷载的连续梁，用力矩分配法计算板桩的弯矩和反力，用来验算板桩截面和选择支撑规格。

6.4.3　结语

在环境应急处置工程建设实践中，悬臂式和扶壁式挡土墙适用于地震及缺乏石料地区。主要特点是构造简单、施工方便，墙身断面较小，自身质量轻，可以较好地发挥材料的强度性能，能适应承载力较低的地基。另一方面，耗用一定数量的钢材和水泥，特别是墙高较大时，钢材用量急剧增加，影响其经济性能。一般情况下，墙高6m以内采用悬臂式，6m以上则建议采用扶壁式。

各类围堰有各自特点，在施工时应根据施工水文、地质情况及经济性进行方案比选，确定围堰类型。并选择合理的施工方案。

6.5　地基处理主要工程技术介绍

本书中主要讨论的环境应急处置配套设施建设，主要分为水处理及污染土壤修复两大类，区别于常规场地建设工程，往往面临复杂的现场环境。水处理项目经常面对自然及人工水体周边区域；土壤修复工程则更为复杂，尤其是原位修复工程面临着大量的土方开挖作业。上述项目条件普遍面临着不理想的天然地基状况以及紧迫的时间压力。场地选址规划受到的限制条件较多，因此，环境应急处置的场地选址需要考虑利用一些事发地点周边闲置地块，如河岸、海边滩涂，城市及工业区的人工杂填土区等。

这些地块一般地形较为开阔，地貌相对平缓，有利于各种设备和建设工程展开，且较少影响到周边人类活动；另外，在环境应急处置中，需要有针对性地对其地基进行处理或者补强，以适应建设用地要求。

在实践过程中，各种建筑物和构筑物对地基的要求主要包括下述三方面。

① 地基稳定性问题。

② 地基变形问题。

③ 地基渗透问题。

当天然地基不能满足建（构）筑物在上述三个方面的要求时，需要对天然地基进行地基处理。天然地基通过地基处理，形成人工地基，从而满足建（构）筑物对地基的各种要求。

判别天然地基是否属于软弱地基或不良地基没有明确的界限，天然地基是否属于软弱地基或不良地基也可以说是相对的。

在环境应急处置配套设施建设中经常遇到的软弱土和不良土主要包括以下几种类型。

软黏土、人工填土、部分砂土和粉土、湿陷性土、有机质土和泥炭土、膨胀土、盐渍土、垃圾土、多年冻土及岩溶、土洞和山区地基等。

地基处理方法主要为：置换法；排水固结法；固化（灌入）法；振密及挤密法；加筋法；本书将对其中应用较广泛，易用性较高的部分方法做重点介绍。

6.5.1 置换法

指应用物理力学性质较好的岩土材料置换天然地基中的部分或全部软弱土体或不良土体，形成双层地基或复合地基，以达到提高地基承载力、减少沉降目的一类地基处理方法。

在环境应急处理事故中，置换法的应用较为广泛，多应用于普遍分布的杂填土、软质黏土地区。该方法施工方便，施工技术要求相对较低，易于快速部署和快速施工，在建设面积较大的临时处理厂站建设中已得到广泛使用。总的来说，是在实践工程中优先考虑使用的一类方法。

与此相对应，该方法普遍依赖于外运土石方，并需对被替换的土层进行弃置，对施工现场的交通情况有相应的要求。如表 6-4 所示。

表 6-4　地基处理方法分类及其适用范围

方法	内容描述	适用范围
换土垫层法	将软弱土或不良土开挖至一定深度，回填抗剪强度较高、压缩性较小的岩土材料，如砂、砾、石渣等，并分层夯实，形成双层地基。垫层能有效扩散基底压力，可提高地基承载力、减少沉降	较广泛，适用于各种软弱土地基
挤淤置换法	通过抛石或夯击回填碎石置换淤泥达到加固地基的目的，也有采用爆破挤淤置换	淤泥或淤泥质黏土地基
褥垫法	当建（构）筑物的地基一部分压缩性较小，而另一部分压缩性较大时，为了避免不均匀沉降，在压缩性较小的区域，通过换填法铺设一定厚度可压缩性的土料形成褥垫，以减少沉降差	建（构）筑物部分坐落在基岩上，部分坐落在土上，以及类似情况
砂石桩置换法	利用振冲法或沉管法，或其他方法在饱和黏性土地基中成孔，在孔内填入砂石料，形成砂石桩。砂石桩置换部分地基土体，形成复合地基，以提高承载力，减小沉降	一般用于黏性土地基，因承载力提高幅度小，工后沉降大，被其他方法取代，已很少应用
强夯置换法	采用边填碎石边强夯的方法在地基中形成碎石墩体，由碎石墩、墩间土以及碎石垫层形成复合地基，以提高承载力，减小沉降	粉砂土和软黏土地基等

续表

方法	内容描述	适用范围
石灰桩法	通过机械或人工成孔,在软弱地基中填入生石灰块或生石灰块加其他掺合料,通过石灰的吸水膨胀、放热以及离子交换作用改善桩间土的物理力学性质,并形成石灰桩复合地基,可提高地基承载力,减少沉降	杂填土、软黏土地基
气泡混合轻质料填土法	气泡混合轻质料的重度为 $5\sim12kN/m^3$,具有较好的强度和压缩性能,用作路堤填料可有效减小作用在地基上的荷载,也可减小作用在挡土结构上的侧压力	软弱地基上的填方工程
EPS超轻质料填土	发泡聚苯乙烯(EPS)重度只有土的1/100～1/50,并具有较好的强度和压缩性能,用作填料,可有效减小作用在地基上的荷载,减小作用在挡土结构上的侧压力,需要时也可置换部分地基土,以达到更好的效果	软弱地基上的填方工程

下面将以换土垫层法、强夯置换法、石灰桩法和EPS超轻质料填土法为对象，详细介绍上述几种处理方案的工程技术路线。

6.5.1.1 换土垫层法

(1) 加固机理和适用范围 换土垫层法就是将基础底面以下不太深的一定范围内软弱土层挖去，然后用强度高、压缩性能好的岩土材料，如砂、碎石、矿渣、灰土、土工格栅加砂石料等材料分层填筑，采用碾压、振密等方法使垫层密实。通过垫层将上部荷载扩散传到垫层下卧层地基中以满足提高地基承载力和减少沉降的要求。

换土垫层法适用于软弱土层分布在浅层且较薄的各类不良地基的处理。

(2) 设计计算 在设计工作中，主要设计内容有以下几个方面。

a. 垫层材料的选用。

b. 垫层铺设范围。

c. 厚度的确定。

d. 地基沉降计算。

① 垫层材料选用 采用换土垫层法处理地基，垫层材料可因地制宜地根据工程的具体条件合理选用下述材料：a. 砂、碎石或砂石料；b. 灰土；c. 粉煤灰或矿渣。

② 确定垫层铺设范围 垫层铺设范围应满足基础底面应力扩散的要求。

对于条形基础，垫层铺设宽度 B 可根据当地经验确定，也可按下式计算：

$$B \geqslant b + 2z\tan\theta$$

式中 B——垫层宽度，m；

b——基础底面宽度，m；

z——垫层厚度，m；

θ——压力扩散角。

整片垫层的铺设宽度可根据施工的要求适当加宽。垫层顶面每边宜超出基础底边不小于300mm，或从垫层底面两侧向上，按当地开挖基坑经验放坡。

③ 确定垫层厚度 垫层铺设厚度根据需要置换软弱土层的厚度确定，要求垫层底面处土的自重应力与荷载作用下产生的附加应力之和不大于同一标高处的地基承载力特征值。

6.5.1.2 强夯置换法

(1) 加固机理和适用范围 利用强夯施工方法，边夯边填碎石。在地基中设置碎石墩，在碎石墩和墩间土上铺设碎石垫层形成复合地基以提高地基承载力和减小沉降一种地基处理方法。

强夯置换法适用于加固粉土地基、黏性土地基等。

强夯置换法常应用于堆场、高等级公路地基处理，有时也应用于多层住宅地基处理。

(2) 设计 设计内容主要包括以下内容。

① 置换材料选用：级配良好的块石、碎石、矿渣、建筑垃圾等坚硬粗颗粒材料，粒径大于300mm的颗粒含量不宜超过30%。

② 墩体设置深度：由设计承载力、地基土质条件和单击夯击能量决定。

③ 夯锤和落距的选用：通过试验确定。

④ 置换点范围：大于荷载作用范围。

⑤ 置换点布置：采用等边三角形和正方形布置，置换点距离一般可取夯锤直径的2～3倍。

⑥ 垫层厚度：不小于300mm。

⑦ 检验方法：可通过现场载荷试验测定墩体和复合地基承载力。

6.5.1.3 石灰桩法

(1) 加固机理和适用范围 石灰桩桩体：先用机械或人工的方法在地基中成孔，然后灌入生石灰块，或灌入掺有粉煤灰、炉渣等掺合料的生石灰混合料，并进行振密或夯实形成石灰桩桩体。

石灰桩法：石灰桩桩体与桩间土形成石灰桩复合地基，以达到提高地基承载力、减小沉降的目的，称为石灰桩法。

采用石灰桩法加固地基的机理有以下几个方面。

① 置换作用。

② 吸水、升温使桩间土强度提高。

③ 胶凝、离子交换和钙化作用使桩周土强度提高。

石灰桩法适用于加固杂填土、素填土和黏性土地基，有相关经验时也可用于淤泥质土地基加固。

(2) 设计 设计内容主要包括如下几个方面。

① 桩孔直径选用 根据工程所在地区，岩土特性各异，桩孔直径也会有不同的选择。经过多年实践积累，我国相关领域已积累了相当的经验，在一般情况下，选用ϕ300～500mm的较多见。

② 填料的选用 选用新鲜的生石灰，也可掺加粉煤灰、矿渣、水泥等掺加料，其掺合比通过试验确定。

③ 桩位布置和桩距设计 桩位布置一般选用等边三角形布置，也可采用正方形或矩形布置。桩间距一般选用桩孔直径的2.5～3.5倍。具体尺寸可根据复合地基承载力公式计算。

在石灰桩复合地基中，桩间土强度与距石灰桩桩体距离有关。随着到桩周距离增大，由于桩体的物理化学作用引起桩间土强度的提高减弱，桩间土强度降低。

④ 桩长设计 若需加固的软弱土层不厚，可考虑加固软弱土层底面，也就是石灰桩穿透软弱土层。

若软弱土层较厚，则根据加固区下卧层承载力要求和建筑沉降控制确定加固深度。

石灰桩桩长还取决于施工机具及施工工艺水平，一般小于8m。

⑤ 布桩范围的确定 石灰桩加固范围宜大于基础宽度，当大面积满堂布桩时，一般在基础外缘增布1～2排石灰桩。

(3) **施工** 在地基中设置石灰桩通常有四种方法。

① 沉管法成孔提管投料压实法。

② 沉管法成孔投料提管压实法。

③ 挖孔填料夯实法。

④ 长螺旋钻施工法。

(4) **质量检验** 在施工过程及施工完成后，需对成桩质量进行检验，检验内容主要有：桩位布置、填料质量、桩体密实度。

6.5.1.4 EPS超轻质料填土法

EPS材料，正式名称为聚苯乙烯泡沫（expanded polystyrene），是一种轻型高分子聚合物。它是采用聚苯乙烯树脂加入发泡剂，同时加热进行软化，产生气体，形成一种硬质闭孔结构的泡沫塑料。近年来在工程中已经得到广泛应用。

工程中应用的EPS材料具有下述特点。

① 超轻质性。

② 耐压缩性。

③ 摩擦特性。

④ 耐水性。

⑤ 化学热性：耐热、不受侵蚀、在紫外线作用下会产生老化。

⑥ 施工方便。

6.5.2 排水固结法

排水固结法又称预压法。是通过对地基施加预压荷载，使软黏土地基土体中的孔隙排出，土体产生排水固结，土体孔隙体积减小、抗剪强度提高，达到减少地基工后沉降和提高地基承载力的目的。

应用排水固结法的主要目的包括以下几个方面。

① 减少建筑地基沉降。

② 通过排水固结，提高建筑地基强度及稳定性。

③ 消除竣工后地基的不均匀沉降等。

排水固结法主要针对软土黏土地基中的水做专项处理，通过排水提高地基承载力。在河流、滩涂、水田等地下水较丰富的地区有明显的优越性，对工后不均匀沉降的控制有明显的优势。另外，该方法工作时间较长，固结排水需时间较长。

排水固结法通常由排水系统和加压系统两部分组成。其中排水系统又可以分为竖向和水平向两类，加压系统也有若干方法，以下将分别介绍。

(1) **排水系统** 排水系统由竖向排水体和水平排水体构成，主要作用是改变地基的排水边界条件，缩短排水距离和增加孔隙水排出的途径。当软土层靠近地表且较薄或土的渗透性好且施工周期较长时，可在地面铺设一定厚度的砂垫层，不设竖向排水通道。土中的孔隙水在外荷载作用下排至砂垫层，从而产生固结。

(2) **预压加载系统** 预压加载系统又可称为加压系统，是指对地基施加的荷载布置。

(3) **适用范围** 总的来说，排水固结法的特点在于：利用饱和黏性土地基在荷载作用下产生排水固结，土体孔隙比减小，压缩性减小，抗剪强度提高。可有效减少地基工后沉降和提高地基承载力。

一般适用于饱和软黏土、吹填土、松散粉土、新近沉积土、有机质土及泥炭土地基。也经常用于淤泥质土、淤泥、泥炭土和冲填土等饱和黏性土地基。

以下将按照预压加载系统的区别，分别介绍。

① 堆载预压法　在建筑场地临时堆填土石等，对地基进行加载预压，使地基沉降能够提前完成，并通过地基土固结提高地基承载力，然后卸去预压荷载建造建筑物，以消除建筑物基础的部分均匀沉降，这种方法就称为堆载预压法。

为了加速堆载预压地基固结速度，常与砂井法同时使用，称为砂井堆载预压法。

沙井法适用于渗透性较差的软弱黏性土，对于渗透性良好的砂土和粉土，无需用砂井排水固结处理地基；含水平夹砂或粉砂层的饱和软土，水平向透水性良好，不用砂井处理地基也可获得良好的固结效果。

② 真空预压法　真空预压指的是砂井真空预压。即在黏土层上铺设砂垫层，然后用薄膜密封砂垫层，用真空泵对砂垫及砂井进行抽气，使地下水位降低，同时在地下水位作用下加速地基固结。即真空预压是在总压力不变的条件下，使孔隙水压力减小、有效应力增加而使土体压缩和强度增长。

③ 降水预压法　用水泵抽出地基地下水来降低地下水位，减少孔隙水压力，使有效应力增大，促进地基加固。

降水预压法特别适用于饱和粉土及饱和细砂地基。

④ 电渗排水法　即通过电渗作用可逐渐排出土中水。在土中插入金属电极并通以直流电，由于直流电场作用，土中的水从阳极流向阴极，然后将水从阴极排除，而不让水在阳极附近补充，借助电渗作用可逐渐排除土中水。在工程上常利用它降低黏性土中的含水量或降低地下水位来提高地基承载力或边坡的稳定性。

6.5.3　振密及挤密法

振密、挤密是指采用振动或挤密的方法使地基土体密实以达到提高地基承载力和减少沉降的目的。

在工程实践中，常采用的振密及挤密法处理地基的方法有：表层原位压实法；强夯法；振冲密实法；挤密砂石桩法；爆破挤密法；土桩和灰土桩法；夯实水泥土桩法；桩锤冲扩桩法；孔内夯扩法等。

振密及挤密法在环境应急处置中应用较为广泛，对于常见的黄土、红土等天然路基，通过夯实及振动方法可以明显提高地基承载力，改善地基性能，并能够满足设置普通构筑物及临时性房屋的使用要求。该方法施工简便，工期较短，对时效性要求较高的环境应急处置项目较为适宜。

在工程中常见的为土桩、灰土桩，采用挤土成孔或非挤土成孔方式在地基中成孔，然后分层回填填料，逐层夯实成桩。根据回填填料不同，分别称为土桩、灰土桩和夯实水泥土桩法。

用土回填称为土桩法，用石灰拌土制备成的灰土回填称为灰土桩法，用水泥拌土制备成的水泥土回填称为夯实水泥土桩法，用粉碎后的建筑垃圾加水泥和土回填称为渣土桩法等。

6.5.4　固化（灌入）法

固化法是指在软弱地基中灌入水泥等固化物，通过固化物和地基土体间产生一系列物理、化学作用形成水泥土或其他固化土，通过固化土与原状土形成复合土体，达到加固地基的一类地基处理方法。

固化（灌入）法在实践中，主要应用于软黏土地基、膨胀土、淤泥等软弱地基等情况下。尤其是需要布置自重较大的设备的工程项目，用换填法等普通处理方法不能满足地基承载力条件的情况下，通常会作为地基处理的优先方案并加以考虑。

以下将以深层搅拌法、高压喷射注浆法和灌浆法为例，对固化（灌入）法做一简介。

6.5.4.1 **深层搅拌法**

(1) 定义 深层搅拌法是通过特制的施工机械——各种深层搅拌机，沿深度将固化剂（水泥浆或水泥粉或石灰粉，外加一定的掺合剂）与地基土就地强制搅拌形成水泥土桩或水泥土块体的一种地基处理方法。

深层搅拌法通常采用水泥为固化物，也有采用石灰为固化物，近年来后者已不多见于实践。

(2) 分类 喷浆深层搅拌法及喷粉深层搅拌法。

(3) 适用范围 深层搅拌法最适宜于加固各种成团的饱和软黏土，适用于处理淤泥、淤泥质土、黄土、粉土和黏性土等地基。加固适用场所从陆上软土到海底软土，适用范围比较广泛，加固深度从数米到五六十米均可使用。

(4) 加固机理 深层搅拌法施工顺序示意图如图 6-9 所示。

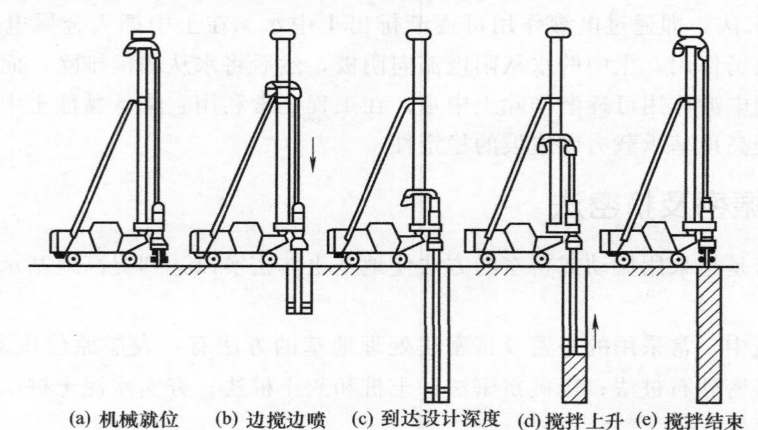

图 6-9 深层搅拌法施工顺序示意图

软土与水泥采用机械搅拌加固的基本原理，是基于水泥加固土（以下简称水泥土）的物理-化学反应过程。

① 水泥的水解和水化反应；

② 黏土颗粒与水泥水化物的作用；

③ 碳酸化作用。

水泥与黏性土形成水泥土的主要硬化机理如下所示。

生成水化物→形成水泥石骨料→生成结晶化合物

水泥土中水泥含量通常用水泥掺合比 a_w 表示，指水泥重量与被拌合的软黏土重量之比。

表 6-5 和图 6-10 所示的是一组试验得到的不同水泥掺合比的水泥土无侧限抗压强度与龄期（t）的关系。

表 6-5　不同水泥掺合比和不同龄期下的水泥土无侧限抗压强度　　　单位：MPa

a_w/% \ t/d	7	14	28	60	90	150
5	0.23	0.24	0.39	0.42	0.45	
10	0.67	0.79	0.94	1.45	1.45	
15	0.91	0.89	1.35	1.69	2.41	2.90
20	1.47	2.11	2.40	3.28	3.56	
25	2.10	2.59	3.15	4.26	4.59	

注：引自李明逵，1991。

由表 6-5 和图 6-10 可得出结论：

a. 水泥土的强度随龄期的增长而增长；

b. 水泥土的强度随水泥掺合比的增加而提高。

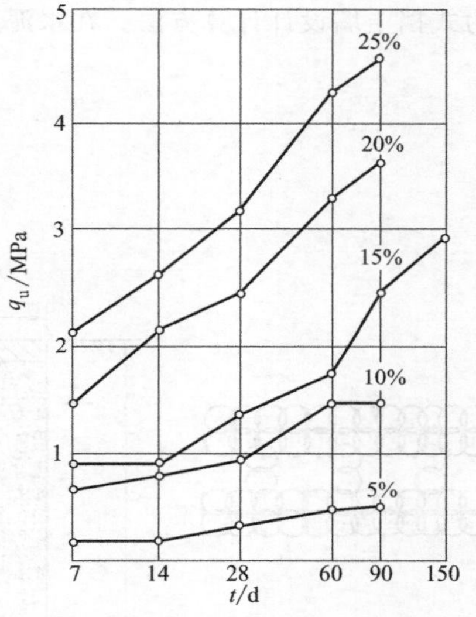

图 6-10　不同水泥掺合比与不同龄期（t）的水泥土无侧限抗压强度（q_u）

由图 6-11 中可以看出：随着水泥掺合比的提高，水泥土强度提高，水泥土的破坏模型也是不同的。在实际应用中应注意水泥掺合比对水泥土压缩特性的影响。一般来说，水泥掺合比大，压缩模量也随之增大。

除此之外，在深层搅拌法中，为了改善水泥土的性能，常选用木质素磺酸钙、石膏、磷石膏、三乙醇胺等外掺剂。

(5) 深层搅拌法的工程应用

① 形成水泥土桩复合地基　水泥土增强体复合地基可具有桩式复合地基和格构式复合地基两种。以图 6-12 为例，(a) 和 (b) 为桩式，(c) 为格构式。

水泥土增强体复合地基广泛应用于：

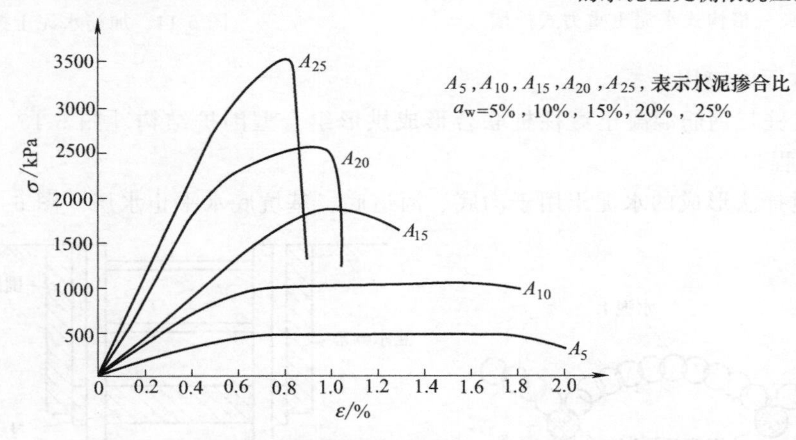

图 6-11　水泥土无侧限压缩试验应力（σ）应变（ε）关系

a. 建筑物地基，如多层民用住宅、办公楼、厂房、水池、油罐等建（构）筑物地基；

b. 堆场地基，包括室内、室外堆场；

c. 高速公路和机场停机坪、跑道地基等。

② 形成水泥土支挡结构　水泥土重力式挡墙既是挡土结构又是防渗帷幕。水泥土重力

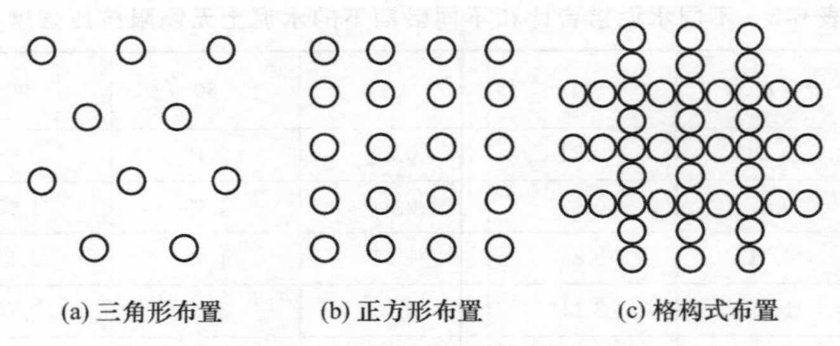

图 6-12　复合地基平面布置形式

式挡墙一般做成格构形式，如图 6-13 所示，水泥土重力式挡墙设计计算方法可采用一般重力式挡土墙设计计算方法。在水泥土挡墙中插置型钢，通常称为加筋水泥土挡墙（图6-14）。

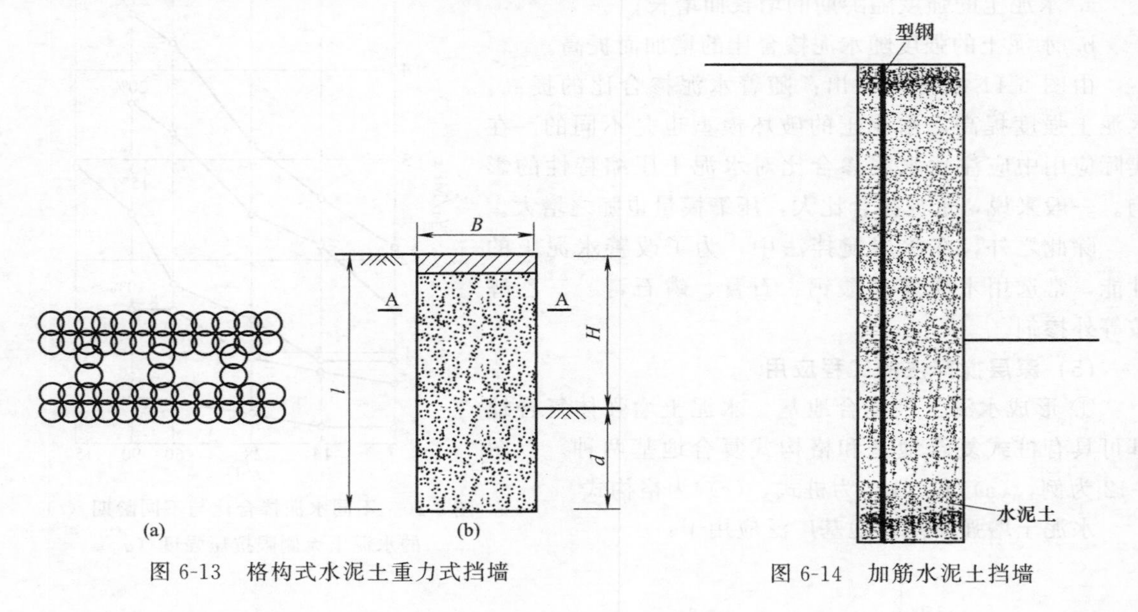

图 6-13　格构式水泥土重力式挡墙　　　图 6-14　加筋水泥土挡墙

③ 其他方面的应用

a. 水泥土桩与钢筋混凝土灌柱桩联合形成拱形组合型围护结构［图 6-15（a）］应用于深基坑围护工程。

b. 深层搅拌法形成的水泥土用于沟底、河道底、基坑底水平止水层［图 6-15（b）］。

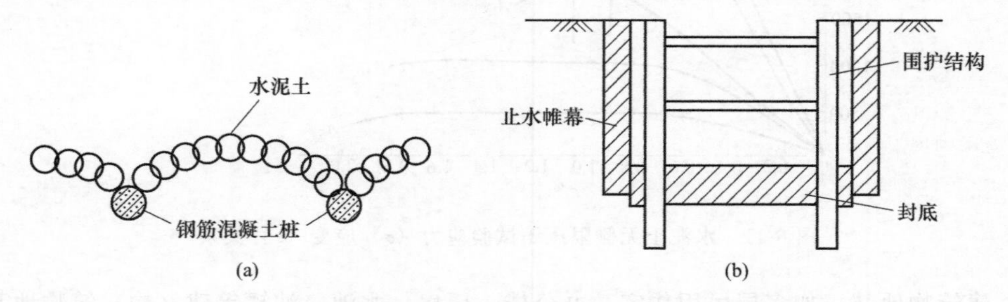

图 6-15　拱形组合型围护结构图（a）与水平止水层示意图（b）

c. 深层搅拌法形成的水泥土应用于底部水平支撑［图 6-16（a）］。

d. 深层搅拌法形成的水泥土应用于盾构施工地段软弱地基土体的加固［图 6-16（b）］，

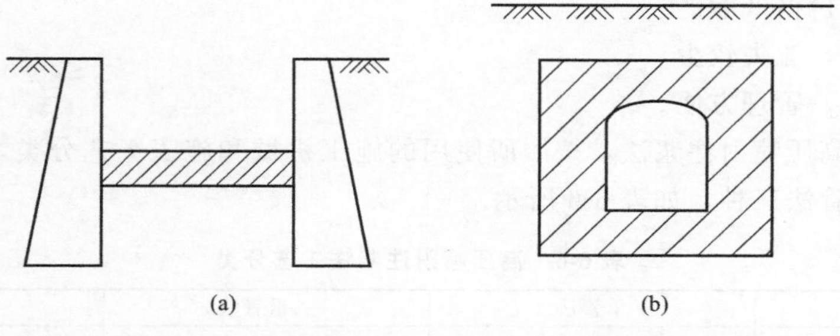

图 6-16　水平底部支撑图（a）和盾构施工地基土质改变图（b）

以保证盾构稳定掘进，减小环境效应。

e. 如图 6-17（a）所示，水泥土应用于基坑围护支护结构被动区土质改良以增大被动土压力；

f. 如图 6-17（b）所示，水泥土应用于增加桩的侧面摩阻力，提高桩的承载力等。

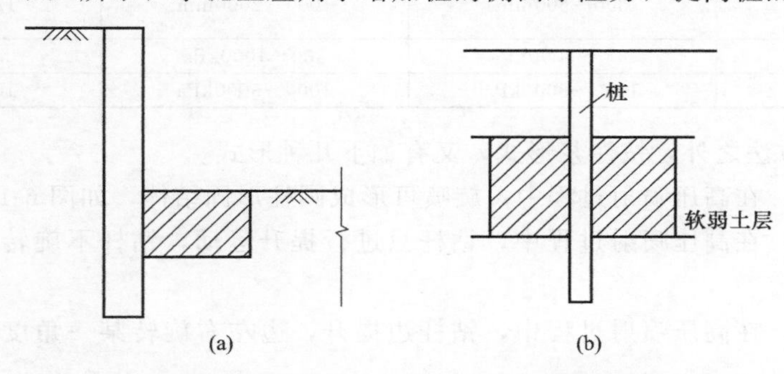

图 6-17　被动区土质改变图（a）和增加桩侧面摩阻力图（b）

6.5.4.2　高压喷射注浆法

(1) 定义　高压喷射注浆法是将带有特殊喷嘴的注浆管置于土层预定的深度，以高压喷射流切割地基土体，使固化浆液与土体混合并置换部分土体，固化浆液与土体产生一系列物理化学作用，水泥土凝固硬化，达到加固地基的一种地基处理方法。若在喷射固化浆液的同时，喷嘴以一定的速度旋转、提升，喷射的浆液和土体混合形成圆柱形桩体，则称为高压旋喷法。

(2) 主要特征

① 适用的范围较广。

② 施工简便。

③ 固结体形状可以控制，如图 6-18 所示。

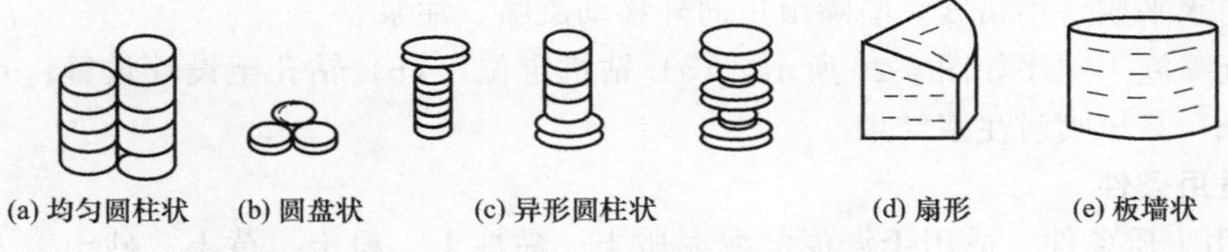

图 6-18　固结体的基本形状示意图

④ 既可垂直喷射也可倾斜和水平喷射。

⑤ 有较好的耐久性。

⑥ 料源广阔价格低廉。

⑦ 浆液体中，流失较少。

⑧ 设备简单，管理方便。

(3) 分类 高压喷射注浆法，按照所使用的施工机械和施工工艺分类，可分为单管法、二重管法和三重管法三种，如表 6-6 所示。

表 6-6 高压喷射注浆法工艺分类

工艺	单管法	二重管法	三重管法
泥浆-土混合特点	搅拌混合	半置换混合	半置换混合
适用范围	黏性土 $N<5$ 砂性土 $N<15$	黏性土 $N<5$ 砂性土 $N<15$	砂性土 $N<200$
常用压力	20MPa	20MPa	40MPa
喷射流	高压浆液流	高压浆液流＋气流	高压浆液流＋气流
改良土体有效直径	300～500mm	1000～2000mm	1200～2000mm
改良强度(黏土)	500～1000kPa	500～1000kPa	500～1000kPa
改良强度(砂土)	1000～3000kPa	1000～3000kPa	1000～3000kPa

除上述分类方法之外，按注浆形式，又有如下几种形式。

① 旋转喷射：在高压喷射过程中，旋喷可形成圆柱形固结体，如图 6-19（a）所示。

② 定向喷射：在高压喷射过程中，钻杆只进行提升运动，钻杆不旋转，称为定喷，如图 6-19（b）所示。

③ 摆动喷射：在高压喷射过程中，钻杆边提升，边左右旋转某一角度，称为摆喷，如图 6-19（c）所示。

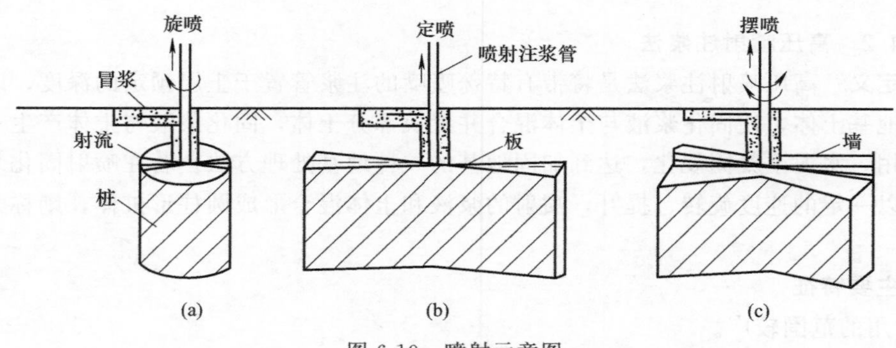

图 6-19 喷射示意图

④ 水平高压喷射注浆法：在土层中水平或小角度俯、仰和外斜钻进成孔，注浆管呈水平状，或与水平成一小角度，喷嘴由里向外移动旋喷、注浆。

水平旋喷施工顺序如图 6-20 所示，（a）钻机定位；（b）钻孔至设计位置；（c）高压喷射注浆；（d）高压喷射注浆结束。

(4) 适用条件

① 适用土质条件 适用于淤泥、淤泥质土、黏性土、粉土、黄土、砂土、人工填土和碎石土等地基。

② 工程使用范围 喷射注浆法宜作为地基加固和基础防渗之用。可用在增加地基强度、挡土围堰及地下工程建设、增大土的摩擦及黏聚力，减小振动防止砂土液化、降低土的含水

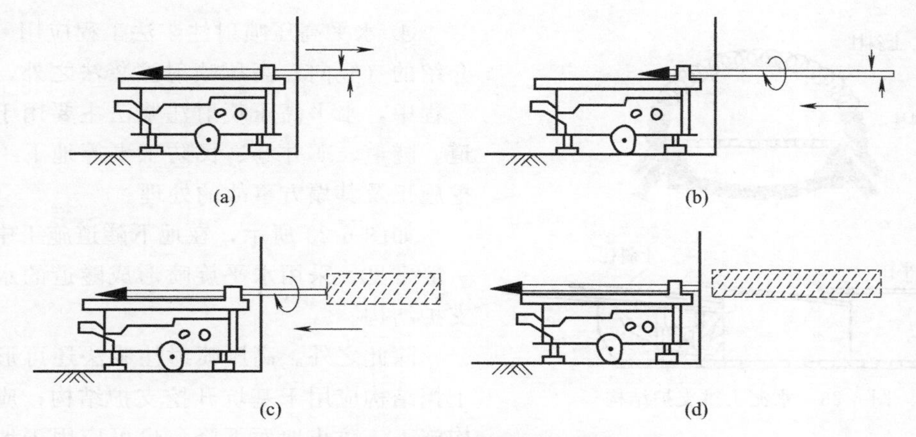

图 6-20　水平高压喷射注浆示意图

量、防渗帷幕防止洪水冲刷等七类工程的 20 个方面。

(5) 加固机理

① 高压喷射流对土体的破坏作用　高压喷射流破坏土的作用，可用图 6-21 表示。

② 高压旋喷成桩机理　高压旋喷浆法固结体形成过程如图 6-22 所示。

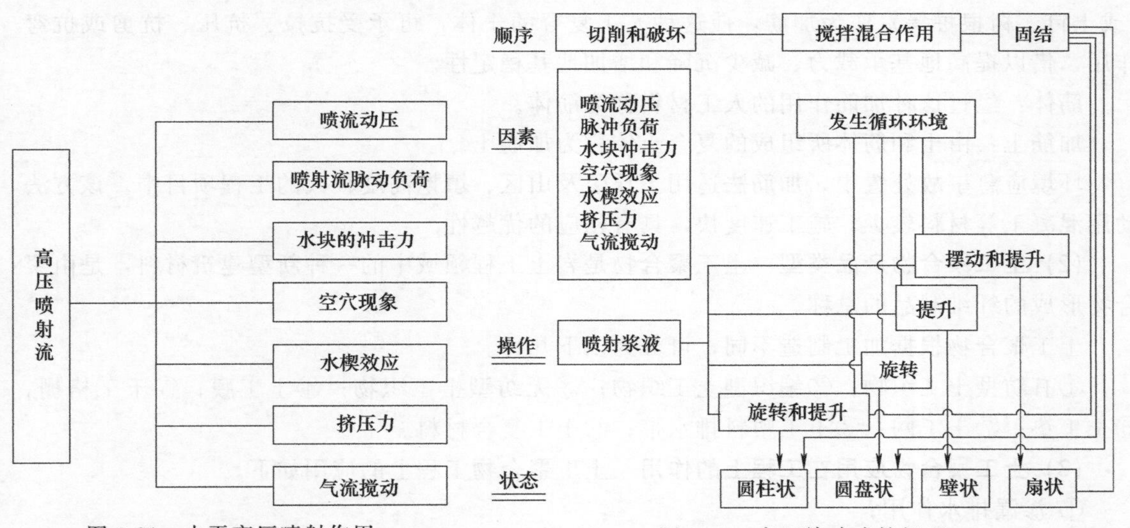

图 6-21　水平高压喷射作用

图 6-22　高压旋喷成桩机理

(6) 高压喷射注浆法的工程应用

① 加固已有建（构）筑物地基　在一些现状建筑物中，当需要对现有地基进行补强时，空间往往受到比较大的限制。在此情况下，由于高压喷射注浆法施工设备所占空间较小，可创造条件在室内施工，因此高压喷射注浆法可应用于加固已有建筑物地基。

② 形成水泥土止水帷幕　水利工程、矿井工程和深基坑围护工程中，需采取措施将地下水与施工的构筑物做有效的隔离，一般称作止水帷幕。利用高压喷射注浆法，采用摆喷和旋喷可以在地基中设置所需要的止水帷幕。其成本低廉，成形快的优势使其得到了广泛应用。

③ 应用于基坑开挖工程封底　水泥土封底既可防止管涌，也可减小基抗隆起，对支护结构还可以起支撑作用。

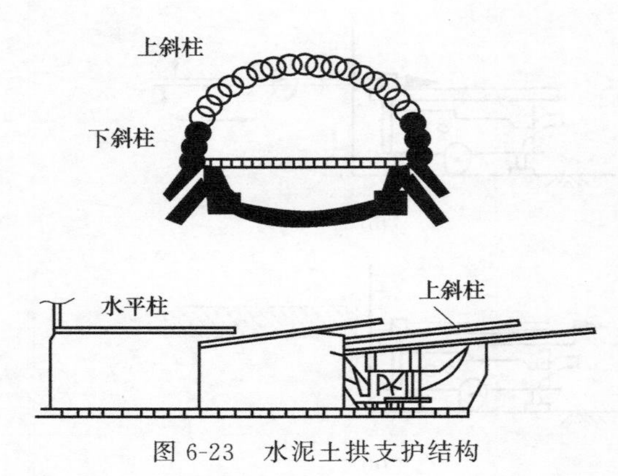

图 6-23　水泥土拱支护结构

④ 水平高压喷射注浆法工程应用　除前文介绍的（竖向）高压喷射注浆法之外，在实际工程中，水平高压喷射注浆法主要用于地下铁道、隧道、矿井巷、民防工事等地下工程的暗挖施工及其塌方事故的处理。

如图 6-23 所示，在地下隧道施工中，矿山一般常见，采用水平旋喷形成隧道的水泥土拱支护结构。

除此之外。高压喷射注浆法还可形成水泥土挡结构应用于基坑开挖支护结构；应用于盾构施工，防止地面下降；也可应用于地下管道基础加固；桩基础持力层土质改良；构筑防止地下管道漏气的水泥土帷幕结构等。

6.5.5　加筋法

(1) 土的加筋技术概述　土的加筋是指在软弱土层中沉入碎石桩（或砂桩），或在人工填土的路堤或挡墙内铺设土工聚合物（或钢带、钢条、尼龙绳等）；或在边坡内打入土锚（或土钉、树根桩等）作为加筋，使这种人工复合的土体，可承受抗拉、抗压、抗剪或抗弯作用，借以提高地基承载力、减少沉降和增加地基稳定性。

筋体：经过这种加筋作用的人工材料称为筋体。

加筋土：由土和筋体所组成的复合土体称为加筋土。

环境应急事故处置中，加筋法适用于丘陵及山区、填挖高度较大的工程项目中。该方法动用混凝土等材料较少，施工速度快，具有相应的优越性。

(2) 土工聚合物产品类型　土工聚合物是岩土工程领域中的一种新型建筑材料，是由聚合物形成的纤维制品的总称。

土工聚合物根据加工制造不同，可分为以下几种。

①有纺型土工织物；②编织型土工织物；③无纺型土工织物；④土工膜；⑤土工格栅；⑥土工垫；⑦土工网；⑧土工塑料排水带；⑨土工复合材料。

(3) 土工聚合物应用在工程上的作用　土工聚合物工程上的应用如下。

① 渗漏排水作用；

② 对两种不同材料起隔离作用；

③ 网孔渗透起过滤作用；

④ 利用土工聚合物的强度起加筋作用。

土工聚合物应用在工程上的作用如下。

① 排水作用　一定厚度的土工织物具有良好的三维透水特性，利用这种特性除了可作透水反滤外，还可使水经过土工聚合物的平面迅速沿水平方向排走，构成水平排水层。

② 隔离作用　土工聚合物设置在两种不同特性的材料间，不使其混杂，但又能保持统一的作用。

铁路工程中→保持轨道稳定，减少养护费用；

道路工程中→起渗透膜功能；

地基加固方面→将新旧地基层分开，能增强地基；

承载力又利于排水和土体固结；

材料的储存和堆放→避免材料损失和劣化。

③ 反滤作用　在渗流出口区铺设土工聚合物作为反滤层，这和传统的砂砾石滤层一样，均可提高被保护土的抗渗强度。

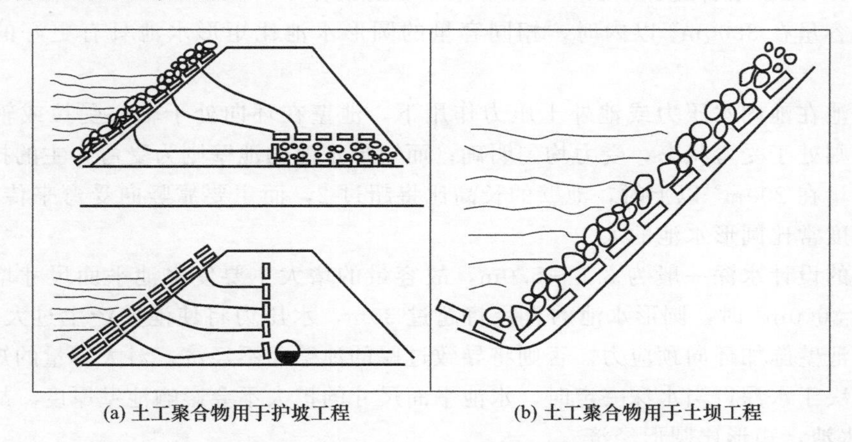
(a) 土工聚合物用于护坡工程　(b) 土工聚合物用于土坝工程

图 6-24　土工聚合物用于加固土坡和堤坝

④ 加筋作用

a. 用于加固土坡和堤坝，如图 6-24 所示；

b. 用于加固地基；

c. 用于加筋土挡墙。

6.6　水工构筑物主要工程技术介绍

在环境应急处置中，污水处理是其中的重要组成部分。水工构筑物为配套设施建设中重要的研究对象。

总的来说，污水处理工程是由各种功能的构筑物如泵站、水池等，用管道渠道等连接而构成的综合处理系统。水工构筑物大多数都是较复杂的薄壁空间结构，对抗裂，抗渗透，防冻保温及防腐等方面都有较严格的要求。其技术特点独具特色。

本章将以常见的各类水池为例，对相关工程技术进行介绍。

6.6.1　钢筋混凝土水池介绍

在水处理工艺的设计中会经常遇到水池，无论是污水处理或是其他工艺，都广泛存在各种水池。

6.6.1.1　水池的分类

(1) 按照使用功能　水处理用池，如沉淀池、滤池、曝气池等；该类型水池的容量、形式和空间尺寸主要由工艺设计决定。

贮水池，如清水池，高位水池，调节池；该类型水池的容量、标高和水深由工艺确定，而池型及尺寸则主要由结构的经济性和场地、施工条件等因素来确定。

(2) 按照形状　水池常用的平面形状为圆形或矩形，其池体结构一般由池壁、顶盖和底板三部分组成。按照工艺上是否需要封闭，又可分为有顶盖（封闭水池）和无顶盖（开敞水池）两类。

给水工程中的贮水池多数有顶盖，而除此之外的其他水池则多不设顶盖。

6.6.1.2 **贮水池容量、形状、水深等技术经济指标**

贮水池容量在 $3000m^3$ 以内时，相同容量的圆形水池比矩形水池具有更好的技术经济指标。

圆形水池在池内水压力或池外土压力作用下，池壁在环向处于轴心受拉或轴心受压状态，在竖向则处于受弯状态，受力均匀明确；而矩形水池的池壁则为受弯为主的拉弯或压弯构件，当容量在 $200m^3$ 以上时，池壁的长高比将超过 2，而主要靠竖向受弯来传递侧压力，因此池壁厚度常比圆形水池的大。

贮水池的设计水深一般为 3.5～5.0m，故容量的增大主要使水池平面尺寸增大。当水池容量超过 $3000m^3$ 时，圆形水池的直径将超过 30m，水压力将使池壁产生过大的环拉力，此时除非对池壁施加环向预应力，否则将导致过厚的池壁而不经济。对大容量的矩形水池来说，壁厚取决于水深，当水深一定时，水池平面尺寸的扩大不会影响池壁厚度。故容量大于 $3000m^3$ 的水池，矩形比圆形经济。

就每立方米容量的造价、水泥用量和钢材等经济指标来说，当水池容量大约在 $3000m^3$ 以内时，不论圆形或矩形池，上述各项经济指标都随容量增大而降低，当容量超过约 $3000m^3$ 时，矩形池的各项经济指标基本趋于稳定。

6.6.1.3 **贮水池场地布置**

矩形水池对场地地形的适应性较强，便于节约用地及减少场地开挖的土方量，在山区狭长地带建造水池以及在城市大型给水工程中，矩形水池的这一优越性具有重要意义。

自 20 世纪 80 年代以来，随着水池容量向大型发展，用地矛盾加剧，矩形水池更加受到重视。北京市水源九厂一期工程的调节水池，采用平面尺寸 $255.9m \times 90.9m$，池高 5m 的矩形水池，容量达 $1.07 \times 10^5 m^3$。如果与采用多个万吨级预应力圆形水池达到相同容量的方案相比，其节约用地和造价的效果都是肯定的。

6.6.1.4 **水池池壁厚度**

水池池壁根据内力大小及其分布情况，可以做成等厚的或变厚的。

变厚池壁的厚度按直线变化，变化率以 2%～5%（每米高增厚 20～50mm）为宜。

无顶盖水池壁厚的变化率可以适当加大，现浇整体式钢筋混凝土圆水池容量在 $1000m^3$ 以下，可采用等厚池壁；容量在 $1000m^3$ 及 $1000m^3$ 以上，用变厚池壁较经济，装配式预应力混凝土圆形水池的池壁通常采用等厚度。

6.6.1.5 **装配式和现浇整体式水池池壁**

目前，国内除预应力圆形水池有采用装配式池壁者外，一般钢筋混凝土水池都采用现浇整体式池壁。

矩形水池的池壁绝大多数采用现浇整体式，有少数工程采用装配整体式池壁。

采用装配整体式池壁可以节约模板，使池壁生产工厂化和加快施工进度。缺点是壁板接缝处水平钢筋焊接工作量大，二次混凝土灌缝施工不便，连接部位施工质量难以保证。因此，实际时应特别慎重。

6.6.1.6 **地下式、半地下式及地上式水池**

按照建造在地面上下位置的不同，水池可以分为地下式、半地下式及地上式。

为了尽量缩小水池的温度变化幅度，降低温度变形的影响，水池应优先采用地下式或半地下式。

对于有顶盖的水池，顶盖以上应覆土保温。

水池的底面标高应尽可能高于地下水位，以避免地下水对水池的浮托作用，当必须建造在地下水位以下时，池顶覆土又是一种最简便有效的抗浮措施。

6.6.1.7 贮水池的顶盖和底板

贮水池的顶盖和底板大多采用平顶和平底。

工程实践表明，对有覆土的水池顶盖，整体式无梁顶盖的造价和材料用量都比一般梁板体系为低。

装配式梁板结构的优点是能够节约模板和加快工程进度，但经济指标不如现浇整体式无梁楼盖。

从 20 世纪 80 年代以来，由于工具化钢模在混凝土工程中应用越来越普遍，使现浇混凝土结构得以扬长避短，在水池设计中优先采用全现浇混凝土结构已成为主流。

当水池底板位于地下水位以下或地基较弱时，贮水池的底板通常作成整体式反无梁底板。

当底板位于地下水位以上，且基土较坚实、持力层承载力特征值不低于 $100kN/m^2$ 时，底板和池壁支柱基础则可以分开考虑。此时池壁、支柱基础按独立基础设计，底板的厚度和配筋均由构造确定，这种底板称为分离式（或铺砌式）底板。

分离式底板可设置分离缝，也可以不设置，后者在外观上与整体式反无梁底板无异，但计算时不考虑底板的作用，柱下基础及池壁基础均单独计算。有分离缝时，分离缝处应有止水措施。

6.6.2 水池的荷载

6.6.2.1 水池荷载分类及选用

水池载荷如图 6-25 所示。

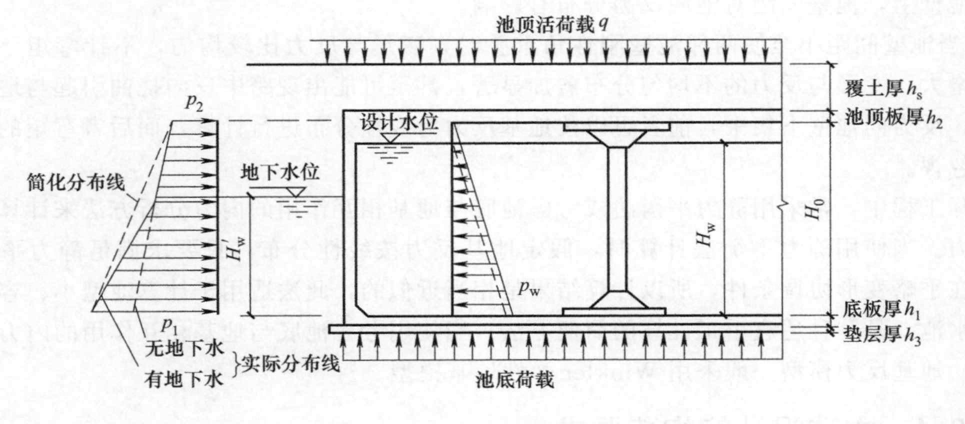

图 6-25 水池载荷

(1) 池顶荷载 对于有顶盖的封闭式水池，应计算作用于池顶板上的竖向荷载，主要包括顶板自重、防水层重、覆土重、雪荷载和活荷载。

池顶、池底及池壁的各种荷载必须分别进行计算。

(2) 池壁荷载 作用在池壁上的荷载可分为池内水压力、池外土压力和地下水压力。其中，池内水压力是水池承受的主要荷载之一，一般偏安全地按满池来计算水压。

(3) 温、湿度荷载 由于混凝土硬化过程中产生的水化热、工艺要求以及季节变化等，造成池壁产生膨胀和收缩。当变形受到约束时，在池体中产生相应的温度或湿度应力。温度应力和湿度应力是导致混凝土池壁产生裂缝的主要原因。

(4) 池底荷载 池底板作用的荷载包括：池内水的自重荷载，水池顶板和壁板的重力荷载，底板顶面以上（包括挑出部分）覆土荷载及活荷载引起的基底反力。

6.6.2.2 荷载组合

水池设计中通常考虑以下 3 种荷载组合。

① 池内水压＋自重（对应工况为：池内有水，池外无土）；

② 池外土压＋自重（对应工况为：池内无水，池外有土）；

③ 池内水压＋自重＋温、湿度荷载。

6.6.3 水池设计的内力计算

水池的内力计算主要包括池壁内力计算和底板内力计算。不同边界条件和地基反力模型的选取，对水池的内力计算结果有很大的影响。

(1) 池壁的边界条件假定和内力计算 池壁的边界条件假定及应用。

① 开敞式水池池壁的边界条件可假定为三边固接、顶边自由的板。

② 有顶盖的封闭式水池池壁，视其与顶板的连接情况，池壁的边界条件可假定为三边固接、顶边铰接（或弹性支承）的板。

当池壁与顶板整体连接，且池壁线刚度为顶板线刚度的 5 倍以上时，可假设池壁顶端为铰接，否则为弹性支承。

(2) 底板内力计算

① 地基反力的分布规律及底板内力计算的常用方法。在地基反力作用下，池底可视为简支于池壁上，池壁间距对池底反力分布有影响。

② 当池壁间距小至使两邻池壁刚性角重叠时，变形与反力比较均匀，不计弯矩。当池壁间距增大，变形与反力的不均匀分布愈加显著，甚至可能出现跨中反向挠曲引起与地基脱开现象，反力向池壁下集中，前者可以按地基反力为线性分布进行计算，而后者弯矩的变化已不可忽视。

实际工程中，常采用静力平衡法或考虑池底与地基相互作用的内力分析方法来计算水池底板内力。当使用静力平衡法计算时，假定地基反力按线性分布，只要求满足静力平衡条件，不在乎略变形协调条件，所以计算结果是相当近似的，此法适用于计算池型小、容积小的小型水池，是一种适宜手工计算的简便方法。当使用考虑池底与地基相互作用的内力分析方法时，地基反力模型一般采用 Winkler 弹性地基模型。

6.6.4 水池设计的构造要求

水池实际是空间结构体系，其自身约束和外界条件的约束都十分复杂，除了通过计算来满足水池的强度、稳定和裂缝宽度要求外，更应该采用构造措施，加强结构的整体刚度，增强其防水、抗渗和耐冻性能，所以必须重视水池的构造措施。

① 为保证施工中捣制混凝土的质量，避免渗水，池壁和底板的厚度宜≥200mm。

② 池壁、底板的受力钢筋宜采用小直径钢筋和较密的间距，对于直径≤10 的钢筋采用 HPB235 级钢筋，对于直径＞12 的钢筋采用 HRB335 级钢筋。

③ 为保证池壁与池壁、池壁与底板为刚性连接，避免应力集中，增强连接处的抗裂性，连接转角处应设 45°腋角。

④ 采用合理的结构布置和围护措施，在水池内外表面抹防水砂浆面层，以减小温、湿度对结构的影响，并加强整体刚度及保温防寒。

⑤ 水池四周设散水坡，防止地面水渗入引起地基不均匀沉降。

第7章　环境污染应急处置现场组织与管理

7.1　环境应急处置组织设置原则

突发环境污染事件一旦发生，就可能对社会造成严重的影响。虽然每件突发环境污染事件的起因和特性都不同，应对每次突发事件的程序和方法也不同，但是在最短的时间内妥善地消除污染事件带来的危害和影响的目的是一样的，因此，在建立应急管理组织机构时存在一些普遍适用的，具有规律性的原则。

(1) 加强分级管理，强化统一指挥原则　分级管理包含两部分内容：一方面对突发性环境污染事件本身进行分级管理，即按照突发事件的严重性、可控性、需要的应急资源及环境影响等分为不同等级，编制不同级别的应急预案；另一方面按照行政管理等级进行分级管理，主要分为中央、省、市等不同层次的管理，突发性环境污染事件总是在地方发生、局部蔓延，当地方政府无法处理，需要支援时，就由层次较高的上一级政府指导进行应急处理工作。“统一指挥”一方面指突发事件发生后立即明确一名领导人作为总指挥，由其对突发事件的控制和处置工作进行统一指挥；另一方面是指在信息沟通和发布方面也应遵循统一指挥的原则。应急管理组织机构要保持信息通报口径的一致性，避免由于信息发布不一致导致的社会混乱和恐慌现象。

(2) 明确管理层次，优化组织协调原则　突发性环境污染事件的综合性和跨地域性日趋明显，应急事务管理涉及交通、通信、消防、医疗卫生、安全、环境、能源等部门，在解决这种需要多方面配合的问题时，很容易出现“公共产品”由谁来负责的问题，权利责任不明确的现象很严重。应急管理具有预防、准备、响应、恢复等不同环节，依据事件顺序和参与者的分工，形成纵向关系，多个参与者相互配合和分工又形成横向关系。同时，应急管理行为有主次轻重之分，其中的关键环境和关键行为构成了核心职能，各参与者的辅助行为都是围绕核心活动展开的，因此应急管理行为的层次性要求组织机构的设计必须体现相应的层次性。同时，高效的应急管理组织机构应能实现政府与不同职能部门之间的协同合作，优化整合各种社会资源，做到人力、物力、信息、资金的互联互通和资源共享。

(3) 以政府为主导，公众广泛参与原则　我国应急管理中存在的一个重要问题是公众普遍缺乏防灾意识和自救互救能力，这也是与发达国家差距最大的问题之一。突发性环境污染应急管理应利用多种方式，对公众进行危机教育，进行自救互救技能的培训实践，对相关法律法规和应急预案进行广泛的宣传，特别是预防、疏散、避难、自救及互救等知识，增强公众危机防范意识和社会责任感，提高自救互救能力，形成全民动员、全民参与、全社会防灾救灾的良好局面。

7.2 应急处置现场工作机制

由于突发环境事件在事故原因、影响范围、危害程度上存在差别，因此现场应急处置机制必然存在很大差别，根据突发环境事件性质，采取分类分级的应急处置机制，对于提高突发事件处置效率与政府执行力有着十分重要的意义。

在应对突发环境事件时，可在对突发环境事件分类分级的基础上，分两级处置突发事件。

(1) **先期应急处置** 一般及较大突发事件发生后，事件发生所在地应急联动中心和该地区的环保部门负责协调，并要求突发事件发生单位、责任单位等按照各自职责进行先期应急处置，同时调集应急队伍开展应急救援和善后处置，组织并指导群众开展自救互救。

(2) **应急响应处置** 事件发生后，先期处置不能对所发生的紧急情况进行有效控制，事态有进一步发展扩大的趋势及转化为重特大突发事件时，环保部门应协助当地政府开展应急工作，确定事件严重等级，明确应急响应等级和范围，启动应急预案，必要时参与设立应急处置协调指挥部，实施协调指挥和应急处置工作。采用如下处置方式。

① 标准化处置和专业化处置 目前，我国每年发生突发环境事件中，从严重程度来看一般和较大级别的突发环境事件占比较大，此类别事件发生频率较高但影响范围较小，且大多处置渐变，有标准化的处置程序可以应对。此类事件大多在源头上就能给予有效控制。企事业单位作为危机发生的第一处置者，应当且有快速高效的处置能力，从源头上防止事件的扩大。而一套标准化的应急处置程序是快速高效处置的保证。各企事业单位，特别是重污染企业应编写和使用适合自身特点的应急工作指南和手册，将应急处置的流程标准化，确保处置工作的科学性和准确性。坚决杜绝因不顾客观条件的盲目处置、忽视事件发展阶段的超前处置和违背科学要求的胡乱处置等现象。重特大突发事件发生的频率低但影响范围广、后果严重，且应对处置复杂，无固定程序可依。地方各级政府和相关职能部门应预先设定环保、消防、生化、医疗等多部门共同参与处置机制。

② 综合处置 目前突发事件处置队伍中存在着许多紧急处置各类灾害与事故的机构，如环保、消防、交通事故救援、医疗急救、各行业专业抢修队伍以及防空、防汛等指挥机构。这些应急处置机构与队伍在应对各自领域的突发事件时发挥了相当的作用，但同时存在多头指挥、分散建设、缺乏统筹、功能单一等缺点。各级政府应建立综合处置机制，组建应急救援专家队伍，利用智库充分发挥专家的专业优势和技术特长；一些大中型企业，特别是高污染行业要建立专职或兼职的应急处置队伍；研究、动员和鼓励社会团体参与应急救援工作，同时加强对志愿者队伍的招募、组织和培训。

7.3 环境应急处置现场组织架构及职责

项目管理组织的根本作用是通过组织活动，保证项目目标的实现。合理的管理组织可以提高项目团队的工作效率，管理组织的合理确定，有利于项目目标的分解与完成；合理的项目组织可以优化资源配置，避免资源浪费；良好的项目组织工作有利于平衡项目组织的稳定与调整。

为保证现场污染物合理、有序、无害化地处置，处置现场成立污染物应急处理工程项目部，项目部采用线性组织结构。

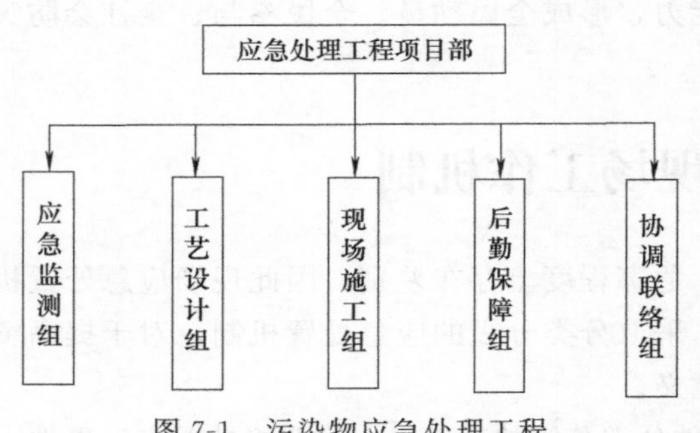

图 7-1　污染物应急处理工程项目部组织结构图

如图 7-1 所示，污染物应急处理工程项目部设立相应工作组，各工作组职责分工如下。

(1) **应急监测组**　主要职责：根据突发环境事件的污染物种类、性质以及当地气象、自然、社会环境状况等，明确相应的应急监测方案及监测方法；确定污染物扩散范围，明确监测的布点和频次，做好大气、水体、土壤等应急监测，为相关工艺设计及现场施工提供依据。

(2) **工艺设计组**　主要职责：收集汇总相关数据，组织进行技术研判，开展事态分析；迅速组织切断污染源，分析污染途径，明确防止污染物扩散的程序；组织采取有效措施，消除或减轻已经造成的污染；明确不同情况下的现场处置人员须采取的个人防护措施。

(3) **现场施工组**　主要职责：将工艺设计组的污染物处理工艺方案正确迅速地实施，工器具地准备，事故现场污染物处理的相关设备的采购、安装、调试及运行，在施工过程中，遵循 PDCA 循环的原理，即计划（Plan)、实施（Do)、检查（Check)、处理（Action）这一不断循环和持续改进的过程。从而实现不断地发现问题、解决和改正问题、反馈信息，保证污染物处理工作迅速合理有序进行。

(4) **后勤保障组**　主要职责：工程材料、设备采购以及各项目部周转材料、各种机械设备的仓储管理工作，满足工程需要。保证及时供应安全技术措施所需用的材料，做好辅助材料、劳保用品的计划采购工作。

(5) **协调联络组**　主要职责：协调项目部与其他有关部门的关系。组织与协调各工作组的工作。工作中存在的问题或争议的协调、处理。会同相关部门协调解决工程建设过程中各类问题的处理。与项目部相关部门及时沟通，随时掌握并解决影响正常施工的外部干扰问题。

7.4　应急事件处置过程中现场施工的管理

施工现场管理是工程项目管理工作中的重要环节和落脚点。虽然突发性环境污染事件具有偶然性、紧迫性等特点，但是为了圆满地解决突发环境污染事件，必须加强对现场施工的管理。对施工现场管理的好坏，直接影响到事件处理的结果。加强对施工现场的进度、质量、资源、特殊作业及安全方面有组织、有计划、有秩序的管理，保证项目在实施过程中处于可控状态下，就显得尤为重要。

7.4.1　应急事故处置现场的进度管理

如何迅速地控制污染范围，消除污染带来的影响是突发环境污染事件处置的重要方面，这就决定了污染物处置工程的进度控制在应急事故处置工程中的重要性。为此项目部对整个工程进行了全面分析，在组织、技术及管理方面制定了有效的措施，保证整个工程按照既定的进度进行施工。具体的措施体现在如下几个方面。

7.4.1.1 保证施工进度的组织措施

① 充分认识到工程项目的重要性，组建具有丰富现场管理经验的、强有力的项目部，在项目部统一领导下，精心组织，精心安排，提倡前道工序为后道工序服务，各方互相协调的思想，在保证工程质量的前提下，达成进度目标的实现。

② 劳动力的投入是保证工期的关键，因此当本工程的工作面一旦形成，立即按序调集劳动力，并按施工进度的控制，做好后备劳动力的调集工作。在施工高峰时，视具体情况统一调度机械设备与劳动力。

③ 项目部每周召开一次施工现场会议（邀请其他相关单位及部门参加），每天召开一次现场工作协调会议。对反馈的信息必须立即做出正确的处理，并对月、周计划加以调整。

④ 根据工程特点及工作面的部署，强化材料设备部门人员结构，材料提前配齐配足，便于加快施工进度。

⑤ 为有效地缩短工期，根据工程进度安排，全体施工人员与管理人员调整作息时间，轮流休息。

⑥ 各类机械设备由专人操作、精心维修，确保正常使用，以满足施工进度的实际需要。

7.4.1.2 保证工程进度的技术措施

① 各分项工程严格按工艺标准及规范要求施工，避免返工。

② 认真研究装修施工图，找出加快施工进度的技术方法。

③ 由工艺设计组根据现场情况及时完善施工图，及时协调处理施工中遇到的设计问题。

④ 每道工序完工后及时组织自检和分项工程验收，保证工序的紧密衔接，减少交接等待的时间。

7.4.1.3 保证工程进度的管理措施

① 项目部管理人员认真了解设计意图、工艺流程、施工方法及相关工器具等。全面理解和掌握进度要求。在工程实施中，以进度要求为依据，自始至终贯彻执行施工管理全过程，确保工程优质如期完成。

② 以工程质量、工期、安全、文明施工等要求为原则，项目部编制详细、完善的施工组织设计，经相关单位审核后实施。

③ 根据进度要求，项目部根据现场实际情况编制本工程施工进度网络计划，以此有效地对工程进度进行总控制。

④ 以进度要求为依据，项目部根据现场实际情况编制分阶段实施计划（施工准备计划；劳动力进场计划；施工材料、设备、机具进场计划、分项分部施工进度计划等）。

⑤ 施工过程中各类工作联系，除必要口头通知外，项目部一律以书面指示，及时发给各工作班组执行。

⑥ 项目部诚恳接受上级领导单位对管理工作的指导和要求，相互紧密合作，确保工程顺利进行。

7.4.2 应急事故处置现场的质量管理

应急事故处置的工程具有工作量大、时间紧、任务重的特点，在施工过程中存在一些容易疏忽的质量隐患。为此项目部根据整个工程的质量要求对施工的各个环节进行了有效的控制，降低了项目管理质量风险发生。具体的措施体现在如下几个方面。

(1) 选好施工单位 从源头上把关。采取直接委托方式。择优录取，选取有经验优秀的单位进行现场施工。在施工过程中，对施工单位的项目经理、技术负责人等主要管理人员每月驻工地现场时间进行考勤制度，加强现场施工管理，严格按照施工规范施工，降低工程质量风险。

(2) 加强监理现场的管理 在现场施工质量管理工作中，充分发挥和调动监理工程师的作用，委托监理督促施工单位建立施工管理质量保证体系，并监督实施。及时抽查施工原材料、半成品、成品及设备的质量，并进行必要的测试和监控。要求监理人员监督施工单位严格按照设计文件和技术标准施工，不定期地抽查工程施工质量，避免质量事故的发生。

(3) 控制好关键施工工序 施工过程中，严格按照设计图纸施工，对于不合技术要求的坚决返工，保证工程的质量。

7.4.3 应急事故处置现场的资源管理

应急资源是指为应对严重自然灾害、突发性公共卫生事件、公共安全事件及社会保安事件等突发公共事件应急处置过程中所必需的保障性资源。从广义上，凡是在突发公共事件应对的过程中所用的资源都可以称为应急资源，而狭义上的突发公共事件应急资源仅指物质资源。

7.4.3.1 资源类型

(1) 人力资源 突发事件中的应急人力资源是参加应急活动的人力资源及其储备，后者是有可能参加到救灾中的人力资源。人是各种资源中最宝贵的，一切其他资源都是在人的作用下流动的。人力资源主观能动性的发挥是决定物资、信息、财务、时间等资源的效用与效能的关键因素，因此必须重视环境事故应急管理中人力资源的重要性。

(2) 应急物资资源 物资资源是指突发事件中所需要的一切物资保障。在事故中，除了抢险物资储备外，开展应急工作的队伍必须与发生突发事件的关联人员沟通，因此，通信类资源和交通设施必不可少。依据物资资源的作用将事故的物资资源分为防护类资源、通讯类资源和交通设施三类。发生突发事件时，一旦发生事故，在保证人命救助的前提下，抢险队伍必须尽力保障对环境的影响最小化。

(3) 决策资源 决策资源主要是指在突发事件发生之后，供决策者做出指示的应急资源，前文提到的应急预案和应急专家均属于决策支撑。事故汇总将决策资源分为应急预案、应急专家和应急案例三大类。其中，应急预案作为应急的一个前提，根据相关法律法规的规定，针对突发事件的性质和特点以及可能造成的社会危害，具体规定了突发事件的应急管理工作组织指挥体系、职责和突发事件预防与预警机制、处置的程序、应急保障措施等内容，能够指导突发事件的应急工作的顺利、及时、快速开展；应急案例在开展应急工作予以经验与教训，促使应急工作的改进；应急专家以专家的身份，用专业的知识，协助相关管理机构开展应急工作，从而保证应急工作科学有效的开展。

(4) 信息资源 突发事件中的应急信息资源是环境事故治理中相关信息及其传播的途径、媒介、载体的总称，像环境事故情报、电视、网络、报纸、广播等都是信息资源。及时、准确的环境事故预报信息可以提高政府和全社会治理工作和活动的效率，减少突发事件给居民健康和其他生物的生命造成的巨大影响。信息资源具有双向性，一方面，政府要借助收集到的信息资源了解群众的现状与需求，进而借助信息资源驱动人、财、物等资源的配置和流动满足灾区需求；另一方面，政府要依靠真实客观的信息资源直接影响群众、调动群众。突发事件情境下信息资源的及时、客观、准确直接关系到突发事件应急管理的效率，因此，信息资源是影响突发事件管理成效的关键性因素，要准确地防范处理突发事件，最为重要的就是要对各种信息进行系统扫描，收集信息分析影响，控制突发事件发展。

(5) 技术资源 随着网络信息技术、计算机技术、现代通信技术等高新技术的飞快发展，环境治理科技资源的开发、储备与应用已经得到环境治理研究机构和有关部门的重视，涌现出诸多科技资源，像空间遥感（RS）、地理信息系统（GIS）、全球定位系统（GPS），为更有效地抗御环境事故创造了更好的条件。地理信息系统可以应用于短期环境事故风险性与预警预报分析，空间遥感采集地理信息数据、提供现场清污情报、协助治理规划。全球定位系统在环境事故应急管理中可以用来引导车辆及抢险队伍沿着选定的路线安全、准确地到达目的地。

(6) 社会、财力资源 财力资源包括用于公共危机应急管理的政府专项应急资金、捐赠资金和商业保险、补贴、专向拨款等以货币或存款等形式存在的资源。充足的财力能够保证城市拥有雄厚的救灾装备、足够的救灾物资、完善的通信系统、充实的科研力量等等。突发环境污染事件发生频率高的城市应当拿出一定的财政拨款设立应急救援专项资金，用于改善环境治理设备不足等局面，以保障环境治理工作的有效进行。所以说财力资源是物质资源发挥效能的有益补充，同时也是人力资源和信息资源的重要保障。可以通过政府财政渠道、金融信贷渠道和社会捐赠渠道筹措环境治理资金。财政资源是调动外部和间接资源的总枢纽，是影响应急决策自由度的重要因素，财政的高效率为环境治理提供了保障。

(7) 时间资源 时间资源是一种无形、非再生资源，环境治理的任何一项工作都必须消耗劳动时间，并相应地产生时间效益。时间资源的时效性极为重要，特别在事故发生时或中短期环境事故预报后，时间就是效益，加强应急抢险，可以有效地防止影响面的扩大，进一步造成更多区域的污染。因此，在规定的时间内，科学配置时间资源，可以将事故的不良影响降到更低程度。危化品爆炸事故通常在几秒至几十秒的时间内就把一大片区域严重污染，破坏了周边环境资源，甚至会让当地的人们失去基本生活环境，健康受到严重威胁。因此抢险队伍需要尽量缩短抢险时间，加快治理，尽量减少事故带来的危害。因此，时间资源是环境事故应急资源中的重要资源，若能提高其时效性，对减少环境事故的危害有重要意义。

7.4.3.2 应急处置资源协调原则

(1) 以人为本原则 当事故发生后，紧急和有效治理的主要资源是人力资源，以人为本指明了环境事故应急抢险中人力资源的重要性，人力资源是重点保护和服务的对象。在事故应急抢险中，以人为本就是充分保障应急队伍基本的设备和物资需要，充分调动人的主观能动性，使得应急队伍可以在最短的时间内进行防污治理工作。在环境治理的过程中，要明确周边人民生命健康安全，要清楚污染面的扩大不仅会威胁到区域内其他生物的生存，还会影响到当地居民的生存问题，这是事故中应急抢险整个过程和一切活动的根本出发点。

(2) 资源效率原则 事故治理资源协调的出发点就是：依据可能发生或已经发生的事故轻重，合理配置应急资源，事故越严重，投入的各类应急资源越多，否则越少。资源效率原则具有两方面的含义：一方面，时间上的效率性至关重要，事故一旦发生，必须在最短的时间内反应，迅速调动应急资源，争取到最宝贵的时间到达污染点，开展治理工作；另一方面，资源配置与使用效率不可或缺，发挥资源效率的前提是满足环境治理需求的各类资源合理的配置比例。从资源角度看，环境治理是一个资源储备与消耗补充、资源重复利用的全过程。因此，需要通过多种措施和渠道发挥环境治理资源效益。

(3) 资源共享原则 资源共享是在一定范围的所有或部分资源在整合的基础上共同使

用，实现充分有效利用，最大限度地满足特定主体的资源使用需求，防止重复配置减少浪费，提高资源使用效率。环境事故防污治理，尤其是特大环境事故发生后的环境治理是一项复杂的综合性社会性系统工程，需要广泛地调动社会资源、迅速地对其进行合理配置，这就要求做到对资源统筹协调，实现资源共享。突发环境事故应急管理中，由于各类资源的所有者性质不同，用途不同，更为重要的是这时的资源利用带有很强的应急性、集成性和公共性。有效的共享可以把个体的、局部的力量聚合成整体的力量，发挥资源整体的最大效用。因此，公共危机应急管理资源配置必须坚持资源共享原则，整合各种资源，并对各级各类资源进行统一指挥，发挥整体功效，提高资源配置和运行效率。

(4) 动态性原则 动态性原则，就是要充分考虑环境污染的发展和变化，积极主动适应可能出现的变化。未来有许多不确定因素，环境事故尤其是这样。为了适应这些变化，政府应当对环境事故可能出现的次生灾害情况及可能导致的一切后果做出预测和应对，加强对应急保障资源的动态管理，保证应急资源地及时补充和更新，才能使应急资源的价值和效用得到发挥，事故发生时政府才能够有序、有效、有力地应对。例如，有些常用物资材料是消耗性的，需要综合考虑可能发生的环境事故规模大小、处置时间长短、处置的难易程度等因素来进行测算，保证充足的储备。否则，就会给处置工作带来很大困难，甚至造成处置工作功亏一篑，最后导致失败。

突发事件应急管理中的应急资源配置要遵循上述原则，才能做到有效配置，同时应在这些配置原则的指导下，充分考虑污染地点的实际需要，运用最合适的资源配置模式对应急资源进行配置。

7.4.4 应急事故处理施工现场特殊作业的管理

应急处置过程中，现场可能出现恶劣天气、环境。这一方面要求在制订应急预案时尽可能考虑各种情况；另一方面在特殊环境下施工应有特殊考虑，以下述为例。

7.4.4.1 冬季施工

如在冬季进行突发环境污染事件应急处置，应注意以下事项。

① 加强季节性劳动保护工作。霜雪天后要及时清扫。大风雪后及时检查脚手架，防止高空坠落事故发生。

② 现场的积水或积雪应及时清理干净，不应使场地造成积水现象而导致因温度过低时而结冰，造成安全隐患。

③ 对应急处置设备在冬季之前做好保温措施，对管路加装外保温，并配电伴热。对加药箱体采取电加热棒加热，外设保温板。

④ 现场严禁使用裸导线，电线铺设要防砸防碾压防止电线冻结在雪中。大风雪之后，对供电线路进行检查，防止断线造成触电事故。

⑤ 做好防滑、防冻、防煤气中毒等工作。脚手架、处理设备采取防滑措施。

⑥ 各种性质相抵触的化学物品分类储存，防止相互掺混发生化学反应造成火灾。

⑦ 大风及雪后要认真清扫、检查，及时清除隐患。

7.4.4.2 雨季施工

如在雨季进行突发环境污染事件应急处置，应注意以下事项。

① 随时准备遮盖挡雨和排出积水，防止雨水浸泡、冲刷、影响处理设备的正常运转。

② 防止地表水、地下水等大量渗入固体废物堆场，造成堆场浸水，破坏边坡稳定，影

响施工进行，采取地面截水、坑内排水相结合的措施。

③ 每次降雨过后组织检测对相关设备进行测量，若发生较大位移则立即采取措施，大风及雨后及时检查各部件，发现隐患及时排除，保证脚手架安全牢固。

④ 相关设备设置可靠的避雷接地引线装置，施工现场用配电箱要加盖防雨篷布，机电设备的电闸要采取防雨、防潮措施，并安装接地保护装置，以防漏电、触电，防止雨水进入漏电开关造成短路。

⑤ 对药剂堆放点采取局部加高，建立临时挡雨棚对药剂用防雨布分类苫盖。

⑥ 风雨后对所有机械设备配电箱等进行认真检查，发现问题后立即整改，避免因设备问题造成抢险工作的停滞。

⑦ 所用材料加强管理，采取防雨防污染措施，用剩的材料按规定回收处理，不在现场焚烧、冲洗。

⑧ 充分利用天气预报，做好应对暴风雨等灾害性天气的准备。

7.4.4.3 高空作业

高处作业人员衣着要灵便，不可赤膊裸身，脚下要穿软底防滑鞋，操作时要严格遵守各项安全操作规程和劳动纪律，坚持“不伤害他人、不伤害自己、不被他人伤害”的原则，确保生产安全进行。高空作业人员需取得特殊工种作业人员操作证后方可上岗作业，高空作业中所用物料应堆放平稳，对作业中的走道、通道板和登高用具等，都应随时加以清扫干净。拆卸下来的物体、剩余材料和肥料等都要及时清理和及时运走，不得任意乱置或向下丢弃。施工作业场所内，凡有坠落可能的任何物料，都要一律先行撤除，以防坠落伤人。施工过程中若发现高空作业的安全设施有缺陷或隐患，务必立即处理解决。对危及人身安全的隐患，应立即停止作业进行整改。所有安全防护设施和安全标志等，任何人都不得擅自移动和拆除。施工人员应相互做好各工种的工序交接手续，不同工种在施工中存在着不同的危险源，施工人员应根据不同工种有针对性地给相关人员做好安全技术交底，把好安全关，确保生产安全。高处作业不宜夜间进行，必须在夜间施工时，应有足够的照明和其他夜间安全措施。遇有架空电线时，必须保证规定的安全距离，当安全距离不能保证时，应采取相应的防护措施。按规定要求设置安全网、护身栏，作业人员必须系安全带、配安全绳、戴安全帽。在高空作业区内有针对性地悬挂、张贴安全警示标志，夜间设置红灯示警。禁止在强风、大雨、雪、雾天气从事露天高处作业，做好高处作业过程中的安全检查，及时排除隐患，控制高处坠落事故的发生。

7.4.4.4 基坑作业

非施工作业人员，不得进入施工现场，在作业场所四周设立警戒线，安设警示标识。夜间施工必须保证施工现场照明充足。开挖前对地面积水进行疏排，对基坑旁的构筑物提前采取加固等保护措施，视基坑内地下水露出情况设置排水沟、集水坑，配置必要的抽水设备，开挖弃土用作基坑修边。

7.5 应急事故处理施工现场的安全管理

7.5.1 人员安全

参与应急处置人员需具有较高素质，在日常对参与人员进行安全教育培训与测验，合格上岗。在选择、培训、再选择、再培训的循环条件下，使施工人员安全素质不断提高。对施工人员进行培训，主要从意识和技术上进行，这样不仅使施工活动中的不安全行为得到防止，而且人为因素导致不安全事故现象得以减少。值得一提的是，要进行人员培训时一定要有针对性。还要对施工单位的主要负责人、项目经理、技术负责人、专职安全员等所有管理人员进行定期培训、教育，让他们知法、懂法、用法。严格执行强制性标准，坚持持证上岗，尽快提高各级安全管理人员队伍的技术素质。

进行应急处置作业时，要求参与应急处置人员遵守各项安全规章制度，不违章作业，并制止他人违章作业，有权拒绝违章指挥。岗位设置规范、工具及各种移动设备摆放符合规定。正确使用、妥善保管各种防护物品和器具，工作中穿戴好个人防护用品。按时巡回检查，每两小时一次，发现问题及时处理，发生事故正确分析判断及时上报有关部门。沿巡视路线巡视需细心观察、勤看、勤听、勤嗅、勤摸、勤巡，如实对所见情况做出汇报。

生产运行所用的维护、抢险工具，由每班班长于交接班时移交下一班次班长保管，必要时分发使用并负责回收；维修、抢修工器具由机电维修班负责人负责保管，必要时分发使用并负责回收。工器具应存放于指定的工具箱中，未经当班负责人许可任何人不得挪用。抢险工具和抢修工具的每次使用均应记录在案，并于所处理事由完结后一个工作日内报调度室备案。

7.5.2 设备安全

在施工现场中，所使用的设备的种类多种多样，但是有些装置较为缺乏。例如，保险、防护和信号等装置；专职机设备没有安全警示标志，电器没有接地或者接地与相关要求不相符；起重机械“四限位”“两保险”不全。另外，有些设备有一定的缺陷，例如架构设计与使用要求不符等。设备强度不够、超负荷运行，制动装置有缺陷，起吊绳索的强度不够。个人防护用品与安全要求不相符，工艺不合理。这些都能够导致安全事故的发生。设备的安全性是现代设备选型的重要条件之一。要求设备能安全作业，在发生事故时能确保操作人员的安全，设备的噪声和排放的有害物质对环境的污染及对人体的危害，应在国家标准范围内。设备安全化主要从四个方面进行：首先，设备的安全性能。这主要是指在实际的工作中，设备不会发生任何故障的特性。例如，塔吊关门才能运行，电气设备漏电保护器。其次，设备可靠性。这主要指在规定的时间内和规定的条件下设备运行要保持系统功能的可靠性，其衡量可靠性的程度就称为可靠度。

应急处置人员应熟悉监控系统及各种仪表的工作电压范围、工作原理、性能特点、检测点与检测项目。

应急处置人员每天定时记录生产报表和监测报表，及时反映设备运行情况。

根据生产运行参数及管理人员的指令，开启自动控制设备，以满足工艺要求，没有授权不得随意开停自控设备。

阴雨天气到现场巡视检查仪表时，应急处置人员应注意防止触电。

应急处置人员应定期检修仪表的各种元器件、探头、转换器、计算器、传导电视和二次仪表等。保持各部件完整、清洁、无锈蚀，表盘标尺刻度清晰，铭牌、标记、铅封完好。

当发现某些机电设备出现异常情况时，值班人员有责任及时将情况通知现场有关人员。

应急处置人员不允许随便挪动主机及相关设备，不允许执行非权力范围的操作，避免对整个系统造成损坏。

7.5.3 药剂安全

应急处置用化学药品由专人专门管理，剧毒药品应设专柜，使用应作记录。

易燃易爆物品，不得受阳光直射，应分别放置在背光干燥地方，应密闭远离火源，妥善保存。

药品按类分别存放，如酸类、碱类、氧化物、易挥发物品、易爆炸物品、易燃物品、有机溶剂、剧毒药品等，应分类密闭放置，强酸与氨水应分开存放。

7.5.4 实验安全

在应急处置过程中，所进行的实验应遵守以下要求。

① 每一次操作之前，首先了解操作程序和所用药品仪器的性能，精力集中地按要求进行工作，避免发生事故。

② 易燃、易挥发性物品加热时，不得用明火直接加热。

③ 电器设备应有接地装置，潮湿的手或物品不能接触电闸。

④ 操作之前，了解将要工作的操作程序及需要使用的仪器、药品性能等以便在工作中做到有条不紊，紧张而有秩序地工作。

⑤ 所用试剂必须有标签注明名称、浓度，不使用没有标签的试剂。

⑥ 启用有毒物品及有挥发性、刺激性类的试剂时，严禁将瓶口对准自己或别人，加热煮沸时如有沸腾现象，应在溶液中加入玻璃珠、瓷片等物。

⑦ 室内应定期排风换气，保持室内外清洁整齐。

第8章　突发环境污染事件预防

8.1　突发环境污染事件预防意义

突发环境污染事件的发生不仅威胁人类生命与健康、严重破坏生态环境，而且对企业、公众乃至国家都有严重的影响。为预防突发环境事件的发生，对已发生事故迅速监测，进行及时、快速、准确和有效地处理处置，最大限度地减小污染程度和范围。建立突发环境事件预防体系十分重要，其意义在于以下两个方面。

(1) 防止重大突发环境污染事件的发生　明确区域内可能造成事故污染的污染源的种类、数量以及具体地点，针对各污染源建立风险预防措施以及风险预警应急措施。风险预防措施能够将各种风险发生的可能性降低到最小；当出现污染事故征兆时，风险预警应急措施能够很好地提供预警作用，发出警报，让有关部门和单位提前准备并采取有效措施。

(2) 为应急决策提供依据　在事故发生时，对事故进行模拟，大致确定污染范围、污染发展趋势，决策者可根据模拟结果和应急库资料，做出科学而有效的应急决策，果断决定应急方案，合理安排人员和应急物资，使应急工作有条不紊地开展。

8.2　国外环境事件防范体系介绍

8.2.1　欧洲国家环境污染事故防范体系

欧盟对易燃易爆重大危险源管理要点主要从化学品的登记、化学品的生产操作以及化学品的运输等方面开展。

(1) 化学品的安全监督管理

① 化学品的危险性鉴定、分类和评价。欧盟国家要求，一种新的化学品在成为商品投放市场之前，必须先进行化学品的危害性鉴定、分类和评价，测定其物理性质、化学性质、危险特性、环境数据、毒性和作业场所的健康危害数据。所有数据的测定必须由有资质的机构完成，为此，企业将支付10万～50万美元的费用，对现有化学品的危害性鉴定、分类和

评价，欧盟要求建立统一的数据库。

② 化学品的登记注册。企业在取得完整的化学品危害性鉴定、分类和评价报告之后，生产企业必须向登记注册机构进行登记注册。登记注册机构对企业的新化学品危害鉴定、分类和评价报告进行审查，符合法规的，方可办理新化学品的登记注册手续，取得登记注册证之后，企业方可生产、销售这种新的化学品。

③ 化学品的安全标签。在欧盟国家，进入市场流通的化学品都带有安全标签、运输标签和技术说明书。

(2) 化学品作业场所的安全监督管理 欧盟对现有化学品的控制有专门的指令 793/93/EC；而化学品在生产、使用和储存各环节的危险源控制，则依据欧盟指令 96/82/EC 实施管理。

① 生产设施涉及危险化学品量超过欧盟法令规定的临界量时，即定义为重大危险源。

② 列为重大危险源的设施，要按照规定向政府主管部门提交安全报告，安全报告的内容应主要包括：工厂说明、相关安全设施说明、位置的危险性鉴别、工艺安全性分析、防止事故发生的措施、物质的危险性鉴别、事故影响和应急计划等。

③ 政府主管部门组织专家对安全报告进行审查，发现问题限期整改，整改达不到要求的限期停业整顿。

(3) 危险化学品运输的安全监督管理 欧盟国家执行的危险货物运输指令为 82/501/EEC，该指令要求：危险货物的运输工具，要求每年检测合格后，方可持证运营；操作人员需经专门培训获取许可证，其他涉及危险货物的人员也需要进行专门培训；从事危险货物运输的公司需设通晓有关法规的专人，负责审核并辅助公司进行安全监督管理。

(4) 石油、化工行业选址 石油、化工行业装置巨大、工艺复杂、占地面积大，一旦投产，很难全局进行掌控。欧盟于 1987 年立法，规定对有可能发生化学事故风险的工厂必须进行环境风险评价。欧盟国家主要化工园区按照地域和产业链两条思路发展，依托便捷的交通运输，辅以完善的配套设施。尤其以石油化工型和综合化工型园区数量最多。园区装置大型化、炼化一体化；采用严格的园区准入机制，提升园区产业集中度，进行全方位一体化的建设，以生产运行理念统一规范管理，加强园区企业间的互动和联系，制定区域性的企业、居民联合应急防范机制。

8.2.2 美国环境污染事故防范体系

8.2.2.1 有关法规

在美国，联邦政府对突发性环境污染事故的防范与应急体系的监管工作主要通过立法来实现。美国一贯重视通过立法来界定政府机构在紧急状况下的职责和权限，理顺各方关系，先后制定了上百部专门针对自然灾害和其他紧急事件的法律法规，且经常根据情况变化进行修改。这些都为应急体系的制度化和规范化奠定了重要基础。

1986 年，联邦政府通过了《应急计划和公众知情权法》，该法是美国国内应对突发性环境事件的最高法律依据。另外，针对工作场所危险废物的监管，颁布了《资源保护和恢复法》；对于无法控制的危险废物场所的行为颁布了《全面的应急反应、赔偿和责任法》。除此之外，《清洁水资源法》《危险物质运输法》《化学品作业安全法规》中都有应急反应方面的规定。

8.2.2.2 组织机构

美国现有应急体系其主要标志是“总统灾难宣布机制”的确立和美国联邦紧急事务管理署的成立。该体系集成了原先分散于各部门的灾难和紧急事件应对功能，可直接向总统报告。美国联邦紧急事务管理署（Federal Emergency Management Agency，FEMA）是美国国土安全部旗下一个机构，它是根据1978年美国总统重组计划3号令由两个行政命令在1979年4月1日创建的。总部设于华盛顿特区，与其经常保持工作关系的机构有27个联邦政府机构、美国红十字会和州与地方政府的应急事务管理机构。2003年3月，美国联邦应急事务管理总署并入新成立的国土安全部，成为国土安全部四个下属部门之一。

美国联邦紧急事务管理署主要目的是协调和应对发生在美国和地方的灾难事件。州长在灾难发生时必须声明紧急状态，并请求美国总统和联邦紧急事务管理局和联邦政府来应对灾难。该机构也负责灾后恢复工作。除此之外，它还提供资金给遍及美国及其领土的人员进行培训，并作为该机构准备工作的一部分。

以“联邦应急方案”（NCP）为代表的美国应急体系强调对紧急事件作出一体化、协调一致的反应，同时也要通过对各个独特的应急功能进行模块划分，以确保这一体系在组织结构上具有最大限度的灵活性。每个职能由某一机构领导、并制定若干辅助机构。这种组织结构方式使执行各职能的领导机构专长得到发挥，在遇到不同灾难及紧急事件时，可视情况启动全部或部分智能模块。

8.2.2.3 化学品的安全管理

《应急计划和公众知情权法》第302条款颁布了一个高危害性化学品的名单，并指定了储存的最高限制。任何企业，只要其生产、储存或使用EHS名单中的任何一种化学品，并且其储存量大于规定的最高限制，必须在第一次引进或生产该化学品之后的60天内通报联邦和州一级的应急反应委员会，以及地方应急计划委员会，并指定一位参加地方应急计划委员会应急计划的企业代表人，向地方应急计划委员会通报。另外，企业应当根据应急计划委员会的要求，及时提供开展应急计划所需要的信息。

8.2.2.4 对化工企业的安全监管

职业安全卫生管理局规定，生产、使用或者储存任何危险化学品的企业必须备有涉及危险化学品的安全数据卡，《应急计划和公众知情权法》第311条款规定，如果化学品的存储量超过一定数量，则企业必须向州一级应急反应委员会以及地方应急计划委员会提交化学品的MSDS复印件或清单，并于每年的3月1日向这三个部门提交一份年度报告，内容包括上年度受控危险化学品的生产、储存、运输以及事故应急计划和事故灾害分析的执行情况。

8.2.3 国外事故防范体系的优势

(1) 化学品全过程管理 进入21世纪后，欧盟及各国政府在化学品安全管理理念方面发生了重大的变化。即把管理重点由环保转向化学品的全过程管理。任何一种化学品对人类健康都可能具有潜在的危害性，随着科学技术的进步，这种危害性可能被不断发现和证实，在其生产、运输和使用过程中都存在着威胁人类健康的可能，因此在各个环节加强控制和管理十分必要。无论是欧洲还是美国的突发环境污染事故应急处置和防范体系，它们都有严密的化学品监管作为前提保障，监管涉及化学品的分类、注册、作业场所监管和运输的安全监管。这些工作十分必要也是必需的，在基础工作扎实的前提下，才能在发生突发环境污染事故时，针对不同化学品的特征采取不同的应急处置措施。

(2) 专设应急管理机构部门 美国防范体系提出了成立组织机构的必要性，这为应对突发性环境污染事故的紧急状态有了组织保障。在美国，重大突发事件应急管理已从单项防灾、综合防灾发展为今天的循环、持续改进型的危机管理模式。联邦政府制定国土安全部作为人和自然灾害以及紧急事件的核心机构。同时，联邦应急管理局虽已并入国土安全部，但仍可直接向总统报告，作为专门负责重特大灾害应急的联邦政府机构存在，职能得到进一步加强，局长由总统任命。

(3) 完善的法律法规制度 美国防范体系中，建立配套法规是其十分重要的一个环节，这对应急体系的制度化和应急处理的规划化操作奠定了重要的基础，且有了法律保障。美国在重大事故应急方面，已形成了以联邦法、联邦条例、行政命令、规程和标准为主体的法律体系。一般来说，联邦法规定任务的运作原则、行政命令定义和授权任务范围，联邦条例提供行政上的实施细则。美国制定的联邦法包括《国土安全法》《斯坦福灾难救济和紧急援助法》《公共卫生安全与生物恐怖主义应急准备法》和《综合环境应急、赔偿和责任法案》等。行政命令包括12148号、12656号、12580号行政命令及国土安全第5号总统令和国土安全第8号总统令。此外，美国已制定《国家突发事件管理系统》，要求所有联邦部门和机构采用，并依此开展事故管理和应急预防、准备、相应于回复计划及活动。同时，联邦政府也依此对各州、地方和部门各项应急管理活动进行支持。

8.3 国内环境事件预防技术

8.3.1 危险、危害因素辨识

危险、危害因素的辨识，是提出危险化学品风险管理方法的基础，有利于企业及时排查安全隐患、建立健全安全生产机制，能够为危险化学品企业科学地开展安全生产奠定基础。

8.3.1.1 危险、危害因素的一般辨识原则

危险、危害因素的一般辨识遵循以下4条原则。

(1) 科学性 危险、危害因素的辨识是分辨、识别、分析确定系统内存在的危险，而并非研究事故发生或控制事故发生的实际措施。它要求必须要有科学的安全理论作指导，使之能真正及时地确定系统安全状况、危险、危害因素存在的部位、存在的方式、事故发生的途径及其变化的规律，并予以准确描述，以定性、定量的概念清楚地显示出来，用严密的、合乎逻辑的理论予以清楚解释。

(2) 系统性 危险、危害因素存在于生产活动的各个方面，因此要对系统进行全面、详细的剖析，研究系统与子系统之间的相关和约束关系；分清主要危险、危害因素及相关的危险、危害性。

(3) 全面性 辨识危险、危害因素时不要发生遗漏，以免留下隐患，要从厂址、自然条件、储存运输、建（构）筑物、工艺过程、生产设备装置、特种设备、公用工程、安全设施、安全管理系统和制度等方面进行分析、辨识；不仅要分析正常生产运转、操作中存在的危险、危害因素，还要分析、辨识开车、停车、检修、装置受到破坏及操作失误情况下的危险、危害后果。

(4) 预测性 对于危险、危害因素，还要分析其触发条件，亦即危险、危害因素出现的

条件或设想的事故模式。

8.3.1.2　**危险、危害因素一般辨识方法分类**

危险化学品生产企业在进行危险源辨识时，应综合考虑各方面因素，从而能够制定合理的危险源辨识方法，达到科学排查危险，防患于未然，保障企业安全。危险、危害因素的辨识方法一般有以下几种。

(1) 表观经验法　该种方法适用于有可供参考的先例，有以往经验可以借鉴的辨识过程，一般为三种方法：对照分析法，是对照相关标准、法规、检查表或依靠分析人员的观察能力、借助其经验和判断能力，直观地对分析对象的危险因素进行分析的方法；类比推断法，是利用相同或类似工程、作业条件的经验以及安全的统计来类比推断评价对象的危险因素，是实践经验的积累和总结；专家评议法，是一种吸收专家参加，根据事物的过去、现在及发展趋势，进行积极的创造性思维活动，对事物的未来进行分析、预测的方法。

(2) 安全分析法　系统安全分析方法常用于复杂系统的分析，已渐渐形成了一门专门的学科，分析方法也多达几十种，其常用方法有：安全检查表法，是将一系列分析项目列出检查表进行分析以确定系统的状态，这些项目包括工艺、设备、操作、管理、储运等各个环节，通常用于检查各种规范、标准的执行情况；故障类型及影响分析法，是一种系统故障的事前考察技术，是在可靠性技术基础上发展起来的，从系统中的原件故障状态进行分析，逐步归纳到子系统和系统的状态，用于考察系统内会出现哪些故障从而对系统产生的影响；事故故障树分析法，是通过一种描述事故因果关系的有方向的“树”来进行安全分析的方法，此方法不仅能分析出事故的直接原因，而且能深入提示事故的潜在原因，因此得到了较广泛的应用。

(3) 参照《重大危险源辨识》中的规定进行辨识　参照《重大危险源辨识》中的规定进行辨识，可辨识出系统是否有重大危险源。通常重大危险源可分类如下。

① 易燃、易爆危害物质的储罐区（储罐）；

② 易燃、易爆、有毒物质的库区（库）；

③ 具有火灾、爆炸、中毒危险的生产场所；

④ 企业危险建（构）筑物；

⑤ 压力管道；

⑥ 锅炉；

⑦ 压力容器。

8.3.2　环境事件危险、危害因素分析

如前所述，所有的环境卫生事故都是由于存在的危险因素超乎控制而发生的，归结为存在有能量和有害物质，是能量、有害物质的失去控制或两方面因素的综合作用，并导致能量的释放和有害物质的泄漏、挥发的结果。其导致事故发生的表现形式可从固有危险和储存行业危险因素两方面进行分析。

8.3.2.1　**固有环境事件危险的因素**

固有环境事件危险是指物质生产过程的必要条件所衍生出来的危险性，一般来自三个方面，一是使用、加工、生产出危险的物料（如化工原料的制备等）；二是可能采用具有危险性的工艺过程（如氯化物品、乙二醇等有毒易燃化工原料制备等）；三是可能采用危险的装置、单元操作（如压力容器、臭氧发生器等）。

(1) 物质危险性因素分析 了解生产或使用的物料性质是环境危险辨识的基础。危险因素中常用的物料性质有：急性毒性、慢性毒性、致癌性、诱变性、致畸性、反应性、生物退化性、水毒性、气味阈值、物理性质、化学性质、稳定性、燃烧性、爆炸性等。生产中的原料、材料、半成品、中间产品、副产品以及储运中的物质分别以气、液、固态存在，它们在不同的状态下分别具有相对应的物理、化学性质及危险、危害特性。

进行环境有害物质的危险、危害性因素分析时，可参考如下三个方面。

① 危险物料。包括原料、中间产品、产品、废物、事故反应产品、燃烧产品等，辨识时应考虑：哪些是剧毒物质；哪些是慢性有毒物质、致癌物质、诱导有机体突变物质；哪些是易燃物质；哪些是可燃物质，哪些是不稳定、热敏性或自燃性物质；是否形成蒸汽云；是否是监控物质（如易致毒物、放射物、可生产化学武器的物质等）等问题。

② 物料的性质。包括物理性质、剧毒物质的性质及其暴露极限、慢性有毒物质的性质及暴露极限、反应性质（如不相容或腐蚀性物质、聚合等）、燃烧及爆炸性质（如闪点、自燃温度、爆炸极限等）、物质的反应或分解速度、热效应数据及受热分解导致压力迅速增高或分解出有毒易燃易爆物质。

③ 危险物料可能导致的危险性。如急性中毒，火灾，爆炸，化学灼烧及腐蚀等对人体有其他危害以及环境产生巨大破坏的影响。

(2) 生产过程的危险因素分析 现代科学技术高度发展的今天，由于装置的大型化，过程的自动化，一旦发生事故，后果相当严重，如松花江漏油事件等。因此，发现问题要比解决问题更重要，亦即在过程的设计阶段就要进行危险、危害性分析，并通过对设计、安装、试车、开车、停车、正常运行、抢修等阶段的危险、危害性分析，辨识出生产全过程中所有危险、危害性，然后研究安全对策措施，这是保证系统安全的重要手段。

典型的单元过程是各行业中具有典型特点的基本过程或基本单元，如化工生产过程中的氧化还原，硝化、电解、聚合裂化、催化、氯化、磺化、重氮化、烷基化等；石油化工生产过程中的催化裂化、加氢裂化、加氢精制乙烯、氯乙烯、丙烯腈等；电力生产过程中的锅炉制汽系统、锅炉燃烧系统、锅炉热力系统、锅炉水处理系统、锅炉压力循环系统、汽轮机系统、发电机系统等。

单元操作过程中的危险性是由所处理物料的危险性决定的。当处理易燃气体物料时要防止爆炸性混合物的形成。特别是负压状态下的操作，要防止混入空气而形成爆炸性混合物。当处理易燃固体或可燃固体物料时，要防止爆炸性粉尘混合物。当处理含有不稳定物质的物料时，要防止不稳定物质的积聚和浓缩。

(3) 工艺设备或装置的危险性因素分析 工艺设备或装置的危险性辨识对于环境事件影响较小，其主要在于安全事故后的持续破坏，同时对于应急处理应用的工艺设备及装置需进行相应的辨识。一般包括5个方面。

① 设备本身是否能满足工艺的要求：标准设备是否由具有生产资质的专业工厂所生产、制造；特种设备的设计、生产、安装、使用是否具有相应的资质或许可证。

② 是否具备相应的安全附件或安全防护装置，如安全阀等。

③ 是否具有指示性安全技术措施，如超限、故障、状态异常报警等。

④ 是否具备紧急停车的装置。

⑤ 是否具备检修时不能自动投入，不能自动反向运转的安全装置。

(4) 作业环境危险、危害因素分析 作业环境中的危险、危害因素主要有尘、毒、烟雾、噪声、振动、辐射、温度、湿度、采光、照明以及光、热辐射等。

8.3.2.2 **储运过程危险、危害因素分析**

原料、半成品及产品的储存和运输是企业生产不可缺少的环节，在这些物质中，有不少是易燃、可燃、有毒、腐蚀等危险品，一旦发生事故，必然造成人员重大的伤害和经济损失，滨海新区天津港爆炸事件即为一起严重的有毒、易燃、易爆腐蚀原料的储存区安全事故，对当地环境卫生安全造成了严重的破坏和巨大的影响。

(1) 爆炸品储运危险因素分析 爆炸品的危险特征有：①敏感易爆性。通常能引起爆炸品爆炸的外界作用有热、机械撞击、摩擦、冲击波、爆轰波、光、电等。②遇热危险性。爆炸品遇热达到一定的温度即自行着火爆炸。③机械作用危险性。爆炸品受到撞击、震动、摩擦等机械作用时就会爆炸着火。④静电火花危险。爆炸品是电的优良导体，其在包装、运输过程中容易产生静电，一旦发生静电放电会引起爆炸。⑤火灾危险。绝大多数爆炸都伴有燃烧，爆炸可形成数千度的高温，会造成重大火灾。⑥毒害性。绝大多数爆炸品爆炸时会产生有毒或窒息性气体，从而引起人体中毒、窒息。

根据爆炸品危险特征组成，爆炸品储运危险因素辨识包括以下几点：①从单个仓库中最大允许储存量的要求进行辨识；②从分类存放的要求方面去辨识；③从装卸作业是否具备安全条件的要求去辨识；④从铁路运输的安全条件是否具备进行辨识；⑤从公路运输的安全条件是否具备进行辨识；⑥从水上运输的安全条件是否具备进行辨识；⑦从爆炸品储运作业人员是否具备资质、知识进行辨识。

(2) 易燃液体储运危险因素分析 根据易燃液体的储运特点和火灾危险性的大小可分为甲、乙、丙三类，其中甲类，闪点＜28℃；乙类，28℃≤闪点＜60℃；丙类，闪点＞60℃。

易燃液体具有以下危险特征：①易燃性，闪点越低，越容易点燃，火灾危险性就越大；②易产生静电，易燃液体中多数都是电介质，电阻率高，易产生静电积聚；③流动扩散性。

根据易燃液体的危险特征，易燃液体储运危险因素包括：①从易燃液体的储存状况、技术条件方面去辨识其危险性；②从易燃液体储罐区、堆垛的防火要求方面去辨识其危险性；③从防泄漏、防流散、防自聚装卸操作、管理等方面辨识其危险性；④从装卸作业，公路、铁路及水路运输中的危险、火灾危险、防静电、雷击和防腐等方面辨识其危险性；⑤从装载量、配装位置，桶与桶之间、桶与舱和舱壁之间的安全要求方面进行辨识；⑥从公路运输防泄漏、防溅洒、防静电、防雷击、防交通事故及装卸操作等方面去辨识；⑦从铁路运输的编组隔离、溜放连挂、运行中的急刹车、安全附件、装卸操作等方面去辨识；⑧从水路运输的危险辨识；⑨管道输送的危险辨识。

(3) 毒害品储运危险因素分析 毒害品的分类主要有：①无机剧毒、有毒物品：氰及化合物、砷及化合物、硒及化合物、汞、锑、铍、氟、铯、铅、钡、磷、碲及其化合物等；②有机剧毒、有毒物品：卤代烃及其卤化物类、有机金属化合物类、有机磷、硫、砷及腈、胺等化合物类、某些芳香环、稠环及杂环化合物类、天然有机毒品类等。

毒害品具有为危险特征包括：①氧化性，在无机有毒物品中，汞和铅的氧化物都具有氧化性，与还原性强的物质接触，会引起燃烧爆炸，并产生毒性极强的气体；②遇水、遇酸分解性，大多数毒害品遇酸或酸雾会分解并放出有毒的气体，有的气体还具有易燃和自燃危险性，有的甚至遇水会发生爆炸；③遇高热、明火、撞击会发生燃烧爆炸；④闪点低、易燃；⑤遇氧化剂发生燃烧爆炸。

通过分析毒害品分类以及各自特征，毒害品的危险因素分为以下几个方面。

① 储存技术条件方面的危险因素　a. 毒害品包装及封口方面的泄漏危险因素；b. 储存温度、湿度方面的危险因素；c. 操作人员作业中失误等危险因素；d. 作业环境空气中有毒物品浓度方面的危险因素。

② 存毒害物品库房的危险因素　a. 防火间距方面的危险因素；b. 耐火等级方面的危险因素；c. 防爆措施方面的危险因素；d. 潮湿的危险因素；e. 腐蚀的危险因素；f. 疏散的危险因素；g. 占地面积与火灾危险等级要求方面的危险因素。

③ 毒害品运输危险因素　a. 毒害品配装原则方面的危险因素；b. 毒害品公路运输方面的危险因素；c. 毒害品铁路运输方面的危险因素，溜放、连挂时的速度、编组中的危险因素；d. 毒害品水路运输方面的危险因素，装载位置方面、容器封口、易燃毒害品的火灾危险。

8.3.3　重大事故环境影响后果分析

重大事故是指重大危险源在运行中突然发生重大泄漏、火灾或爆炸，其中涉及一种或多种有害物质，并给现场人员、公众和环境造成即刻的或延迟的严重危害的事件。重大事故后果分析其目的是定量描述一个发生的事故所造成的人员伤亡、财产损失和环境污染的情况，从而对已经采取的应急措施的适用性和完整性进行完善和补充，分析后决策者应采取必要措施，如设置报警系统、压力释放系统、防火系统以及编制应急响应程序等，以减少类似事故发生的可能性或降低事故的危害程度。

完整的安全评价包括危险源辨识，危险分析、后果分析和风险评价等，后果分析是安全评价的一个重要方面，通常是在危险辨识和危险分析的基础上，应用系统科学的研究方法，分析重大危险事故的环境影响因素和事故原因，进而探讨更完善的应急措施。

8.3.3.1　后果分析程序

重大突发环境事件后果分析程序分为六步，依次介绍如下。

(1) 划分独立功能单元　对于一个发生重大环境安全事故或者列为重大危险源的工厂或储罐区，通常是将其划分为相对独立的单元。这些单元可以按生产流程划分，也可按相对独立的平面布置划分。作为后果分析的单元，应使划分的每个单元包含有超过临界量的有害物质，而且该单元泄漏时与其他单元是隔离的。隔离设备应是紧急切断阀或在容器内压力或液面下降时能自动关闭的控制阀。人工控制阀不能作为隔断设备，除非阀门是有清晰明确的信号遥控操作的。

(2) 计算工艺流程和设备参数　计算单元中有害物质的存量，并记录物质的种类、相态、温度、压力、体积和质量。

(3) 找出设备的典型故障　分析可能存在的会发生的更恶劣的事故。

(4) 计算泄漏量　分析事故可能造成瞬时的或连续的影响和破坏，计算影响和破坏范围。

(5) 计算后果　分析事故发生后可能造成的火灾、爆炸等后果，选择合适的模型计算事故对发生区域周围的影响。

(6) 整理后果　将计算结果整理成表格，并在单元平面图上划出影响范围。

8.3.3.2　后果分析需要的参数

为进行重大事故环境影响后果分析，需收集相关参数作为分析输入，主要包括以下几个方面。

(1) 有害物质的参数　包括有害物质的相态、最大质量或体积、温度、压力、密度，热力学性质或沸点、蒸发热、燃烧热、比热容等，有害与毒性参数等。

（2）设备的参数 工艺流程、设备类型、设备的可能故障与泄漏位置、泄漏口形状尺寸等。

（3）现场情况与气象情况 设备布置、人员分布、资金密度、设备地理位置、堤坝高度和面积、常年主导风向、平均风速、大气稳定情况、日照情况、地形情况、地面粗糙度、建筑和树木高度等。

8.3.3.3 后果分析模式选择

重大环境事件后果分析关心的是易燃、易爆或有毒气体和液体，这些物质的泄漏不仅有害而且难以控制。一种泄漏可能带来不同的后果，进行后果分析就需要对每一种可能的后果进行计算分析。液体泄漏事故框图如图 8-1 所示，采用系统分析的方法可以避免对可能的后果造成遗漏。

易燃气体泄漏着火时才有危险性，如果泄漏时立即被点燃，则不会形成大的蒸气云团。根据泄漏性质可形成喷射火或火球，它能迅速危及事故现场，但很少影响到厂区以外。如果泄漏后延迟点燃，则气体形成云团飘向下风向，点燃后可能造成闪火或爆炸，能引起大面积的损害。

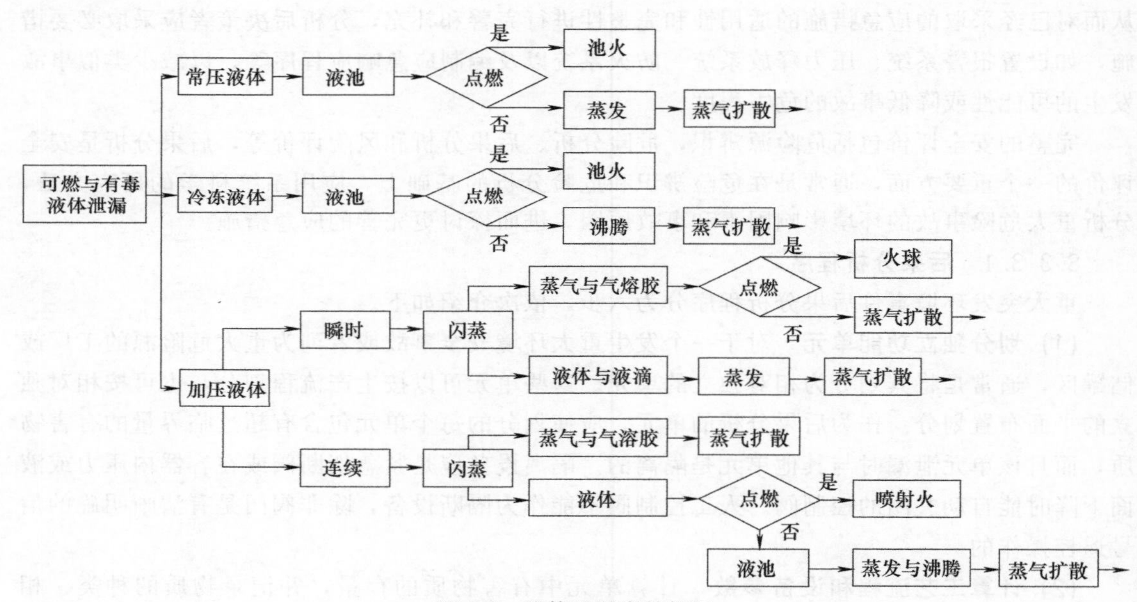

图 8-1 液体泄漏事故框图

计算燃烧和爆炸的热量或压力，不仅仅用于评价人员和设备的损失情况。燃烧和爆炸还会波及相邻的危险源，产生多米诺效应，因此也要对相邻危险源进行泄漏后果分析。

气体泄漏分析的一个重要方面是计算蒸气云的密度，密度高于空气或低于空气，对其扩散有较大的影响，应该采取不同的扩散模式。

毒性气体的泄漏扩散因为不需要考虑起火，分析较简单，主要问题是根据蒸气云密度选择适当的扩散模式。

液体泄漏着火一般影响的面积较小，但挥发性液体的蒸气应按照气体事故进一步分析。常压液体泄漏后在地面形成液池，池内液体由于表面风的作用而缓慢蒸发。如果点燃则形成池火，火焰的热辐射会危及现场人员和设备。加压液化气体泄漏时发生闪蒸。剩下的液体形成液池。闪蒸的气体应按气体事故进一步分析。

冷冻液体泄漏也是形成液池，液池吸收周围热量蒸发，蒸发速度虽然比闪蒸慢，但一般比常压液体快。

沸腾液体扩展蒸气爆炸是一种比较特殊但后果极其严重的事故。通常是装液化气体的容器受到外界火焰加热，一方面使容器内压力升高，同时使容器强度下降。一旦容器突然破裂，大量沸腾液体立即被点燃，形成巨大火球，其影响是非常严重的。

8.4 重大危险源的控制责任

随着社会发展和科技进步，加工企业特别是石油化工企业的生产储存装置越来越大，生产过程中涉及的危险物质的量的增加使其潜在危险加大，一旦发生事故其后果将非常严重。然而，几十年来这样的悲剧在世界各国不停上演：1980 年在西班牙的奥尔吐爱拉，丙烷气的爆炸造成 51 人丧生和许多人受伤；1984 年印度的博帕尔甲基异氰酸盐的泄漏，导致 2000 多人丧生、2 万多人受伤；墨西哥城液化石油气的爆炸也使得上百人死亡，上千人受伤。

在中国，重大事故的发生也不少，2003 年 12 月 23 日深夜中某县的一次天然气井喷，有毒气体造成 240 余人死亡；2015 年 8 月 12 日夜天津滨海新区天津港发生危险品火灾，并引发二次爆炸事件对社会、人身及环境安全均造成巨大的恶劣影响。重大事故的发生往往都伴随着非常严重的环境破坏，随着城市化进程的发展，一些以前处于比较偏僻位置的危险化学品生产与储存企业，现在陷入居民区的包围中，这些装置一旦发生事故，其后果将是非常严重的。这些已经逐渐引起人们的重视，已经建立了一些相关的法律、法规和标准，一些地区已经开展了重大危险装置的普查，建立了先进的重大危险源监控系统。

必须明确，控制重大危险事故的发生不仅仅是技术问题，更是管理问题。尽管各管理者在控制重大危险方面起着非常重要的作用，但政府和主管部门的管理职能不能忽视。只有建立科学的重大事故控制系统，有关各方切实履行自己的职责，才可以极大地降低发生重大事故的可能性。

8.4.1 主管当局的责任

尽管重大危险的控制主要是操作重大危险装置的工厂管理者的责任，但重大危险控制系统应该由主管当局会同有关部门建立。

(1) 建立重大危险控制系统的基础　主管当局应该建立与工厂的各种层次的接触，在接触中可以讨论、协作有关重大危险装置及其控制的各种行政与技术问题。主管当局如果没有重大危险控制的某一特殊方面的专业知识，应该寻求外部支持，如从外部顾问机构得到有关专业知识。

(2) 建立重大危险装置清单　实施重大危险控制系统的第一步是识别重大危险装置，重大危险装置的标准是主管当局根据国家的科学技术发展的实际情况制定的。必须立法要求工厂管理者通报哪些工作是在重大危险装置范围以内的，以及存在于重大危险装置内的危险物质的种类及数量的清单。

(3) 接收和评审安全报告　必须规定工厂管理者提供安全报告的期限，包括以后的更新。主管当局应该安排足够的事件评审安全报告，评审应包括：有关信息的检查；检查报告的完整性；系统研究装置的潜在危险，包括多米诺效应和抛射的影响；评价装置的安全性；

现场检查证实报告提供的某些信息，尤其是与安全相关的条款。

评审工作应该由专家组完成，专家组应包括不同的学科，如果需要，应取得外部独立咨询机构的帮助。

(4) 应急预案与公众信息 应急预案与公众信息的发布并不仅仅是主管当局的责任，也是地方当局和工厂管理者的责任。

主管当局应该要求工厂管理者就每一重大危险装置编写场内应急预案，同时要求地方当局和工厂管理者编写场外应急预案。场外应急预案主要依靠地方当局，预案的准备应该会同各有关部门进行，包括消防部门、公安部门、急救中心、医院、供水部门、公共运输部门、工人及其代表等。应保证场外应急预案与场内应急预案一致，并安排定期演练以保持场外应急预案处于准备就绪状态。

主管当局应该向在重大危险装置附近生活和工作的公众通报有关信息，这就要求工厂管理者向主管当局提供所有已有的装置和尚未投入使用的新装置的有关信息。通报的信息包括：重大危险装置的名称；用简单语言全面描述在装置内的重大危险活动、使用的危险物质以及怎样控制它们；识别发生紧急状况的方法；在紧急事件中公众应采取的行动；对受重大危险影响的人应采取的适当救治措施。

(5) 选址与土地使用规划 重大事故一旦发生，其影响范围是很大的，因此，对重大危险装置附近的土地使用以及建立新的重大危险装置应有适当的规划。新建装置应该与附近的居民生活和工作区域有一定的间隔，间隔距离应该由有关标准规定。考虑间隔距离时要全面考虑重大事故发生的可能性及其后果，同时要阻止在任何危险装置附近进行不合适的项目开发。

主管当局制定的土地使用政策应该明确重大危险装置周围的地带适用于何种项目开发，应该确保敏感的开发项目，如学校、医院、老年人住宅等距离重大危险装置比一般项目如工厂和普通住宅更远。另外，主管当局应该根据危险物质的种类及最大量明确新建危险装置的合适地带。

(6) 装置检查 主管当局应该安排定期检查重大危险装置，检查人员应有足够的指导和培训，以适应检查工作。检查应该与重大危险装置的风险评价一致。基于重大危险装置评价报告的评审，应该列出明确的检查程序。其目的是列出装置中与安全相关的项目清单，以及必要的检查频率。

(7) 重大事故报告与事故调查 主管当局应建立事故报告系统，制定标准的格式，以利于现场管理者在事故发生后能迅速上报。

事故发生后，主管当局应安排调查事故及其短期和长期的影响。主管当局还应该研究和评价世界范围内的重大事故，以便从别国相似的事件中学习借鉴。

8.4.2 现场管理者的职责

现场是防范突发事故的前沿阵地，现场管理者对突发环境事件防范负直接责任。

(1) 重大工业事故起因的控制 控制重大工业事故的主要责任在现场管理者。危险分析可给出一系列的硬件、软件失效，装置内或周围人的失误，这些需要现场管理者来控制。

① 设备失效 作为安全操作的基本条件，设备应该能够承受所有的设计操作负荷，以盛装任何可能的危险物质。

② 偏离正常操作条件 应该对操作过程进行深入检查（手动的和自动的）以确定偏离

操作条件的后果。

③ 人员或组织失误　由于人的因素在重大危险装置运行中有着重大意义，不论需要大量手工操作的工厂还是高度自动化的工厂，人为的失误以及对安全的影响应该由工厂管理者与工人及其代表合作进行详细检查。

④ 外部事件介入　为确保重大危险应急处理装置安全操作，工厂管理者应该给工人提供定期培训并结合清洗的操作指令，同时配合恰当的工作设计与工作安排以外，还应该仔细检查潜在的外部事件介入，如危险物质的运输等。

⑤ 自然因素　根据地方不同，应对当地的风力、洪水、地震、浓雾、强烈阳关、闪电等自然环境的危险因素有足够针对的预防措施，如天津“8·12”事件发生时正处于晚秋初冬的雨季时期，在“8·12”后续事件处理过程中雨季的到来给现场出来带来很大的影响。

⑥ 破坏行为　每一重大危险应急处理装置都可能成为破坏的目标，应该在设计中考虑适当的安全保卫措施。

(2) 重大危险应急处理装置的设计和安全操作　重大危险应急处理装置的安全操作是现场管理者的责任，应该保证所有的操作都在设计的限度范围内。对于所有识别出的危险，应该采取相应的技术和组织控制措施。

① 设备设计　重大危险应急处理装置的每一设备，如反应器、储罐、泵、风机等，其设计应该使其能经受所有指定的操作条件，并在现场恶劣的环境条件下保证良好的运行性能。

② 设备制造　在制造设备时，现场管理者与技术提供者应确保采取适当的质量保证措施。设备应该在有制造经验的工厂制造，生产运行中应该有检查和控制措施，并保证在设备加工的每一重要阶段有效并提供相应文件。

③ 设备安装　现场管理者与技术提供者应确保设备的现场安装应该在适当的质量保证措施下进行，并由具有安装资质的工人进行，同时对已安装的设备进行检查，保证在开车操作前进行单机功能试验。

④ 过程控制　为保持装置处于设计的安全限度内操作，现场管理者应该提供适当的控制系统，这些系统必须是具备人工控制和自动控制的双控系统。

⑤ 安全系统　所有重大危险应急装置应装备安全系统，其设计和形式依赖于装置中存在的危险因素。

报警系统应该与传感器连接以确定故障的存在及原因，以便采取适当措施，如喷淋系统、喷射系统、喷雾系统、收集罐和堤坝、泡沫发生系统、活性检测系统等。

⑥ 监测　为了保证重大危险装置的安全，应该制订所有与安全相关设备和系统的监测计划。

⑦ 检查、保养和维修　现场管理者应该制订重大危险应急装置的检查、维护和维修计划，制订计划时要考虑熟悉装置的工人的分布。现场检查计划应该包括时间进度、所需装备以及检查期间必须坚持的程序。

修理作业可能成为主要的事故源头，因此维修时进行下列工作必须有严格的程序：任何动火操作、开启通常封闭的容器和管道、任何可能危及安全系统的工作、任何可能导致设计与设备质量变化的工作。程序应涵盖需要的个人资质、进行工作的条件以及维修工作监督的条件。检查与维修的相关国家或国际标准与规范是重大危险应急装置需要的最低条件。

维护计划应该根据不同的维护时间间隔、需要人员的资质以及工作的类型来制订，所有的维护工作和记录的缺陷均应有与计划相应的文件记录。

⑧ 变更管理　超出现设计极限的所有技术、操作和设备的变更应该像对新装置一样进行评估。授权变更前，应该完成提议变更的文件，包括对安全的影响和对设备与操作过程的影响。

⑨ 工人的培训　重大危险应急装置的全面安全管理应该承认人的因素是装置安全的关键，必须对从事重大危险应急装置的工人进行足够的培训。对于新装置，现场应该提供必要的训练设施。

工人的安全培训应该是不间断的过程，训练课程应该在尽可能接近真实的条件下周期性重复。应该与工人及其代表合作评估安全培训效果和培训程序。

⑩ 监督　工人管理者应该对重大危险装置中的所有行为提供足够的监督，监督者应该具有必要的权威、能力和训练使其能正确履行职责。

⑪ 应急预案与公众信息　应急预案是重大危险控制的重要组成部分，完整的应急预案包括现场应急预案和场外应急预案两部分。现场应急预案有现场管理者负责制订，而场外应急预案由地方政府负责。

紧急状况期间，现场管理者应尽快向重大危险装置附近生活或工作的公众发出警告，通报有关信息。信息应该及时更新，特别是和开始通报的信息不一致时必须发布新信息。

紧急状况过后，现场管理者应通告受影响的公众事故的调查结果、对公众及环境短期和长期的影响。会同地方当局和公众评估以前发布的信息以确定是否有必要修订。

重大危险控制系统要求现场管理者定期提交书面报告，要求包括：通报已有的或拟建的重大危险装置；报告重大危险装置的危险及其控制（安全报告）；重大事故立即报告。

8.4.3　工人的职责与权利

工人是生产、运输、储存等操作的直接实施个体，直面一线，工人在防范突发环境事件的职责与权利如下。

(1) 工人的职责　工人应该安全地进行工作。任何工人，除非授权，都不准干扰、移动、更换他能得到的安全装置或器具，或是干扰为避免事故和伤害而选定的方法或过程。工人对没授权操作、维护或使用的控制设备、机器、阀门、管路、电线和仪表等，不能动用或损坏。工人及其代表应与现场管理者合作，促进安全意识，就安全事项双向交流以及调查重大事故和准事故。对于任何认为可能出现的偏离的正常操作，工人应该立即向现场管理者报告，尤其是可能发展成重大事故的。

如果工作在重大危险应急装置中的工人有理由相信严重威胁正逼近工人、公众或环境时，在其工作范围内，他们应当采取尽可能安全的方式中止活动，然后尽可能快地通报现场管理者或发出警报。工人不应因为上述行为被置于任何不利地位。

(2) 工人的权利　工人及其代表有权利获得与其工作场所有关的危险与风险的全面信息，尤其是应该被告知以下信息：①危险物质的化学名称和成分；②物质的危险特性；③装置的危险及已采取的措施；④处理重大事故的场内应急计划的全部细节；⑤在重大事故中工人紧急责任的全部细节。

在实施与重大危险有关的事项前应该与工人及其代表协商，尤其是有关危险与风险评价、失效评价以及对重大偏离正常操作条件的检查。

8.4.4 技术提供者的责任

国外的技术与装备的提供者应告知接受过的主管当局和现场管理者其技术和装备是否包含在供应国或其他地方划分为重大危险源的装置。如果有技术和装备产生重大危险，供应者应该提供以下方面的信息：①危险物质的辨识、性质、涉及的量、储存、加工或生产的方式；②技术与装备的全面评述；③组织事故发生的管理措施；④基于危险评估的可能事故后的应急预案。

8.4.5 重大危险控制系统的必备条件

(1) 人力需求 重大危险装置投入操作前，现场管理者应保证能得到充足的有足够专业知识的工人，工作的分配设计和工作时间系统的安排应不增加发生事故的风险。

(2) 装备 计算机的使用已经非常广泛，在重大危险控制系统中使用计算机系统，尤其在建立数据库和重大危险装置清单时非常方便。除使用计算机进行管理操作外，还必须按应急预案准备必要的技术装备，以满足紧急状态时的需要：急救与营救材料、消防器材、溢出约束与控制设备、营救人员的个人防护设备、毒性材料的测量仪器、治疗中毒人员的解毒剂。

(3) 信息资源 主管当局应决定建立重大危险控制系统的信息需求：①重大危险控制的进展；②安全相关技术的规范；③事故报告、评价研究和课程学习；④重大危险控制的专家库。

8.5 突发环境污染事件预测与对策

8.5.1 事件的危害性

近百年来，为了安全生产和安全生存，人类做出了不懈的努力，但是现代社会的重大意外事故仍不断发生。从苏联 20 世纪 80 年代切尔诺贝利核泄漏事故到 90 年代末日本的核污染事件；从韩国的三丰百货大楼坍塌到我国克拉玛依友谊宫火灾；从 2005 年全球一个月内发生重大空难三次，到现在一次数百人的矿难，直至世界范围内每年 400 余万人死于意外事故，其中每年劳动工伤和职业病导致的死亡 200 万人，交通事故死亡近百万人，生产和生活中发生意外事故和职业危害，如同“无形的战争”在侵害着我们的社会、经济和家庭。

8.5.2 事件的性质及特点

事故可以定义为个人或集体在为实现某一意图或目的而采取行动的事件过程中，突然发生了与人的意志相反的情况，迫使人们的行动暂时或永久地停止的事件。可以看出，事故表现出三特点：①事故发生在人们行动的时间过程中；②事故是一种以人们意志为转移的随机事件；③事故的后果是影响人们的行动，使人们的行动暂时或永久中止。

8.5.3 事件预测的作用及意义

事故预测就是对系统未来的安全状况进行预报和测算。针对预测对象的不同，事故预测一般划分为宏观预测和微观预测。前者研究事故发展的趋势，后者分析系统的危险隐患，预测与评价系统的安全状况。

我国自20世纪80年代开始开展事故预测和安全评价工作，随着预测决策理论和技术的日趋成熟，特别是随着现代数学方法和计算机技术的发展，灰色预测决策、模糊分析评价、模糊概率评价、模糊概率分析、人工神经网络、事故突变原理、计算机专家系统等新理论与工业安全相结合，使现代安全分析评价以及预测决策技术方法在世界各国的核工业、化工、环境等领域得到了广泛的应用。

几个世纪以来人类主要是在发生事故后凭主观推断事故的原因，即根据事故发生后残留的关于事故的信息来分析、推论事故发生的原因及其过程。由于事故发生的随机性质，以及人们知识、经验的局限性，使得对事故发生机理的认识变得十分困难。

随着社会的发展，科学技术的进步，特别是工业革命以后工业事故频繁发生，人们在于各种工业事故斗争的事件中不断总结经验，探索事故发生的规律，提出阐明事故发生的原因、经过以及如何预防事故再次发生的理论。

8.5.4 突发环境污染事件对策

8.5.4.1 安全法制对策

安全法制对策是利用法制和管理的手段，对生产的建设、实施、组织以及目标、过程、结果等进行安全的监督与监察，使之符合职业安全健康的要求。

职业安全健康的法制对策是通过如下方面的工作实现的

职业安全健康责任制度，是明确企业总管为职业安全健康的第一责任人，管生产必须管安全，全面综合管理，不同职能机构有特定的职业安全健康职责。

实行强制的国家职业安全健康监督，是国家授权劳动行政部门设立的监督机构，以国家名义运用国家权力，对企业、事业和有关机关履行劳动保护职责、执行劳动保护政策和劳动卫生法规的情况，依法进行的监督、纠正和惩戒工作，是一种专门监督，以国家名义依法进行的具有高度权威性、公正性的监督执法活动。

建立健全安全法规制度，是指行业的职业安全健康管理要围绕着行业职业安全健康的特点和需要，在技术标准、行业管理条例、工作程序、生产规范，以及生产责任制度方面进行全面的建设，实现专业管理的目标。

有效的群众监督，是指在公会的统一领导下，监督企业、行政和国家有关劳动保护、安全技术、工业卫生等法律、法规、条例的贯彻执行情况；参与有关部门制定职业安全健康和劳动保护法规、政策的制定，监督企业安全技术和劳动保护经费的落实和正确使用情况，对职业安全健康提出建议等方面。

8.5.4.2 工程技术对策

工程技术对策是指通过工程项目和技术措施，实现生产的本质安全化，或改善劳动条件提高生产的安全性。在具体的工程技术对策中，可采用如下技术原则。

(1) 消除潜在的危险的原则 即在本质上消除事故隐患，是理想的、积极的、进步的事故预防措施。其基本的做法是以新的系统、新的技术和工艺代替旧的不安全的系统和工艺，从根本上消除发生事故的基础。例如，用不可燃材料代替可燃材料，改进机器设备，消除人体操作对象和作业环境的危险因素，排除噪声、尘毒对人体的影响等，从本质上实现职业安全健康。

(2) 降低潜在危险因素数值的原则 即在系统危险不能根除的情况下，尽量地降低系统的危险程度，一旦系统发生事故，所造成的后果严重程度最小。

(3) **闭锁原则** 在系统中通过一些元器件的机器连锁或电气互锁，作为保证安全的条件。

(4) **能量屏障原则** 在人、物与危险之间设置屏障，防止意外能量作用到人体和物体上，以保证人和设备的安全。

(5) **距离防护原则** 当危险和有害因素的伤害作用随距离的增加而减弱时，应尽量使人与危险源距离远一些。

(6) **时间防护原则** 是使人暴露于危险、有害因素的时间缩短到安全程度之内。

(7) **薄弱环节原则** 在系统中设置薄弱环节，以最小的、局部的损失换取系统的总体安全。

(8) **坚固性原则** 即通过增加系统强度来保证其安全性。

(9) **个体防护原则** 根据不同作业性质和条件配备相应的保护用品及用具。采取被动的措施，以减轻事故和灾害造成的伤害或损失。

工程技术对策是治本的重要对策，但是，工程技术对策需要安全技术及经济作为基本前提，因此，在实际工作中，特别是在目前我国安全科学技术和社会经济基础较为薄弱的条件下，这种对策的采用受到一定的限制。

8.5.4.3 安全管理对策

管理就是创造一种环境和条件，使置身于其中的人们能协调地工作，从而完成预定的使命和目标。安全管理是通过制定和监督实施有关的安全法令、规程、规范、标准和规章制度等，规范人们在生产活动中的行为准则，使劳动保护工作有法可依、有章可循，用法制手段保护职工在劳动中的安全和健康。安全管理对策具体由管理的模式、组织管理的原则、安全信息流技术等方面来实现。安全管理的手段包括：法制手段、行政手段、科学手段、文化手段、经济手段。

8.5.4.4 安全教育对策

安全教育是对企业各级领导、管理人员以及操作工人进行安全思想政治教育和安全技术知识教育。

安全思想政治教育，包括国家有关安全生产、劳动保护的方针政策、法规法纪。通过教育提高各级领导和广大职工的安全意识、政策水平和法制观念，牢固树立安全第一的思想，自觉贯彻执行各项劳动保护法规政策。

安全技术知识教育，包括一般生产技术知识、一般安全技术知识和专业安全生产技术知识的教育，安全技术知识寓于生产技术知识之中，对职工进行安全教育时必须二者结合起来。一般生产技术知识含企业的基本概况、生产工艺流程、作业方法、设备性能及产品的质量和规格。一般安全技术知识教育含各种原料、产品的危险、危害特性，生产过程中可能出现的危险因素，形成事故的规律，安全防护的基本措施和有毒有害的防治方法，异常情况下的紧急处理方案，事故时的紧急救护和自救措施等。专业安全技术知识教育是针对特别工种所进行的专门教育，如锅炉、压力容器、危险化学品的管理等专门安全技术知识的培训教育。安全技术知识的教育应做到应知应会，不仅要懂得方法原理，还要学会熟练操作和正确使用各类防护用品、消防器材及其他防护设施。

安全教育的对策是对政府官员、社会大众、企业职工、社会公民、专职安全人员等进行意识、观念、行为、知识、技能等方面的教育。

8.5.5 安全生产危害因素的控制方法和措施

根据预防伤亡事故的原理，基本的控制危险和危害因素的对策如下。

(1) 改进生产工艺过程 实行机械化、自动化生产减轻劳动强度，消除人身伤害。

(2) 设置安全装置 包括防护装置、保险装置、信号装置及危险标牌识别标志。

(3) 机械强度试验 如果不能及时发现机械强度的问题，就可能造成设备事故以致人身事故。

(4) 电气安全对策 包括防触电、防电气火灾爆炸和防静电等，防止电气事故，如安全认证、备用电源、防触电及电气防火、防爆、防静电措施。

(5) 机器设备的维护保养和计划检修 机械设备在运转过程中有些零部件逐渐磨损或过早破坏，以致引起设备上的事故。因此，必须对设备进行经常的维护保养和检修。

(6) 工作地点的布置与整洁 工作地点就是工人使用机器设备、工具及其他辅助设备对原材料和半成品进行加工的地点，完善的组织与合理的布置，不仅能够促进生产，而且是保证安全的必要条件；工作地点的整洁也很重要，工作地点散落的金属废屑、润滑油、乳化液、毛坯、半成品的杂乱堆放，地面不平整等情况都能导致事故的发生。因此，必须随时清除废屑、堆放整齐，修复损坏的地面以保持工作地点的整洁。

(7) 个人防护用品 采取各类措施后仍不能保证作业人员的安全时，必须根据需防护的危险、危害因素和危险、危害作业类别配备具有相应防护功能的个人防护用品作为补充对策。对于个人防护用品应当注意其有效性、质量和使用范围。

8.5.6 人为事故的预防

人为事故在工业生产产生的事故中占有较大比例。有效控制人为事故，对保障安全生产发挥重要作用。

人为事故的预防和控制，是在研究人与事故的联系及其运动规律的基础上，认识到人的不安全行为是导致与构成事故的要素，因此，要有效控制人为事故的发生，依据人的安全与管理的需求，运用人为事故规律和预防人为事故的发生。控制事故原理联系实际，而产生一种对生产事故进行超前预防、控制的方法。

(1) 人为事故的规律 在生产实践活动中，人既是促进生产发展的决定因素，又是生产中安全与事故的决定因素。为加强人的预防性安全管理工作，有效预防、控制人为事故，可以从如下方面着手。

① 从产生异常行为表态始发致因的内在联系及其外延现象中得知：要想有效预防人为事故，必须做好劳动者的表态安全管理，如开展安全宣传教育、安全培训，提高人们的安全技术素质，使之达到安全生产的客观要求，从而为有效预防人为事故的发生提供基础保证。

② 从产生异常行为动态续发致因的内在联系及其外延现象中得知：要想有效预防、控制人为事故，必须做好劳动者的动态安全管理，如建立、健全安全法规，开展各种不同形式的安全检查等，促使人们的生产实践规律运动，及时发现并及时改变人们在生产中的异常行为，使之达到安全生产要求，从而预防、控制由于人的异常行为而导致的事故发生。

③ 从产生异常行为外侵导发致因的内在联系及其外延现象中得知：要想有效预防、控制人为事故，还要做好劳动环境的安全管理。如发现劳动者因社会或家庭环境影响，思想混

乱，有产生异常行为的可能时，要及时进行思想工作，帮助解决存在的问题，消除后顾之忧等，从而预防、控制由于环境影响而导致的人为事故的发生。

④ 从产生异常行为管理迟发致因的内在联系及其外延现象中得知：要想有效预防、控制人为事故，还要解决好安全管理中存在的问题。如提高管理人员的安全技术素质，消除违章指挥，加强工具、设备管理消除隐患等，使之达到安全生产要求，从而有效预防、控制由于管理失控而导致的人为事故。

(2) 强化人的安全行为，预防事故发生 强化人的安全行为，预防事故发生是指通过展开安全教育，提高人们的安全意识，使其产生安全行为，做到自为预防事故的发生。主要分为两个方面：一要开展好安全教育，提高人们预防、控制事故的自为能力；二要抓好人为事故的自我预防。下面将具体阐释人为事故自我预防方面的有关内容。

① 劳动者要自觉接受教育，不断提高安全意识，牢固树立安全思想，为实现安全生产提供支配行为的思想保证。

② 要努力学习生产技术和安全技术知识，不断提高安全生产素质和应变事故能力，为实现安全生产提供支配行为技术保证。

③ 必须严格执行安全规范，不能违章作业、冒险蛮干，即只有用安全法规统一自己的生产行为，才能有效预防事故的发生实现安全生产。

④ 要做好个人使用的工具、设备和劳动保护用品的日常维护保养，使之保持完好状态，并要做到正确使用，当发现有异常时要及时进行处理，控制事故发生，保证安全生产。

⑤ 要服从安全管理，并敢于抵制他人的违章指挥，保质保量地完成自己分担的生产任务，遇到问题要及时提出，求得解决，确保安全生产。

(3) 改变人的异常行为，控制事故发生 改变人的异常行为，是继强化人的表态安全管理之后的动态安全管理。通过强化人的安全行为预防事故的发生，改变人的异常行为控制事故发生，从而达到超前有效预防、控制人为事故的目的。

① 自我控制　在认识到人的异常意识具有产生异常行为，导致人为事故的规律之后，为了保证自身在生产实践中的自我改变异常行为，控制事故的发生。自我控制是行为控制的基础，是预防、控制人为事故的关键。如，劳动者在从事生产实践活动之前或生产之中，当发现自己有产生异常行为因素存在时，像身体疲劳、需求改变或因外界影响思想混乱等，能及时认识和加以改变或终止异常的生产活动，均能控制由于异常行为而导致的事故。

② 跟踪控制　运用事故预测法，对已知具有产生异常行为因素的人员，做好转化和行为控制工作。如对已知的违章人员制定专人负责做好转化工作和进行行为控制，防其异常行为的产生和导致事故发生。

③ 安全监护　对从事危险性较大生产活动的人员，指定专人对其生产行为进行安全提醒和安全监督。如电工在停送电作业时，一般要有两人同时进行，一人操作、一人监护，防止误操作的事故发生。

④ 安全检查　指运用人自身技能，对从事生产实践活动人员的行为，进行各种不同形式的安全检查，从而发现并改变人的异常行为，控制人为事故发生。

⑤ 技术控制　指运用安全技术手段控制人的异常行为。如，变电所安装的连锁装置，能控制人为误操作而导致的事故，高层建筑设置的安全网，能控制人从高处坠落后导致人身伤害的事故发生等。

8.5.7 设备因素导致事故的预防

设备与设施是生产过程的物质基础，是重要的生产要素。为了有效预防、控制设备导致的事故发生，运用设备事故规律和预防、控制事故原理联系生产或工艺实际，即提出了这种超前预防、控制事故的方法。

在生产实践中，设备是决定生产效能的物质技术基础，没有生产设备特别是现代生产是无法进行的。同时设备的异常状态又是导致与构成事故的重要物质因素。因此，要想超前预防、控制设备事故的发生，必须做好设备的预防性安全管理，强化设备的安全运行，改变设备的异常状态，使之达到安全运行要求，才能有效预防、控制事故的发生。

(1) 设备因素与事故的规律 设备事故规律是指在生产系统中，由于设备的异常状态违背了生产规律，致使生产实践产生了异常而导致事故发生，所具有的普遍性表现形式。

设备故障规律是指由于设备自身异常而产生故障及导致发生的事故，在整个寿命周期内的动态变化规律。认识与掌握设备故障规律，是从设备的实际技术状态出发，确定设备检查、试验和修理周期的依据。如一台新设备和同样一台长期运行的老、旧设备，由于投运时间和技术状态不同，其检查、试验、检修周期是不应相同的，应按照设备故障变化规律，来确定其各自的检查、实验、检修周期。这样既可以克服单纯以时间周期为基础表态管理的弊端，减少一些不必要的检查、试验、检修的次数，节约一些人力、物力、财力，提高设备安全经济运行的效益，又能提高必要检查、试验、检修的效果，确保设备安全运行。

与设备有关的事故规律，设备不仅因自身异常能导致事故发生，而且与人、环境的异常结合，也能导致事故发生。因此要想超前预防、控制设备事故的发生，除要认识掌握设备故障规律外，还要认识掌握设备与人、环境相关的事故规律，并相应地采取保护设备安全运行的措施，才能达到全面有效预防、控制设备事故的目的。

设备与人相关的事故规律，由于人的异常行为与设备结合而产生的物质异常运动，在导致事故中的普遍性表现形式，如人们违背操作规程使用设备，超性能使用设备，非法施工设备等，所导致的各种与设备相关的事故，均属于设备与人相关事故规律的表现形式。

设备与环境相关的事故规律，由于环境异常与设备结合而产生的物质异常运动，在导致事故中的普遍性表现形式。一种是固定设备与变化的异常环境相结合而导致的设备故障，如气温变化、环境污染导致的设备故障；另一种是移动性设备与异常环境结合而导致的设备事故。

(2) 设备到时事故的预防 在现代化生产中，人与设备是不可分割的统一整体，但是人与设备又不是同等关系，而是主从关系，人是主体，设备是客体，设备不仅是人设计制造的，而且是有人操作使用的，服从于人、执行人的意志。同时人在预防、控制设备事故中，始终是起着主导支配的作用。

因此，对设备事故的预防和控制，要以人为主导，运用设备事故规律和预防、控制事故的原理，按照设备安全与管理的需求，管理工作如下。

首先要根据生产需求和质量标准，做好设备的选购、进厂验收和安装调试，使投产的设备达到安全技术要求，为安全运行打下基础。

开展安全宣传教育和技术培训，提高人的安全技术素质，使其掌握设备性能和安全的使用要求，并要做到专机专用，为设备安全运行提供工作人员的素质保证。

要为设备安全运行创造良好的条件，安装必要的防护、保险、防潮、防腐、保暖、降温等设施，以及配备必要的测量、监视装置等。

配备熟悉设备性能、会操作、懂管理，能达到岗位要求的技术工人。

按设备的故障规律，定好设备的检查、试验、修理周期，并要按期进行检查、试验、修理，巩固设备安全运行的可能性。

要做好设备在运行中的日常维护保养以及运行中的安全检查，做到及时发现问题、及时加以解决，使之保持安全运行状态。

根据需要和可能，有步骤、有重点地对老、旧设备进行更新、改造，使之达到安全运行和发展生产的客观要求

建立设备管理档案、台账，做好设备事故调查、讨论分析，制定保证设备安全运行的安全技术措施。

建立设备使用操作规程和管理制度及责任制，用以指导设备的安全管理，保证设备的安全运行。

8.5.8 环境因素导致事故的预防

安全系统的最基础要素就是人、机、环境、管理四要素。显然，环境因素也是重要方面。通过环境揭示环境与事故的联系及其运动规律，认识异常环境是导致事故的一种物质因素，使之有效预防、控制异常环境导致事故的发生，并在生产实践中依据环境安全与管理的需求，运用环境导致事故的规律和预防、控制事故原理联系实际，最终对生产事故进行超前预防、控制的方法，这就是研究环境因素导致事故的目的。

(1) 环境与事故的规律 环境，指生产实践活动中占有的空间及其范围内的一切物质状态，其中又分为固定环境和流动环境。

环境是生产实践活动必备的条件，同时环境又是决定生产安危的一个重要物质因素。其中，良好的环境是保证安全生产的物质因素；异常环境是导致生产事故的物质因素。总之，环境是以其中物质的异常状态与生产相结合而导致事故发生的。其运动规律，是生产实践与环境的异常结合，违反了生产规律而产生的异常运动，是导致事故的普遍性表现方式。

(2) 环境事件的预防 依据环境安全与管理的要求，对环境导致事故的预防和控制，主要应做好如下方面的工作：运用安全法制手段加强环境管理，预防事故的发生；治理尘、毒危害，预防、控制职业病发生；应用劳动保护用品，预防、控制环境导致事故发生；运用安全检查手段改变异常环境，控制事故发生。

为了使生产环境的安全管理、尘毒危害治理及劳动保护用品使用，均能达到管理标准的要求，防其发生异常变化，就要坚持做好生产过程中的安全检查，做到及时发现并及时改变生产的异常环境，使之达到安全要求，同时对不能加以改变的异常环境，如临电作业、危险部位等，还要设置安全标志，从而控制异常环境导致事故的发生。

第9章　环境污染突发事件应急工程实例

案例分析与研究是环境应急管理的基础性工作之一，对案例的深入分析和探讨可及时总结突发环境事件处置中的经验教训，为突发环境事件的应对提供参考，最大限度地降低危害，减少损失。

9.1　案例1　“8·12”天津滨海新区爆炸事故

图9-1　天津滨海新区爆炸事故火灾现场

2015年8月12日23：30左右，位于天津滨海新区塘沽开发区的天津东疆保税港区瑞海国际物流有限公司所属危险品仓库发生爆炸。发生爆炸的是集装箱内的易燃易爆物品，爆炸火光震天，并产生巨大蘑菇云，火灾现场见图9-1。经国务院调查组认定，天津港“8·12”瑞海公司危险品仓库火灾爆炸事故是一起特别重大生产安全责任事故。

9.1.1　事故经过

2015年8月12日22时51分46秒，瑞海公司危险品仓库最先起火。

2015年8月12日23时34分06秒发生第一次爆炸，近震震级ML约2.3级，相当于3t TNT；发生爆炸的是集装箱内的易燃、易爆物品。现场火光冲天，在强烈爆炸声后，高数十米的灰白色蘑菇云瞬间腾起。随后爆炸点上空被火光染红，现场附近火焰四溅。

23时34分37秒发生第二次更剧烈的爆炸，近震震级ML约2.9级，相当于21t TNT。

国家地震台网官方微博“中国地震台网速报”发布消息称，“综合网友反馈，天津塘沽、滨海等，以及河北河间、肃宁、晋州、藁城等地均有震感。”

2015年8月12日晚22时50分接警后，最先到达现场的是天津港公安局消防支队。

截至2015年8月13日早8点，距离爆炸已经有8个多小时，大火仍未完全扑灭。因为需要沙土掩埋灭火，需要很长时间。

事故现场形成6处大火点及数十个小火点，8月14日16时40分，现场明火被扑灭。

事故中心区（图9-2）为此次事故中受损最严重区域，该区域东至跃进路、西至海滨高速、南至顺安仓储有限公司、北至吉运三道，面积约为54万平方米。两次爆炸分别形成一个直径15m、深1.1m的月牙形小爆坑和一个直径97m、深2.7m的圆形大爆坑。以大爆坑为爆炸中心，150m范围内的建筑被摧毁，东侧的瑞海公司综合楼和南侧的中联建通公司办公楼只剩下钢筋混凝土框架；堆场内大量普通集装箱和罐式集装箱被掀翻、解体、炸飞，形成由南至北的3座巨大堆垛，一个罐式集装箱被抛进中联建通公司办公楼4层房间内，多个集装箱被抛到该建筑楼顶；参与救援的消防车、警车和位于爆炸中心南侧的吉运一道和北侧吉运三道附近的顺安仓储有限公司、安邦国际贸易有限公司储存的7641辆商品汽车和现场灭火的30辆消防车在事故中全部损毁，邻近中心区的贵龙实业、新东物流、港湾物流等公司的4787辆汽车受损。

图9-2 天津滨海新区爆炸事故现场

9.1.2 事故原因

经天津港“8·12”瑞海公司危险品仓库特别重大火灾爆炸事故调查组（以下简称调查组）调查，事故的直接原因是：瑞海公司危险品仓库运抵区南侧集装箱内硝化棉由于湿润剂散失出现局部干燥，在高温（天气）等因素的作用下加速分解放热，积热自燃，引起相邻集装箱内的硝化棉和其他危险化学品长时间大面积燃烧，导致堆放于运抵区的硝酸铵等危险化学品发生爆炸（图9-3）。

第一次爆炸：

2015年8月12日23时30分左右，天津滨海新区第五大街与跃进路交叉口的一处集装箱码头发生爆炸，发生爆炸的是集装箱内的易燃、易爆物品，爆炸强度相当于3t TNT。事故现场火光冲天，在强烈爆炸声后，高数十米的灰白色蘑菇云瞬间腾起。随后爆炸点上空被火光染红，现场附近火焰四溅。

第二次爆炸：

在第一次爆炸发生后30s后发生第二次爆炸，爆炸强度相当于21t TNT。

2015年8月13日，天津市滨海新区政府官方发布消息，天津爆炸事故发生后，因爆炸现场危化品数量内容存储不明，大火暂缓扑灭。相关企业负责人已被控制。

再次失火：

2015年8月15日上午11时40分左右，天津滨海新区“8·12”瑞海公司危险品仓库特别重大火灾爆炸事故现场突然再次着火，在距离现场不到100m处看到，事发处浓烟滚滚。由于风向变化，前方指挥中心附近停留的消防车辆及官兵均在向外撤离，现场留下核生化部队车辆，空中有直升机在爆炸上空盘旋。

2015 年 8 月 13 日，现场消防指挥部消息，当时发生爆炸的地点存放着硝酸钾、硝酸钠等硝酸盐物质。这些固体氧化剂遇热、碰撞都容易爆炸。现场检出了液碱、碘化氢、硫氢化钠、硫化钠 4 种物质。另据厂家反映，出事货场还存放至少 700 多吨氰化钠，这些剧毒化学物分别装在木箱和铁桶中。现场残留物见图 9-4。

图 9-3 爆炸物质：爆炸物主要为硝酸类化学品

图 9-4 疑似危化品残留物

火灾爆炸事故，造成 165 人遇难（其中参与救援处置的公安现役消防人员 24 人、天津港消防人员 75 人、公安民警 11 人，事故企业、周边企业员工和居民 55 人）、8 人失踪（其中天津消防人员 5 人，周边企业员工、天津港消防人员家属 3 人），798 人受伤（伤情重及较重的伤员 58 人、轻伤员 740 人），304 幢建筑物、12428 辆商品汽车、7533 个集装箱受损。截至 2015 年 12 月 10 日，依据《企业职工伤亡事故经济损失统计标准》（GB 6721—1986）等标准和规定统计，已核定的直接经济损失 68.66 亿元。

调查组认定，瑞海公司严重违反有关法律法规，是造成事故发生的主体责任单位。该公司无视安全生产主体责任，严重违反天津市城市总体规划和滨海新区控制性详细规划，违法建设危险货物堆场，违法经营、违规储存危险货物，安全管理极其混乱，安全隐患长期存在。

调查组同时认定，有关地方部门存在有法不依、执法不严、监管不力、履职不到位等问题。某些部门单位，未认真贯彻落实有关法律法规，未认真履行职责，违法违规进行行政许可和项目审查，日常监管严重缺失；有些负责人和工作人员贪赃枉法、滥用职权。某些部门未全面贯彻落实有关法律法规，对有关单位违反城市规划行为和在安全生产管理方面存在的问题失察失管。有关中介及技术服务机构弄虚作假，违法违规进行安全审查、评价和验收等。

9.1.3 应急处置

为明确主要污染物，工作人员以事故点为核心，半径 3km 范围内，分别布设了地表水、雨污水和海水监测点，并对 pH、COD、氨氮、硫化物、氰化物、三氯甲烷、苯、甲苯、二甲苯、乙苯和苯乙烯等多种污染物进行检测。对照《污水综合排放标准》（GB 8978—1996）中的二级标准，部分监测点位的 COD、氨氮和氰化物超标，且浓度随时间呈下降趋势。根据水体中超标污染物对水环境和人体的危害程度，本次事故主要污染物确定为氰化物。氰化物是一种以有机或无机形式广泛存在的含碳氮自由基化合物。所有形式的氰化物都具有剧毒，与氰化物短时间接触会引起呼吸急促、身体颤抖和其他神经系统反应，与氰化物长时间接触会引起脱水、甲状腺病、神经破损甚至死亡。据调查，瑞海国际物流有限公司所属危险品仓库事故发生前堆放了约700t氰化钠，爆炸发生后，部分氰化钠进入区域内雨污管网和排水明渠，导致其中氰化物超标。

本次事故水污染控制技术方案的选择遵循了以下原则：安全第一，处置过程首先确保人员和环境安全；疏堵结合，多管齐下，越快越好；措施果断，不遗留地下水污染隐患。

(1) 堵截 为保障事故区域内含氰化物超标的污水不通过地表径流排出影响近岸海域及周边环境，同时也为防止外界区域排水、径流进入该区域增加污染水量并提高治理难度，堵截是最有效的方式。现场封堵措施主要涉及4个排海口和8个污水井，在吉运东路明渠设置2道拦坝，在东排明渠设置1道拦坝。事故发生后，保税扩展区污水处理厂已与事故范围内企业断开管网联通，排口（一号雨水泵站）落实三级审批，并在一号雨水泵站设置临时移动式破氰装置，确保达标排放。

(2) 外运与外输 为了尽快减少中心爆炸坑和泵站中的污水量，防止有害污水对地下水和外部水体的污染，采取了部分污水由危废运输车辆外运至危废处理中心进行处理的方式。天津合佳威立雅环境服务有限公司出动了20多辆危废运输车辆，每天往返运输三四十趟，对北港东三路雨排临时泵站及围坝内污水进行抽取外运。综合考虑爆炸坑周边的地形、构筑物情况、水文地质条件，敷设了抽水管道，采用潜水泵抽取坑中污水，输送到外扩区具备处理条件的位置，然后安装临时破氰装置去除氰化物，出水根据水量和含盐量情况，决定是否可以汇入现有拓展区的污水处理厂，其余污水运至区域内的其他工业废水处理厂进行处理。

(3) 氰化物降解 目前，降解氰化物的方法主要有生物处理法、两段氯化氧化法、过氧化氢氧化法、光催化法、电化学法等。事故现场移动破氰设施多采用两段氯化氧化法。两段氯化氧化法中破氰氧化剂可选用氯气、二氧化氯、次氯酸钙和次氯酸钠等。在较高的pH条件下将氰根离子氧化为氰酸根，然后在较低的pH条件下将氰酸根进一步氧化为氮气和二氧化碳。为确保最终出水达标排放，在保税扩展区污水处理厂前段增设臭氧氧化、混凝、活性炭吸附工艺，污水处理厂原有生物处理池内投加活性炭用于强化活性污泥活性，并在接触池增设活性炭过滤墙。

(4) 氰化物原位净化 对于水量较大、氰化物超标不多的地表水体，如坑洼地、排水明渠等，考虑到经济性和汛期排水紧迫性，采用了氰化物原位净化的方法。氰化物原位净化即直接向水体中投加石灰水等pH调节剂和次氯酸钠、次氯酸钙等氧化剂，通过两段氯化氧化法将氰化物氧化为氮气和二氧化碳，以确保氰化物浓度达标。

(5) 移动破氰设施及处理效果 为了更加机动高效地处理含氰污水，事故区安放了多台移动破氰设施。以一号雨水泵站旁的移动破氰装置为例，主要由集水池、调碱池、氧化池、沉淀池、调酸池、氧化池等组成，如图9-5所示。调节池具有存储污水和稳定水质两个功能，停留时间为4h。污水由调节池提升至一段破氰池，将pH调至10以上，投加一定量次氯酸钠，控制氧化还原电位（ORP）在300～350mV，停留时间1h，将CN^-氧化为HOCN，毒性大幅下降；污水自流进入第二段破氰池，将pH调至6.5～7，再次投加次氯酸钠，控制ORP在650mV左右，停留时间1h，将HOCN氧化成氮气和二氧化碳。该设备采用加药自控装置，酸碱加药量可与pH计联动，根据pH变化控制加酸加碱量；次氯酸钠投加与ORP仪联动，控制氧化剂的投加量。进出水自控可通过液位计与电动阀联动来控制。

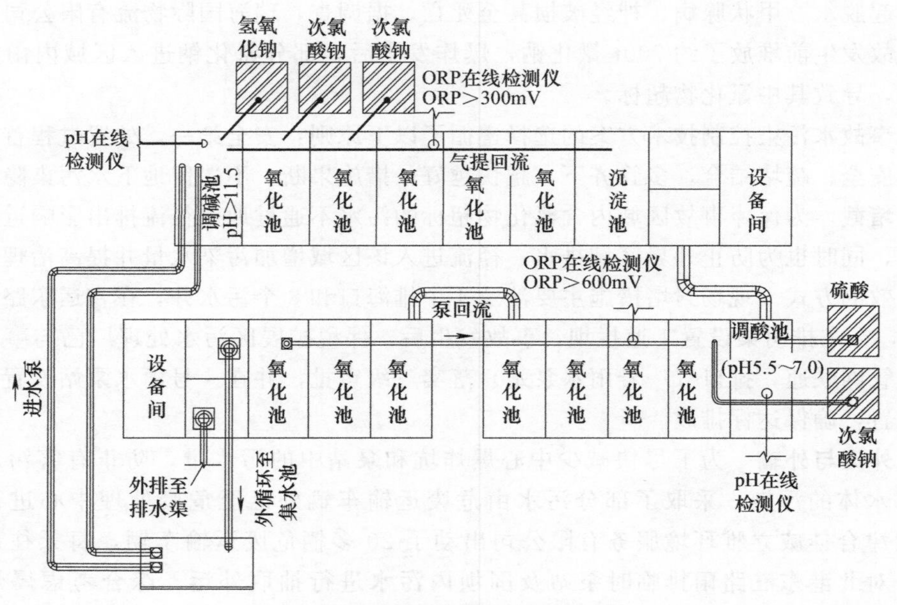

图 9-5 移动破氰设施工艺流程

9.2 案例 2 松花江水污染事件中的城市供水

9.2.1 简述

2005 年 11 月 13 日 13 时 40 分，位于第二松花江干流吉林省吉林市城区内的中国石油吉化公司双苯厂苯胺装置硝化单元发生爆炸事故，造成大量苯类污染物进入松花江水体，引发重大水污染事件。随着污染物逐渐向下游移动，这次污染事件的严重后果开始显现。特别是黑龙江省省会、北方名城哈尔滨市，饮用水多年以来直接取自松花江，为避免污染的江水被市民饮用、造成重大的公共卫生问题，市政府决定自 2005 年 11 月 23 日起在全市停止供应自来水，这在该市的历史上从未发生过。形成的 100 多千米长的污染带流经吉林、黑龙江两省，在我国境内历时 42 天，行程 1200 千米。

9.2.2 事故详细分析

9.2.2.1 事件介绍

松花江是黑龙江右岸最大支流，松花江发生污染将影响沿岸数百万居民的饮水安全。松花江水污染事件发生后，政府采取的应对措施是用活性炭对水进行净化，活性炭是一种昂贵的吸附材料，而且比较稀缺，解决污染问题带来了沉重的经济负担。

松花江水污染事件给我们敲响了警钟，提醒我们必须重视水污染整治的问题，因为这关系着我们的日常生活。在发展经济的同时，也要考虑到怎样保护水资源，减少对水的污染。同时此事件也是对我国城市供水行业应对水源突发性污染事件能力的极大考验。

9.2.2.2 事故原因

爆炸事故的直接原因是，硝基苯精制岗位外操人员违反操作规程，在停止粗硝基苯进料后，未关闭预热器蒸汽阀门，导致预热器内物料汽化；恢复硝基苯精制单元生产时，再次违反操作规程，先打开了预热器蒸汽阀门加热，后启动粗硝基苯进料泵进料，引起进入预热器的物料突沸并发生剧烈振动，使预热器及管线的法兰松动、密封失效，空气吸入系统；由于摩擦、静电等原因，导致硝基苯精馏塔发生爆炸，并引发其他装置、设施连续爆炸。

(1) 爆炸事故的直接原因及采用方法 此污染事件中，采用了投加粉末活性炭和粒状活性炭过滤来吸附水中的硝基苯，其中在水厂取水口处投加粉末活性炭，把安全屏障前移是应急处理的关键措施。所以，专家组首先确立科学的处理方法继而冷静地进行试验分析，再迅速确立处理方案；从一个水厂开始试验，再从小到大开始推广的措施对污染事故的应急处理起了功不可没的作用。

(2) 事故后的造成大面积污染原因 首先，爆炸事故发生后，未能及时采取有效措施，防止泄漏出来的部分物料和循环水及抢救事故现场消防水与残余物料的混合物流入松花江。

其次，相关单位对水污染估计不足、重视不够，未能及时督促采取措施；吉化分公司及双苯厂对可能发生的事故会引发松花江水污染问题没有进行深入研究，有关应急预案有重大缺失。

9.2.3 污染因子分析

这次事件泄漏的主要是硝基苯，硝基苯的主要毒作用如下。

① 形成高铁血红蛋白的作用：主要是硝基苯在体内生物转化所产生的中间产物对氨基酚、间硝基酚等的作用。

② 溶血作用：发生机制与形成高铁血红蛋白的毒性有密切关系。硝基苯进入人体后，经过转化产生的中间物质，可使维持细胞膜正常功能的还原型谷胱甘肽减少，从而引起红细胞破裂，发生溶血。

③ 肝脏损害：硝基苯可直接作用于肝细胞致肝实质病变。引起中毒性肝病、肝脏脂肪变性。严重者可发生亚急性肝坏死。

④ 急性中毒者还有肾脏损害的表现，此种损害也可继发于溶血。

9.2.4 应对技术处理方法的介绍

9.2.4.1 应急处理方法处理效果要求

① 由于《地表水环境质量标准》(GB 3838—2002) 中硝基苯的限值为 0.017mg/L，在此次污染事件中，松花江污染团中硝基苯的浓度极高，到达吉林省松原市时硝基苯浓度超标约 100 倍，松原市自来水厂被迫停水。根据当时预测，污染团到达哈尔滨市时的硝基苯浓度最大超标约为 30 倍。

② 由于哈尔滨市各自来水厂以松花江为水源，水厂现有常规净水工艺无法应对如此高浓度的硝基苯污染，哈尔滨市政府发出停水 4 天的公告，并从 11 月 23 日 23 时起，全市正式停止市政自来水供水。根据哈尔滨市政府的要求，自来水供水企业将避开污染团高峰区段，然后在松花江水源水中硝基苯浓度尚超出标准的条件下，采取应急净化措施，及早恢复供水，要求停水时间不超过 4 天。

9.2.4.2 有毒有机污染物的应急处理方法

目前处理突发性有机污染物的方法主要有吸附法、氧化分解法等物理化学方法。

(1) 吸附法 用活性炭等吸附材料去除水中苯系物、酚类、农药等有机污染物。目前活性炭应用广泛，可应对 60 多种有机污染物，活性炭分为粉末活性炭 (PAC) 及粒状活性炭

(GAC)。

吸附法虽然可快速清除水体中的有毒有机污染物，但该方法还面临着诸多问题，如吸附材料多为颗粒状或者粉末状，直接投放于污染水域存在不易回收的问题，污染物无法从根本上去除。因此，吸附材料一般要被固定在编织网袋中，但是固定的方法使得吸附材料紧密堆积，使得吸附材料与水体接触的比表面积减小，降低了其去污效能，另外该种方式会阻碍水体的流动。

(2) 氧化分解法 高锰酸钾、臭氧等氧化剂将水中有机污染物氧化去除。然而，氧化分解法向水体中投加化学药剂，容易造成水体二次污染，且残留的化学药剂需要进行后处理，使得该方法工艺复杂、操作繁琐，因此其用于自然水体污染的应急处理还有待于进一步研究。

9.2.5 应急处理方法的确定

城市给水厂的常规处理工艺对硝基苯基本无去除作用，混凝沉淀对硝基苯的去除率在2%～5%，增大混凝剂的投加量对硝基苯的去除无改善作用。硝基苯的化学稳定性强，水处理常用的氧化剂，如高锰酸钾、臭氧等不能将其氧化。硝基苯的生物分解速度较慢，特别是在当时的低温条件下。但是，硝基苯容易被活性炭吸附，采用活性炭吸附是城市供水应对硝基苯污染的首选应急处理方法。

粉末活性炭的优点是使用灵活方便，可根据水质情况改变活性炭的投加量，在应对突发污染时可以采用大的投加量。不足之处是在混凝沉淀中粉末活性炭的去除效果较差，使用粉末活性炭时水厂后续滤池的过滤周期将会缩短。对于采用粉末活性炭应急处理的水厂，必须采取强化混凝的措施，如适当增加混凝剂的投加量和采用助凝剂等。此外，已吸附有污染物的废弃炭将随水厂沉淀池污泥排出，对水厂污泥必须妥善处置，防止发生二次污染。

粉末活性炭的市场价格为每吨3000～4000元如按每吨4000元计，10mg/L粉末活性炭投加量的药剂成本为每立方米0.04元。对于应急处理，此成本是完全可以接受的。

在本次松花江水污染事件之后，沿江城市供水企业迅速采取应急措施，初步确定了增加粒状活性炭过滤吸附的水厂改造应对方案，并紧急组织实施。该方案要求对现有水厂中的砂滤池进行应急改造，挖出部分砂滤料，新增粒状活性炭滤层。为了保持滤池去除浊度的过滤功能，要求滤池中剩余砂层厚度不小于0.4m，受滤池现有结构限制，新增的粒状活性炭层的厚度为0.4～0.5m。当时哈尔滨市紧急调入大量粒状活性炭，从24日起在制水三厂和绍和水厂突击进行炭砂滤池改造，至26日基本完成，实际共使用粒状活性炭800余吨。

11月23日当晚建设部组成专家组，当晚赶赴哈尔滨市，协助当地工作。建设部专家组到达后，根据哈尔滨市取水口与净水厂的布局情况，提出了在取水口处投加粉末活性炭的措施。

(1) 方案组织 哈尔滨市供排水集团的各净水厂（制水三厂、绍和水厂、制水四厂）以松花江为水源，取水口集中设置（制水二厂、制水一厂），从取水口到各净水厂有约6km的输水管道，原水在输水管道中的流经时间1～2h，可以满足粉末活性炭对吸附时间的要求。经过紧急试验，确定了应对水源水硝基苯超标数倍条件下粉末活性炭的投加量为40mg/L，吸附后硝基苯浓度满足水质标准，并留有充分的安全余量。11月24日中午形成了实施方案。

(2) 方案计划 ①11 月 25 日在取水口处紧急建立粉末活性炭的投加设施和继续进行投加参数试验。②11 月 26 日起率先在哈尔滨制水四厂进行生产性验证运行。③11 月 27 日按时全面恢复城市供水。由此，在松花江水污染事件城市供水应急处理中，形成了由粉末活性炭和粒状活性炭构成双重安全屏障的应急处理工艺，并在实际应用中取得了成功。

哈尔滨市制水四厂的净水设施分为两个系统，应急净水工艺生产性验证运行在其中的 87 系统进行，处理规模为每天 $30000m^3$，净水工艺为：网格絮凝池→斜管沉淀池→无阀滤池→清水池。

确定活性炭吸附为主要方法之后，总结松花江水污染事件城市供水应急处理效果和后续的深入试验研究成果，继而在水厂进行试验性处理，推广大面积处理，把应对硝基苯污染的安全屏障前移，便成了应急处理能否取得成功的关键。具体事故处理流程如图 9-6 所示。

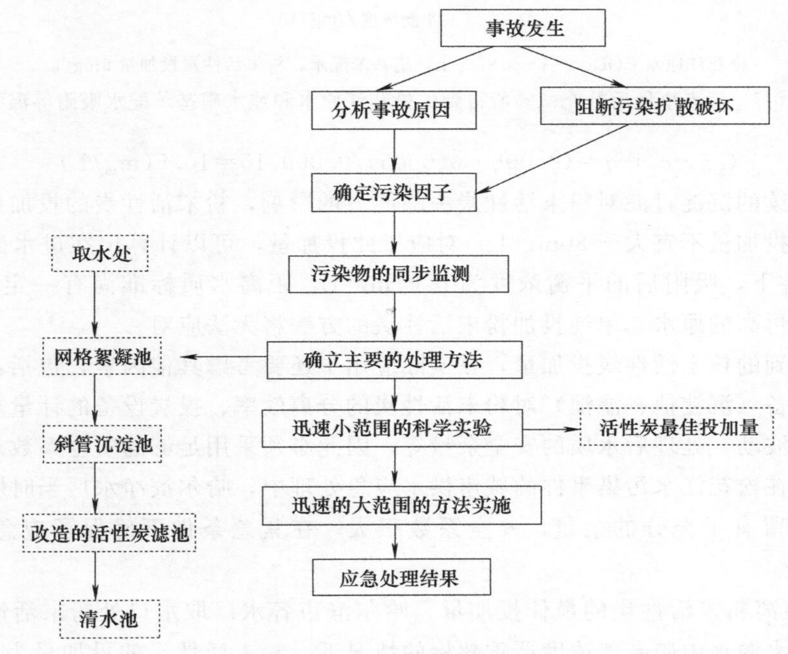

图 9-6 事故处理流程

为确定不同距离的水源和达到处理要求的活性炭最佳投加量，专家组进行了两类活性炭投加试验，具体如下。

① 不同处理要求粉末活性炭的最佳投加量 应急事故中粉末活性炭的投加量可以用烧杯试验确定。试验用水样应采用实际河水再配上目标污染物进行，由于水源水中含有多种有机物质，存在相互间的竞争吸附现象，对实际水样所需的粉末活性炭投加量要大于纯水配水所得的试验结果。根据所得吸附等温线公式数据，可以计算出各种去除要求下粉末活性炭的理论用量。

例如，对于水源水硝基苯浓度 0.008mg/L，要求吸附后硝基苯浓度基本低于检出限（<0.0005mg/L），计算粉末活性炭投加量。如图 9-7 所示，对试验得到的吸附等温线 $q=0.3994c^{0.8322}$（q 为吸附容量，mg/mg；c 为硝基苯浓度，mg/L），代入平衡浓度条件，得到与硝基苯浓度 0.0005mg/L，对应的吸附容量为：$q=0.3994\times0.0005^{0.8322}=0.000715$（mg/mg），所需的粉末活性炭投加量为：

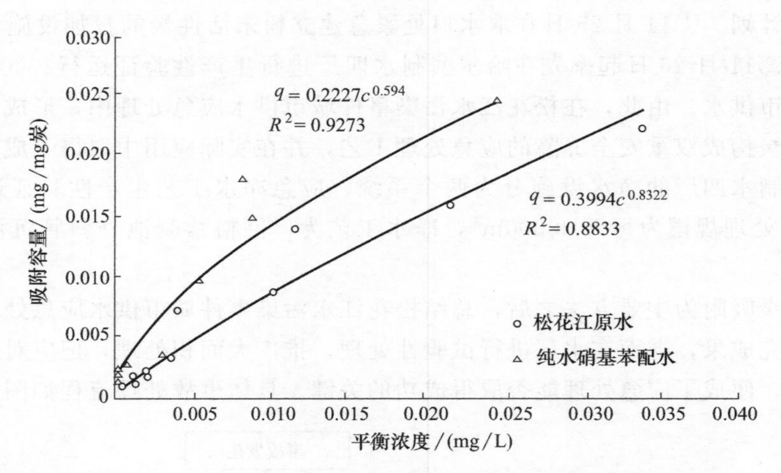

松花江原水 COD_{Mn}＝4～5.8mg/L，硝基苯配水，粉末活性炭投加量 5mg/L

图 9-7 污染事件后补充试验所得到的松花江原水和纯水硝基苯配水吸附等温线

$$(c_0-c_e)/q=(0.008-0.0005)/0.000715=10.5(\mathrm{mg/L})$$

由于受后续的沉淀过滤对粉末活性炭去除能力的影响，粉末活性炭的投加量也不能无限大，实际最大投加量不宜大于 80mg/L。对应于此投加量，可以计算出在进水硝基苯浓度超标 40 倍的条件下，吸附后的平衡浓度为 0.01mg/L，距离水质标准尚有一定的安全余量。对于超标倍数再高的原水，单纯投加粉末活性炭的方法将无法应对。

对试验得到的粉末活性炭投加量，在实际应用中还要考虑其他因素，包括：吸附时间长短、水处理设备（沉淀池、滤池）对粉末活性炭的分离效率、投炭设备的计量与运行的稳定性、水源水质波动、处理后水质的安全余量等，因此必须采用足够的安全系数。根据后期补充试验结果，在松花江水污染事件的城市供水应急处理中，哈尔滨净水厂当时所采用的粉末活性炭投加量留有了充分的余量，安全系数很大，在紧急条件下确保了应急处理的成功运行。

② 不同距离粉末活性炭的最佳投加量　哈尔滨市各水厂取水口处粉末活性炭的投加量情况如下：在水源水中硝基苯浓度严重超标的情况下，粉末活性炭的投加量为 40mg/L（11 月 26 日 12 时～27 日 11 时）；在少量超标和基本达标的条件下，粉末活性炭的投加量降为 20mg/L（约一周后）；在污染事件过后，为防止后续水中可能存在的少量污染物（来自底泥和冰中），确保供水水质安全，粉末活性炭的投加量保持在 5～7mg/L（其中，制水三厂和绍和水厂因厂内已改造有炭砂滤池，取水口处粉末活性炭投加量为 5mg/L；制水四厂因未做炭砂滤池改造，取水口处粉末活性炭投加量为 7mg/L）。

粉末活性炭吸附需要一定的时间，吸附过程可分为快速吸附、基本平衡和完全平衡三个阶段。粉末活性炭对硝基苯吸附过程的试验表明，快速吸附阶段大约需要 30min，可以达到 70％～80％的吸附容量，2h 可以基本达到吸附平衡，达到最大吸附容量的 95％以上；再继续延长吸附时间，吸附容量的增加很少。在松花江水污染事件之后所进行的补充试验中，详细测定了粉末活性炭的吸附速度，试验结果见图 9-8。

因此，对于取水口与净水厂有一定距离的水厂，粉末活性炭应在取水口处提前投加，利用从取水口到净水厂的管道输送时间完成吸附过程，在水源水到达净水厂前实现对污染物的主要去除。

对于取水口与净水厂距离很近，只能在水厂内混凝前投加粉末活性炭的情况而言，由于吸附时间短，并且与混凝剂形成矾花絮体影响了粉末活性炭与水中污染物的接触，造成粉末活性炭的吸附能力发挥不足，因此在净水厂内投加时必须加大粉末活性炭的投加量。

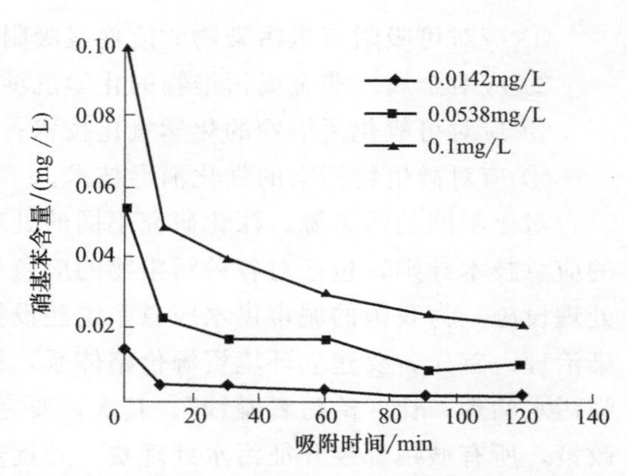

图 9-8　粉末活性炭对硝基苯的吸附速度试验

(3) **方案结果**　11 月 26 日 12 时，在水源水硝基苯尚超标 5.3 倍的条件下，应急净水工艺生产性验证运行开始启动。经过按处理流程的逐级分步调试（在前面的处理构筑物出水稳定达标之后，水再进入下一构筑物，以防止构筑物被污染）。从 26 日 22 时起，87 系统进入了全流程满负荷运行阶段。

27 日凌晨 2 时由当地卫生监测部门对水厂滤后水取样进行水质全面检验，早 8 时得出检测结果，所有检测项目都达到《生活饮用水水质标准》。

其中硝基苯的情况是：在水源水硝基苯浓度尚超标 2.61 倍的情况下（0.061mg/L），在取水口处投加粉末活性炭 40mg/L，经过 5.3km 原水输水管道，到哈尔滨市制水四厂进水处的硝基苯浓度已降至 0.0034mg/L，再经水厂内混凝沉淀过滤的常规处理，滤池出水硝基苯浓度降至 0.00081mg/L。27 日早 4 时以后，制水四厂进厂水中硝基苯已基本上检测不出。

经市政府批准，哈尔滨市制水四厂于 27 日 11 时 30 分恢复向市政管网供水。根据制水四厂的运行经验，哈尔滨市的其他净水厂（哈尔滨市制水四厂另一系统、制水三厂和绍和水厂）也采取了相同措施，于 27 日中午开始恢复生产，晚上陆续恢复供水。

9.2.6　结论

9.2.6.1　行动措施改进

① 加强河流的监控是及时掌握突发性污染的必要手段，污染事件发现于对河流的常规监控当中，依赖环境监测站对交界断面的长期监控，从而能在事件发生的第一时间掌握情况，并报告上级环保部门，所以建立完整的监测网络，并拥有应急渠道可以充分提高处理效率。

② 借鉴同类型污染事件的处理方法是有效处理事件的捷径，在启动应急预案的同时，迅速制订了具体应对事件的工作方案，在环境监测、污染源排查、情况上报等方面作出明确规定，严格实施。因此，环保部门应及时整理总结各类型突发性环境污染事故的处置办法，如非法排污等案例，以便在应对同类型污染时能够借鉴，这样既能做到工作扎实、程序规范，也能达到事半功倍的效果。

③ 环保部门严格按职责处理是解决跨境污染事件的关键。

9.2.6.2　技术改进

本案例中的技术方案是值得肯定的，在对症下药确立主要方法之后，果断地从小到大进行技术推广，在短短四天内就恢复了城市供水。

在认真总结松花江城市供水应急处理技术的基础上，我们可以把有关应急处理技术分为以下四类。

① 应对可吸附有机污染物的活性炭吸附技术；

② 应对金属、非金属污染物的化学沉淀技术；

③ 应对可氧化污染物的化学氧化技术；

④ 应对微生物污染的强化消毒技术。

对于不同的污染源，深化研究不同的处理方法，并形成系统的体系加以运用，编写相应的应急技术导则，包括对各种污染物的应急处理技术和基本控制参数，以及所需的主要应急处理设施，为我国的城市供水应急系统建设提供支持。加入市场机制，以经济手段推动水污染治理。首先，要建立环境资源价格体系，推行排污权有偿交易，运用价格杠杆激励企业加强污水治理，让“治污者赚钱”。其次，要完善污水处理付费制度，积极落实污水处理收费政策，所有城镇都要开征污水处理费，并逐步提高收费标准。再次，要吸引社会资金投入污水处理厂和管网建设，提高城市污水处理的技术水平。

增强应对突发事件的敏锐性和责任感。各地要制订并完善环境应急预案，健全环境应急指挥系统，配备应急装备和监测仪器；一旦发现苗头性问题，要尽快研究解决问题的方案和对策措施；事故发生后，应保持沉着冷静，及时科学决策，并立即启动应急预案，最大限度地减轻事故造成的环境危害。

加强防范污染事故的宣传工作。加强对各级政府的宣传，提高政府应对能力；加强对重点污染企业的技术指导和培训，提高企业防范和处置污染事件的能力；对污染源周围居民进行有针对性的科普宣传，增强群众自我防护、自救互救意识，减轻事故危害；加强对环保部门的培训，使其了解和掌握应对重大污染事故的要求，增强危机感和应对意识；及时公开信息，做好社会舆论的引导。

及时做好重特大环境污染事件的报告工作。发生重特大污染事件后，当地环保部门必须按照规定程序，及时、如实向环保部报告污染状况，绝不能隐瞒真实情况，更不能拖延不报，延误处理事故时机；要建立信息报送责任制，对不及时报送情况或隐瞒信息不报的，环保部一定要会同有关部门追究单位负责人的责任，绝不手软；加强环境监测，严密监控环境质量变化情况，随时报送准确信息及调查处理的进展情况，对存在问题及时采取措施。

9.3 案例3 黄岛油库特大火灾事故

1989年8月12日9时55分，石油天然气总公司管道局胜利输油公司黄岛油库老罐区，2.3万立方米原油储量的5号混凝土油罐爆炸起火（图9-9），大火前后共燃烧104h，烧掉原油4万多立方米，占地250亩（1亩＝667m²）的老罐区和生产区的设施全部烧毁，这起事故造成直接经济损失3540万元。在灭火抢险中，10辆消防车被烧毁，19人牺牲，100多人受伤。其中公安消防人员牺牲14人，负伤85人。直接经济损失3540万元人民币。

图9-9 黄岛油库特大火灾事故现场

9.3.1 基本情况

黄岛油库区始建于 1973 年，胜利油田开采出的原油经东（营）黄（岛）长管输线输送到黄岛油库后，由青岛港务局油码头装船运往各地。黄岛油库原油储存能力 76 万立方米，成品油储存能力约 6 万立方米，是我国三大海港输油专用码头之一。

9.3.2 事故经过

1989 年 8 月 12 日上午 9 时起，黄岛地区下起雷暴雨，9 时 55 分，正在进行作业的黄岛油库 2.3 万立方米原油储量的 5 号储油罐突然遭到雷击发生爆炸起火，形成了约 $3500m^2$ 的火场。10 时 15 分，青岛市的消防机构，立即调派距火场较近的黄岛开发区、胶州市和胶南县消防队和设备赶往灭火，并从青岛市区派遣了 8 个消防中队的 10 辆消防车从海路赶往；10 时 40 分，市区的消防力量到达。14 时 35 分，青岛地区西北风，风力增至 4 级以上，几百米高的火焰向东南方向倾斜。燃烧了 4 个多小时，5 号罐里的原油随着轻油馏分的蒸发燃烧，形成速度大约每小时 1.5m、温度为 150～300℃的热波向油层下部传递。当热波传至油罐底部的水层时，罐底部的积水、原油中的乳化水以及灭火时泡沫中的水汽化，使原油猛烈沸溢，喷向空中，撒落四周地面。5 号罐的火势急剧变得猛烈，并呈现耀眼的白色火光，消防指挥人员赶立即下令撤退，14 时 36 分 36 秒，和 5 号罐相邻的 4 号罐也突然发生了爆炸，3000 多平方米的水泥罐顶被掀开，原油夹杂火焰、浓烟冲出的高度达到几十米。从 4 号罐顶混凝土碎块，将相邻 1 号、2 号和 3 号金属油罐顶部震裂，造成油气外漏。约 1min 后，5 号罐喷溅的油火又先后点燃了 1 号、2 号和 3 号油罐的外漏油气，引起爆燃，黄岛油库的老罐区均发生火情。救火现场撤退不及，扑救人员伤亡惨重，三名消防员在救火中死亡。

下午 3 时左右，喷溅的油火点燃了位于东甫方向相距 5 号油罐 37 米处的另一座相同结构的 4 号油罐顶部的泄漏油气层，引起爆炸。炸飞的 4 号罐顶混凝土碎块将相邻 30m 处的 1 号、2 号和 3 号金属油罐顶部震裂，造成油气外漏。约 1min 后，5 号罐喷溅的油火又先后点燃了 3 号、2 号和 1 号油罐的外漏油气，引起爆燃，整个老罐区陷入一片火海。失控的外溢原油像火山喷发出的岩浆，在地面上四处流淌。大火分成三股，一部分油火翻过 5 号罐北侧 1m 高的矮墙，进入储油规模为 30 万立方米全套引进日本工艺装备的新罐区的 1 号、2 号、6 号浮顶式金属罐的四周。烈焰和浓烟烧黑 3 罐壁，其中 2 号罐壁隔热钢板很快被烧红。另一部分油火沿着地下管沟流淌，汇同输油管网外溢原油形成地下火网。还有一部分油火向北，从生产区的消防泵房一直烧到车库、化验室和锅炉房，向东从变电站一直引烧到装船泵房、计量站、加热炉。火海席卷着整个生产区，东路、北路的两路油火汇合成一路，烧过油库 1 号大门，沿着新港公路向位于低处的黄岛油港烧去。大火殃及青岛化工进出口黄岛分公司、航务二公司四处、黄岛商检局、管道局仓库和建港指挥部仓库等单位。18 时左右，部分外溢原油沿着地面管沟、低洼路面流入胶州湾。大约 600t 油水在胶州湾海面形成几条十几海里长，几百米宽的污染带，造成胶州湾有史以来最严重的海洋污染。

9.3.3 抢险救灾

青岛市全力投入灭火战斗，党政军民一万余人全力以赴抢险救灾，山东省各地市、胜利油田、齐鲁石化公司的公安消防部门，青岛市公安消防支队及部分企业消防队，共出动消防干警 1000 多人，消防车 147 辆。黄岛区组织了几千人的抢救突击队，出动各种船只 10 艘。

在国务院的统一组织下，全国各地紧急调运了153t泡沫灭火液及干粉。北海舰队也派出消防救生船和水上飞机、直升机参与灭火，抢运伤员。

经过5天5夜浴血奋战，13日11时火势得到控制，14日19时大火扑灭，16日18时油区内的残火、地沟暗火全部熄灭，黄岛灭火取得了决定性的胜利。

9.3.4 事故原因及分析

黄岛油库特大火灾事故的直接原因：是由于非金属油罐本身存在的缺陷，遭受对地雷击产生感应火花而引爆油气。

事故发生后，4号、5号两座半地下混凝土石壁油罐烧塌，1号、2号、3号拱顶金属油罐烧塌，给现场勘察、分析事故原因带来很大困难。在排除人为破坏、明火作业、静电引爆等因素和实测避雷针接地良好的基础上。根据当时的气象情况和有关人员的证词（当时，青岛地区为雷雨天气），经过深入调查和科学论证，事故原因的焦点集中在雷击的形式上。混凝土油罐遭受雷击引爆的形式主要有六种：一是球雷雷击；二是直击避雷针感应电压产生火花；三是雷电直接燃爆油气；四是空中雷放电引起感应电压产生火花；五是绕击雷直击；六是罐区周围对地雷击感应电压产生火花。

经过对以上雷击形式的勘察取证、综合分析，5号油罐爆炸起火的原因，排除了前四种雷击形式；第五种雷击形成可能性极小，理由是：绕击雷绕击率在平地是0.4%，山地是1%，概率很小；绕击雷的特征是小雷绕去，避雷针越高绕击的可能性越大。当时青岛地区的雷电强度属中等强度，5号罐的避雷针高度为30m，属较低的，故绕击的可能性不大；经现场发掘和清查，罐体上未找到雷击痕迹。因此绕击雷也可以排除。

事故原因极大可能是由于该库区遭受对地雷击产生感应火花而引爆油气。根据是：①8月12日9时55分左右，有6人从不同地点目击，5号油罐起火前，在该区域有对地雷击。②中国科学院空间中心测得，当时该地区曾有过二三次落地雷，最大一次电流104A。③5号油罐的罐体结构及罐顶设施随着使用年限的延长，预制板裂缝和保护层脱落，使钢筋外露。罐顶部防感应雷屏蔽网连接处均用铁卡压固。油品取样孔采用九层铁丝网覆盖。5号罐体中钢筋及金属部件的电气连接不可靠的地方颇多，均有因感应电压而产生火花放电的可能性。④根据电气原理，50～60m以外的天空或地面雷感应，可使电气设施100～200mm的间隙放电。从5号油罐的金属间隙看，在周围几百米内有对地的雷击时，只要有几百伏的感应电压就可以产生火花放电。⑤5号油罐自8月12日凌晨2时起到9时55分起火时，一直在进油，共输入1.5万立方米原油。与此同时，必然向罐顶周围排放同等体积的油气，使罐外顶部形成一层达到爆炸极限范围的油气层。此外，根据油气分层原理，罐内大部分空间的油气虽处于爆炸上限，但由于油气分布不均匀，通气孔及罐体裂缝处的油气浓度较低，仍处于爆炸极限范围。

除上述直接原因之外，要从更深层次分析事故原因，吸取事故教训，防患于未然。

① 黄岛油库区储油规模过大，生产布局不合理。黄岛面积仅5.33km^2，却有黄岛油库和青岛港务局油港两家油库区分布在不到1.5km^{2}的坡地上。早在1975年就形成了34.1万立方米的储油规模。但1983年以来，国家有关部门先后下达指标和投资，使黄岛储油规模达到出事前的76万立方米，从而形成油库区相连、罐群密集的布局。黄岛油库老罐区5座油罐建在半山坡上，输油生产区建在近邻的山脚下。这种设计只考虑利用自然高度差输油节省电力，而忽视了消防安全要求，影响对油罐的观察巡视。而且一旦发生爆炸火灾，首先殃

及生产区，必遭灭顶之灾。这不仅给黄岛油库区的自身安全留下长期隐患，还对胶州湾的安全构成了永久性的威胁。

② 混凝土油罐先天不足，固有缺陷不易整改。黄岛油库4号、5号混凝土油罐始建于1973年。这种混凝土油罐内部钢筋错综复杂，透光孔、油气呼吸孔、消防管线等金属部件布满罐顶。在使用一定年限以后，混凝土保护层脱落，钢筋外露，在钢筋的捆绑处，间断处易受雷电感应，极易产生放电火花；如遇周围油气在爆炸极限内，则会引起爆炸。混凝土油罐体极不严密，随着使用年限的延长，罐顶预制拱板产生裂缝，形成纵横交错的油气外泄孔隙。混凝土油罐多为常压油罐，罐顶因受承压能力的限制，需设通气孔泄压，通气孔直通大气，在罐顶周围经常散发油气，形成油气层，是一种潜在的危险因素。

③ 混凝土油罐只重储油功能，大多数因陋就简，忽视消防安全和防雷避雷设计，安全系数低，极易遭雷击。1985年7月15日，黄岛油库4号混凝土油罐遭雷击起火后，为了吸取教训，分别在4号、5号混凝土油罐四周各架了4座30m高的避雷针，罐顶部装设了防感应雷屏蔽网，因油罐正处在使用状态，网格连接处无法进行焊接，均用铁卡压接。这次勘察发现，大多数压固点锈蚀严重。经测量一个大火烧过的压固点，电阻值高达1.56Ω，远远大于0.03Ω规定值。

④ 消防设计错误，设施落后，力量不足，管理工作跟不上。黄岛油库是消防重点保卫单位，实施了以油罐上装设固定式消防设施为主，两辆泡沫消防车、一辆水罐车为辅的消防备战体系。5号混凝土油罐的消防系统，为一台每小时流量900t、压力8kg的泡沫泵和装在罐顶上的4排共计20个泡沫自动发生器。这次事故发生时，油库消防队冲到罐边，用了不到10min，刚刚爆燃的原油火势不大，淡蓝色的火焰在油面上跳跃，这是及时组织灭火施救的好时机。然而装设在罐顶上的消防设施因平时检查维护困难，不能定期做性能喷射试验，事到临头时不能使用。油库自身的泡沫消防车救急不救火，开上去的一辆泡沫消防车面对不太大的火势，也是杯水车薪，无济于事。库区油罐间的消防通道是路面狭窄、坎坷不平的山坡道，且为无环形道路，消防车没有掉头回旋余地，阻碍了集中优势使用消防车抢险灭火的可能性。油库原有35名消防队员，其中24人为农民临时合同工，由于缺乏必要的培训，技术素质差，在7月12日有12人自行离库返乡，致使油库消防人员严重缺编。

⑤ 油库安全生产管理存在不少漏洞。自1975年以来，该库已发生雷击、跑油、着火事故多起，幸亏发现及时，才未酿成严重后果。原石油部1988年3月5日发布了《石油与天然气钻井、开发、储运防火防爆安全生产管理规定》。这次事故发生前的几小时雷雨期间，油库一直在输油，外泄的油气加剧了雷击起火的危险性。油库1号、2号、3号金属油罐设计时，是5000m^3，而在施工阶段，竟在原设计罐址上改建成1万立方米的罐。这样，实际罐间距只有11.3m，远远小于安全防火规定间距33m。青岛市公安局十几年来曾4次下达火险隐患通知书，要求限期整改，停用中间的2号罐。但直到这次事故发生时，始终没有停用2号罐。此外，对职工要求不严格，工人劳动纪律松弛，违纪现象时有发生。8月12日上午雷雨时，值班消防人员无人在岗位上巡查。事故发生时，自救能力差，配合协助公安消防灭火不得力。

9.3.5 吸取事故教训，采取防范措施

对于这场特大火灾事故，应从以下几方面采取措施。

① 各类油品企业及其上级部门必须认真贯彻“安全第一、预防为主”的方针，各级领

导在指导思想上、工作安排上和资金使用上要把防雷、防爆、防火工作放在头等重要位置，要建立健全针对性强、防范措施可行、确实解决问题的规章制度。

② 对油品储运建设工程项目进行决策时，应当对包括社会环境、安全消防在内的各种因素进行全面论证和评价，要坚决实行安全、卫生设施与主体工程同时设计、同时施工，同时投产的制度。切不可只顾生产，不要安全。

③ 充实和完善《石油设计规范》和《石油天然气钻井、开发、储运防火防爆安全生产管理规定》，严格保证工程质量，把隐患消灭在投产之前。

④ 逐步淘汰非金属油罐，今后不再建造此类油罐。对尚在使用的非金属油罐，研究和采取较可靠的防范措施。提高对感应雷电的屏蔽能力，减少油气泄漏。同时，组织力量对其进行技术鉴定，明确规定大修周期和报废年限，划分危险等级，分期分批停用报废。

⑤ 研究改进现有油库区防雷、防火、防地震、防污染系统；采用新技术、高技术，建立自动检测报警联防网络，提高油库自防自救能力。

9.4 案例4 广西南宁H公司“9·14”甲醛贮罐泄漏污染事件

9.4.1 案例背景

2007年9月14日10时，南宁市H建材有限公司（以下简称H公司）将10.9t工业甲醛运至该公司租用地存放（该租用地位于南宁市西津村五组，属于未经批准、没有安全防护措施的化学品贮存违规用地），当甲醛卸到贮存罐后，由于地基下陷，引起贮存罐体倾倒并导致阀门破裂，发生甲醛泄漏。事故发生后，现场及周边区域空气受到污染，该公司未向政府有关部门报告，在没有设置围堰的情况下，擅自用水冲洗、稀释现场，将含甲醛废水直接排放到南宁市内河心圩江上游，引发该河水体污染。

接到报告后，国家环保总局立即指派应急调查中心、华南督查中心赶赴现场，指导地方做好污染防控工作，采取有效措施确保群众饮水安全。在国家应急专家组的指导下，经过自治区环保局以及南宁市政府的奋力抢险、科学处置，至2007年9月23日，污染处置工作全面完成，彻底消除了对下游邕江饮用水源的威胁，避免了一起重特大环境污染事故的发生。

图9-10 应急处置现场

9.4.2 应急处置

启动应急预案事故发生后，南宁市政府立即启动突发环境事件应急预案，组织市消防、安监、环保以及西乡塘区政府第一时间赶到现场，全力组织处置。已排入心圩江上游的甲醛（图9-10）。同时，成立了南宁市“9·14”甲醛泄漏应急处置现场指挥部，由市政府副秘书长任指挥长，指挥部下设现场协调组、环境监测组、截流排污组、事故调查组、外围防控组和后勤保障组六个工作小组，负责开展现场应急处置工作。

开展现场处置。针对事故现场倒塌贮罐中尚残留少量的甲醛并继续渗漏的情况，现场指挥部制定了事故现场处置方案：立即疏散周边群众，设立安全警戒范围；调用木糠覆盖贮罐渗漏点以吸附贮罐尚在渗漏的少量甲醛，控制泄漏甲醛液体继续扩散，吸附后的木糠密封装运送焚烧厂焚烧处理；同时用塑料薄膜封堵贮罐阀门，控制甲醛挥发对空气的污染；并调贮罐车抽运贮罐中残留甲醛。经采取上述措施，当天18时左右事故现场警戒范围缩小到厂区周边10m的范围。事故发生地周围群众的正常生活秩序得到及时恢复。

国家工作组现场指挥：2007年9月15日，应急调查中心领导赶到现场指导处置工作，本着确保饮用水安全的目标，就污染防控工作进行进一步部署，包括以下七个方面的内容：一是南宁市政府领导现场组织协调指挥，要求相关部门"一把手"参加现场指挥部；二是增加监测力量，自治区环境监测站抽调人员，进一步加强沿江水质监测；三是在原有监测点位基础上，在其余两道拦截坝上增设监测点位；四是加大现场处置力度，增选两个挥发池，抽调28台抽水机，将污染水体抽入挥发池挥发，并预备4台曝气机，加快甲醛挥发处置；五是加大分流力度，对上游各支流来水进行进一步分流，并关闭上游各水库闸坝；六是进一步加强沿线警戒，禁止打捞死鱼，确保人畜安全；七是建议当地政府及时准确发布信息，正确引导舆论，保证社会稳定。

开展应急监测：针对泄漏甲醛已造成心圩江水体污染的实际情况，现场指挥部立即组织实施心圩江水质应急监测，沿心圩江跟踪排查监控污染带，控制水污染向下游蔓延，确保邕江饮用水一级保护水域安全。主要措施包括：一是立即在事故发生点入心圩江口附近、心圩江至入邕江口的15km河段的中间、入邕江口处布点监测监控；二是派出机动监测监控小组连夜对事故发生点入心圩江口到入邕江口15km的河段，沿途排查追踪污染带的流向、流速，并根据污染带的流向、流速情况，沿江选择宽大的河道地势实施对污染带进行筑坝拦截；三是对心圩江入邕江口加密监测监控，定性分析频率为每半小时1次，定量监测分析频率为每小时1次。同时，由南宁绿城水务集团对心圩江入邕江口处下游的邕江自来水厂取水点水质加密监测监控。

拦截污染带，控制水污染的蔓延（图9-11）：从上游开始对心圩江沿途跟踪排查、监测、监控污染带到达的位置，14日23时30分监控发现污染带已经到达江汉一桥水域。心圩江江汉一桥至二桥段，由于心圩江河道扩宽改造，河床宽大，距入邕江口8km左右。为控制水污染的蔓延，指挥部果断决定在该段筑坝拦截污染带，严防污染带大规模向下游移动，确保邕江饮用水一级保护水域安全。西乡塘区政府负责组织人力物力，在江汉二桥下游30m处筑坝拦截污染带；15日凌晨3时30分拦截完成后，又在第一道坝的下游加筑三道拦截坝形成缓冲池。市水利局负责关闭心圩江入邕江口泵站闸门，防止污染水进入邕江。市政局调集抽水机将部分污染水抽到小塘进行挥发处理。同时，西乡塘区政府、高新区管委会组织人员进行宣传，告知心圩江沿线的群众近期内

图9-11 事故现场筑坝截污

不要取用该段水源浇灌农作物和用作牲畜饮水，不要在该段水域捕鱼、拾鱼，以确保人民群众生命财产安全。由于措施得当，污染带被拦截在心圩江上游。

污染带处置，全面消除隐患：筑坝拦截污染带后，现场指挥部立即组织专家研究制订了坝内污染水体处置的技术方案，并依此进行全面处置。9月15日上午，自治区环保局领导及相关专家到达江汉桥，现场成立了以自治区环境监察总队长为组长的污水处理技术专家组，专家组即时进行技术会商以研究制定处置甲醛污染物的技术方案。在事件处理过程中，专家组电话咨询国家环保总局专家，根据国家环保总局专家意见制订了利用双氧水强氧化剂氧化水中甲醛的化学处理技术方案，并依此方案先后向污染水体投放了18t双氧水。随后专家组又根据现场实际情况，研究提出了采用活性污泥曝气降解等后续治理的技术方案。

应急专家组提出科学处置建议：9月16日17时，国家化学品应急专家从北京飞抵南宁。17日上午，应急中心现场再次召开处置工作会，应急专家、南宁市应急处置现场指挥部成员和专家组成员参加了会议。会议进一步研究了处置技术方案，并提出可采用增加曝气机曝气、清水稀释等多种办法加快处置进度。现场指挥部根据专家意见和会议要求，及时采取以下措施处理污水。

对心圩江污染河段截污堤坝进行加高、加宽、加固，防止污染水从拦坝内溢流，并在上游增设第五道拦河坝以阻截上游来水，保证对污染水体的封闭处理。立即组织人力、物力从拦坝区内抽出高浓度甲醛污水到旁边的三个水塘内进行处理，同时降低拦坝区内的水位，以防发生垮坝。在拦截坝区旁临时挖掘建设一个容量为5000m^{3}的生化处理氧化池，采用活性污泥和曝气降解拦坝区内的高浓度甲醛污水。调集曝气机，对拦截坝区内污染水体进行曝气。调购双氧水强氧化剂处理下游三个拦坝区内少量的污水，处理达标后沿原河道排放。预备双氧水强氧化剂备用，当入邕江水口处水质异常超标时，用双氧水强氧化剂氧化降解甲醛污染物，确保入邕江的水质达标。在1号坝下游45m处再筑拦截坝，作为用双氧水强氧化剂氧化的化学处理池或作为进一步稀释后达标排放的缓冲池。接通自来水管，用自来水对污水进行部分稀释。

进一步加强监测：对邕江各自来水厂取水点进行跟踪监测，同时监控监测拦坝区内水中甲醛浓度的变化，对心圩江入邕江口处进行密切监测监控，及时掌握监测点位的数据并每天上报国家环保总局。制订靠近心圩江的自来水厂应对突发情况的应急预案。

措施有力，污染得到及时控制：通过采取以上措施，拦坝区内约10万立方米污水甲醛浓度从18日开始逐渐下降，至19日中午12时，污水中甲醛浓度已低于《地表水环境质量标准》(GB 3838—2002) 中“集中式生活饮用水地表水源地特定项目标准限值”0.9mg/L的标准，达到了安全排放的条件。21日11时，经现场指挥部研究，决定开坝排水。23日，处置工作完成，全面消除了对邕江饮用水水源的污染隐患。

依法追究责任企业和事故当事人的责任：事故发生后，市政府立即成立事故调查组，严格依照有关法律法规，开展对H公司的查处及事故调查取证工作，对违反安全生产规定的责任企业和责任人员进行监控。安监、工商部门按照有关法规查封了企业的账户；安监、环保部门责令该企业停产。事发后，该公司副总经理、生产负责人被拘留。

9.4.3 经验启示

各部门全力支持、相互配合是完成事故处置工作的保障。在处置事故过程中，各部门表现出高度的责任感和团结合作精神，按照指挥部的部署各司其职。环保局、建委、市政局、水利局、供电局、安监局、西乡塘区政府和高新区管委会等部门都安排值班人员 24 小时值守，协调人力调动和物资支援现场的处置工作。高新区管委会每天 24 小时有一名副处级干部值班，为处置工作提供物资和后勤保障；西乡塘区发动街道办加强对沿江和各拦坝的巡查，全力做好后勤和安全保卫工作；市政局、建委、绿城水务集团等部门以最快的速度调来各种物资和设备；华劲集团、凤凰纸业股份有限公司按指挥部要求及时调运双氧水，为实施处置方案提供了保障。

上级部门的全力支持为处置工作提供了有效的技术支撑甲醛进入水体后处理难度大，而南宁市监测能力不足，事发当晚自治区环保局领导指示自治区环境监测中心派出人员、带上设备，参加污染带的跟踪监测和处置监测工作。国家环保总局、自治区环保局及时派出专家到现场商定处置方案。自治区环保局局长多次到现场指挥处置工作。

舆论的正确导向消除市民恐慌，确保社会稳定。本次事故发生后，新闻媒体进行了客观报道，特别是对政府组织工作跟踪报道，不但消除了市民恐慌，为确保社会稳定起到很大的作用，而且也为现场指挥部排除外部和社会各界的舆论压力、专心考虑科学的处置方案提供了良好的环境。

筑坝拦截污水果断及时，从在心圩江上游发现甲醛污水到调用工程机械进行现场筑坝拦截只用了 3h 左右的时间，及时将甲醛污水拦截在心圩江上游，拦截地点距邕江尚有约 8km，有效控制了污染扩散，减少了环境损失，也为事件成功处置创造了较好的条件。

教训：需要提高企业环境安全意识。南宁市“9·14”甲醛贮罐泄漏污染事件的起因是 H 公司甲醛泄漏；造成重大环境安全事故主要是该公司违规使用存放场地，缺乏必要的环境安全防范意识，在泄漏发生后擅自用水冲洗稀释现场，并将含甲醛废水排到河流上游，引发水体二次污染。因此，需要加强企业环境安全宣传，明确企业在环境安全保护中的责任，提高企业应对突发事件的能力，从源头上减少环境事故的发生。

9.4.4 事故经验总结

9.4.4.1 应急管理方面

本案属于典型的突发性环境公害事件。近 30 年以来，我国经济快速发展，自然资源消耗的急剧上升和有限的环境容量之间的矛盾日益突出，突发性环境公害事件的发生在所难免，问题的关键在于我们如何利用法制、行政、经济、技术等手段将其发生的频率降到最低。从本案的应急处置来看，与此类似的突发环境事件的应急处置重在两方面：一是突发事件的预防；二是突发事件的应急处置。

当突发事件发生时，应对措施的效果体现在“急”上，急也就是“迅速”。第一，迅速启动突发性环境事件的应急预案。第二，迅速组织突发性环境事件应急预案地实施，这是问题的关键。实施包括根据事件的具体情况科学制订事故现场处置方案，采取各项具体的处置措施等，如本案中迅速采取的拦坝、截污处理，曝气处理等。第三，迅速通报信息，包括迅速报告当地政府及有关部门；迅速通知事件发生地的居民并告之可采取的应对措施。第四，实施应急监测监控，密切注意污染的发展、变化，采取相应措施，防止污染的进一步扩大。

本案告诉我们，对于突发性环境事件，应当重在预防，而不是事件发生后的应急处置。后者的成本要比前者大得多，做好突发性环境事件的预防，关键是要依据各种法律法规，要求企业加强环境安全防范、落实各项环境安全措施，明确企业和负责人在环境安全保护中的责任，提高企业应对突发事件的能力，从而有效地预防突发性环境事件的发生。

9.4.4.2 现场处置技术方面

本案中，企业未批先建，在建设过程中又缺乏相应的安全、环保意识。本来甲醛泄漏后可直接点燃防止其在空气中扩散，危害人体健康。甲醛沸点低，属于小分子有机物，其分子中不含苯环和氯，泄漏后在自然环境中不会引发森林火灾的条件下点燃，很容易完全燃烧生成 CO_2 和水，不会产生二次污染。

由于企业擅自用水冲洗稀释引发了城市内河水污染。甲醛溶于水，筑坝拦截污染带效果不会很好，水利部门关闭事发地上、下游闸门是最好的方法；由于水中甲醛很容易挥发，将污水抽入挥发池曝气，促使甲醛挥发的措施十分得当。在污染带投放 18t 双氧水是利用了原子氧分解甲醛，不会有二次污染。在饮用水源地绝对不能投放漂白粉，虽然漂白粉也能分解甲醛，但未分解的甲醛和其中杂质会生成氯代烃产生二次污染，影响人体健康和饮用水安全。

9.5 案例5 甘肃兰州飞龙化工“9·7”总挥发性有机物泄漏事件

9.5.1 事件背景

2009 年 9 月 7 日上午，位于甘肃省兰州市西固区的兰州飞龙化工有限责任公司工人将 30t 废油装入油罐加温，进行重油脱水分离。到 23 时许，罐体温度高达 140℃，罐体的排水孔向外泄漏刺鼻的气味。由于发生泄漏的反应装置距当地群众住宅小区仅 100m 左右，泄漏出的有害气体对附近的陶瓷批发市场、兰炼一小、兰炼二小产生了影响，周边居民因难以忍受气味而自行撤离，部分群众前往医院就诊。截至 9 月 10 日 15 时，医院累计接诊 729 人，累计留院观察 88 人，其中 73 人已解除留院观察，15 人继续留院观察。当地卫生部门确诊，医院接诊的所有群众均未达到中毒程度，器官、血液等医学指标均在正常范围内。肇事企业被彻底关停，当地群众情绪稳定。

9.5.2 应急处置

泄漏事件发生后，甘肃省、兰州市政府迅速启动应急预案，组织各部门前往现场开展群众救治和事故调查工作。当地采取了六项处理措施，一是把救治人员工作放在事故处理的首要位置，对所有身体不适人员一律实行免费检查，留院观察人员一律进行免费治疗，确保不留后遗症；二是彻底关闭兰州飞龙化工有限责任公司；三是成立事故调查组，彻查事故原因，依法从快从重处理；四是及时掌握群众特别是学生和家长的动态，做好疏导工作，确保社会稳定；五是充实和加强现场指挥部工作，加强后续工作，以防发生其他问题；六是召开新闻发布会，及时向新闻媒体和社会公开信息，通报情况。同时，甘肃省政府要求立即印发紧急通知，在全省范围内开展一次安全生产隐患排查，坚决防止各类生产安全事故发生。

环境保护部派出工作组和专家前往现场，指导当地政府和环保部门做好应急处置和救援工作。9 月 8 日 11 时，肇事企业兰州飞龙化工有限责任公司被彻底关闭，企业负责人被公安机关控制。受此事件影响的兰州石化职业技术学院于 9 月 8 日停课一天后，于 9 月 9 日复课。周围群众生活基本正常。兰州市政府责成兰州市安监局牵头，对事故原因进行彻查。

兰州市政府综合污染源排查和监测结果认定：这起污染事故是无证企业兰州飞龙化工有

限责任公司在重油脱水生产过程中有害气体意外泄漏并扩散造成的，泄漏气体为低毒挥发性有机物。

9.5.3 经验总结

企业应承担环境风险防范的主体责任：兰州飞龙化工有限责任公司没有尽到社会责任，没有办理相关证照，没有履行安全生产及环境风险防范的主体责任，没有让企业周边的民众知道该企业存在哪些有毒有害物质及其危险，应该怎么去防范救护等，造成了严重的后果。目前，我国现行法律对企业事故次生突发环境事件处罚太轻，并且处置和恢复所需的费用很多是由政府买单。建议修改立法，加大对造成突发事件责任单位的处理，肇事者不仅要承担所有的经济责任，还要承担相应的刑事责任。从而迫使企业能够自觉地承担起社会责任，拿出相应的资金用于周围社区的风险防范和应急知识教育、宣传，大力减少对公众健康的影响。

公众积极参与和自我防护：企业周边居民应监督企业的生产行为是否合法，发生事故后为事故处理和生态恢复提供志愿服务，对有损于自身和公众健康的事情寻求法律帮助，轻易不放纵肇事者，主动接受应急培训和教育，积极参加企业及有关部门组织的突发环境事件应急预案的演练。

开展环境安全大检查：为避免此类事件再次发生，保障人民群众生命健康安全和环境权益，环境保护部随即印发了《关于开展全国环境安全大检查的通知》，组织全国各地环保部门开展环境安全大检查，通过全面排查和整治，彻底消除一批重特大环境安全隐患。同时，派出了9个督查组，对各地开展工作情况进行重点督查，确保该项工作取得实效。

9.5.3.1 环境管理方面

许多重大生产安全事故本身并不直接导致环境污染。多数是由于对事故的处理不当或者考虑不周导致污染物外泄产生次生环境污染。因此，我国正在逐步探索，要求存在环境风险的企事业单位制订突发环境事件应急预案，预案中明确要求必须有治理污染的专家和人员参与事故的处理，以便将事故对环境的影响降到最低程度。同时，对于生产安全事故造成的次生环境污染，不仅要对产生生产安全事故的责任人追究责任，还要对事故处理过程中专业人员失职和企业负责人故意或者过失造成事故次生污染物污染环境的行为追究责任。特别应对有能力控制事故次生污染物扩散的责任人的过失或者失职行为加重惩罚。工商管理部门应加强对企业的监管，及时发现无证企业，特别应将化工油品等涉及有毒有害易燃易爆物质的企业作为监管重点。应注意企业建厂位置是否符合环保要求，是否取得了有关部门的批准。另外，事故型污染救治的责任主体首先是企业，事故紧急处理阶段，政府可以垫付相关费用，但最终仍应由污染企业负担，并依法追究企业负责人的相关责任，坚决避免“老板赚钱、群众受害、政府买单”式的恶性循环。

9.5.3.2 现场应急处置方面

本案例是废油加热进行重油脱水分离时发生的泄漏，是无证企业造成的污染事故。由于应急处置措施得当，没有造成重大危害。

废油在我国定为危险废物，应进行严格的管理和处置，脱水的重油毒性更大。从油品性质来看，汽油属于轻油，以挥发性链烃为主，毒性一般，而柴油虽不属于重油，但其中芳烃含量较高，有的多环芳烃高达30%，也就是说油越重，其中含芳烃、多环芳烃越多，而芳烃是高毒物质，多环芳烃是难降解的强致癌物质。重油是以芳烃和多环芳烃为主的油品。

由于事故发生在仅100m左右的居民区，且周边有两所小学，应对厂区及周边土壤进行芳烃类和多环芳烃的监测评价。

9.6 案例6 Z矿业集团Z山金铜矿湿法厂“7·3”含铜酸性溶液泄漏污染事件

9.6.1 事件经过

发生污染事件的Z矿业集团Z山金铜矿湿法厂，一期建设规模为日处理铜矿1万吨、年产99.99%阴极铜1.2万吨；二期为日处理铜矿2万吨、年产铜金属2万吨。采用采、选、冶联合生产工艺，铜矿石经过破碎，送至湿法厂经“生物堆浸-萃取-电积”制得阴极铜。Z矿业集团紫金山金铜矿通过了发展改革、安全监管、环保等部门的各项审批和验收，证照齐全，属于合法企业。发生泄漏的萃取池、防洪池、污水池位于Z山金铜矿一期湿法厂，距离汀江200～500m，与富液池、喷淋池、应急池相邻布置，均为Z山金铜矿自行设计、施工。

2010年7月3日凌晨2时左右，位于Z山金铜矿湿法厂环保车间227号的排洪涵洞，渗漏约36h，渗漏含铜酸性溶液约9100m³；7月16日22时30分，Z山金铜矿湿法厂第二次发生渗漏，渗漏含铜酸性溶液约500m³。两次共渗漏含铜酸性溶液约9600m³，均通过排洪洞流入T江（图9-12）。

图9-12 Z矿业水污染事件造成大量死鱼

9.6.2 应急处置

7月10日晚，环境保护部应急调查中心接到该省环保厅电话报告，称Z矿业集团因事故导致污水污染汀江，造成T江大量鱼类死亡，并且S县南岗水厂、东门水厂已停止从T江取水。按照部长的指示要求，环境保护部即派正在福建省进行总量核查的华东环保督查中心有关人员连夜赶赴现场，并随即派环境保护部应急调查中心负责人于7月11日赶赴现场，指导现场处置工作。

7月16日，接到F省环保厅关于Z山金铜矿湿法厂再次发生泄漏的报告后，环保部部长立即作出批示，要求正在前方工作的环境保护部工作组配合地方全力做好相关工作。前方工作组会同F省环保厅工作人员连夜赶赴现场，指导当地采取措施妥善处置。

7月22日，《人民日报》刊发本次污染事故消息后，环境保护部部长立即批示要求邻省要严加防范，两省要密切配合，确保群众生产生活用水安全，并立即派出工作组现场指导，以防万一。按照批示要求和安排，环境保护部工作组连夜赶到邻省，传达了部领导批示精神，推动两省建立了两省协作机制。

污染事件发生后，F省委书记和省长第一时间作出批示、指示，要求当地党委和政府查明原因、紧急处置，确保群众用水安全，并指派省长助理带领有关部门负责同志和专家两次赶往污染事件现场，指导、督查事件处置工作。F省环保厅迅速启动应急响应机制，派出环境执法和环境监测人员赶赴现场开展应急处置和监测工作。L市、S县党委和政府当即成立了由主要领导同志任组长的事件应急处置领导小组和专门调查组，统筹协调指挥各有关部门和企业开展现场应急处置工作（图 9-13）。

及时有效堵漏截流：污染事件发生后，各级党委和政府立即组织环保、安全监管等部门沿江排查污染源，指导企业封堵污染源、开展现场应急监测，并责令Z山金铜矿湿法厂立即停产，启用临时应急池，减少含铜酸性溶液外排量；投放化学药剂对废水进行中和处理，降低溶液中铜的浓度；筑坝围堵，阻止渗漏含铜酸性溶液流入T江。至7月4日14时30分，污水流入T江情况基本得到控制；7月17日7时，用于“7·3”泄漏污染事件抢险的3号应急中转污水池渗漏问题也基本得以解决。

图 9-13　铜矿湿法厂现场

全力保证群众用水安全：污染事件发生后，S县在东门、N水厂暂停取水，加大了其他水厂的供水量，并组织卫生防疫等部门对水厂密切监测，城区居民用水未受到明显影响。

向社会公开信息：对媒体反映T江水中存在6价铬等问题，通过科学数据及时进行了澄清，维护了社会稳定。

建立了两省沟通协调机制：污染事件发生后，F省环保厅当即向邻省环保厅通报有关情况，每日两次向其提供T江各断面水质监测数据，开展交界断面联合监测，会商水质状况，协调应急处置工作，共同对下一步加强两省应急响应工作作出部署。

组织开展赔偿工作Z山金铜矿湿法厂“7·3”泄漏事件造成F省S县和Y县鱼类死亡185.05万千克，并造成了重大环境污染。一是造成T江持续7天近70km不同河段水质受到污染，并导致S县两水厂停止从T江取水18h。二是厂区地下水环境受到影响。三是河道底泥受到不同程度污染。死鱼问题发生后，各级党委政府立即组织力量对死鱼进行打捞、深埋和无害化处理，严防死鱼流入市场。同时，按照每千克12元标准进行了赔偿（赔偿款由肇事企业承担）；对可能受到污染威胁的网箱存活鱼进行了破网放生，并由Z矿业集团按每千克12元标准收购。

9.6.3　事件核查与责任认定

事故发生后，成立了由安全监管总局副局长、国家安全生产应急救援指挥中心主任任组长，环境保护部副部长、监察部副部长任副组长，部门相关司局负责人及专家组成的F省Z矿业集团Z山金铜矿湿法厂“7·3”泄漏污染事件核查工作组，于2010年7月27日至8月6日，对污染事件进行了现场核查。基本查清了污染事件的原因及直接经济损失，初步认定了污染事件的性质和责任。

9.6.3.1 直接原因

经核查，造成污染事件的直接原因是：企业违规设计、施工，溶液池防渗结构基础密实度未达到设计要求，高密度聚乙烯（HDPE）防渗膜接缝、施工保护存在施工质量问题，加之受6月份强降雨影响，导致溶液池底垫防渗膜破裂，致使大量含铜酸性溶液泄漏，并通过人为非法打通的6号渗漏观察井与排洪涵洞通道外溢，直接进入T江，引发重大泄漏污染事件。事故发生前，企业建有临时应急池，但未作防渗处理；事故发生后，对临时建设的用于事件抢险的3号应急中转污水池仅作了简单的防渗处理，致使7月16日防渗膜出现破裂，又造成约500m^3 含铜酸性溶液泄入T江。

9.6.3.2 间接原因

经核查，造成污染事件的间接原因主要有以下5个方面。

(1) 企业重生产轻环保，管理粗放 溶液池由无资质的矿基建科设计，且无施工图纸、无工程监理、不严格验收，导致施工质量差；加之管理不力，甚至人为非法打通6号渗漏观察井与排洪涵洞通道，致使大量含铜酸性溶液通过该通道外溢进入T江，酿成重大环境污染事件。

(2) 企业超能力生产，各项生产及配套设施不匹配 二期工程利用一期的富液池、贫液池、萃取池、污水池，当铜矿堆浸场堆至260m时，采用5号、6号、7号、8号大坝围成的库容作为后期的富液池、贫液池、萃取池，原有调节库作为污水调节池和防洪池。企业没有根据产能的变化，及时扩大相应的生产及配套设施。

(3) 企业未及时整改环境安全隐患 2009年9月，省环保厅检查发现Z山金铜矿湿法厂收集萃取液的集水井所在的排洪洞与日常雨水排入T江的排洪洞联通，在暴雨季节渗出液有可能与雨水一同排入T江的问题后，当场要求企业全面整改渗漏问题，并向省政府报告。10月省环保厅根据省政府要求，向L市政府、环保局和Z矿业集团发文，要求企业认真整改落实，并由L市环保局做好日常督促检查工作。自2009年以来，L市环保局对Z矿业集团组织了5次专项检查，针对余田坑废水处理沉淀池内沉积物、排入北口排土场的碳浆厂尾矿浆含有大量铜离子等方面问题，要求企业认真落实各项整改要求。S县环保局针对Z矿业集团存在的环境安全隐患，于2009年11月9日和2010年6月30日两次下达整改通知，要求其查明排洪洞外排含铜酸性废水的原因，彻底消除隐患。但Z矿业集团未按要求及时进行整改，导致发生重大环境污染事件。

(4) 企业应急处置不力 环保车间主任、矿长直至主管生产的副总裁在发现溶液池泄漏事件后未及时上报而采取自行处理，后经群众举报、环保及安全监管等部门核查确认、事发8h后才报告政府有关部门，错过了处置污染的最佳时机，属于严重迟报行为，扩大了泄漏污染事件的经济损失和环境影响。

(5) 有关部门监管不力 S县环保局驻矿环保监察站虽多次对该企业进行检查，但未发现Z山金铜矿湿法厂污水池及周边长期存在的渗漏重大隐患，对6号渗漏观察井长期与227号排洪涵洞联通的隐患治理监督不力，少数监管人员失职渎职。F省环保厅在现场检查中发现这一隐患后，立即向省政府报告，并按照省政府要求，责成企业彻底整改、杜绝隐患，同时要求当地政府及环保部门督促企业整改。但S县、L市政府及环保局督促整改不力。2010年4月，T江涧头水质自动监测站在线监测设备损坏；6月5日下午，S县委召开T江部分河段出现非正常死鱼处置工作会议，要求由副县长牵头，县环保局负责，进一步查找T江水污染源，并加强T江水质情况监测，及时修复监测设备。但直至事件发生时，设备尚未修复，致使污染事件发生后未能及时发现水质的异常变化。

9.6.4 性质认定

经核查认定，Z山金铜矿湿法厂“7·3”泄漏污染事件是一起由于企业违规设计、施工，导致溶液池质量差，又因超能力生产和S县、L市政府及有关部门监管不力，加之受强降雨影响，致使大量含铜酸性溶液泄漏并通过人为非法打通的排洪洞外溢至T江而引发的重大环境污染责任事件。

9.6.5 经验总结

应全面落实企业安全生产和环境保护主体责任企业应深刻汲取此次污染事件教训，认真贯彻落实国家有关法律法规、规范标准；所有建设项目必须按规定履行项目论证、工程勘查、可行性研究、安全预评价、环境影响评价、设计审查、竣工验收等程序，严格按规程标准设计、严格按设计施工，依法履行竣工验收手续。特别是对于临江的设施，必须进行严格的安全、环保论证，在保证安全、环保的前提下建设生产。应制定行之有效的安全、环保管理制度，建立管理机构，落实管理责任，实行严格的安全、环保管理，落实隐患排查治理各项制度，加强日常监测监控，加大隐患排查治理力度，及时消除隐患。

应进一步加强安全生产、环境保护事故（件）应急处置能力。建设企业必须做到信息灵敏、报告及时、处置果断有效。与此同时，应大力加强应急能力建设。应健全生产安全事故和突发环境事件应急预案体系，加强应急培训演练，强化实战能力；应加强安全生产和环境保护应急队伍建设，尤其要加大应急投入，提高应急救援装备水平，确保在第一时间实施最快速、最有效的救援。地方各级政府应建立健全各级安全监管，环保部门、高危行业企业的应急机构，应加大投入，增强力量，确保安全、环保应急管理工作有人管、能管好。应认真落实环境保护部、国家安全监管总局关于建立和完善省、市、县三级安全生产和突发环境事件应急联动工作机制的要求，共同做好生产安全事故和突发环境事件应对工作。

切实加强环境保护、安全生产监督管理应进一步明确和落实省、市、县各级人民政府及有关部门环境监管、安全监管职责，严格落实监管责任，加强日常监督检查，推动企业加大隐患排查治理工作力度。应严格行政执法，从严查处建设和生产经营过程中的违法违规行为。应严格金属非金属矿山及其选矿、冶炼企业的安全、环保准入条件。严格安全、环保设施“三同时”审查及安全生产许可证审查程序和标准。在环评和安全等方面达不到要求的，一律不予立项；对不具备安全生产和环保条件的建设项目，一律不予通过验收和颁发许可证。地方各级政府及有关部门要各尽其责，以严格的监管推动安全生产和环境保护工作。

加强上市企业的监管力度。Z矿业集团Z山金铜矿湿法厂反映的问题，值得我们认真反思。在对高耗能、高污染和高风险生产企业的上市环保核查问题上，应采取更加严格的措施，建立、健全环保信用等级评定制度，若上市企业环保问题长期得不到解决，中国证券监督管理委员会应向重污染企业采取更加严厉的措施，比如予以警告亮黄牌，甚至对上市企业进行停牌，督促上市企业规范环境行为，彻底解决环境污染问题。

9.6.5.1 环境管理方面

加强环境信息公开，依法保障社会公众的环境知情权。环境保护部早在2007年就颁布了《环境信息公开办法》（试行），并于2008年5月1日开始实施，其中对于政府和企业的环境信息公开内容作了规定。遗憾的是，该办法的执行效果不尽如人意。Z矿业重大环境污染事件便是在事发9天后才向公众发布的。针对这一问题，一方面需要加强信息公开的法制化建设，增强法律规范的可操作性，依法维护公众的环境知情权；另一方面需要相关单位提高环境信息公开意识，加强对企业的环境监测，建立信息公开的长效机制。

加强重金属污染防治立法，完善损害赔偿机制Z矿业水污染事故不仅给公众带来了生命、财产的重大损失，而且使T江的生态环境遭到了严重破坏。因此，除了应该加强生态利益的立法保护，积极预防环境损害的发生之外，还应加强重金属污染防治、生态恢复、污染损害赔偿方面的立法，让企业承担应负的损害赔偿和生态恢复责任。例如，可以通过建立生态损害赔偿制度，对企业形成有效的震慑力，维护公众的生态利益，保障国家的生态安全。

9.6.5.2 现场应急处置方面

这是由企业违规设计、施工建设的防渗漏结构不合格导致的重大酸性重金属污水对环境的严重污染事件。

企业超能力生产，配套设施不完善。在各级环境保护主管部门多次专项检查不合格，并下达整改通知后仍置之不理。直至2010年6月30日环保主管部门要求企业查明外排酸性含铜废水的原因，彻底消除隐患，Z矿业仍不整改，时隔三天后连续发生两次重大渗漏，事故发生后没有及时向政府部门报告，造成重大环境污染。

在F省和环境保护部领导的直接指挥下，责令停产。采用封堵污染源，启用临时应急池，筑坝围堵等正确措施，最大限度地削减了污染扩散范围和对环境造成的损失。

从保护S县两水厂供水居民的身体健康和T江地表水安全角度出发，应加强与Cu伴生的Pb、Cd、Hg等一类污染物的跟踪监测。经过污染应急处置之后，这些重金属可能会从水体进入沉积物，在适当的环境条件下还可能释放回水体，或被鱼类吸收富集，通过食物链危害人体健康。

9.7 案例7 D河“6·12”煤焦油污染事件

9.7.1 案例背景

2006年6月12日，一场交通事故造成S、H两省交界处河段发生煤焦油污染事件。煤焦油又称煤膏，是一种十分复杂的化工原料，包含1万多种成分，而其中9000多种还不为人们所知，对人体健康的影响和对环境的危害程度难以估计。煤焦油污染处置是世界级的难题，同时，此次事件是全国首次发生的大量煤焦油污染天然河流的事件。

9.7.2 应急处置

9.7.2.1 紧急报告——W水库环境安全告急

2006年6月13日7时10分，S省F县环保局突然接到群众举报，称D河上出现大量油污。接到举报后，F县环保局有关负责人立即赶到现场进行核查。

经调查，6月12日17时30分，一辆运输罐车在F县附近108国道上侧翻，大约30t煤焦油进入D河顺流而下。事故发生后，肇事司机不仅未向有关部门报告，而且刻意隐瞒装载货物的种类，以致错过了事故处置的最佳时机。

掌握有关信息后，F县环保局立即向县政府和上级市环保局报告。事急如焚，F县政府紧急调用施工机械实施筑坝拦截，当天就构筑起15条堤坝，并紧急购置200多块海绵和数百条棉被对进入水体的煤焦油进行吸附，争分夺秒，为防污抢险赢得宝贵时间。

由于事故发生的路段距离S、H两省交界处仅15km左右，S省方面随即将事故情况和可能对下游造成的污染通报了S省F县政府。很快，两省环保局都接到了事故报告，并立即上报国家环保总局（现为环境保护部，以下统称国家环保部门）。

两省环保局派员抵达事故现场时发现，泄漏的煤焦油已经流入H省P县境内，经现场分析，大约45h后污染带就会到达P县饮用水水源的取水口。

9.7.2.2 全力阻击——D河打响没有硝烟的战斗

接到S省方面的报告后，国家环保部门立即派员赶赴现场，指导S、H两省有关地市政府的污染防控工作。

H省P县在接到S省方面的通报后，立即成立了由县委书记任政委、县长任总指挥的抢险指挥部，调集人员、机械，组织筑坝截污。P县正在集训的民兵分队100多人也匆匆赶到，在没有施工机械的情况下，和村民、环保工作人员一起跳入河中，肩扛手抬，开始筑坝。附近村民纷纷拿出棉被，背上干草、麻袋，送往指定地点。当日19时，在D河入P县境内1.5km和3km处，两道完全靠人工修建的大坝胜利合龙，从全县征调的几百条棉被也被投放在坝前。

图9-14 煤焦油泄漏事件应急处置现场

P县政府又连夜从附近的个体煤炭储运场和采矿厂紧急征用铲车、挖掘机筑坝（图9-14）。一夜之间，在25km河段内伫立起6座应急拦截坝，有效减缓了污染带下泄的速度。

此时，河水受到污染的消息逐渐在P县传开，自己家的水还能喝吗？P县的老百姓开始产生疑虑。为了避免造成当地群众的恐慌，P县政府坚持确保信息公开、透明，及时组织对外新闻发布。P电视台滚动播报事件最新情况，提醒群众提前做好可能停水的准备，群众了解了实际情况，增强了对政府治污能力的信任，情绪逐步稳定。

6月14日，S省主管副省长抵达事发现场视察。此时，尽管截水措施也已经发挥了作用，但是污染带前锋距P县饮用水水源地已经仅剩30km左右，并以0.5m/s的速度向前推进。

9.7.2.3 应急决策——紧急关头的理性抉择

6月13日环境应急监测全面启动，事发地到P县城的9个监测点位开始连续监测。6月14日凌晨3时，B市环境监测站的首次监测结果传到前方，主要污染物为挥发酚，超《地表水环境质量标准》Ⅲ类水质标准 600 倍，其他超标项目还有石油类和高锰酸盐指数。环境监测部门将各种监测仪器设备运送到现场，做到 24h 连续监测，主要监测指标全部在现场完成（图 9-15），准确掌握了污染带的分布规律和污染带前锋位置，为科学处置决策提供了有力的技术支持。

图 9-15　煤焦油泄漏事件抢险现场

6 月 15 日上午，国家环保部门前方工作组及时组织 H 省、S 省环保局及相关等市、县政府和环保局的相关负责人召开两省工作协调会议，确定建立两省沟通联络与信息通报协调机制，实行每日两次信息通报，并明确了“两省联合防控，加强水质监测，及时发布信息，保持社会稳定”的处置原则。会议建议两地政府共同实施清污分流的工程措施，将上游清水通过架设管道输送到被堵截的污染团下游，减轻筑坝的压力。同时，工作组邀请了化学品污染控制、环境工程、土壤环境和环境生态等方面的专家对事故现场的环境质量变化情况进行调查、勘验和评估，向两省提出了“截、疏、治、停”的应急处置方针。

H 省主管副省长也到达治污现场视察，并同 S 省方面交换了意见。两地政府立即采纳了国家环保部门的建议，并做出了具体安排部署。

此时，S 省方面已筑起 42 道围堰（图 9-16），高浓度污水基本控制在围堰中，同时，事发地提取并安全处置了肇事油罐内剩余的煤焦油。

图 9-16　修建的围堰

9.7.2.4 应对挑战——洪水、溃坝、二次污染悬于一线

虽然通过围追堵截，P县境内污染物浓度明显下降，但至6月15日中午，超标污水距离P县的饮用水水源地只有26km。即使通过筑坝减缓水流速度，预计到6月17日污水也会到达饮用水水源地，形势十分严峻。

祸不单行的是，S省F县事发地山区6月11日和12日普降小雨，自15日起，山体渗水形成的自然径流逐渐加大，入河水量明显增加，部分坝体已成危坝，出现溃坝险情。阻截在S省境内的大量高浓度污水就像一颗定时炸弹，一旦污染团下泄，防控工作将会前功尽弃。

于是，当地政府积极采取补救措施，紧急组织人力、物力对各个坝体进行加密、加实。S省F县政府要求D河沿岸排水企业立即停产。

6月16日开始，S省、H省两地又主动开辟第二战场，紧急抽调近百辆消防车和洒水车，抽运被拦截在S省境内的重度污水进行异地安全处置。

P县水利局找到一个约1万立方米的废弃铁矿岩坑，在坑底铺置了17t活性炭，两省清运的高浓度污水暂时存放在该坑内。此后，在S省境内又增设一处重度污染水临时存放点，底部铺设黏土用于防渗。几天来，累计清运污水达到3万多立方米左右。

此时，党中央、国务院的领导密切关注着D河的污染应急防控工作，要求“两省要密切配合，共同做好水污染防控工作”。

6月17日，主要污水前锋向前推移了3.5km，到达距P县城饮用水取水口25km左右的监测断面，检测发现挥发酚浓度为0.037mg/L，超标6.4倍。

此时的P县，一切工作服从服务于防污抢险。为确保群众饮水安全，P县已做好自来水厂启用备用水井的应急预案，启封8口备用水井。由于山高路险，一些地方没有电源，手机没有信号。电力公司调来了10台发电机为各坝点提供电源，并派出技术人员进行维修保障；县移动公司在一些重要地点架设了临时基站，保障通信通畅。两省调集警力，加大交通疏导力度，保证应急物资的顺利调集。P县石油公司加油车也在盘山公路上待命，随时为车辆提供加油服务。县卫生局除完成筑坝守卫任务外，还派出医护人员担负起了现场消毒和医疗防疫任务。

6月18日，通过采取建坝截流、清污分流、污染物吸附等一系列措施，污染控制工作终于取得初步成效，P县境内水质主要指标达到《地表水环境质量标准》Ⅲ类水质标准，污染团已经控制，尚未到达P县城。

然而，淤积在河床上的污染物如果不及时清运，一旦降雨冲刷，将会形成新的污染团，带来新的危害。而据气象部门预报，事发地区6月19日还将有雷阵雨，20～21日将有小到中雨，降雨将给污染防控工作带来不利影响。

在国家环保部门的指挥下，两省进一步调集力量，及时组织清运底泥和已吸附饱和的稻草及活性炭，从源头上控制新的污染。两地分别对污染河道底泥及事故发生地路基残留污染物进行了全面清理，对事发地路基反复清理十多次，清理河道10km，累计清运被污染底泥约5万吨。为妥善处置清理出的污染底泥，H、S两省分别选定了危险废物存放场，经筑坝和采取防渗措施后，于6月21日正式启用。

S省55条坝上的积水达3万～5万立方米，据水利部门分析，一旦下泄，相当于百年一遇的洪水。污染处置过程中由于当地发生降雨，已建成的拦污坝系对行泄洪产生不利影响，沿河10个村庄、2400名人民群众时刻受到威胁。F县实行全民总动员，F县防汛抗旱指挥

部紧急制定了D河F县防洪预案，要求责任人立即上岗到位，坚持昼夜值班，巡回查险，严防死守。一旦发生洪水险情，责任人要在第一时间组织转移群众，确保人民群众生命财产安全。

9.7.2.5 合力攻坚——夺取胜利的最后决战

S、H两省继续加高、加固、加实截污坝，S省已筑土坝55条；H省在原有11条大坝、55条小土坝的基础上，又在W水库上游12km处增筑一个长370m、高6m的坝（可存水20万立方米），构筑最后一道防线，确保污水不进入水库。S省的清污分流工作已开始动工，并完成了5km管道的铺设，又责令6家采矿企业停产，进一步降低污染负荷。

图9-17 采用稻草吸附河面油污

针对河面油污的情况，为加快处置进度、提高处置效果，防污抢险工作改用干稻草代替海绵、棉被吸附河面油污（图9-17）。建设5座活性炭处理系统，连续投放约900t活性炭，对坝内拦截的轻度污水采用活性炭进行吸附处理，挥发性酚由系统入口的超标56.8倍下降到17.6倍，苯并芘由超标258倍下降到13倍，石油类由超标146倍下降到7.8倍。

截至6月19日上午11时，D河H省B市境内的水质挥发酚全段达标，全部监测点位均未检出挥发酚。

6月20日下午，H省环保、水利、农业、卫生等相关专业的8名专家赶赴S事故现场及P县D河煤焦油污染抢险治污现场，D河水污染事件环境影响评估工作正式启动，专家们将分析污染对河流、地下水及W水库水质的影响程度及变化趋势，做出环境影响评估，为D河水环境的长治久安提供科学依据。

6月22日5时30分，F县的一座截污坝出现险情，随时可能冲垮下游4个活性炭滤池。现场指挥部紧急加固坝体，并调用消防车抽取坝中污水降低水位。同时，下游增筑了一条更坚固的堤坝。

清污分流工程铺设的约15km管道经几次修复后，于22日下午向下游输送事发地上游的清水。同时，两省继续抽运F县境内的中浓度污水。H省B市环保局制订了《高浓度煤焦油污水运输处置应急预案》，对组织机构、运输过程、污水储存、处置做出了详细规定，还制订了《S省运来高浓度污水贮存渗漏应急预案》，对发生问题后的应急措施和紧急对岩坑内的污水采取净化措施做出了详细规定。应急治污战役度过了最艰难的时刻。

6月26日，在煤焦油罐车出事地点下游3#坝侧山坡上10m高处，选定一处面积约$1500m^2$的荒地，稍加处理即可储存约$3000m^3$的污水，使污水通过山体的自然下渗、过滤得到净化。工程于当天下午即投入使用。

6月29日，经过严密监测，D河连续5日水质达标。根据现场专家的评估意见，两省现场指挥部分别做出应急终止的决定。

9.7.3 经验总结

及时报告是有效处置突发事件的前提。突发事件的早发现、早报告、早预警是及时做好应急准备、有效处置突发事件、减少人员伤亡和财产损失的前提。此次事件转危为安，正是得益于F县政府部门能够按照法律法规的要求及时向上级政府部门报告，并及时向下游进行通报，为事件成功处置赢得了宝贵的时间。如果本案中的肇事司机能够在事故发生后的第一时间报告有关部门，污染扩散范围将会大大缩小，处置难度也会大幅下降，社会、政府为此付出的成本也可以减到最低。

因此，政府部门应加强对企业和群众宣传教育，增强企业和群众发现突发事件后及时汇报的意识，建立并严格执行奖惩制度，通畅报告的渠道，真正做到事故的早发现、早报告、早处置。

政府依法行使应急权力是有效处置突发事件的要求。政府部门在危急发生后，必须依照《突发事件应对法》行使政府应急权力，成立指挥平台，建立社会广泛参与应对工作的机制，明确各方救援力量的职责和分工。同时，在突发事件处置过程中也要谨防权力滥用，尽可能把应对的代价降到最低限度。如在本案中，因为筑坝施工，P县政府采取了限制交通的措施，导致两省交通阻断，沿河公路近万车辆拥堵，省界处延绵着30km的车龙，应急物资难以及时供应。在国家工作组的要求下，两省调集警力，分时、分段放行，1天后滞留车辆才全部顺利离开。由此可见，政府在应急状态下也需要明确权力行使的规则和程序，约束自身的行为。

区域协同是跨界事件处置的关键。属地原则是应急管理的重要原则，而突发环境事件的跨流域、跨区域又是环境应急管理的难点。此次事件中，国家环保部门为两省搭建了协调配合的良好平台，两地政府部门充分发挥主观能动性，不等不靠，勇于负责，及时信息通报，相互救援支持，保障了各项处置措施的衔接，对迅速成功处置污染事件发挥了重要作用。由此可见，协调处理好上下游关系，对于妥善处理跨界环境事件，有效降低污染损失至关重要。

依托专家科学决策是事件处置的坚强支撑。应对这次国内首例、处置难度极高的突发煤焦油污染事件，只有充分发挥专家在应急决策及处置工作中的作用，才能取得最后的成功。事件发生后，国家环保部门立即召开专题会议，研究分析污染防控形势，组织多学科专家，通过分析监测数据，准确预测了污染变化趋势，提出合理处置方案，为事件成功处置提供了科学依据。两省政府也迅速成立抢险指挥部，按照“截、疏、治、停”的应急处置方针周密部署，并能够根据具体情况及时更改处置方案，使处置工作得以顺利进行。

加强道路交通安全监管是避免类似事件的长久之策。企业要加强对危险货物运输车辆资质和运输人员资格的查验工作，做到车辆、人员证照不相符不发货，装货重量不超过车辆的核定载重量。交警部门要加强对危险化学品运输车辆的监控，采取有效措施，杜绝危险化学品非法运输车辆上路行驶。对危险化学品运输车辆实行登记备案制度，一旦有危险化学品运输车辆进入所辖地区，应采取有力措施确保安全通过。路政管理部门要加大对车辆超载行为的监管，对严重超载的车辆，必须卸货。政府各职能部门应高度重视危险化学品应急救援处置工作，建立危险化学品应急救援队伍，完善应急救援方案，并进行定期演练；同时也应储备必要的应急物资，给应急救援队伍配备必要的装备。

9.7.3.1　应急管理方面

煤焦油污染处置是环境保护中的世界级难题，各级主管机关和油品开发生产企业应充分重视，积极防范煤焦油造成的环境污染。此次S省D河煤焦油污染事件给我们敲响了防治煤焦油污染的警钟。

第一，按照《危险化学品安全管理条例》的规定，煤焦油的运输单位应该具有相应的运输资质，未经资质认定，不得运输危险化学品。

第二，在危险化学品运输过程中，运输危险化学品的驾驶员、船员、装卸人员和押运人员必须了解所运载的危险化学品的性质、危害特性、包装容器的使用特性和发生意外时的应急措施。同时，运输单位应配备必要的应急处理器材和防护用品配备。

第三，煤焦油在公路运输途中发生被盗、丢失、流散、泄漏等情况时，承运人及押运人员必须立即向当地公安部门报告，并采取一切可能的警示措施。公安部门接到报告后，应当立即向其他有关部门通报情况；有关部门应当采取必要的安全措施。

第四，从防治煤焦油污染的长效机制来看，危险化学品单位，包括生产单位和运输单位，应当制订本单位事故应急救援预案，配备应急救援人员和必要的应急救援器材、设备，并定期组织演练。通过建立长效的应急机制，使此类污染事故的损失降为最低。

9.7.3.2　现场应急处置方面

突发事件的早发现、早报告、早预警，是及时做好应急准备、有效处置突发事件、减少人员伤亡和财产损失的前提。对于像交通事故引发的突发水环境事件，在交通不便及下游有重大保护目标的情况下，应该因地制宜及时拦截污染物，如采取筑坝、分级拦截、利用工矿废弃的大坑（进行适当防渗处置后）拦蓄高浓度废水，应使污染物拦截在保护目标的上游。

煤焦油是对人体健康和生态环境危害非常大的危险化学品，其成分十分复杂，大多数是苯系物和多环芳烃类强致癌物质，且多环芳烃类在环境中难以降解，是国际公认的持久性有机污染物（POPs）。

这起煤焦油污染事故的处置非常得当。由于煤焦油是黏稠性半液态物质，其在水中迁移很慢、构筑堤坝拦截，用海绵、活性炭等吸附的“截、疏、治、停”措施很好。近百辆消防车抽运拦截的重度污水进行异地安全处理，同时污染河道底泥及事故发生地立即进行残留物清运、安全处置也很好，基本消除了环境隐患。

党中央、国务院总理的直接批示，各级环保部门的迅速响应，使事故妥善处置。该事故的迅速、安全处置也反映了各级应急机制的运作有效，其中公安消防、水利等部门的通力协作也是十分重要的。

国务院颁布的《危险化学品安全管理条例》对危险品的安全运输有明确的规定，并强调“未经资质认定不得运输危险化学品”，对运输车辆、槽罐及其他容器也有明确要求，同时要求对其驾驶员、装卸管理人员，押运人员进行安全培训。该事故的发生是严重违反管理条例的后果，肇事司机不仅未向有关部门报告，而隐瞒装载货物的种类。除司机外，煤焦油的运出方和收受方以及承运单位的相关负责人必须接受相应的惩处。

本事故处置后认为主要缺点是挥发酚的监测不够合理，且只监测高锰酸盐指数和挥发酚也不够恰当。其中监测高锰酸盐指数使用的$KMnO_4$对多环芳烃类物质氧化效果有限，不能反映污染实态。如果使用液-液萃取或固相萃取气相色谱-质谱（GC-MS）法定性、定量（有些污染成分难寻标准物质）监测其中有机污染物就更加完美，还能依此监测结果对事发地周边环境做出安全评估。

9.8 案例8 JH高速公路W段“3·29”氯气泄漏事件

9.8.1 事故经过

2005年3月29日18时50分左右，JH高速公路W段发生了一起交通事故（图9-18）。一辆载有约30t液氯的槽罐车与一辆货车迎面相撞，导致槽罐车内大量液氯泄漏，继而引发29人中毒死亡、350多人住院抢救治疗、公路北侧3个乡镇近万名村民被紧急疏散的特大污染事故。事故还造成2万多亩农田受灾，1.5万头（只）畜禽死亡，也都进行了紧急处理（图9-19、图9-20）。

氯是黄绿色气体、液体或斜方形的晶体，有令人窒息味。溶于水，形成盐酸、次氯酸。对眼、呼吸道黏膜及皮肤有强烈的刺激作用。短期吸入大量氯气后可出现流泪、流涕、咽干、咽痛、咳嗽、咳少量痰、胸闷、气急、紫绀，严重者可发生声门水肿致窒息或肺水肿、成人呼吸窘迫综合征，可并发气胸、纵膈气肿等，肺部可有干、湿啰音或哮喘音。胸部X线检查呈支气管炎、支气管周围炎、肺炎或肺水肿征象。

图9-18 头戴防护罩的抢险人员在清理液氯泄漏事故现场

图9-19 油菜被氯气熏得枯黄

图 9-20　农田全被液氯熏黄

9.8.2　应急处置

接报与报告：事发当晚 21 时 30 分，W 市环保局接到市政府事故通报。市环保局在最短的时间内立即启动应急响应，迅速调集环境监察、监测人员以最快的速度，在第一时间赶往 30km 外的事故现场，并在对事故初步判定分析后，立即向省环保部门报告。省环保部门接到市环保局的报告后，主管领导立即亲率省环境监察局、省环境监测中心应急人员于凌晨 3 时 30 分从 200km 外的省城连夜赶到事发现场。

槽罐处置（图 9-21）：3 月 30 日上午，为消除槽罐车上继续释放氯气的两处泄漏点，消防人员强行用木塞封堵，但仍有部分氯气外溢。开始，消防人员用水龙头冲刷以消除外泄液氯，后来，现场指挥部采纳环保部门提出的改用烧碱处理的建议，迅速调集了约 200t 烧碱对事故现场进行中和处理，控制了污染蔓延的势头。

图 9-21　对槽罐车进行液碱稀释中和

面对液氯不断外泄，污染仍在继续的状况，指挥部根据环保部门的建议，组织武警官兵在附近的河流上打坝围堰，挖出一个大水塘，将液氯槽罐吊装到水塘中，并用烧碱进行中和处理，污染状况进一步得到控制（图 9-22）。

为了彻底消除高速路旁的液氯污染，3 月 31 日晚，环保部门提出将液氯槽罐运至邻近 H 化工厂进行处置的建议。由于运输距离较长，而且要通过市区人口较为稠密的地区，应急指挥部于 4 月 1 日凌晨 1 点召开紧急会议，最终决定采纳环保部门处置建议，并要求环保部门密切关注吊车起吊时和运输终点的环境污染状况，防止产生新的污染（图 9-23）。

4月2日上午，装载液氯槽罐的平板车，缓缓向H化工厂驶去。环保部门的应急监测车跟在槽罐运输车后，始终保持25m的距离，一路跟踪监测。在应急监测车的护卫下，槽罐运输车安全抵达目的地。

图 9-22 消防人员向池塘中投放烧碱进行化学处理

应急监测：为了给科学决策提供数据，现场共进行了三种监测。

一是确定污染范围的监测。在液氯槽罐车的下风向，环境监测人员身穿密闭防化服，持便携式傅里叶红外气体分析仪、激光测距仪等监测仪器，现场测定氯气污染状况。确定300m以内为重污染区，300～600m为次重污染区，600～1100m为局部超标区（图9-24）。这些监测数据为现场指挥部控制疏散人群区域、组织现场救助提供了可靠的科学依据。

图 9-23 工人们起吊泄漏液氯的槽罐

图 9-24 S省环境监测站的工作人员在液氯泄漏事故发生地周边进行环境检测

二是开展监督监测。在确定了污染范围的基础上，沿液氯槽罐的下风向布置了3个监测点进行连续监测。同时，在下风向的两个村庄设置空气质量监测点，监测受害农户室内空气质量（图9-25）。4月1日下午4时，距事故发生地300m以外室内、室外的氯气和氯化氢浓度均达到国家日均值0.03mg/m^{3}和0.015mg/m^{3}标准，300m范围以内氯气基本达标；饮用水水源水质达标；麦田和室内的氯化氢部分超标，浓度范围在0.017～0.02mg/m^3。根据环境监测数据，事故指挥部决定除受灾最严重的个别村落的230户约1300多人外，其他农户均可返迁。当天晚些时候，约4000人返家。

图9-25 开展应急监测

三是开展处置监测。在液氯槽罐吊装过程中采用沿下风向三个轴线方向均匀布点实施监测。槽罐运输过程中，采用定距跟踪监测的方法，直至检测不到氯气浓度为止。

专家指导。3月31日，省环保部门邀请了科研院所有关化学品污染控制、土壤环境、环境生态等方面的专家一行5人对事故现场的环境质量变化情况进行调查、勘验和评估分析。

信息通报。为确保疏散农户在环境质量达标的前提下能及时返回家园，大批环保工作人员深入农户，帮助农户打开门窗通风，张贴告示提醒农户应注意的环保事项和防护措施（图9-26）。

图9-26 疏散一空的附近村庄

现场善后处置。4月2日上午，液氯槽罐移离现场后，指挥部对现场善后处置进行了新的部署：一是环境监测机构继续对事故核心区的室内外空气环境质量跟踪加密监测，230户家家都要测；二是坚持以人为本的原则，对床头、低洼处等氯气不容易扩散的地点进行重点监测，空气环境质量不达标坚决不能同意农户返迁入住；三是对存放液氯储罐的水塘剩余碱液要协助有关部门进行妥善、安全处置，防止产生新的污染；四是按照省委、省政府的要求提出本次事故的环境救援办法，配合有关部门制订救援方案。

根据指挥部的要求，省、市环境监测部门继续对事故核心区进行室内外空气环境质量监测。经监测，除了个别区域氯化氢超标外，其他区域户外和农户室内氯气和氯化氢浓度基本达标。4月2日中午，指挥部决定对污染最严重的区域的空气污染实行定点清除，由省环保厅负责确定清除范围，省农林厅确定清除的方法和路线，地方政府具体实施清除措施。4月2日下午，指挥部和地方政府共同确定了清除方案，即用消防车运水，配备20台背负式和2台电机式喷雾机向田间、室内喷洒饱和食碱溶液，以降低空气中的氯化氢浓度。4月3日，地方政府继续组织人员对未达标区域农户室内和周围麦地喷洒食碱溶液，室内共喷洒三次，麦田喷洒一次。省、市环境监测机构及时调整监测重点，对该区域室内外空气的氯化氢浓度进行加密监测。

4月3日17时30分，农户室内的氯化氢浓度基本达标，距事故现场60m的麦地，氯化氢浓度较当天上午监测结果已有明显下降。4月4日上午，省、市环境监测机构再次对该区域内外氯化氢浓度进行了跟踪监测，各监测点氯化氢的监测结果均为未检出，农户陆续返回家园。

应急终止根据监测数据和专家评估意见，事故现场的环境质量状况如下：因为该地区土壤本身对酸性物质具有缓冲性（土壤pH值为8.5），事故对周边农田土壤的影响不明显。该地区大部分农户采用集中式水源供水（自来水），饮用水水质无影响，采用水压井取水的水质到4月3日监测结果达标。事故核心区室内外氯化氢浓度监测仪器均显示未检出，事故发生地空气环境质量已达标。存放液氯槽罐的近300t水塘水已由槽罐车运至市区污水处理厂进行处理。根据以上条件，现场指挥部于4月4日下午2时做出应急终止决定。

善后处理为确保安全，环保部门继续进行跟踪监测。对事故发生地500m范围内烧死的农作物上附着的酸性物质的潜在危害进行深入研究（图9-27）。

图9-27　液氯泄漏事故现场附近检测植物受损情况

9.8.3　经验总结

本次事故污染源总量大、毒性强、扩散快、造成的后果特别严重，极大地考验了环保部门对突发环境事件的应急能力。回顾本次事故的应急处理过程，有以下几点启示。

应急监测为决策提供了科学依据。本次事故应急处理中，省、市环保工作人员，尤其是身处一线的环境监测人员临危不惧、科学布点、严密监测，及时为整个事件应急工作提供了科学依据。

应急预案和演练发挥了很大作用。环保部门制订的突发性环境污染事故应急预案和平时进行的各种环境污染事故处置演习，为本次事故的环境应急处理奠定了坚实的理论和实践基础。

先进的科技手段和仪器设备提供了坚强的技术保障。省环境监测中心出动了环境质量监测车等先进的仪器设备，提高了监测效率，保证了监测数据的全面性、准确性和代表性，为政府决策及时提供了科学依据。

专家很好地发挥了咨询和指导作用。如果平时注重专家库的建立和完善，在应急处置的关键环节中，将发挥决定性作用。

加强危险品运输管理，建立化学危险品交易运输申报制度。企业必须在化学危险品交易运输前 24h 按照规定向当地县以上公安、安监、交通和环保等部门申报交易物品类型、数量、运输车辆类型、行驶路线等安全监管资料，以便监管部门对运输车辆进行实时监管。另外需要在化学危险品运输车辆上安装 GPS 系统，规定车辆行驶路线、行驶状态，杜绝超速行驶、超时驾驶等行为，防止和减少运输事故。

9.8.3.1 应急管理方面

本案例是一起典型的由危险化学品运输引发的突发环境事件。在政府的统一领导下，环保和消防等部门及时处置，使得事件的损害范围和程度得到了有效地控制，环境应急监测、专家现场指导和环境信息通报在该事件处置中发挥了重要作用。危险化学品的道路运输不仅仅是道路运输安全问题，更是危险化学品安全问题，它与环境保护密切相关。交通部门主管危险化学品的道路运输，而环境保护部门则负责处置危险化学品道路运输造成的突发环境事件。这种运输监管和事故处置部门的脱节，是危险化学品道路运输安全监管的重大漏洞。如何协调交通部门与环保部门在危险化学品道路运输方面的权责、如何加强交通部门和环保部门在危险化学品道路运输安全管理方面的沟通与合作，是有效预防和处置因危险化学品道路运输而导致的突发环境事件的关键。环境保护部门有效预防和处置此类突发环境事件，需要交通部门通报或者运输企业报告道路运输危险化学品的种类、数量、运输的车辆、行驶的路线等环境监管资料。同时，为有效预防和处置氯气污染事件，应加强应急监测及应急预案制订和演练，同时改善科技手段和仪器设备，注重专家库的建立和完善，加强危化品运输管理。

9.8.3.2 现场应急处置方面

本案例中的液氯泄漏是危险品交通运输事故的次生结果，这类事故频频发生。

事故发生后各级环保部门反应十分迅速，消防官兵也起到了重要作用。开始用水冲洗后改为烧碱是最好的处置办法。如果用水冲洗会生成 HCl 和 HClO，对环境影响更加严重，用烧碱处理生成的 NaCl 是无毒的。从这次事故中我们应该懂得：一旦发生化学品泄漏事故，应利用在环境中的简单化学反应使高毒、剧毒化学品生成低毒、无毒化学品，且对事故区域的环境不会产生二次污染。因此，突发性环境污染事故应急预案中的相关物资储备以及救援物资来源信息也是十分重要的。

事故发生地环境空气中 HCl 的监测分析难以达到十分准确，由于空气的流动和稀释作用也不会产生长期的环境影响。

9.9 案例9 S冶炼厂“12·16”B江镉污染事件

9.9.1 事件经过

2005年11月，G省S冶炼厂在废水处理系统停产检修期间，违法将大量高浓度的含镉废水排入B江，致使B江受到严重污染。该污染事件如果不能得到及时处置，将对下游3个大中型城市以及数百万人口的饮水安全造成不可估量的恶劣影响。

重金属镉具有较强的毒性，对人体、鱼类、其他水生物以及农作物生长都具有很大危害。镉能够在人体内积蓄，潜伏期可长达10～30年。进入人体和温血动物体内的镉元素主要累积在肝、肾、胰腺、甲状腺和骨骼中，使肾脏器官等发生病变，造成贫血、高血压、神经痛、骨质松软、肾炎和分泌失调等病症。当水中的镉浓度超过0.2mg/L时，人长期饮用就会导致骨痛病。

B江流经S、Q、F三市，沿江总人口达1258万。S冶炼厂是一家大型冶炼企业，专门从事铅、锌提炼。

9.9.2 应急处置

9.9.2.1 B江惊现百里“毒龙”

2005年12月16日中午，G省环保局突然接到S市环保局的报告，该局在对B江进行的例行水质检测时发现，B江S市段镉浓度超标12倍多，出现严重镉污染。

接到报告后，G省环保局立即启动了应急监测方案，组织有关城市的环保局沿河道进行污染源排查。在B江流域设立21个监测断面，每2小时监测1次。根据水质变化及时调整监测方案，增加监测断面，加大监测频率。

经监测分析，污染带长达约100km。后据专家测算，此次污染事件中超标排入B江的镉总量约为3.63t。

污染很快对城市供水造成影响。12月17日下午，S冶炼厂下游50km处为近万人供水的Y市N水厂取水口镉浓度为0.031mg/L，超标5.2倍，该厂不得不暂时关闭取水口。S冶炼厂下游70km处的Y市Y水厂日供水量3.5万吨，此时取水口镉浓度为0.013mg/L，超标1.6倍。

9.9.2.2 专家参与决策，综合措施治污

国家环保总局在接到报告后，连夜组织工作组、专家组赶赴G省，指导G省政府进行应急处置工作。12月20日24时，国家环保总局工作组、专家组抵达Y市；12月21日凌晨4时30分，听取工作汇报；8时，与G省应急处理小组交换意见。

16名国家专家和12名省内专家组成联合专家组，就削减镉污染、确保居民饮水安全迅速展开研究。

B江水流的速度为每天4.5km，6天时间，长约70km的污染带将全部流过B水电站，此后，除调水冲污外，再也没有其他工程措施可用。联合专家组建议，在B水库涡轮机进水口投加絮凝剂（图9-28），同时，对各水库实施水量调控措施，最大限度减轻污染对下游的影响。

图 9-28　武警战士有序投料

为确保居民供水，专家组建议在N水厂供水系统实施除镉净水示范工程，通过调节pH值和絮凝沉淀措施，在水厂入水镉浓度0.04mg/L的情况下，出水镉浓度可降到0.005mg/L以下。该工程成功后，可指导Q市、F市、G市的供水设施改造，保证在污染带经过上述城市时，即使水源水质不能完全达到地表水环境质量标准要求，水厂出水也能够满足饮用水标准，有效保障城市供水安全。

“多听专家发言，多听专家意见”，这是G省应急处理小组达成的共识。应急处理小组果断决策，采纳专家组的建议，并部署落实，要求将污染阻截在F水库。G省环保局坚持每天召开两次水质情况分析会，及时报送水质情况（图9-29），为科学决策提供可靠信息。

图 9-29　开展环境应急监测

12月22日8时，镉污染带峰值移至Y市N水厂断面，距B水电站仅4.3km，镉浓度最高值为0.042mg/L。当晚，投药池挖掘工作即开始，应急动员工作甚至有户籍警察参与，在户籍警察的帮助下连夜买到投药池的防渗塑料薄膜。轰隆的机器声从黑夜响到黎明，当东方露出鱼肚白时，一座长15m、宽10m、深2m的投药池挖成了。

按照工程最初方案估计，每天需投放500t液态絮凝剂。量大时急，G省主管副省长亲自与相关方面联系，保证了絮凝剂的供应。用于削污降镉的聚合硫酸铁剂具有腐蚀性，潜水泵很容易被酸液腐蚀，最多的时候一天腐蚀7台，应急工作前后共使用潜水泵40台，为满足应急工作需要，还专门到省会购置耐酸泵。

B水电站削污降镉工程从12月23日7时50分启动，截至12月29日8时完成，7天内共投加药剂3000t（图9-30）。

图9-30 液态药剂从这里投入电站水闸

水量调控是削减污染物的又一重要措施。12月20日，G省三防总指挥部下发2005年第5号调度令，21日、23日、27日和31日，又接连下发第7号、第8号、第9号和第10号调度令，占了全年总调度令的一半。据事后统计，从2005年12月23日8时至2006年1月9日20时，累计向受污染河道补充新鲜水量达3.234亿立方米，有效地稀释了江水中的镉浓度。

两项工程的实施使镉浓度峰值削减了27%，减少了水体中约800kg的镉。2006年1月7日上午8时，F出口断面前24h镉浓度均值为0.0092mg/L，而且F水库出水镉浓度连续13日总体低于0.01mg/L，达到国家卫生部批准的《生活饮用水卫生标准》（GB 5749）。

9.9.2.3 斩断污染源头，引导舆论方向

12月17日一大早，G省环保局有关负责人就开始对S冶炼厂进行调查。镉污染多与冶炼企业有关，而且此次污染超标如此严重，头号嫌疑目标就是大型企业——S冶炼厂。

S冶炼厂污水处理车间污水沉淀池底部的两条排水管引起调查组的注意，成为企业偷排的铁证。据S冶炼厂的工段长交代，原来，在工厂废水处理一、二系统停产检修期间，企业为了抢进度，将高浓度的含镉废水及含镉污泥直接排入B江。

12月20日，G省政府做出了要求S冶炼厂立即停止排放含镉废水的决定。12月21日下午15时30分，国家环保部门和G省有关负责人赶到S冶炼厂现场，督促该厂于当晚19时30分停止排污。S市、Q区环保局的执法人员24小时轮流巡查，专人坐镇S冶炼厂东、西两处排污口。

时值枯水期，B江S市段的众多小炼铟企业所排含镉废水也加重了污染程度。

为彻底切断污染源，G省环保局会同S市委、市政府组织力量对B江S市段排污企业进行地毯式排查，重点加强对小冶炼厂等小型企业的监管，总计出动2500多人（次），排查企业300多家，关停企业43家。同时，Q市、Z市、F市、G市等市也深入开展B江沿岸地区排放含镉废水企业的排查工作，共出动860多人（次），排查企业312家，发现排放含镉废水的企业10家，责令其停止排污。

B江镉污染事件发生后，电视、报纸、杂志、网络媒体纷纷介入，进行密集报道，饮用

水水源安全问题成为媒体和公众关注的焦点。

G省政府与国家环保总局充分沟通后，于12月20日发布新闻，向媒体公开了这次污染事件，及时向社会发布污染事件处置进展情况。从12月24日起，每天向社会公布一期《B江S市—Q市段水质镉监测情况通报》，提供《B江镉污染情况素材》，通报B江污染事件处置情况。

随着信息的公开，媒体的关注度发生转移，对阻击污染源的各项措施进行了深入报道，使公众通过了解污染防治措施而稳定了情绪。

9.9.2.4 全力确保沿江饮用水安全

按照应急领导小组的部署，沿江各市及时启动了应急预案，确保城镇用水安全。Y市于12月21日22时紧急施工，接通了全长1.4km的备用水源输水管道，启用其他水库备用水源，及时解决了16万人的饮水问题。12月23日对沿B江两岸陆域纵深1km以内的3968口水井进行了紧急排查，对其中53口水井随机抽样检测，水质全部达标。

12月23日，专家组进入N水厂，当天便制定了应急除镉工艺流程，完成了设备安装和单体设备调试。24日，工艺系统调试运行。25日上午11点，处理系统正式启动；下午3点，经检验在进水镉浓度为0.027mg/L情况下，经系统处理后出水镉浓度降至0.0022mg/L，优于《生活饮用水卫生标准》，应急除镉净水示范工程完成。在冲洗供水管网和全面检验合格后，N水厂于2006年1月1日23时全面恢复了供水。

在总结N水厂除镉净水示范工程经验的基础上，Y市水厂、Q市水厂先后于2005年12月30日和2006年1月3日完成了应急除镉净水系统工程。Q市于2006年1月3日完成了市区供水管网并接工程，保证了居民生活正常供水。G市、F市、Z市等市均按照省里的部署抓紧完成了B江沿线水厂的应急除镉系统和供水管网改造等工程。

12月23日，卫生部门紧急对沿B江两岸陆域纵深1km以内的3968口水井进行排查，抽测53口，均未发现镉异常；农业部门对B江两岸种植业、畜禽养殖业进行排查，采取措施停用B江水灌溉农田和养殖畜禽；海洋渔业部门组织开展渔业资源应急监测，发出警报停止食用受污染的水产品，通过组织工作组进村，利用广播、电视宣传等手段，通知群众不要直接饮用受污染的江水，确保无一人饮用受污染的水、吃受污染的食品。

经过40天的奋战，2006年1月26日，污染警报解除。此次污染事件除N水厂停水15天外，其他地方没有发生停水，也没有发生一例人畜中毒事故。

G省对此次污染事故的原因进行了全面调查，严肃追究有关人员和单位的法律责任。S冶炼厂厂长已于2005年12月22日晚被责令停职检查。最终，此次事件共有10人受到行政处罚，2人做出书面检查，3名直接责任人移送司法机关追究刑事责任。

9.9.3 主要经验

专家献策，科学应对。科学技术的正确应用为制定和成功实施联合控制措施提供了坚实基础。联合专家组通过反复计算和核定，确定河流镉污染物总量，建立了流域梯级系统水量、水质动态预报模型。该模型不仅较准确地预测预报出污染带前锋到达时间、污染峰值及出现时间、超标天数等污染态势，还为调水方案对污染峰值和历时的削减效果作出了评估，提出各水库最佳的水量与时间调控方案，以及为闸库系统调水控污方案的优化决策提供了科学依据。

多管齐下，破解难题。除镉消污工程对高浓度污染段的削减效果显著，而联合调水措施对低浓度段有更好的削减作用，两者互为补充，是本次污染事件成功处置的关键技术措施。应急除镉净水示范工程为水厂出水水质达标提供了坚实的技术保障，为确保让群众喝上放心水起到了关键作用，有力地保障了群众利益，维护了社会稳定。

齐心协力、多方联动。在事件处置过程中，B江沿江各级政府认真组织开展污染源排查，彻底切断污染源；G省环保局强化监管，加强监测，严密监控水质变化；G省委宣传部认真组织新闻宣传工作；G省建设厅认真组织和指导水厂实施应急改造工程；G省水利厅积极实施水利调度工程；G省农业和海洋渔业部门对受污染的农产品、水产品及时检验并发出警报；G省和沿江各级卫生行政部门认真做好饮用水卫生检验；G省国资委认真督促企业做好环境整治工作；政府统一领导，各有关方面各负其责，形成了事件处置工作合力。

信息公开，释疑解惑。此次B江镉污染事件直接影响到群众的日常生活，受到社会高度关注。在事件处置过程中，做到了及时、准确、权威的信息发布，使群众及时了解了事件的真实情况，消除了恐慌信息，维护了社会稳定，为应急处置工作创造了有利的舆论氛围和社会环境。

9.9.4 几点启示

(1) 强化环境风险源头管理 应急管理工作重在事前预防。各地政府部门需要建立突发环境事件预防和处置的考核、奖惩制度，对预防和处置工作开展好的单位和个人予以奖励，对渎职、失责引发突发环境事件、造成严重后果的责任人要坚决依法追究责任。要组织力量开展环境安全隐患排查，全面掌握辖区各类风险源及其周边敏感点的情况，特别是饮用水水源地和人口密集地区的基本情况，实行动态管理和监控。要落实各项综合防范措施，对环境安全隐患突出的企业要坚决依法责令停产整治，并定期开展后督察检查，确保整改措施落在实处。

(2) 进一步加强备用水源的规划和建设 突发环境事件发生后，饮用水安全问题首当其冲。处置水污染事件的关键环节之一就是要确保人民群众饮用水安全。对于饮用水水源单一的城市，要进一步加强备用水源的规划和建设，多渠道开辟水源；对于紧靠大江、大河的城市，可以考虑沿河修建1～2个应急饮用水水源池，确保市区居民2～3天时间内的日常饮用水，避免因短时间停止供水造成社会恐慌；此外，还要完善饮用水水源应急预案，多途径确保城镇用水安全。

(3) 强化企业环境保护的主体责任 企业是加强环境保护，预防因安全生产、违法排污、超标排污而导致环境污染事件的法律主体。政府部门在加强宣传教育、增强企业环境守法意识的基础上，还需要通过严格的执法监管，消除其麻痹和侥幸心理，自觉加强环境管理、安全管理，提高预防事故和事故状态下防范环境污染事件的能力，杜绝环境污染事故的发生。同时，政府部门还需要在制度创新方面下足功夫，通过社会征信、银行信贷、出口配额、市场准入等多个方面加强对企业守法行为的监督，提高其违法成本，降低对环境安全的威胁。

9.9.4.1 应急管理方面

本案例中的镉污染就是当年世界八大公害中日本骨痛病的主因，镉污染对人民群众的身体健康具有极大的威胁。GS冶炼厂违法排放高浓度含镉废水是一次严重的污染事故。它给环境保护部门敲响了警钟。一方面，要加强日常的执法巡查，建立企业污染处理设施停止作业备案制度。重点检查那些因为污染处理设施检修而停产的企业，防止企业随意排放未经处理的污染物。另一方面，在污染事故发生之后，要集中多方面的力量进行应急处置。这就要求必须具有针对性的应急计划。应急计划中应当包括：应急专家的组成、应急资源的调配、重点保护企业的应对措施以及信息公开程序或办法。通过预先制订应急计划，做到在污染事故发生之后，能够有条不紊地采取应对措施，协调各方力量，防止行政职权行使上的混乱。而诸如自来水厂这样的重点保护企业，其本身应当在水污染事故发生之前，做好各项应急准备，包括资源的储备和人员的安排。而地方政府，应当在突发环境事件发生之后，及时向广大人民群众公开相关的污染信息，人们了解到的信息越透明，人们心中的恐慌就越能降到最低程度，防止因“流言”的传播而导致混乱。同时，城市自来水厂应掌握周边及水源地上游污染源、排放污染物种类及排放量，设立取水口前自动监测仪器，对不同特征污染物有应急处理措施方案，并应有备用水源（水池）和必要的应急物资储备，以保证饮水安全。

9.9.4.2 现场应急处置方面

这是一起违法排污引发的突发环境事件。当污水处理系统停运检修时，应停止排放废水的相关工段生产，或者把污水临时截留，待处理设施运行正常后再加以处理。可见该企业法制观念淡薄，污染物治理和排放管理不到位。

此次事故造成的污染带长达约100km，Cd总排放量达3.67t之多。由于Cd在水环境中不能降解，且在鱼类等水产品内有高度富集作用，故此事故带来的环境影响十分严重。

国家环保总局和G省政府反应迅速，指挥处置得当，并及时关闭了自来水厂取水口，没有对居民造成重大伤害。但从事故发生到F水库出水Cd达标，经历了20余天，投入人力和物力巨大。

该案例中每天投放500t液态絮凝剂效果明显，由于使用的聚合硫铁剂具有腐蚀性，潜水泵易被酸液腐蚀。Cd为重金属，投入酸性絮凝剂中和沉淀效果远不如碱性絮凝，西方国家这类重金属污染事故多用羟基氯化铝和聚丙烯酰胺共同絮凝沉淀。

该事故的发生促进了污染源排查工作，有关部门排查了300余家企业，关停43家，污染发生后更进一步促进了污染源管理工作。

事故发生后应在自来水厂取水口加强对Cd及其伴生元素Pb的加密监测，确保当地居民安全。此外，还应对污染带的底泥进行跟踪监测以及对相关区域水系进行环境安全评估。

9.10 案例10 四川汶川“5·12”特大地震次生突发环境事件

四川“5·12”特大地震是新中国成立60年来破坏性最强、波及范围最广、救灾难度最大的一次地震，不仅造成人民群众生命财产的重大损失，由地震引发的崩塌、滑坡、泥石流、堰塞湖等次生灾害也使得受灾地区生态环境遭受到严重破坏。“5·12”地震可以说是对政府环境应急能力的一次巨大考验。为预防由地震引发的次生环境污染，环境保护部在第一时间启动了环境应急预案，震区环保部门紧急行动，加强灾区环境应急监测，及时排除各种环境隐患，环境应急工作有力、有序、有效地开展，避免了可能引发的次生重大环境污染，确保了灾区饮用水及核设施的安全。该事件的妥善处置，表明我国能够将日常处置突发环境事件的成功经验运用在自然灾害中，有能力处置好各种条件下的突发环境事件，具备了较强的突发环境事件应急处置能力，形成了一整套处置突发环境事件的高效的应急体系。

9.10.1 案例背景

四川“5·12”地震发生后，四川什邡市蓥峰实业有限公司和什邡市宏达化工股份有限公司受损严重（图 9-31、图 9-32），两厂厂房倒塌，约一百余人被埋。四川宏达化工股份有限公司的硫酸罐发生硫酸泄漏。什邡市蓥峰实业有限公司一个 $1000m^3$ 液氨球型罐和一个 $400m^3$ 盐酸罐出现倾斜泄漏，液氨罐中 400 多吨液氨泄漏五六个小时，对大气和水环境造成污染。环境保护部西南环保督查中心与四川省环保局克服道路不通畅困难，及时派人员赴现场处置，采取有效防治措施，基本控制住了泄漏，没有造成更大的污染危害，但液氨罐、硫酸罐仍然存在隐患。

图 9-31　地震中受损的德阳市什邡市蓥峰实业有限公司

图 9-32　地震中受损的德阳市什邡市宏达化工股份有限公司

9.10.2 应急处置

开展应急监测。地震发生后，什邡市政府立即组织有关部门全力开展应急救援工作。受地震影响，什邡市环境监测站仪器损害严重，仅能对部分水质项目进行监测。经什邡市监测站监测，12 日 21 时至 23 时，距离事发地点下游约 5km 的石亭江高景关断面 3 次监测结果显示，pH 值和氨氮浓度均超标。下游石亭江汇入沱江断面氨氮浓度符合地表水Ⅲ类标准，未超标。监测结果表明，什邡市发生的两起突发环境事件未对下游饮用水源造成影响。

快速响应。5 月 12 日晚 22 时，环境保护部从互联网获知“四川什邡市受地震影响致 2 个化工厂数百人被埋”的信息后，立即与环境保护部西南环保督查中心、四川省环保局取得联系，调度、了解有关情况。西南环保督查中心于 13 日凌晨 1 时 8 分抵达事故现场，迅速开展应急处置工作。

现场指挥。为落实国务院领导的批示精神，5 月 18 日下午，环保部领导带领工作组来到什邡市蓥华镇四川蓥峰实业有限公司事故现场。部长进入厂区，查看了受损的液氨罐等设备，并向该厂厂长详细了解有关情况。要求该企业抓紧转移危化品，消除环境安全隐患，并要求四川省环保局尽快支援企业急需的发电机以及抽水机等设备，确保处置工作顺利进行。

应急专家提出处置建议。中国环境科学院、北京师范大学等单位的大气、水体、危化品处置专家共五人，于 5 月 18 日下午抵达什邡市蓥华镇四川蓥峰实业有限公司和四川宏达化工股份有限公司事故现场。专家组在对现场进行认真勘查后向市政府抗震救灾领导小组提出如下建议：一是尽快运出厂区内存放的液氨和硫黄（硫黄一旦自燃，将在整个山谷产生大量二氧化硫）；二是加强看护，防止液氨、硫酸和盐酸罐破裂污染水体，并尽快转移罐中剩余的危化品；三是制定应对措施，防止盐酸罐破裂，在采用石灰石中和及喷淋水降温等工艺处理渗漏盐酸的同时，尽快将其转移。

做好后续处置工作。在当地各部门的密切配合下，四川蓥峰实业有限公司及时将储存的液氨和 200t 硫黄、1500t 盐酸安全转移，并对完好的硫酸罐安排人员 24h 值守，确保了环境安全。四川宏达股份有限公司按专家组的处置方案，对厂内 6 个被压的 260t 液氨罐进行了妥善处置，消除了环境安全隐患。

9.10.3 经验总结

环境保护部积极开展抗震救灾工作。按照国务院抗震救灾总指挥部的统一部署，环境保护部迅速行动，紧急启动了一级应急响应，成立了以部长为总指挥的应急指挥部，并在第一时间派工作组奔赴一线指导环境应急工作。环境应急处置工作中，部长亲自带队深入灾区指导环境应急工作，慰问基层环保干部，极大地鼓舞了当地环保干部职工。同时紧急调拨环境应急监测和处置仪器装备，将这些仪器直接划拨给工作在灾区一线的省、市、县环保局。后方同志任劳任怨，圆满完成应急值班、信息报送、协调救灾资金和物资、排查处理突发环境事件等各项工作。

地方环保部门克服种种困难完成任务。地震发生后，当地环保部门办公设施受到严重破坏，办公楼成为危房，监测仪器、分析药品被毁。但当地环保部门不等不靠、迎难而上、奋起自救，积极开展抗震救灾环境应急工作。部分职工的家属在地震中遇难，但他们仍然坚持工作，在强余震不断、随时可能发生险情的情况下，环保人员不顾个人安危、克服了环境应急设备严重缺乏等诸多困难，圆满完成环境应急监测和隐患排查任务。

灾区环保系统发扬了中国环保精神。在抗震救灾工作中，环保系统涌现出了很多可歌可泣的感人事迹，展示了强大的精神动力。在地震发生时，什邡市环境监测站的女技术员项晓钧，不顾个人安危，冒死抢出一台 721 分光光度计和 4 支试管。正是靠着这台抢出来的仪器，加上从外面借来的蒸馏水，才完成了对什邡市两家化工企业泄漏液氨的监测，及时将各项监测数据上报省环保局以及市应急救灾办公室，为及时妥善处理两起突发环境事件作出了贡献。

环境应急队伍经受住了考验。接到突发环境事件报告后，环境应急队伍能够冒着生命危险冲锋在前，迅速采取措施控制污染，确保饮用水安全。地震发生后，什邡市两家化工企业受到严重破坏造成次生突发环境事件。12 日当晚，西南环保督查中心应急组到达什邡市两个化工厂垮塌现场，通宵参与处置危化品泄漏。德阳市绵竹华丰磷化工有限公司黄磷和泥磷受到威胁、川西化工物资有限公司污染地下水等事件发生后，环境应急人员及时响应，冒着余震和环境污染的威胁前往现场，指导和帮助地方开展应急处置，强化跟踪督办，妥善处置了突发环境事件。

全面开展污染源排查工作。什邡市两家化工企业发生突发环境事件后，工作组对什邡化工园区及周边地区重点企业开展了一次拉网式集中排查，共排查企业 36 家，其中存在较大隐患的有 12 家。检查中发现，什邡化工园区部分企业存在黄磷露天堆放、危化品储存点没有围堰和应急池、企业现场管理差、生产现场“跑、冒、滴、漏”、黄磷堆放点离火源太近和生产废水在雨季容易溢出厂外等问题。工作组要求当地环保部门依法加强监管，及时排除环境安全隐患，有效防范地震灾害后可能产生的环境污染问题，确保环境安全，并统筹协调环境应急和环境监测力量，帮助当地加强环境监管，确保灾区环境安全。前方工作组要求各级环保部门对石油化工、化工原料和油料贮存、城市污水处理厂、垃圾填埋场、尾矿库、饮用水源地等重点单位和重点部位的环境隐患进行排查，有效防控潜在的环境安全隐患。

确保饮用水安全。为进一步确保饮用水源地的安全，环境保护部前方工作组组织成都、阿坝、德阳、绵阳、广元、雅安、眉山七个市（州）环保部门对 63 个县（市、区）饮用水源地进行了集中整治。尤其是加强对地震重灾区城镇集中饮用水源地的水质现状的监控，对影响饮用水源的企业及危险源进行逐一排查清理，督促企业尽快恢复受损设施。当地环保部门对饮用水源地进行了加密监测（图 9-33），加强了巡查监管，确保水质达标。

图 9-33　四川绵阳市环境监测站的工作人员取水样

一方有难，八方支援。各对口支援省（区、市）的环保部门迅速增援，捐钱捐物，凝聚成抗震救灾环境应急保障的强大合力。据统计，在支援四川灾区环境应急监测中，各省市先后组织 3 批次，累计近 150 人奔赴一线，工作时间累计达 1960 余天，每人平均在灾区工作 13 天。另外，国际社会对我国遭受的地震灾害表示了极大的同情，许多国际组织和国家纷纷提供资金、技术、人员和物资等各种援助，支持灾区环境应急和恢复重建环境保护能力。

应急专家发挥了重要作用。环境应急专家通过现场调查，及时掌握灾区出现的各种环境问题，提出合理化建议，为地方决策起到了专家咨询作用。北京师范大学水科学研究院王金生副院长、中国科学研究院王业耀副院长作为第一批前往地震灾区的环境应急专家前往紫坪铺水库上游进行查看，认为关于油的问题不能寄希望于降解，应采取主动措施，这一建议对紫坪铺水库的水质安全保障起到了重要作用。清华大学水环境专家张晓健教授对完善成都市第六自来水厂应急预案提出了宝贵建议，并认为当时紫坪铺水库油污染距离城市自来水厂取水口有 50km，到取水口已基本没有影响，这对缓解成都市市民恐慌情绪起到重要作用。此外，在环境应急专家的努力下，环境保护部迅速出台了地震灾区地表水环境质量与集中式饮用水水源监测技术指南、地震灾区饮用水安全保障应急技术方案、地震灾区集中式饮用水水源保护技术指南。

要重视应急救援自身引发的环境风险。紫坪铺水库油污染事件属于应急救援自身引发的次生环境污染事件。在开展应急救援的时候，由于情况紧急往往忽略了环境保护，引发一定的环境问题。除了由于水上交通运输引发的油污染外，还有其他的例子，如在此次地震救援过程中，卫生防疫消毒剂用量特别大，一旦上游下大雨，有可能将消毒剂等物质冲到下游，将对下游水质造成影响。针对这种情况，环境保护部现场工作组对上游消毒剂科学使用提出意见，并给地方配备了现场监测仪器。为避免此类事件的再次发生，在开展应急救援过程，应更加重视采取环境保护，做好相关预防工作，防止引发次生突发环境事件。

建立环境风险预警机制。在对堰塞湖下游进行隐患排查时，当地环保部门没有掌握辖区内的化工原料和油料贮存罐、危险品仓库等敏感设施的分布位置，影响到整体防范、应急救援的效果和控制力度。由于目前尚未建立环境风险源评估制度，重大环境风险源分布、分级、分类不清，无法做到主动预防，重大事故隐患不能得到有效治理。因此，要进一步加强环境安全隐患排查监管工作，制定环境安全风险隐患分级标准和排查的技术规范，加强环境风险源动态管理。加强日常环境监测，及时掌握重点流域、敏感地区的环境变化，根据地区、季节特点有针对性地开展环境事件防范工作。要对重点工业企业开展环境风险评估、制定环境应急预案并进行演练，大型企业要拥有消防队及其他应急救援力量等。

加大环境应急能力建设力度。我国环境应急能力相对落后，环境监测仪器及应急车辆严重不足，环境应急人员少，不能满足环境监管的需要。从唐家山堰塞湖环境应急处置过程看出，环保部门缺少针对危险化学品和放射源污染突发事件的相关装备，例如监测、预警仪器设备、处理处置设备以及各种防护设备等，同时缺少必要的化学性突发事件调查、评估经验和相关处理处置能力。应积极争取财政支持，加强国家和省级应急指挥中心的建设；配备应急车辆、应急防护和取证设备，健全环境监测监控系统，完善环境应急管理平台，提高地方应急响应能力。各级环境保护行政主管部门应按照环境应急预案定期组织不同类型的实战演练，提高防范和处置突发环境事件的技能，增强实战能力。

9.10.3.1 应急管理方面

近年来，我国自然灾害频繁发生，由自然灾害导致的次生突发环境事件也处于高发期，“5.12”地震引发的一系列次生突发环境事件给我们的启示主要有以下几个。

加强环境监管，提高风险防范意识，预防次生突发环境事件的发生。企业应该加强风险防范意识和环境责任感意识，主动采取措施预防、控制和减轻次生突发环境事件造成的影响。环保部门应加强对企业危险原料、产品、危险废物的环境监管，对存在重大环境安全隐患的责令限期整改，问题严重的要报请当地政府实行停产整顿，同时要建立健全应对次生突发环境事件风险防范体系。

明确政府环境应急管理责任，提高政府环境应急管理能力。政府是环境应急管理的责任主体，各级政府应该在环境应急管理过程中积极发挥主导作用，一方面要组织动员各种社会力量和资源共同参与应对突发环境事件；另一方面要努力提高应急体系建设和管理水平，建立健全分类管理、分级负责、条块结合、属地为主的应急管理体制，形成统一指挥、功能齐全、反应灵敏、运转高效的应急机制。

为适应环境应急工作的需要，应建立国家、省级、市级环境安全应急指挥中心，配置相应应急设备和数据传输、管理、分析、信息与发布的网络系统，建立健全专家组，提高处置突发事件应对能力。

9.10.3.2 现场应急处置方面

"5·12"地震是新中国成立以来破坏性最强的突发自然灾害，国务院和各级政府在启动国家自然灾害应急预案的同时，也及时启动了各级环境应急预案。妥善处置了由地震引发的油污泄漏、盐酸、硫酸液体泄漏和泥磷、黄磷溃坝等次生环境事件，在灾区民众失去家园的同时没有再发生明显的环境污染。

川西化工物资有限公司污染地下水事件是违法排污引发的，通过对特征污染物的监测，及时发现并锁定污染源，化工残油、含苯堆渣等污染物焚烧处置效果很好。堰塞湖事件中由于防范及时、措施到位，避免了19家企业化学品和医院放射源产生的泄漏和丢失。

在环境风险排查中，各级环保人员290余人次行程1.6万千米，督办75家企业，及时转移和安全处置5000余吨危险化学品，对于防范和减轻环境风险发挥了巨大作用。

全国各地监测站派出技术骨干、携带先进监测仪器和设备迅速奔赴灾区，开展了卓有成效的应急监测，及时准确测出突发环境事件中泄漏的特征污染物，除了开展发光菌、六价铬和氰化物等常规监测项目外，还开展了水体中45项有机污染物的监测。为处置突发环境事件提供了科学依据。

9.11 案例11 B区输油管道泄漏事故

2004年11月17日，Y市B区N镇境内发生一起石油泄漏污染事故。输油管道爆裂，造成原油泄漏1000多吨，直接经济损失400多万元，周边数十亩良田被严重污染。

9.11.1 事故经过

2004年11月17日凌晨2时，某输油管道因人为盗油发生了泄漏事故，喷发出的"原油喷泉"达20m，距离喷射点不远的山坡、马路和田野里洒满了石油，洒落到灌溉渠里的石油顺流到远处农田里。

9.11.2 应急处置

事故发生后，管道所在区区长立即组织成立了事故调查处置领导小组，市区两级有关部门参加，立即展开事故的调查、处理和善后工作。领导小组各部门要尽快组织抢险、制止喷发，将损失控制在最低水平，把污染降低到最小范围；N钻采公司要不惜一切代价，调集抽油车回收外泄原油，并组织预备役士兵和当地群众帮助回收原油；交警、消防部门，要确保抢险现场交通畅通，严防发生其他安全事故，同时公安部门在维持现场秩序的情况下，要做好事故的调查侦破；N镇党委和政府，要做好教育群众的工作，保持冷静；市、区政府将在事故调查处理后，拿出善后处置方案，按照合理标准，该赔偿的要赔偿，最大限度地保护群众的利益。

Y市第一交警支队一大队到达后，对现场实施了交通管制，所有车辆不得靠近，以保证抢险工作的顺利进行。消防人员到达后，立即切断线路电源，防止因漏油引起火灾。环保部门立即组织人力找到污染最远处开始打堤坝，并用玉米秆等物堵塞，以避免原油流入不远的N河，造成更大的污染。

输油管运输公司得知原油泄漏后赶赴现场，将管道的间隙焊接，并关闭回水阀门。在河中采取用土堵挡的方式，阻止泄漏的原油向下游蔓延。N钻采公司抽调16台抽油车开始清理，回收外泄原油，N镇也组织当地群众帮忙清理回收原油，回收的原油就近存入储油设备。至当日上午10时，原油污染已基本控制在污染源600m内，油污清理后，环保部门对受污染的植被、农田进行了处理。

9.11.3 经验启示

本次输油管道泄漏事故，以及类似的陆地石油管道漏油事故的发生往往有不同的原因，但是反映了同一个问题，就是管道安全问题。管道安全是一项系统工程，从管道的选线、设计、施工到运营、监管，维护整个过程都必须以安全输油、保护环境为宗旨，扎扎实实保质保量做好每一项工作。唯有提高安全防范意识、法律意识和环保意识，加强输油管道安全工程工作，油泄漏事件才能从源头减少甚至防止污染事件发生。

确保管道质量和安全。建设输油管道时，应该按照《输油管道工程设计规范》和《输油输气管道线路工程施工及验收规范》进行设计、施工和验收，保证管道质量，并确保管道在设计年限内的输油安全。

加强输油管道管理和维护工作。输油企业应该提高安全防范意识，在管道运营时把安全输油作为出发点，扎实做好管道的检修维护工作，对有问题的管道应及时处理，尽量减少不必要的油管泄漏污染环境事故。输油企业还需强化管道的监管工作，防止任何形式的管道破坏行为。另外加强油管保护和监督管理的宣传教育工作，动员群众参与管道保护和积极监督，对不法行为及时举报。

依法追究法律责任。对每起油污染事件，应该认真调查事故原因，做好善后工作和责任追究工作，起到教育和宣传的作用，尽量杜绝类似事件再次发生。对于管道建设质量问题引起的油泄漏，应追究其相应的法律责任；对破坏管道的不法行为，应该依法追究法律责任；对于管道管理不力而造成环境污染的行为，也应追求相关责任人的责任。

加强油污染应急管理。各输油企业要认真研究制订油泄漏事故的环境应急预案，组织输油管道泄漏事故环境应急处置方法的培训，并与地方政府有关部门协同组织好油泄漏事故应急救援预案的演练，提高应对突发环境事件的处理、应变能力和应急响应水平。

提高环境保护意识。教育公众可以从中小学生入手，在社会上大力宣传和严格执行环境保护法规，达到家喻户晓、人人皆知。与此同时，要提高领导干部的环保意识，使企业单位意识到有义务和责任保护环境，严禁各种污染环境的环境行为活动。对各种污染事故积极举报，同时积极参与环境污染应急和环境保护行动。

参考文献

[1] 环境保护部环境应急指挥领导小组办公室. 突发环境事件典型案例选编 [M]. 北京：中国环境科学出版社，2011.

[2] 马越，张晓辉. 环境保护概论 [M]. 北京：中国轻工业出版社，2011.

[3] 黄小武. 环境应急管理 [M]. 武汉：中国地质大学出版社，2011.

[4] 陈静. 环境应急管理理论与实践 [M]. 南京：东南大学出版社，2011.

[5] 环境保护部. 中国环境状况公报 (2006～2015) [D].

[6] 国务院. 国家突发环境事件应急预案 [J]. 2006-01-24. http：//www. gov. cn/yjgl/2006-01/24/content _ 170449. htm，2006.

[7] 盛连喜. 环境生态学导论 [M]. 北京：高等教育出版社，2009.

[8] 朱泮民. 环境生物学 [M]. 郑州：黄河水利出版社，2003.

[9] 新华社. 中共中央关于构建社会主义和谐社会若干重大问题的决定 [J]. 四川党的建设：城市版，2006 (11)：4-10.

[10] 国务院. 国务院关于印发"十三五"生态环境保护规划的通知. http：//www. gov. cn/zhengce/content/2016-12/05/content _ 5143290. htm，2016.

[11] 国家环境保护总局 . GB 8978—1996 污水综合排放标准 [S]. 北京：中国标准出版社，1998.

[12] 高小平. 中国特色应急管理体系建设的成就和发展 [J]. 中国行政管理，2008 (11)：8-11.

[13] 张传秀，宋晓铭. 浅议我国的环境标准 [J]. 化工环保，2004，24 (s1)：5-14.

[14] 环境保护部. 突发环境事件应急管理办法 [J]. 安全，2015，36 (6)：27-30.

[15] 杜云松. 城市快速应急大气污染扩散模式的建立 [D]. 南京：南京大学，2013.

[16] 孙雪娇. 地下水水源地污染应急处置技术筛选与评估方法研究 [D]. 哈尔滨：哈尔滨工业大学，2012.

[17] 陶亚. 复杂条件下突发水污染事故应急模拟研究 [D]. 北京：中央民族大学，2013.

[18] 姜自福. 海洋突发环境事件应急管理多元主体参与模式研究 [D]. 青岛：中国海洋大学，2012.

[19] 谢颖斯. 基于 GIS 的突发事故核污染物扩散模拟系统研发与应用 [D]. 广州：华南理工大学，2014.

[20] 曾睿. 基于案例推理的突发大气污染事件应急支持系统的研究 [D]. 昆明：昆明理工大学，2010.

[21] 邱庆. 基于物联网的工业园区大气污染事故防范与应急系统研究 [D]. 北京：清华大学，2012.

[22] 樊小龙. 石家庄市环境突发事件应急处置技术支持系统研究 [D]. 石家庄：河北科技大学，2013.

[23] 王鹏. 天然气田大气污染预警系统软件的设计与实现 [D]. 成都：西南交通大学，2010.

[24] 周慧霞. 突发性大气污染事件人群健康风险评价技术研究 [D]. 北京：中国疾病预防控制中心，2010.

[25] 张廷竹. 国内外事故应急救援预案管理概况 [J]. 浙江化工，2006，37 (7)：9-11.

[26] 阮贞江. 强化突发性环境污染事件应急监测的管理 [J]. 能源与环境，2006 (4)：59-61.

[27] 许健，吕永龙，王桂莲. GIS/ES 技术在突发性环境污染事故应急管理中的应用探讨 [J]. 环境科学学报，1999，19 (5)：567-571.

[28] 吴玉萍，胡涛，赵毅红. 我国环境污染突发事件应急管理 [J]. 环保评论，2006 (7)：31-34.

[29] 李卫军，王娟，马剑. 城市轨道交通网络化应急抢险资源优化配置 [J]. 现代城市轨道交通，2009 (04)：9-13.

[30] 阳礼. 水路交通突发事件应急物资配置研究 [D]. 南京：南京理工大学，2011.

[31] 孙晓临. 城市轨道交通网络应急救援站设置与资源配备优化研究 [D]. 北京：北京交通大学，2012.

[32] 贺丹. 基于 DEA 的水上突发事件应急资源配置研究 [D]. 武汉：武汉理工大学，2012.

[33] 易达春，李彤，林海涛. 佛山燃气抢险资源的整合规划 [J]. 煤气与热力，2012，04：32-35.

[34] 杨保华，方志耕，刘思峰，郭本海. 基于 GERT 网络的应急抢险过程资源优化配置模型研究 [J]. 管理学报，2011，12：1879-1883.

[35] 王丽力. 基于 GIS 水路危险品事故救援应急资源配置与调度研究 [D]. 南京：南京理工大学，2009.

[36] 王致维. 长江危险品船舶交通事故应急力量研究 [D]. 武汉：武汉理工大学，2011.

[37] 田博. 肇庆海事局辖区船载危险品事故应急反应对策研究 [D]. 武汉：武汉理工大学，2009.

[38] 尹辉. 不确定情况下的危险品事故应急资源优化调度研究 [D]. 广州：华南理工大学，2013.

[39] 严一飞. 天津滨海新区生产事故灾难应急管理研究 [D]. 天津：天津大学，2014.

[40] 邵扬. 长江张家港船舶溢油应急设备库的建立与运行研究 [D]. 大连：大连海事大学，2015.

[41] 陈莉莉. 中小城镇突发性水污染事件的应急管理研究 [D]. 长沙：湖南大学，2011.

[42] 苏醒，高春元. 论我国港口溢油应急能力标准化建设 [J]. 中国海事，2008 (12)：41-44.
[43] 周斌，梁刚，赵益栋. 我国沿海港口船舶溢油事故分析及对策研究 [J]. 海洋技术，2009，28 (3)：87-90.
[44] 梁进文. 港口溢油污染引发社会问题的思考 [J]. 珠江水运，2008 (12)：32-33.
[45] 熊德琪，杜川. 大连海域溢油应急预报信息系统及其应用 [J]. 交通环保，2002，23 (3)：5-7.
[46] 蒋玉荣，唐玉萍. 船舶油污染现状及其防治对策 [J]. 广东化工，2009，36 (3)：96-99.
[47] 蓝颖春."水十条"扬帆在即 [J]. 地球，2014 (9) 16.
[48] 栗翠菊，王晓峰. 溢油应急决策中的设备优化调度方法研究 [J]. 计算机工程与应用，2012，48 (19)：23-27.
[49] 王洋，浅谈张家港船舶防污染管理对策 [J]. 中国水运月刊，2009，09 (3)：28-29.
[50] 张志锋. 港口船舶污染治理的制度变革和政策建议 [J]. 中国航海学会2005年度学术交流会优秀论文集，2005.
[51] Ventikos N P，Vergetis E，Psartis H N，et al. A high-level synthesis of oil spill response equipment and countermeasures [J]. Journal of Hazardous Materials，2004，107：51-58.
[52] 赵云峰，侯军，税碧垣. 国内外溢油应急技术标准对比分析 [J]. 标准化改革与发展之机遇——第十二届中国标准化论坛论文集，2015.
[53] 郑克芳，田天，于梦漩，等. 中美溢油应急管理对比研究 [J]. 海洋开发与管理，2015 (1)：19.
[54] 李树华. 介绍几种美国油回收装置 [J]. 交通环保，1983 (3)：5.
[55] 邱春霞，高洁，刘广强，等. 借鉴国外管理经验发展我国船舶应急清污行业 [J]. 2010年船舶防污染学术年会论文集，2010.
[56] 张小钢. 中国海事局烟台溢油应急技术中心揭牌 [J]. 中国海事，2006 (3)：1.
[57] 张志颖. 美国海上溢油应急反应机制建立成功的经验及启示 [J]. 珠江水运，2003 (4)：18-20.
[58] 张勇. 制约溢油应急反应有效实施的基本因素及建议 [J]. 航海技术，2008 (4)：72-73.
[59] 环境保护部环境应急指挥领导小组办公室. 突发环境事件典型案例选编 [M]. 北京：中国环境出版社，2015.
[60] 新华社. 天津港"8·12"瑞海公司危险品仓库特别重大火灾爆炸事故调查报告 [J]. http：//news. xinhuanet. com/legal/2016-02/05/c_128706930. htm. 2016.
[61] 寇文. 环境污染事故典型案例剖析与环境应急管理对策 [M]. 北京：中国环境出版社，2013.
[62] 王自齐，刘欢，张海峰. 美国化学事故应急救援现状 [J]. 职业卫生与应急救援，1996 (2).
[63] 田瑾. 特大型城市突发性环境污染事故的应急处置与防范体系研究 [D]. 上海：复旦大学，2008.
[64] 牟善军，姜春明，周永平，等. 欧洲化学品安全管理与化学事故应急救援工作情况考察报告 [J]. 安全、健康和环境，2002，2 (4)：28-32.